环保公益性行业科研专项经费项目系列丛书

兽药污染的环境健康影响与风险评估技术

王 娜 李 斌 主编

科学出版社

北 京

内 容 简 介

　　本书较为系统地介绍了国内外兽药的使用与管理现状，阐述了典型兽药使用后在环境中的暴露特征与迁移规律，典型兽药的内分泌干扰、生物富集及抗生素抗性基因传播扩散等环境效应，以及典型兽药的生殖内分泌干扰、肝肾损伤等健康效应，详述了兽药的环境风险评估技术和健康风险评估技术，包括评价指标、程序和方法，筛选了我国兽药优先环境管理清单等。

　　本书可为兽药的环境管理提供必要的技术支撑与参考，也可作为高等学校环境化学或环境管理专业本科生及研究生的参考资料。

图书在版编目（CIP）数据

　　兽药污染的环境健康影响与风险评估技术 / 王娜，李斌主编. —北京：科学出版社，2016.10
　　（环保公益性行业科研专项经费项目系列丛书）
　　ISBN 978-7-03-050118-9

　　Ⅰ. ①兽⋯　Ⅱ. ①王⋯　②李⋯　Ⅲ. ①兽用药–环境污染–影响–健康–风险评价–中国　Ⅳ. ①X592.31

　　中国版本图书馆 CIP 数据核字（2016）第 238928 号

责任编辑：胡　凯　王腾飞/责任校对：王　瑞
责任印制：张　伟/封面设计：许　瑞

科 学 出 版 社 出版
北京东黄城根北街 16 号
邮政编码：100717
http://www.sciencep.com
北京教图印刷有限公司 印刷
科学出版社发行　各地新华书店经销

*

2016 年 10 月第　一　版　　开本：787×1092　1/16
2016 年 10 月第一次印刷　　印张：17 3/4
字数：420 000
定价：99.00 元
（如有印装质量问题，我社负责调换）

环保公益性行业科研专项经费项目系列丛书
编著委员会

《兽药污染的环境健康影响与风险评估技术》
编写组

主编

王　娜　　环境保护部南京环境科学研究所
李　斌　　中国疾病预防控制中心职业卫生与中毒控制所

成员

高士祥　南京大学
郭欣妍　环境保护部南京环境科学研究所
叶波平　中国药科大学
许　静　环境保护部南京环境科学研究所
孔祥吉　环境保护部南京环境科学研究所
肖经纬　中国疾病预防控制中心职业卫生与中毒控制所
焦少俊　环境保护部南京环境科学研究所
姜锦林　环境保护部南京环境科学研究所
葛　峰　环境保护部南京环境科学研究所
金　怡　环境保护部南京环境科学研究所

序　　言

我国作为一个发展中的人口大国，资源环境问题是长期制约经济社会可持续发展的重大问题。党中央、国务院高度重视环境保护工作，提出了"建设生态文明""建设资源节约型与环境友好型社会""推进环境保护历史性转变""让江河湖泊休养生息""节能减排是转方式、调结构的重要抓手""环境保护是重大民生问题""探索中国环保新道路"等一系列新理念、新举措。在科学发展观的指导下，"十一五"环境保护工作成效显著，在经济增长超过预期的情况下，主要污染物减排任务超额完成，环境质量持续改善。

随着当前经济的高速增长，资源环境约束进一步强化，环境保护正处于负重爬坡的艰难阶段。治污减排的压力有增无减，环境质量改善的压力不断加大，防范环境风险的压力持续增加，确保核与辐射安全的压力继续加大，应对全球环境问题的压力急剧加大。要破解发展经济与保护环境的难点，解决影响可持续发展和群众健康的突出环境问题，确保环保工作不断上台阶、出亮点，必须充分依靠科技创新和科技进步，构建强大坚实的科技支撑体系。

2006 年，我国发布了《国家中长期科学和技术发展规划纲要（2006—2020 年）》（以下简称《规划纲要》），提出了建设创新型国家战略，科技事业进入了发展的快车道，环保科技也迎来了蓬勃发展的春天。为适应环境保护历史性转变和创新型国家建设的要求，国家环境保护总局于 2006 年召开了第一次全国环保科技大会，出台了《关于增强环境科技创新能力的若干意见》，确立了科技兴环保战略，建设了环境科技创新体系、环境标准体系、环境技术管理体系三大工程。5 年来，在广大环境科技工作者的努力下，水体污染控制与治理科技重大专项启动实施，科技投入持续增加，科技创新能力显著增强；发布了 502 项新标准，现行国家标准达 1263 项，环境标准体系建设实现了跨越式发展；完成了 100 余项环保技术文件的制修订工作，初步建成以重点行业污染防治技术政策、技术指南和工程技术规范为主要内容的国家环境技术管理体系。环境科技为全面完成"十一五"环保规划的各项任务起到了重要的引领和支撑作用。

为优化中央财政科技投入结构，支持市场机制不能有效配置资源的社会公益研究活动，"十一五"期间国家设立了公益性行业科研专项经费。根据财政部、科技部的总体部署，环保公益性行业科研专项紧密围绕《规划纲要》和《国家环境保护"十一五"科技发展规划》确定的重点领域和优先主题，立足环境管理中的科技需求，积极开展应急性、培育性、基础性科学研究。"十一五"期间，环境保护部组织实施了公益性行业科研专项项目 234 项，涉及大气、水、生态、土壤、固体废物、核与辐射等领域，共有包括中央级科研院所、高等院校、地方环保科研单位和企业等几百家单位参与，逐步形成了优势互补、团结协作、良性竞争、共同发展的环保科技"统一战线"。目前，专项取得了重要研究成果，提出了一系列控制污染和改善环境质量技术方案，形成一批环境监测预警和监督管理技术体系，研发出一批与生态环境保护、国际履约、核与辐射安全相关的关键技术，提出了一系列环境标准、指南和技术规范建议，为解决我国环境保护和环境管理中急需的成套技术和政策制定提供了重要的科技支撑。

为广泛共享"十一五"期间环保公益性行业科研专项项目研究成果，及时总结项目组织管理经验，环境保护部科技标准司组织出版"十一五"环保公益性行业科研专项经费系列丛书。该丛书汇集了一批专项研究的代表性成果，具有较强的学术性和实用性，可以说是环境领域不可多得的资料文献。丛书的组织出版，在科技管理上也是一次很好的尝试，我们希望通过这一尝试，能够进一步活跃环保科技的学术氛围，促进科技成果的转化与应用，为探索中国环保新道路提供有力的科技支撑。

中华人民共和国环境保护部副部长

吴晓青

2011 年 10 月

前　言

　　兽药（veterinary drug）是一类用于预防、治疗、诊断动物疾病或者有目的地调节动物生理机能的化学品（含药物饲料添加剂）。近年来，随着我国畜禽养殖业向现代化、集约化和规模化方向发展，兽药（包括添加剂）已成为现代养殖业不可缺少的农业生产资料。中国兽药协会的统计数据（2010 年）报道国内主要兽药品种销售量达到 3.77 万 t。《2010 年度兽药产业发展报告》调查结果显示，我国 1386 家兽药生产企业 2010 年完成生产总值 331.35 亿元，销售额 304.38 亿元。可见，我国已成为名副其实的兽药生产使用大国。然而，很多兽药经动物摄取后大部分以原药或代谢物的形式经动物的粪便和尿液排出体外，进入生态环境，对土壤、水体等生态环境产生不良影响，并通过食物链最终影响人体健康。长期以来，由于对兽药的环境影响认识不足，对兽药的环境危害现状认识不清，我国对兽药及饲料添加剂使用造成的环境风险缺乏有效的环境监管。

　　国内外学者将兽药污染作为新兴环境污染物，掀起了科学研究的热潮。我国养殖场抗生素滥用导致耐药菌抗性基因的肆意传播扩散，降低了人类感染性疾病治愈的概率，是近年来触动公众敏感神经的舆论热点。激素排入环境后对生态受体产生的内分泌干扰效应，以及兽药对水生生物/土壤生物的急慢性毒害作用，也是近年来毒理学科研领域研究的热点。然而，这些零星的研究只是从某个角度阐述一些兽药的污染水平和影响规律，缺乏系统性的承接与高度。

　　兽药的环境污染及其环境安全性问题已引起国外政府机构的高度关注，欧洲药品审评局（European Medicines Evaluation Agency, EMEA）率先制定了符合欧洲联盟[European Union，简称欧盟（EU）]养殖场景的兽药风险评估准则，而我国在这方面的研究还处于空白。《国家中长期科学和技术发展规划纲要（2006—2020 年）》环境重点领域中"第十三优先主题"中提到要综合治污，开发非常规污染物控制技术。其中，兽药则是非常规污染物的重要内容。因此，环境保护部于 2011 年批准立项"兽药污染的健康风险评估与风险管理技术研究"（201109038），旨在及时掌握集约化养殖业兽药的污染状况与环境影响，建立兽药环境健康安全评价体系，从源头上预防兽药的环境风险，保障生态安全与人体健康。

　　本项目通过系统调研典型养殖场的兽药污染现状，剖析了兽药使用后在环境中的暴露特征与迁移规律，明确了兽药污染的主要暴露来源和暴露途径。通过创新的试验设计与研究手段，研究了兽药环境行为特征与影响因子，阐释了典型兽药的内分泌干扰效应、生物富集作用及抗生素抗性基因传播扩散的影响机制等环境效应；以生物标志物研究为主线，以代谢动力学特征为基础，探明了典型兽药的生殖内分泌干扰、肝肾损伤作用。首次构建了适用于我国的兽药生态风险评估技术体系，提出了评价指标、程序和方法，筛选了我国兽药优先环境管理清单，为进一步推动兽药的环境管理提供了必要的技术支撑。提出"加强兽药环境管理，防止新型污染物的环境危害""我国畜禽养殖业中抗生素环境管理问题及对策建议"关于加强抗生素类污染物环境管理与污染控制的提案"
等多项政策建议与政协提案。项目成果已得到兽药管理部门农业部兽药评审中心的应用。
本书是该项目研究成果的集中体现。

本书共 8 章，第 1 章概要介绍了国内外兽药的使用与管理现状；第 2 章分析了典型
兽药在养殖场的污染特征；基于第 2 章的结果，第 3～5 章选择典型兽药研究其在环境介
质中的行为特征、环境效应及健康效应；第 6 和第 7 章主要关注兽药的环境健康管理，
分别介绍了兽药的环境风险评估技术和健康风险评估技术；第 8 章为总结与建议。

期望能与从事新兴污染物环境健康研究的科研人员、技术人员共同分享该项目研究
积累的成果，并为相关同仁提供参考与帮助。

感谢国家环保公益性行业科研专项的资助，感谢编写组全体成员的共同努力，感谢
对本书提供了指导和帮助的各位专家与领导。

由于编者经验有限，书中难免存在一些问题，敬请各位读者多提宝贵意见。

"兽药污染的环境健康影响与风险评估技术"课题组

2016 年 5 月

目　　录

第 1 章　国内外兽药的使用与管理现状概述

兽药是用于预防、治疗、诊断动物疾病或者有目的地调节动物生理机能的物质（含药物饲料添加剂），其在保障动物健康、提高畜禽产品质量，尤其在畜牧业集约化发展等方面起着非常重要的作用。然而，兽药和饲料添加剂的大量使用，使动物性食品中药物残留越来越严重，对人类的健康和公共卫生构成威胁。同时，大部分兽药和添加剂以原药和代谢产物的形式经动物的粪便和尿液进入生态环境中，对土壤、地表水、地下水等造成污染，影响植物、动物和微生物的正常生命活动，并通过食物链最终影响人体健康。兽药的环境和健康风险问题已引起国内外政府机构、专家学者的高度重视。

抗生素是国内外养殖业使用量最大、使用范围最广的一类兽药。然而，滥用抗生素会导致动物体内及环境中耐药菌大量繁殖，甚至诱导动物产生抗生素抗性基因（ARGs），对养殖区域及其周边环境造成潜在的基因污染。目前，在不同的环境介质中如水体、沉积物、水生生物和细菌体内均已检出 ARGs，并且发现 ARGs 能够在细菌之间传播，进而在环境中扩散，这将进一步对公共健康和食品安全构成严重的威胁。

作为促生长剂而广泛应用于养殖业的人工合成雌激素类兽药是典型的环境内分泌干扰物。这类物质脂溶性强，在水源和土壤中很难降解，可以通过食物链进入生物体内，对人类的健康及生物的生存产生巨大影响。近年来，人们认为许多健康受损现象的发生均与环境雌激素有关，包括人类隐睾症与尿道下裂等疾病发病率提高、男性平均精子数量减少、女性不孕症明显上升、水生动物出现雌性化等。喹乙醇是一种曾在畜禽及水产养殖中广泛使用的抗菌促生长剂，其不仅对鱼类和禽类具有较强的急性毒性作用，还会严重损害动物肝肾组织，引起机体生理生化指标的变化等亚慢性毒性反应。动物在使用该类药物以后，药物以原形或代谢物的方式进入生态环境，可造成土壤、水体、水生和陆生生物的残留蓄积，引起相应的生态毒性。

对于兽药环境与健康危害，国外环境管理部门相当重视，建立了兽药环境与健康评估技术，尤其是引入风险评价的原则，将兽药环境健康危害的管理水平提高到与社会经济发展相协调的程度。风险评价是评估化学物质产生危害的程度，它包括危害特征识别、效应评价、暴露评价和风险表征。危害特征识别主要确定兽药暴露对环境与健康造成的危害及危害的特点；效应评价分析暴露水平与不良效应之间的相关关系；暴露评价是对暴露因素的特性、强度和途径进行分析；风险表征是综合暴露评价与效应评价的结果，对暴露导致的危险度进行定性和定量分析。通过上述步骤，结合兽药使用产生的社会经济效益，采取风险管理措施，达到控制和降低风险至可以接受水平的目的。

《国家中长期科学和技术发展规划纲要（2006—2020 年）》环境重点领域中"第十三优先主题"要求：要综合治污，开发非常规污染物的控制技术。其中，兽药则是非常规污染物的重要内容。根据我国兽药污染的特征、类型和程度，开展兽药环境健康风险评估技术和风险管理措施的研究，建立典型兽药的风险评估技术和风险管理规范，切实保证我国人民群众的健康和社会经济的可持续发展，是目前环境与健康领域研究的重大科学问题。

针对目前我国集约化畜禽养殖业快速发展、兽药大量使用的特点，及时掌握其环境污染状况，评价其环境健康风险，建立兽药环境健康风险评估技术，构建风险分级管理体系，及时发现并预防环境中长期残留、具有生态和人体健康危害风险的兽药品种，采取防范措施，对预防控制其环境和健康可能造成的危害，保护人体健康具有重要的意义。

1.1 兽药概念及种类

兽药是指用于预防、治疗和诊断禽畜等动物疾病，有目的地调节其生理机能并规定作用、用途、用法、用量的物质（含饲料药物添加剂），包括血清制品、疫苗、诊断制品、微生态制品、中药材、中成药、化学药品、抗生素、生化药品、放射性药品及外用杀虫剂、消毒剂等（Boxall et al.，2004）。我国鱼药、蜂药、蚕药也列入兽药范围。兽药在保障动物健康、动物疾病预防和治疗，以及促进动物生长等方面发挥着重要作用（Sarmah et al.，2006；Cabello et al.，2006），可保障动物健康，提高动物生产力，降低动物的发病率和致死率，为人类提供大量营养丰富的产品。随着集约化养殖业的快速发展，兽药及其添加剂被广泛应用于畜禽养殖业和水产养殖业。兽药的种类众多，除抗生素和抗寄生虫药物外，还有抗霉剂、抗氧化剂、抗病毒剂和激素等不同类型的化学药物，如表 1-1 所示。兽药的大量使用带来的生态和健康风险使其成为目前一项新型的研究课题。

表 1-1　常用兽药种类

种类	作用机理	常用药物
抗生素类	杀死微生物或抑制微生物的生长繁殖	磺胺嘧啶（sulfadiazine，SDZ）、土霉素（oxytetracycline，OTC）、泰乐菌素
杀寄生虫类	杀死动物体内或体外寄生虫	噻嘧啶、伊维菌素、环丙氨嗪
抗真菌类	杀死或抑制真菌病原菌	洛华盛、咪康唑
抗水产病害类	抑制水体中有害生物的繁殖和生长	赛灭宁、甲基吡啶磷、因灭汀、氟苯尼考
激素类	协调细胞功能、感知细胞变化	雌二醇、甲基睾酮、烯丙孕素、苯甲酸雌二醇
生长剂类	提高动物及其副产品产量	盐霉素、黄磷脂、孟宁素

《中华人民共和国兽药典》（2010 年版，简称《兽药典》）收载药物品种共计 1829 种，化学药品 592 种，包括片剂、注射剂、酊剂、胶囊剂、软膏（乳膏、糊剂）、滴眼剂、眼膏剂、粉剂、预混剂、内服悬液剂、颗粒剂、可溶性粉剂、外用液体制剂等 15 种剂型；中药 1114 种，包括散剂、胶剂、酊剂、颗粒剂、软膏剂、合剂、注射剂、灌注剂、流浸膏与浸膏剂等 11 种剂型；生药（疫苗）123 种。

1.2　国内外兽药的使用状况

1.2.1　国内外兽药的生产及使用状况调研

兽药在世界各国的使用中品种和数量非常巨大。德国市场上，2002 年统计有 2700 种兽药制剂，其中活性成分有 600 种，每年有 50t 药物广泛用于养殖业，其中，抗生素和抗寄生虫药物所占比例在 90%以上（Koschorreck et al.，2002）；英国市场上，2004 年时共计有 411 类兽药活性成分批准用于 962 种兽药产品，包括抗生素、抗球虫剂、杀外寄生虫药、杀内寄生虫药、激素制剂及免疫产品等。批准用于兽药的抗生素产品的已发布销售数据显示，2003 年英国累计出售 456t 治疗用抗生素（其中的 87%～93%用于食品动物）、241t 球虫抑制剂 AI、36t 抗菌生长促进剂（Capleton et al.，2006）。据 2004 年数据统计，欧盟的兽药活性成分年使用量大约为 6051t（Kools et al.，2008）。

1. 美国养殖业兽药的使用状况

在美国的相关网站上，尚未查到美国官方统计的每年兽药总生产及销售量。不过根据美国农业部（United States Department of Agriculture，USDA）调查，在仔猪或成年猪的生长阶段内，93%的猪都曾使用兽药（主要是抗生素），可见兽药在美国动物食品生产过程中是被广泛使用的，其中抗生素在畜禽业生产过程中，常以亚治疗剂量（<0.2g/kg）添加到饲料中，用于提高饲养效率和预防感染性疾病。

2001 年美国忧思科学家联盟（the Union of Concerned Scientists，UCS）的报告指出，每年美国使用抗生素的总量超过 1600 万 kg，其中近 70%是以亚治疗剂量的方式使用的。其实，1950 年美国抗生素的生产量只有 9.1 万 kg，而到 1999 年，抗生素的生产量已经飙升到 930 万 kg（AHI[①]，2002）。在抗生素生产量不断增长过程中，1998～1999 年的增长是十分显著的，一年的时间就增长了约 800 万 kg。在 1999 年抗生素总量中，约 800 万 kg 抗生素以亚治疗剂量作为饲料添加剂使用，而仅有 130 万 kg 抗生素用于感染疾病的治疗。

据粗略统计，美国 1996 年用在动物健康上的药物总花销为 33 亿美元，其中疾病治疗花费 23 亿美元，预防疾病和促生长药物花费 5.4 亿美元，提高禽畜免疫能力的疫苗类药物花费 4.6 亿美元。仅水产养殖业，美国每年抗生素消费量为 92.5～196.4t。根据家畜保健研究所（Animal Health Institute，AHI）2002 年的报告，美国有 1.09 亿头牛，75 亿只仔鸡，0.92 亿头猪，2.92 亿只火鸡。同期，美国国家农业统计局（National Agricultural Satistics Service，NASS）报告指出：美国有 1.04 亿头牛，86 亿只仔鸡，0.6 亿头猪，2.75 亿只火鸡（NASS[②]，2002）。各种类型药品使用量质量分数如图 1-1 所示。生产动物食品期间，伴随着大量农业污染物的产出。美国农业部估计肉食品动物共排出 1.4 亿 t 污染物（Horrigan et al.，2002）。

---

① 引自：Animal Health Institute. Http://www.ahi.org.

② 引自：National Agricultural Satistics Service. http: www.usda.gov/nass.

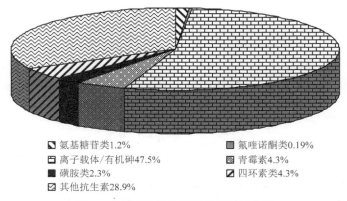

氨基糖苷类1.2%　　　　　　　　　　　　　氟喹诺酮类0.19%
离子载体/有机砷47.5%　　　　　　　　　　青霉素4.3%
磺胺类2.3%　　　　　　　　　　　　　　　四环素类4.3%
其他抗生素28.9%

图 1-1　美国各种兽药使用量质量分数

2. 欧洲养殖业兽药的使用状况

欧洲国家使用的兽药主要是抗生素和杀寄生虫类药物（Tolls，2001），抗生素类兽药占所有兽药用量的 70%以上（Halling-Sørensen et al.，1998）。丹麦抗菌药物的使用量为每年 200t，大部分（约 165t）用于养殖业的饲料添加剂及感染治疗。其中 100t 作为猪场的促生长调节剂，45t 为治疗性药物，10t 用于集约化渔场，11t 用于家禽的疾病防治（Wollenberger et al.，2000）。德国养殖业每年处方药物的用量达 100t，欧盟国家每年抗生素的消耗量达 5000t，其中四环素（tetracycline，TC）类兽药用量达 2300t（Hirsch et al.，1999）。

目前，养殖业使用的药物达上百种，英国和荷兰主要使用的兽药类型见表 1-2。

表 1-2　英国和荷兰养殖业主要使用的兽药种类

种类	作用	治疗疾病	举例
抗生素类	杀死微生物、抑制微生物繁殖或生长	细菌引起的疾病的治疗或预防	阿莫西林、林可霉素、土霉素、泰乐菌素、磺胺嘧啶
内生寄生虫药剂	杀死动物体内内生寄生虫	治疗或驱除动物肠胃、肝及肺内寄生虫	伊维菌素、噻嘧啶、三氯苯哒唑
球虫抑制剂	杀死动物肠内单细胞寄生虫	治疗球虫病、猪痢疾等	氨丙啉、氯砒啶、地美硝唑
抗真菌药	杀死或控制真菌病原菌	治疗真菌及酵母引起的病害	洛华盛、咪康唑
水产病害药剂	抑制水体中有害生物繁殖和生长	抑制海虱子及 funrunculosis	阿莫西林、甲基吡啶磷、赛灭宁、因灭汀、氟苯尼考、土霉素
激素类	协调细胞功能、感知细胞变化	感应排卵等活动、抑制排卵、提高食物消化	烯丙孕素、苯甲酸雌二醇、甲酸雌二醇、甲基睾酮
生长剂类	提高动物肉及其副产品产量	提高食物消化效率	黄磷脂、孟宁素、盐霉素
安乐死药剂	杀死患病动物		pentobarbotone sodium
镇定药物	使动物安定		phenonarbitone
非甾体抗炎药	抑制前列腺素产生		保泰松
预防、治疗胀痛病类药物	治疗胀痛类疾病（主要应用于牛）		dimethicones，ploxalene

最常用的抗菌药物种类是四环素，其次是磺胺类、甲氧苄氨嘧啶和 β-内酰胺。这四类抗菌药物占全部兽药销售额 82%。自 2004 年以来兽药的销售量下降。每吨食用动物所用抗生素量已从 2004 年的 0.08kg 下降到 2007 年的 0.06kg。表 1-3 是英国 2000 年各种抗生素的使用情况。

表 1-3　英国 2000 年各种抗生素的使用情况

治疗种类	活性物质	使用量/kg
四环素类	土霉素	8495
	金霉素（chlorotetracycline，CTC）	6256
	四环素	1517
磺胺类	磺胺嘧啶	14 224
	磺胺二甲嘧啶（sulfamethazine，SMT）	4933
	磺胺噻唑（sulfathiazole，STZ）	859
	磺胺多辛	545
β-内酰胺类	阿莫西林	17 432
	普鲁卡因青霉素	7223
	普鲁卡因苄青霉素	2811
	克拉维酸	2194
	氨苄西林	1487
	苄星青霉素（benzatine penicillin）	1363
	氯唑西林	1324
	头孢氨苄	1310
	青霉素	1273
	青霉素 V	834
氨基糖苷类	二双氢链霉素	5978
	新霉素	1079
	安普霉素	466
大环内酯类	泰乐菌素	5144
氟喹诺酮类	恩诺沙星（enrofloxacin，ENR）	799
2,4-氨基嘧啶	甲氧苄啶	2955
pleuromutilin derivatives	硫姆林	1435
林可酰胺类抗生素	林可霉素	721
	克林霉素	688

资料来源：艾美仕市场研究公司（IMS Health）。

丹麦是欧洲制药工业协会联合会（European Federation of Pharmaceutical Industries and Associations，EFPIA）的成员国。医药工业是丹麦赚取外汇的主要行业，其工业生产总值的 90%供出口。2001 年，该行业的贸易顺差占丹麦总贸易顺差的 1/3 左右。丹麦 1990～2000 年各种抗生素的使用情况如表 1-4 所示。

表 1-4 丹麦 1990～2000 年各种抗生素的使用量 （单位：kg）

抗生素种类	生长促进剂	1990 年	1992 年	1994 年	1996 年	1998 年	1999 年
杆菌肽	杆菌肽	3983	5657	13 689	8399	3945	63
黄霉素	黄霉素	494	1299	77	18	6	665
糖肽	阿伏霉素	13 718	17 210	24 117	0	0	0
离子载体	莫能菌素	2381	3700	4755	4741	935	0
	盐霉素	—	—	213	759	113	0
大环内酯类	螺旋霉素	12	—	95	15	0.3	0
	泰乐菌素	42 632	26 980	37 111	68 350	13 148	1827
低聚糖	阿维霉素	10	853	433	2740	7	91
喹噁啉	卡巴氧	850	—	10 012	1985	1803	293
	喹乙醇	11391	—	22 483	13 486	28 445	9344
	维吉霉素	3837	15 537	2801	5055	892	0
总和		79 308	99 650	115 786	105 548	49 294	12 283

资料来源：丹麦综合抗生素耐药性监测和研究计划（the Danish integrated antimicrobial resistance monitoring and research programme，DANMAP）。

3. 新西兰养殖业兽药的使用状况

新西兰位于南太平洋，面积不到 27 万 km^2，比我国的云南省还小。但它却是世界上最大的乳制品和羊肉出口国，其肉和奶制品的出口量居世界第一位，羊毛的出口量也仅次于澳大利亚，为世界第二位。一个多世纪以来，在发展畜牧业、生产乳制品、肉类、羊毛和纤维产品等方面，新西兰一直处于世界领先地位。畜牧业是新西兰经济的支柱行业，畜牧业用地约占全国土地总面积的 47%，畜牧业产值占农业总产值的 80% 左右，从事畜牧业的人口约占农业人口的 80%，它是世界上按人口平均养羊、养牛头数最多的国家。新西兰 1999 年各种抗生素的使用情况如表 1-5 所示。

表 1-5 1999 年新西兰各种兽药的使用量 （单位：kg）

种类	生长促进剂			预防用药			总
	牛	猪	禽	牛	猪	禽	
离子载体	4708	—	—	9391	—	3933	18 032
多肽	183	1390	9270	62	—	—	10 905
大环内酯		442			1312	2904	4658
糖肽类	—	—	—	—	—	1060	1060
链霉素类	851		40			—	891
四环素类	—	—	—	—	—	218	218
总	5742	1832	9310	9453	—	7897	35 764
非离子载体	1034	1832	9310	62	—	3694	17 732

资料来源：新西兰农林部（Ministry of Agriculture and Forestry，MAF），1999。

4. 我国养殖业兽药的使用状况

我国已成为世界养殖大国，肉类、禽蛋及水产品等主要畜牧业产品产量跃居世界第一。依据中国兽药协会的统计数据（2010 年），国内兽药销售的主要品种有抗微生物、抗寄生虫及解热镇痛抗炎类兽药。其中，抗微生物原料药年产量为 3.22 万 t，抗寄生虫原料药年产量为 0.53 万 t，解热镇痛抗炎原料药年产量为 0.02 万 t。《2010 年度兽药产业发展报告》显示，我国 1386 家兽药生产企业 2010 年完成生产总值 331.35 亿元，销售额为 304.38 亿元。同期，欧洲国际动物卫生联合会（International Federation for Animal Health Europe，IFAH）的调查数据显示，全球兽药产业（除中国）销售额 2010 年为 201 亿美元。可见，我国已成为名副其实的兽药生产、使用大国。

1.2.2　世界各国各类兽药抗生素使用情况比较

1. 世界各国各类兽药抗生素年使用量比较

近年来，抗生素在畜牧养殖业中扮演着越来越重要的角色，它们不仅用于畜禽养殖中疾病的防控，还被普遍用作饲料添加剂以提高养殖动物的生长速率。因此，抗生素的使用量在很多国家的养殖领域呈现出逐年增长的趋势。据不完全统计，世界范围内的抗生素年使用量在 2003 年以前已高达 10 万～20 万 t（Kümmerer，2003）。美国食品药品监督管理局（Food and Drug Administration，FDA）近期的一项调查显示：美国市场上销售的抗生素中有 80% 应用于畜禽的养殖。我国养殖业中抗生素的使用情况也不容乐观。作为世界上抗生素生产和使用最多的国家之一，2007 年的一项调查报告显示：我国各类抗生素的年生产量为 21 万 t，其中 46.1% 用于畜禽养殖业，相当于美国 1999 年畜禽养殖业使用量的 4 倍（Hvistendahl，2012）。以四环素类为例，金霉素年使用量高达 7.19 万 t，仅金霉素就比美国四环素类抗生素年使用量高 22 倍。我国其他类型的抗生素（磺胺类、大环内酯类、喹诺酮类）使用情况与四环素类相似，其中一种抗生素年使用量就远高于其他国家同一整类抗生素年使用量。美国是畜牧业生产的超级大国，各种畜产品的产量在世界上都居前列，因此对兽药抗生素的需求量也很高。韩国由于使用大量抗生素饲料添加剂（Kim et al.，2011），抗生素的使用量也远远超过欧洲一些国家。欧洲各国由于兽药抗生素使用监控体系较为健全，所以抗生素的使用量控制在一个较低的水平上。非洲的肯尼亚由于种植业比例大，而畜牧业欠发达，各类抗生素的年使用量均较低。大洋洲的新西兰家畜饲养以牛、羊、鹿等草食畜类为主，这些草食性畜类在畜产品总值中占 90% 以上，猪和家禽主要靠舍饲，至今所占比例较小，其兽药抗生素主要用于治疗禽畜疾病，很少作为饲料添加剂，使用量并不高。

中国和美国兽用抗生素的使用量远高于澳大利亚和许多欧洲国家（表 1-6），其原因不仅与中美两国的畜禽养殖数量多、发病率较高有关，还与中美两国在畜禽养殖过程中将兽用抗生素用于饲料添加剂以促进养殖动物的生长有关。

表 1-6　各国兽用抗生素的使用情况

国家	数量/1000 头			使用量/t			总量/t
	牛	猪	家禽	牛	猪	家禽	
澳大利亚	4500	700	80 700				932
丹麦	1107	25 785	121 735	11 (9.9)[a]	93 (3.6)	0.4 (0.003)	104.4
韩国	1819	8962	109 628	112 (62)	831 (93)	335 (3.1)	1278
挪威	930	802	3646				6
瑞士							16
英国	10 378	4851	159 323	7 (0.7)	281 (58)	20 (0.12)	308
美国	29 000	92 600	780 000	1 675 (58)	4 694 (51)	4 779 (6.1)	11 148
中国	152 911	603 674	4 360 000				105 000

注：a 括号内代表每头牛使用兽用抗生素的量（g/头）。

对世界各国兽药抗生素（包括磺胺类、四环素类、喹诺酮类、大环内酯类）年使用量的统计数据作对比（图 1-2），得到各个国家兽药抗生素使用量的大致排列顺序为，中国（亚洲）>美国（北美洲）>韩国（亚洲）>欧洲各国（丹麦，英国）>肯尼亚（非洲）>新西兰（大洋洲）。

鉴于抗生素滥用问题造成的危害，一些国家或地区十几年前已开始规范养殖业中抗生素的使用。例如，1998 年，欧盟禁止将抗生素添加于饲料中（Kim et al.，2011）；美国联邦法院则在 2012 年的一项裁决中要求食品药品监督管理局撤回关于养殖业中可以使用青霉素和四环素进行非治疗性用药的规定；韩国自 2012 年起开始计划停止将抗生素随意添加于饲料中。但是，我国目前还缺乏这样的强制性规范使用措施。

2. 世界各国兽药抗生素使用种类比较

世界各国使用兽药抗生素种类的比例随各国的兽药抗生素使用情况、使用历史、政策法规等不同而不同。例如在美国，兽药抗生素使用种类为四环素类（15.8%）>磺胺类（2.3%）>喹诺酮类（0.19%），而在新西兰兽药抗生素使用种类为大环内酯类/林可酰胺类（8%）>磺胺类（7%）>四环素类（4%）（Sarmah et al.，2006）。总的来看，四环素类抗生素在世界各国的畜牧业中使用普遍，使用量大。磺胺类抗生素由于在动物试验中有致癌的可能，并且易引发耐药性，世界各国对其使用的限制增多，使用量减少。世界上不少国家对人、畜共用的抗生素有严格的限制措施，喹诺酮类抗生素中的典型药物如氧氟沙星（ofloxacin，OFL）、诺氟沙星（norfloxacin，NOR）均是常见的人用抗生素，因此喹诺酮类抗生素在美国、丹麦等国家很少用作兽药，而在中国，喹诺酮类抗生素价格便宜、生产量大、购买渠道多，加之有关部门不重视喹诺酮类抗生素兽用过多的情况，监管力度不足，导致喹诺酮类抗生素在我国兽用情况普遍。大环内酯类的泰乐菌素是国外使用频率很高的兽药抗生素，我国 1994 年以前畜禽养殖业中使用的泰乐菌素从国外进口，价格很高，难以推广，虽然现在国内已有不少企业生产泰乐菌素，但泰乐菌素在我国并不像金霉素、土霉素、恩诺沙星等经典兽药抗生素那么普遍，对其生态方面的研究也不多。虽然大环内酯类在兽药抗生素中所占的比例不高，但由于使用量大，所以其对环境的影响不容忽视。

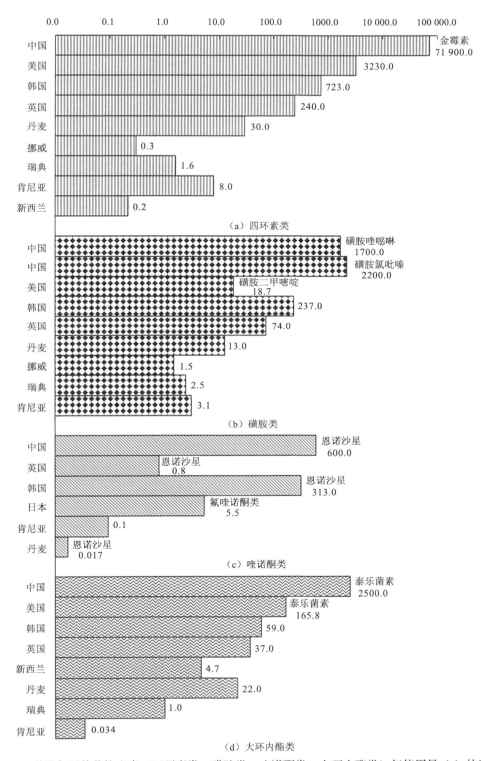

图 1-2　世界各国兽药抗生素（四环素类、磺胺类、喹诺酮类、大环内酯类）年使用量（t）的比较

资料来源：Sarmah et al., 2006; Kim et al., 2011; 中国兽药销售量年鉴, 2010

1.3　国内外兽药的管理现状

1.3.1　美国兽药的管理现状

1. 美国兽药管理机构设置

美国兽药管理由卫生、农业和环保三部门负责。食品药品监督管理局（FDA）执行《联邦食品、药品和化妆品法》（*Federal Food，Drug and Cosmetic Act*，FFDCA），负责动物化学药品的管理。FDA 的兽药中心负责审批和监督兽药、饲料添加剂及兽用器械上市，与美国联邦、州立机构共同确保动物健康和动物源食品安全，减少动物疫病的传播，提高动物源食品和纤维生产的效益。兽药中心还开展研究，监测产品的安全性和有效性，不断为改进决策而努力。FDA 的药品上市审评实行一级审评制度。药品审评研究中心与生物制品审评研究中心分别负责一般药品与生物制品注册审批，还针对特殊药品设立了专家咨询系统。药品现场考核由审评中心与 FDA 地区办公室负责。

2. 美国兽药环境管理法规体系

在美国，目前相关兽药管理的法律法规体系主要有联邦法案（federal act）、州法案（act）、行政规章（regulation）及其他指导性指南（guideline）等形式。

美国的兽药管理按兽药类别由不同的管理部门按不同的法律分别进行管理。兽用化学药品依据《联邦食品、药品和化妆品法》由美国食品药品监督管理局负责管理；兽用生物制品依据《病毒—血清—毒素法》由美国农业部负责管理，杀虫剂类兽药由美国国家环境保护局（U.S. Environmental Protection Agency，USEPA）负责管理。

1）新兽药研究管理

FDA 及兽药中心以法规、条令和指南等形式指导新兽药的研制。新兽药研究过程中，必须在临床上进行有效性和安全性试验。有效性是指产品保持申请者所声称的作用。安全性是指药物对动物、动物源食品、用药的或接触动物的人和环境是否有害。新兽药报批者必须负责进行所有合理的试验以确定药品的有效性和安全性。新兽药研究实验室必须遵循《新兽药研制实验室管理规范》。

2）注册管理

新兽药的注册需要向兽药中心提供详细的研究材料，经审核后方可注册。申请注册时，申请者应提交新兽药申请书（new animal drug application，NADA）与试验数据（包括药物的副作用）。申请书包括：签章过的新兽药申请书副本、申请书内容摘要、新兽药的化学、组成成分及每种成分的含量；新兽药制造、加工、包装所用的方法、设施和质量控制说明；产品样品、拟定的标签及说明；对动物和人所做的安全性和有效性研究报告；环境评估材料，用以确定产品是否安全、有效的资料摘要；生物研究监测方法陈述。用于动物食用的产品，还必须试验证明本品在动物可食性组织中不安全的药物残留，提交药物对食品的影响报告、残留检测和分析方法。FDA 对申请者提交的新兽药基本研究资料和其主要研究结果及结论审核后，在其网站上公布，征求或咨询有关专家意见后，做出批准决定，颁发许可证书。

3）生产管理

根据《联邦食品、药品和化妆品法》对兽药、饲料添加剂生产管理方面的规定，申请企业应当具备人员、厂房、设施、环境、管理等相应条件，向兽药中心（Center for Veterinary Medicine，CVM）提出申请并递交相关资料，获得 FDA 的生产许可后，方可从事兽药产品的生产。在生产该兽药时，生产企业必须保证生产的药物和注册的药物一致。

为了保证兽药品质，FDA 制定了兽药生产质量管理规范（good manufacture practive，GMP），要求生产企业遵照执行。兽药中心的监管事务办公室（Office of Regulatory Affairs，ORA）负责定期检查。当生产工艺和生产过程发生变化时，生产企业需向 FDA 提出补充申请，批准后才能进行生产的变更。

4）经营管理

美国对兽药的经营按照处方药和非处方药进行分类管理。处方药只有兽医医疗机构、得到许可的兽药批发商或零售药房才有资格销售，其他任何单位和个人不得销售，否则视为违法。

任何从事兽药经营的企业、机构和人员，都应该在兽药中心登记其姓名、营业场所和企业机构名称，并提交其所经营的各种兽药和用品的名单。兽药中心对其进行编号，并在规定的时间内公布。

对于上市的兽药，法定质量监督检验机构按照规定的试验和分析方法，对其含量、质量、纯度进行测定。上市兽药的质量和纯度要得到保证。如果检查结果不符合规定，该兽药则被视为伪劣产品，不得销售和使用。兽药饲料添加剂的销售，需要向兽药中心申请，获得批准后方可进行销售活动。

5）使用管理

《联邦食品、药品和化妆品法》对兽药的使用作了非常明确而具体的规定。人畜共享的药物必须按照执业兽医的处方并在其指导下使用。

饲料药物添加剂的使用也必须依据执业兽医出具的加药饲料处方向兽药中心提出申请，并在执业兽医的指导监督下使用。执业兽医应对其出具的加药饲料处方负责。如果要将某种兽药用于饲料，必须提出申请，并在执业兽医的指导下使用。对获得专利的新兽药使用须获得授权。如果兽药中心发现与申报中不符或使用中发现问题，其有权要求停售或暂停使用该药物。如果违反以上规定，将视为非法使用药物。

6）进出口管理

《联邦食品、药品和化妆品法》规定：向美国出口某种兽药，国外从事该兽药制造、制备、调配或加工的企业，应当向 FDA 提出注册申请。申请时除按要求提供资料和样品外，还要提交该企业在美国代理商的相关资料。注册手续由代理商完成。注册过程中，FDA 派人员对生产企业是否符合 GMP 条件进行检查，对不符合要求的，一律不批准注册。注册一旦批准，FDA 向代理商发出批准件，该药就可以由代理商组织进入美国。每次进口时，美国政府指定的兽药检验机构都要对进口兽药抽样检查，阻止不合格产品进入美国。如果进口的兽药违反了相关规定，FDA 有权禁止该兽药再进入美国，并对其代理商和生产企业作出相应处罚。FDA 局长有权批准紧急情况下所需兽药的进口。

对于出口药物，《联邦食品、药品和化妆品法》也作了相应的限制规定：要求不违背公众健康安全；出口兽药的标签应当符合进口国的要求；符合进口国的法律规定并且获得进口国的批准。出口兽药者需要提供可被接受的科学证据，证明该兽药在被出口国家的使用是安全和有效的，同时也需要提供有关兽药副作用等信息；在美国禁止使用的兽药，原则上不允许出口。

3. 美国兽药风险评价的程序

美国是世界上兽药生产量最大的国家，美国的兽药管理无论是法律法规还是各项制度都比较完备，对兽药的管理也很有效。美国的兽药管理以联邦政府管理为主，联邦与各州政府相互配合。联邦法律授权国家环境保护局（USEPA）负责管理在美国登记使用的所有兽药。

USEPA 内有许多部门参与兽药的管理，主要是杀虫剂类兽药，具体有农药项目办公室（Office of Pesticide Project，OPP），预防农药及有毒物质办公室（Office of Prevention，Pesticides and Toxic Substances，OPPTS），以及 10 个地区办公室。10 个地区办公室和USEPA 一起管理兽药的登记、生产、销售、使用及处理。OPP 的主要职能是控制美国所有农药/兽药的使用并规定食品中农药/兽药残留的最大限量标准，以此保护整个国家的食品供应安全。OPPTS 的职能是促进化学品的安全使用及相关技术的发展，通过工业企业的自愿行动防止污染，增强公众的知情权等。USEPA 还与其他部门，如食品药品监督管理局、农业部及各州就兽药登记及管理工作进行合作。USEPA 管理的宗旨是防止兽药的使用对人类健康和环境产生不利影响。

1.3.2 欧盟兽药的管理现状

就欧盟成员国而言，在兽药管理立法方面主要是将欧盟的条例、指令、决定转化为国内立法。欧盟成员国兽药管理立法主要有两种形式：一是国内法和决定，由欧盟成员国制定，仅在该成员国生效；二是"软法律"，如决议（resolution）、指南（guidelines）、公告（notices）和建议（proposals），主要用来解释法律和提示相关信息及具体做法，其本身不具有法律约束力，除非将其上升为法律。

1. 欧盟兽药管理的机构设置

欧盟委员会（European Commission）主要设立三个机构负责兽药管理工作：一是欧盟委员会常委会（standing committee），由各成员国出 1 名政治家组成，从政治、伦理等方面提出意见。二是欧洲药品审评局（EMEA），由欧盟委员会指定人员组成，负责人类用药和兽药的行政管理（特别是许可证管理）及法规指南的起草。三是欧洲兽用药品委员会（Committee for Veterinary Medicinal Products，CVMP），各成员国派 2 人参加，负责兽药技术事务管理和评价，欧洲兽用药品委员会有一个由 300 多名专家组成的专家库，负责对新兽药的安全性进行评价。

2. 欧盟兽药注册的管理办法

兽药注册制度是新兽药临床实验完成后生产前的一项重要制度。欧盟法律对兽药注册的程序、时限、内容、需提交的材料等都作了详尽的规定。

根据《欧盟兽医药品法典》（欧洲议会和理事会指令 2001/82/ EC，简称《欧盟药典》）的规定，欧盟的兽药注册由欧盟医药注册总局负责，欧盟成员国也有各自的注册机构。欧盟兽药注册分为中央注册和非中央注册。中央注册是指在欧盟委员会的注册，获得中央注册后，在其他国家就可免注册，欧盟成员国之间自动实施相互认可程序。非中央注册是指在欧盟成员国的注册，其效力只及于批准注册的成员国。生物工程制品（如转基因疫苗、转基因制品、以生物工程方法研制的产品），欧盟要求实行中央注册；新化学药、新毒株和其他新技术产品，由企业自主决定是实行中央注册还是非中央注册；其他兽药产品，实行非中央注册。无论是中央注册，还是非中央注册，注册有效期均为 5 年。中央注册的费用约为 5 万欧元，非中央注册的费用，各成员国不同，一般为几百至几千欧元。

欧盟兽药中央注册程序：①新兽药申请者提前 14 天索取申请注册的表格和相关材料，并将该新兽药的注册申请材料提交给欧盟委员会，中央注册程序开始计时；②欧盟委员会将注册申请材料转交欧洲药品审评局进行行政性审查，欧洲药品审评局对有关材料征求意见并进行评估，时限为 70 天；③合格的，由欧洲药品审评局转交欧洲兽用药品委员会进行技术性审查，欧洲兽用药品委员会从 300 多人的专家库中抽取专家组成评审组对该兽药的质量、安全性、有效性提出意见，时限为 50 天，评审中一旦提出问题，计时中止；④新兽药申请者就评审组所提问题做出答复，计时重新开始；⑤评审组对有关答复进行评审，时限为 60 天；⑥经评审合格的，举行听证会，时限为 1 天；⑦评审组代表欧洲兽用药品委员会为欧洲药品审评局提交一个技术性评审结论，时限为 29 天；⑧欧洲药品审评局将该评审结论提交欧盟委员会常委会，由欧盟委员会常委会提出有关政治意见，报欧盟委员会审定；⑨1～2 个月以后欧盟委员会做出注册决定，随即产生法律效力，在欧盟所有成员国生效。

欧盟兽药非中央注册程序：①新兽药申请者提前 14 天索取申请注册的表格和相关材料，并将该新兽药的注册申请材料提交给欧盟某一成员国兽药注册机构，非中央注册程序开始计时；②该成员国兽药注册机构就该兽药的质量、安全性、有效性提出问题，时限为 56 天；③新兽药申请者就该成员国兽药注册机构所提问题做出答复，时限为 10 天；④该成员国兽药注册机构召开论证会，对该新兽药进行评审，时限为 12 天；⑤该成员国兽药注册机构就是否注册做出决定，时限为 12 天，新兽药申请者如果对"决定"有异议，可以向欧洲兽用药品委员会申请救济，欧洲兽用药品委员会投票对"决定"做出裁决；⑥对已在欧盟某一成员国获得注册的兽药产品，新兽药申请者可以在欧盟其他成员国申请相互承认。

此外，欧盟法律还规定了兽药注册的特例，即当有重大疫情大规模爆发时，欧盟急需的特殊兽药，只要有标签和说明书，并且有明显的疗效，不需履行注册手续，就可视为已注册的兽药。

对已申请注册的兽药，欧盟药典委员会在每年年初就该注册兽药的质量、安全性和有效性进行评估，然后决定是否纳入《欧盟兽医药品法典》。欧盟药典委员会由药品方面的专家组成，经费由各成员国提供；欧盟药典委员会下设常委会，常委会委员由欧盟成员国政府和世界卫生组织（World Health Organization，WHO）指派。

3. 欧盟兽药风险评价的程序

欧洲药品管理机构欧洲药品审评局是欧盟药品行政管理机构，隶属于欧洲委员会工业企业司（Directorate General—Industry and Enterprise），实行董事会管理制。欧盟委员会健康和消费者保护总司是欧盟的兽药残留主管部门。它根据欧盟条约和相关法规赋予的权力，行使其对公共卫生、食品安全、兽医和植物卫生标准的控制，包括动物福利、科技咨询和消费者保护等方面的权力，确保欧盟高水平保护消费者利益。欧洲食品安全局（European Food Safety Agency，EFSA）专门承担食品安全风险分析评价工作，以保护消费者健康，恢复和维持消费者对食品安全的信心。

对于欧盟及欧洲经济区内的国家，指令 2001/82/EC 及其后续修订案中已经明确规定了兽药产品获得上市授权的要求。附件 I 关于此指令的部分详细介绍了提交上市授权申请材料时必须提供的质量、安全和功效相关数据。指令 2001/82/EC（及其修订案）要求申请人，除了质量、安全和功效相关数据外，还应说明在储藏该兽药产品、为动物注射该产品及处置药品废料时应采取哪些测试方法和预防措施，同时还应指出该产品对于人类和动物的健康，以及对环境可能存在的潜在风险。

欧盟医药管理局的兽用药品委员会和欧盟委员会公布了相关指导方针的具体事宜。对于在《欧盟药典》专著中涵盖的药物产品或疫苗等问题，在相关专著中提供了具体要求。责任机构将评估所有数据，并且在发放上市授权前执行风险评估及效益/风险分析。

1.3.3　澳大利亚兽药的管理现状

澳大利亚号称"骑在羊背上的国家"，以养羊养牛为主的畜牧业非常发达，是世界畜牧业生产大国之一。澳大利亚联邦政府设立农药和兽药管理局（Australian Pesticides and Veterinary Medicines Authority，APVMA），负责兽用化学药品和农药的注册管理。

1. 澳大利亚兽药管理机构设置

目前，所有的行动和决议都由 APVMA 或其代表做出。联邦政府的作用是开发、管理、评价和不断改进兽用化学药品和农药的管理体系。由澳大利亚联邦政府、各州和各地区政府及新西兰的农业部组成的国家初级产业部长理事会（Council of Ministers of the

State Primary Industry，PIMC）领导这些工作。PIMC 向产品安全和诚信委员会
（Commission on Product Safety and Integrity，PSIC）咨询有关兽用化学药品和农药方面的
管理建议。PSIC 成员如下：澳大利亚联邦政府、各州和地区政府的初级工业部门或农
业部门；澳大利亚联邦科学与工业研究组织（Commonwealth Scientific and Industrial
Research Organisation，CSIRO）及 APVMA。还有工作场所关系部长理事会、澳大利亚
卫生部长理事会和环境保护与遗产理事会的代表。PSIC 还与一些国家级代表的兽药和
农药业界、农业界、职业的和研究性的公共机构，以及社区卫生、消费者和环境利益等
方面的非政府组织合作。

2. 澳大利亚兽药注册的管理办法

　　APVMA 负责国家级的兽用化学药品和农药注册计划。该计划对所有在澳大利亚使
用的兽用化学药品和农药的生产和供应进行注册和管理。澳大利亚的其他一些政府机构
也帮助 APVMA 对兽用化学药品和农药进行评价：①化学品安全办公室（卫生与老龄化
处），负责毒理学和工作人员安全方面的评价；②环境和遗产处，就产品是否会对环境
造成危害及如何避免危害提供评价意见；③州/地区初级工业部门或农业部门，环境保
护当局和独立的评审员针对产品控制有害生物和疾病的能力提出意见。

　　APVMA 于 2004 年颁布第二版《兽药和农药注册要求及指导原则》（*Manual of
Requirements and Guidelines*，MORAG）。MORAG 是 APVMA 为澳大利亚生产和使用
兽药和农药设立的注册要求和指导原则，覆盖如下活动：①有效成分的批准；②制剂产
品的注册；③对有效成分、制剂标签进行改变的审批，以及新标签的审批。MORAG 分
两版：兽药版（Vet MORAG）和农药版（Ag MORAG）。两版的总则基本一致，各版
则分别涉及农药和兽药，各版有90%的内容基本一致。每版MORAG都分五卷。在同时
注册有效成分和制剂及审批标签时需要全套技术资料，如表 1-7 所示。

表 1-7　全套技术资料

资料编号	详细描述
Part 1	申请综述
Part 2	有效成分和制剂的产品和制造技术资料
Part 3	有效成分和制剂毒理学资料
Part 4	代谢和动力学
Part 5	残留和贸易
Part 6	职业卫生与安全
Part 7	环境
Part 8	药效和对动物的安全性
Part 9	其他贸易问题
Part 10	特殊资料要求

1.3.4　我国兽药管理现状

目前，我国农业部负责全国的兽药监督管理工作，具体由农业部兽医局药政药械处负责，中国兽医药品监察所兽药评审中心承担日常兽药登记管理工作。根据现行的《兽药管理条例》和《兽药注册管理办法》，只有申请注册新兽药和进口兽药时，需要提供兽药的环境影响资料，而这项资料大多也只是通过文献查阅等形式获得，资料的审查没有环境部门的专家参与。对于已有国家标准的兽药，申报时需填写《兽药注册申请表》，申请内容完全未涉及环境影响的监管。正因如此，环保部门对兽药的生产、使用没有进行有效的监管。

上述发达国家对兽药的管理中，安全性评价都涉及兽药对环境的影响评价，登记注册要求中都包含兽药对环境影响的技术资料。FDA 在借鉴农药风险评价的基础上分别制定了第 89 号指南和第 166 号指南，指导兽药上市前的环境安全评估。《欧盟兽医药品法典》（欧洲议会和理事会指令 2001/82/EC）规定，兽药生产商申请兽药上市前，需提供详细的兽药环境行为和生态毒理学研究数据，按照 EMEA 及 CVMP 提出的兽药风险评估技术导则进行基于模型预测的多层次生态风险评估，为兽药的环境管理提供依据。可见，发达国家对兽药的环境管理有极其严格的要求，而我国对兽药的管理仅局限于监控动物食品中兽药残留水平，我国在兽药的环境管理方面与发达国家存在着非常大的差距。

参 考 文 献

Boxall A B A, Fogg L A, Blackwell P, et al. 2004. Veterinary medicines in the environment. Rev Environ Contam Toxicol, 180: 1-91.

Cabello D R, Bianchi-Perez G, Ramoni-Perazzi P. 2006. Population dynamics of the rat *Microryzomys minutus*（Rodentia: Muridae）in the Venezuelan Andes. Rev Biol Trop, 54（2）: 651-655.

Capleton A C, Courage C, Rumsby P, et al. 2006. Prioritising veterinarymedicines according to their potential indirect human exposure and toxicity profile. Toxicol Lett, 163, 213-223.

Halling-Sørensen B, Nielsen S N, Lanzky P F, et al. 1998. Occurrence, fate and effects of pharmaceutical substances in the environment–a review. Chemosphere, 36（2）: 357-393.

Hirsch R, Ternes T, Haberer K, et al. 1999. Occurrence of antibiotics in the aquatic environment. Sci Total Environ, 225（1~2）: 109-118.

Horrigan L, Lawrence R S, Walker P. 2002. How sustainable agriculture can address the environmental and human health harms of industrial agriculture. Environ Health Perspect, 110（5）: 445-456.

Hvistendahl M. 2012. Public health. China takes aim at rampant antibiotic resistance. Science. 336（6083）: 795.

Kim K R, Owens G, Kwon S I, et al. 2011. Occurrence and environmental fate of veterinary antibiotics in the terrestrial environment. Water, Air, Soil Pollut, 214（1）: 163-174.

Kim Y, Jung J, Kim M, et al. 2008. Prioritizing veterinary pharmaceuticals for aquatic environment in Korea. Environ Toxicol Pharmacol, 26（2）: 167-176.

Kools S A E, Moltmann J F, Knacker T. 2008. Estimating the use of veterinary medicines in the European union. Regul Toxicol Pharmacol, 50（1）: 59-65.

Koschorreck J, Koch C, Rönnefahrt I. 2002. Environmental risk assessment of veterinary medicinal products in the EU—a regulatory perspective. Toxicol Lett, 131（1-2）: 117-124.

Kümmerer K. 2003. Significance of antibiotics in the environment. J Antimicrob Chemother, 52（1）: 5-7.

MAF（Ministry for the Agriculture and Forestry）. 1999. Expert Panel Review on Antibiotic resistance and in-feed use of antibiotics.

Sarmah A K, Meyer M T, Boxall A B A. 2006. A global perspective on the use, sales, exposure pathways, occurrence, fate and effects of veterinary antibiotics （VAs） in the environment. Chemosphere, 65（5）: 725-759.

Tolls J. 2001. Sorption of veterinary pharmaceuticals in soils: a review. Environ Sci Technol, 35（17）, 3397-3406.

Tong L, Li P, Wang Y X, et al. 2009. Analysis of veterinary antibiotic residues in swine wastewater and environmental water samples using optimized SPE-LC/MS/MS. Chemosphere, 74（8）: 1090-1097.

Wollenberger L, Halling-Sorensen B, Kusk K O. 2000. Acute and chronic toxicity of veterinary antibiotics to *Daphnia magna*. Chemosphere, 40（7）: 723-730.

第 2 章　典型兽药在养殖场的污染特征分析

2.1　国内外兽药环境污染状况

2.1.1　兽药在动物粪便中的暴露状况

兽药可以通过药物生产排放、污水处理排放、处理未使用的或过期的药物、坡面径流、施用投喂过抗生素的牲畜的粪便作为肥料等多种方式进入环境，其中，最主要的途径为施用投喂过抗生素的牲畜粪便施于农田（图 2-1）。因此，各类兽药的环境暴露水平与其在养殖业的使用情况、储存和施用粪便的具体操作密切相关。

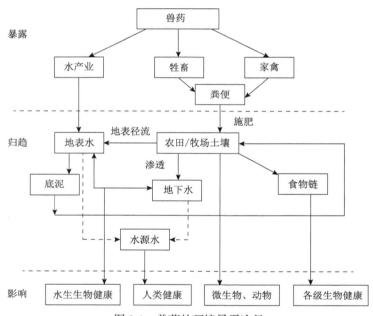

图 2-1　兽药的环境暴露途径

大多数兽药抗生素很难被牲畜的消化系统吸收，多以原药形式随粪便和尿液排出体外，甚至有些抗生素的排泄率高达 90%（表 2-1）。投喂畜禽四环素，四环素会很快地随着粪便和尿液排放到环境中，有个别畜禽个体甚至能在相当长的一段时间内持续排出四环素。对大多数畜禽来说，在施药 2 天后能在其排泄物回收到 72% 活性成分（Winckler and Grafe，2001）。四环素、土霉素、磺胺二甲嘧啶、恩诺沙星、泰乐菌素等兽药抗生素在猪粪、牛粪、鸡粪中普遍地被检测到，其中，四环素类的排泄率为 69%～86%，磺胺类的排泄率为 67%～90%，喹诺酮类的排泄率为 30%～83.7%，大环内酯类的排泄率为 50%～100%（表 2-1）。

表 2-1　服药后兽药抗生素经尿液和粪便排泄的比例

类别	物质	排泄率	参考文献
四环素类	土霉素	69%～86%	http://www.inchem.org/
	四环素	80%	Hirsch et al.，1999
	金霉素	>70%	Hirsch et al.，1999
磺胺类	磺胺甲噁唑（sulfamethox-azole，SMX）	80%～90%	Jjemba，2006
	磺胺二甲嘧啶	～90%	Halling et al.，2001
	磺胺噻唑	67%	Kim et al.，2008
喹诺酮类	环丙沙星（ciprofloxacin，CIP）	83.7%	Jjemba，2006
	诺氟沙星	30%	Jjemba，2006
大环内酯类	泰乐菌素	50%～100%	Arikan et al.，2009

表 2-2 列举了在不同牲畜粪便中兽药抗生素（四环素类、磺胺类、喹诺酮类、大环内酯类）的暴露浓度（exposure concentration）。从各国的暴露情况来看，除大环内酯类外，我国各种类型的兽药抗生素的暴露浓度均高于世界其他国家，其中，我国四环素类的暴露浓度为 400～183 500μg/kg，世界其他国家为 46～11 900μg/kg；我国磺胺类的暴露浓度为 100～46 700μg/kg，世界其他国家为 20～10 800μg/kg；我国喹诺酮类的暴露浓度为 400～1 420 760μg/kg；我国大环内酯类的暴露浓度为 230～350μg/kg，世界其他国家为 12.4～3700μg/kg，这与兽药抗生素在各国使用量的统计结果相一致。由于我国地域辽阔，各地兽药抗生素使用情况不同，地区间的暴露情况也有不少差别，但均处于较高的暴露水平。从这四种兽药抗生素来看，我国喹诺酮类抗生素暴露浓度最高，其次为四环素类抗生素，最后为磺胺类抗生素。

表 2-2　不同牲畜粪便中兽药抗生素的暴露浓度

抗生素类别	抗生素名称	浓度/（μg/kg）	动物种类	国家	参考文献
四环素类	四环素	400	猪	中国	Pan et al.，2011
		15 264	猪	中国	Qin et al.，2011
		8300～43 500	猪	中国	Hu et al.，2010
	土霉素	5300～183 500	猪	中国	Hu et al.，2010
		400	猪	中国	Pan et al.，2011
		59 590	猪	中国	Zhao et al.，2010
		59 060	牛	中国	Zhao et al.，2010
	金霉素	27 590	猪	中国	Zhao et al.，2010
		2600	猪	中国	Pan et al.，2011
		21 060	牛	中国	Zhao et al.，2010
		400～26 800	猪	中国	Hu et al.，2010

续表

抗生素类别	抗生素名称	浓度/（μg/kg）	动物种类	国家	参考文献
四环素类	金霉素	6040	鸡	中国	Zhao et al.，2010
		119	猪	加拿大	Aust et al.，2008
		46	猪	澳大利亚	Martinez-Carballo et al.，2007
		9990	猪	加拿大	Aust et al.，2008
		11 900	鸡	美国	Dolliver et al.，2008
磺胺类	磺胺二甲嘧啶	10 800	鸡	美国	Dolliver et al.，2008
		100～32 700	猪	中国	Hu et al.，2010
		100	鸡	中国	Hu et al.，2008
	磺胺二甲氧嘧啶（sulfadimetha-zine，SDM）	91	鸡	澳大利亚	Martinez-Carballo et al.，2007
		20	猪	澳大利亚	Martinez-Carballo et al.，2007
		46 700	猪	中国	Zhao et al.，2010
		33 260	牛	中国	Zhao et al.，2010
喹诺酮类	恩诺沙星	1 420 760	鸡	中国	Zhao et al.，2010
		400	猪	中国	Pan et al.，2011
		19 590	猪	中国	Zhao et al.，2010
	环丙沙星	3300～24 700	猪	中国	Hu et al.，2010
		29 590	猪	中国	Zhao et al.，2010
		33 980	牛	中国	Zhao et al.，2010
		45 590	鸡	中国	Zhao et al.，2010
	氧氟沙星	1200～15 700	猪	中国	Hu et al.，2010
大环内酯类	泰乐菌素	230～350	各类粪便	中国	李艳霞等，2012
		12.4	猪	加拿大	Aust et al.，2008
		3700	鸡	美国	Dolliver et al.，2008

此外，对激素类兽药，其环境迁移的范围较广，如大气浮尘中的此类物质可通过降水融入土壤。Lorenzen 等（2004）调查了几种常见的动物有机肥料中的激素水平，发现腐熟的猪粪有机肥料中雌激素水平最高，17β-E_2 含量为 5965 μg/kg。

2.1.2 兽药在土壤中的暴露状况

研究表明，重复施用含抗生素的粪便或堆肥会使兽药抗生素在土中增高，例如，含金霉素和泰乐菌素的猪粪以 168 kg/hm^2 施入田中，每公顷土壤中存在 387g 金霉素和 202g 泰乐菌素（Kumar et al.，2005a，2005b）。世界各国已有较多土壤里检测到各种抗生素的报道（表 2-3），如果不考虑兽药抗生素在土壤中的降解等因素，其在土壤中的暴露浓度会比表 2-3 中的实际测量数据要高。

欧盟早在 1997 年就提案：如果某种兽药抗生素在土中的暴露浓度超过 1μg/kg，需要对其进行进一步的环境评价（Spaepen et al.，1997；Kuhne et al.，2000），随着对兽药环境行为的研究不断深入，国际兽药协调委员会（Veterinary International Cooper-ation on Harmonization，VICH）将需进一步评估的浓度重新界定在 100μg/kg（VICH，2000）。在美国，某种兽药抗生素在土壤中的暴露浓度如果超过 100μg/kg，注册时需提供其对蚯蚓、土壤微生物、植物均没有生态毒性的证据。

表 2-3　兽药抗生素在土壤中的浓度

种类	物质	浓度/（mg/kg）	国家	参考文献
四环素类	土霉素	124～2683	中国	Hu et al.，2010
		0.0009～0.0086	德国	Hamscher et al.，2002
	金霉素	33.1～1079	中国	Hu et al.，2010
		52	加拿大	Aust et al.，2008
		86.2	德国	Hamscher et al.，2002
		20～30	德国	Pawelzick et al.，2004
		0.0007～0.0095	德国	Hamscher et al.，2002
	四环素	0.7761	中国	Qin et al.，2011
		0.0011～0.0396	德国	Hamscher et al.，2002
磺胺类	磺胺甲噁唑	0.1～0.9	中国	Hu et al.，2010
	磺胺二甲氧嘧啶	1.2～9.1	中国	Hu et al.，2010
	磺胺氯哒嗪	1.3～2.5	中国	Hu et al.，2010
	磺胺二甲嘧啶	72	加拿大	Aust et al.，2008
		4.5	德国	Pawelzick et al.，2004
喹诺酮类	氧氟沙星	0.6～1.6	中国	Hu et al.，2010
	恩诺沙星	0.204	土耳其	Ötker et al.，2008
大环内酯类		50	丹麦	Halling et al.，2005

2.1.3　兽药在水环境中的暴露状况

抗生素进入水环境的原因有多种，其中最主要的是医用药物和农用兽药的大量使用。医用抗生素的使用主要在医院和家庭，此类抗生素不能被人体完全代谢，未代谢的抗生素和代谢产物通过人体排泄进入市政污水系统（Brown et al.，2006），然后通过污水收集系统进入污水处理厂。污水处理厂在一定程度上能很好地阻碍抗生素进入环境中。Chang 等（2010）调查了重庆三峡库区医院废水、屠宰厂废水、污水处理厂等 5 种不同水源水中的抗生素含量，评估了污水处理厂对典型抗生素的去除效率，发现泰乐菌素、氧四环素和四环素的去除率接近 100%。然而，畜禽粪便没有经污水处理厂接受三级废水处理，大量的兽药抗生素以耕作还田的形式进入环境。此外，水产养殖业中兽药抗生素的大量使用，也是其进入水环境的一个重要途径。

目前，许多国家地表水甚至地下水发现了磺胺、喹诺酮和大环内酯类等抗生素的存在。天然地表水中抗生素的来源多样，存在的种类较多，对水环境的影响较复杂。由于土壤层的天然净化作用，地下水受抗生素污染程度较低。然而地下水如果作为饮用水水源，其中的抗生素残留仍然对人类健康有着不容忽视的影响。世界各地不同水环境中检测到的抗生素种类及残留数据见表 2-4。从表中看出，中国地表水的抗生素检出浓度与世界其他国家对比处于一个较高水平。土壤吸附性弱，易淋溶磺胺类抗生素在中国、德国、美国的地下水均有被检出的报道，而土壤吸附性强，不易淋溶四环素类和喹诺酮类抗生素由于在我国的使用量巨大，环境浓度很高，Tong 等（2009）报道了在湖北省的一养殖场附近的地下水检测出四环素类和喹诺酮类抗生素。

表 2-4 不同水环境中的兽药抗生素种类及残留

种类	物质	浓度/（μg/L）	来源	参考文献
四环素类	土霉素	8	中国地表水	刘虹等，2007
		0.0086	中国地下水	Tong et al.，2009
		0.07～1.34	美国地表水	Lindsey et al.，2001
	金霉素	3.4	中国地表水	刘虹等，2007
	四环素	4.4	中国地表水	刘虹等，2007
		0.0038	中国地下水	Tong et al.，2009
磺胺类	磺胺二甲嘧啶	0.0058	中国地下水	Tong et al.，2009
	磺胺甲噁唑	4.33	越南地表水	Hoa et al.，2011
		18.85	中国地表水	阮悦斐等，2011
		0.47	德国地下水	Hirsch et al.，1999
		0.22	美国地下水	Lindsey et al.，2001
喹诺酮类	氧氟沙星	20.63	中国地表水	阮悦斐等，2011
		0.018	意大利地表水	Castiglioni et al.，2004
		0.0025	中国地下水	Tong et al.，2009
	恩诺沙星	0.003	中国地下水	Tong et al.，2009
大环内酯类	红霉素	0.004	中国地表水	章琴琴等，2012
		2.246	越南地表水	Hoa et al.，2011

Shore 等（1998）对使用畜禽粪便土地附近的河流进行了调查，发现 17β-E_2 的浓度为 5.0ng/L，足以对环境产生危害。Finlay-Moore 等（2000）对使用雏鸡粪便的土地进行了测定，发现土壤中的 17β-E_2 浓度可达 675ng/kg，而附近地表水中的 17β-E_2 浓度也达到 50～2300ng/L。Peterson 等（2000）也对使用家禽家畜肥料的土地作了类似的调查，发现附近地下水中的 17β-E_2 浓度为 6～66ng/L。

2.1.4　兽药在沉积物中的暴露情况

进入水体的兽药抗生素会被悬浮颗粒吸附并随之沉降至沉积物中（Jacobsen and Berglind，1988），进入底泥后兽药抗生素分解难度加大（Samuelsen，1989）。底泥中兽药抗生素的浓度随其结构不同存在很大的差异，一般在 μg/kg 量级，水产养殖场的底泥中兽药抗生素的浓度则相对较高。

在我国，兽药抗生素在沉积物中污染较为普遍，河流、湖泊等水环境的沉积物中均有检测出各类兽药抗生素的报道，而在污水处理厂、水产养殖场附近水环境中的沉积物污染尤为严重，兽药抗生素的检出浓度高达 376.4μg/kg。表 2-5 反映了我国各地区兽药抗生素在沉积物中的暴露浓度。

表 2-5　中国各地区兽药抗生素在沉积物中的暴露浓度

种类	物质	浓度/（μg/kg）	区域	参考文献
四环素类	土霉素	276.6	苕溪流域底泥	陈永山等，2011
		67	北京某污水处理厂	王硕等，2013
	金霉素	131.6	苕溪流域底泥	陈永山等，2011
	四环素	55.7	苕溪流域底泥	陈永山等，2011
磺胺类	磺胺二甲嘧啶	2.6	苕溪流域底泥	陈永山等，2011
		0.81	邕江表层沉积物	伍婷婷等，2013
		21.3	广州市某河涌底泥	伍婷婷等，2013
喹诺酮类	氧氟沙星	376.4	北京某污水处理厂	王硕等，2013
		1.2	苕溪流域底泥	陈永山等，2011
大环内酯类	环丙沙星	242.6	北京某污水处理厂	王硕等，2013
	红霉素	7.82	邕江表层沉积物	伍婷婷等，2013
		125.6	广州市某河涌底泥	唐才明等，2009

2.2　环境介质中典型兽药的监测分析技术

2.2.1　环境介质中兽药分析技术概况

1. 环境介质中兽药的提取方法

水相中磺胺、四环素、喹诺酮和激素类药物提取最常用的方法（D´laz-Cruz et al.，2008；Xiao et al.，2001）是固相萃取法（solid phase extraction，SPE），该方法操作简单方便，同时具有回收率高、重现性好等优点。目前，国内外有关 SPE 方法提取水相中四类药物的报道有很多。D´laz-Cruz 等通过比较 HLB 小柱、MCX 小柱，以及 HLB 小柱和 MCX 小柱串联对磺胺的提取效率，建立了水相中同时提取多种磺胺类药物的方法，使用 HLB 小柱提取污水中的磺胺类药物,回收率达到 93.7%～106.6%。Pailler 等(2009)通过比较 C$_{18}$ 小柱和 HLB 小柱对药物的提取效率,建立了地表水和污水中的磺胺、四环素和激素类药物同时提取的固相萃取方法,样品过 HLB 小柱后,使用 LC-MS/MS 分析,所有样品的回收率高达 70%～94%,方法的检测限达到 1ng/L,并利用所建立的方法分析了卢森堡地表水和污水中的磺胺、四环素和激素类药物。也有运用固相微萃取技术对废水样本进行前处理(Balakrishnan et al.,2006)的报道,以及基于碳纳米管的固相萃取-分散液液微萃取法(李鱼等,2012)和酶联免疫法(胡双庆等,2011)。但是,这些方法操作相对复杂,提取效率比固相萃取方法低,已经逐步被固相萃取方法所取代。

固相介质中磺胺、四环素、喹诺酮和激素类药物常用的提取方法有振荡提取、超声提取、微波提取及加速溶剂萃取(accelerated solvent extraction,ASE)等。微波提取是利用微波加热溶剂,使样品中的目标物分配到溶剂中。尽管微波提取是一种比较成熟的方法,但是关于微波提取的文献并不多(Akhtar,2004;Hermo et al.,2005),可能是因为该方法对样品回收率较低。加速溶剂提取方法具有高通量、自动化和低溶剂消耗的优点,在样品的提取过程中发挥着越来越重要的作用。振荡和超声提取方法(沈颖等,2009)操作简单,对抗生素类药物具有很好的提取效率,常用于抗生素类药物的提取。Tso 等(2001)建立了土壤中磺胺、四环素和激素类药物同时提取的固相萃取方法,回收率为 21%～105%,方法的检测限达到 0.01～0.1ng/g。马丽丽等采用振荡和超声提取土壤中的氟喹诺酮、四环素和磺胺类抗生素,提取溶液使用 HLB 小柱净化后,经 LC-MS/MS 分析,土壤中氟喹诺酮类、四环素类、磺胺类的加标回收率为 56%～97%,检测限为 0.07～8.9μg/kg。

2. 环境介质中兽药的仪器检测方法

目前,应用最多的检测方法是色谱技术(表 2-6),色谱技术可以进行多组分分析和定量并利用保留时间进行定性。气相色谱(gas chromatography,GC)具有非常高的分辨能力,可以用来检测分析激素类药物,但是不适用于抗生素类药物的检测,因为这类药物本身是极性和非挥发性的,有时还具有热敏感性,对一个混合组分中的所有成分进行分离是不现实的。因此,常用液相气谱(liquid chromatogragh,LC)分析抗生素类药物,同时 LC 也常用于激素类药物的检测。质谱检测器依靠母离子和碎片离子的分子量对药物进行测定,这种技术不仅具有非常高的专一性,还具有非常高的敏感度,有时甚至可达 1pg(10^{-12}g)。

表 2-6 药物在不同基质中提取方法和色谱检测技术概述

化合物	基质	药物	MS 技术	样品提取	方法特性	参考文献
喹诺酮	鱼	CIP,ENR	ESI(+)QqQ-MS	PLE/HLB-SPE	Recovery:41%～79%,LOD:1～3μg/kg	Johnston et al.,2002
	猪肝	CIP,ENR NOR,OFL	ESI(+)QqQ-MS	PLE/C8+WCX-SPE	Recovery:58%～89%,LOD:0.1～19μg/kg	Pecorelli et al.,2003

续表

化合物	基质	药物	MS 技术	样品提取	方法特性	参考文献
四环素	组织	OTC	ESI（+）IT-MS	PLE/HLB-SPE	Recovery：47%～62% LOD：0.8～48μg/kg	Cherlet et al.，2003
	土壤	TC，OTC，CTC	EI（+）-MS	振荡	Recovery：33%～86%， LOD：3～41μg/kg	Hamscher et al.，2002
磺胺	粪便	SDZ，STZ SMR，SMX	ESI（+）TSQ-MS	PLE/HLB-SPE	Recovery：78%～106%， LOD：3～41μg/kg	Gobel et al.，2005
	饲料	SDZ，STZ SMZ，SMX	ESI（+）QLIT-MS	PLE/HLB-SPE	回收率 90%～97%， LOD：0.11～0.37μg/kg	Stoob et al.，2006
	土壤	SDZ，STZ SMZ，SMX	ESI（+）-MS	PLE	Recovery：62%～93%， LOD：15μg/kg	Stoob et al.，2006
激素	土壤 粪便	E_1，EE_2 aE_2，βE_2	GC-（EI）MS/MS	PLE/ HLB-SPE	Recovery：67%～107%， LOD：0.08～0.43 ng/g， 1.6～8.3 ng/g	Hansen et al.，2011
	牛奶	E_1，E_3 EE_2，$17\beta E_2$	ESI（-）-MS	HLB	Recovery：67%～107%， LOD：1～120 ng/kg	Shao et al.，2005

2.2.2　不同介质中兽药的分析方法研究

关于磺胺、四环素和喹诺酮类抗生素、雌激素及喹乙醇药物在水相和固相等不同基质中的分析方法目前文献多有报道，但必须对不同基质中的分析方法进行优化，从而建立适合本书的分析方法。重点研究：①不同暴露介质中磺胺和激素同时分析技术；②不同暴露介质中磺胺、四环素和喹诺酮类 13 种抗生素同时测定技术；③不同暴露介质中喹乙醇及其代谢产物 MQCA 的分析技术。

1. 不同暴露介质中磺胺和激素分析技术

1）实验材料与方法

（1）仪器：ACQUITY^{TM}超高效液相色谱仪-Quattro Premier XE 质谱仪[沃特世科技有限公司(简称 Waters 公司)，美国]；Dionex 300 加速溶剂萃取仪(Sunnyvale，美国)；真空冷冻干燥机（Virtis 公司，美国）；高速冷冻离心机（Sigma 公司，德国）；Milli-Q 超纯水器（Mimpore 公司，美国）；AG-285 电子天平（Mettler 公司，瑞士）；MG-2200 氮吹仪（EYELA 公司，日本）；12 通道固相萃取装置（Waters 公司，美国）；Waters Oasis HLB 固相萃取柱（200mg，6mL，Waters 公司，美国）。

（2）试剂：磺胺嘧啶，磺胺甲嘧啶（sulfamerazine，SMZ），磺胺噻唑，磺胺二甲嘧啶，磺胺二甲氧嘧啶，磺胺甲噁唑，17α-雌二醇（17α-estradiol，17α-E_2），17β-雌二醇（17β-estradiol，17β-E_2），雌酮（estrone，E_1），雌三醇（estriol，E_3），炔雌醇（17α-ethinylestradiol，EE_2），乙烷雌酚（hexestrol，HES），氘代磺胺甲噁唑（sulfamethoxazole-d$_4$，SMX-d$_4$），17β-雌二醇-d$_3$（17β-estradiol-d$_3$，17β-E_2-d$_3$）等 12 种

磺胺和激素类药物标准品和两种氘代内标物标准品（纯度>97%），上述标准品均购自美国 Sigma 公司，氘代磺胺甲噁唑-d_4（sulfamethoxazole-d_4，SMX-d_4）购自多伦多研究化学品公司（North York，Ontario）；氨水、乙腈、甲醇为色谱纯（Merck 公司，德国）；试验用水为经 Milli-Q 净化系统（0.22μm 孔径过滤膜）过滤的去离子水。

上述标准品均用甲醇配制成为 1mg/mL 的标准储备液，其中磺胺嘧啶因溶解度低而使用 1%的氨水/甲醇配制，储存于-40℃的冰箱中。分别配制磺胺和激素的混合标准液，浓度为 10mg/L。

（3）提取与净化方法。

水样：准确量取经 0.45μm 玻璃纤维滤膜过滤的水样 0.5L，加入 100μL 的替代物（250μg/L 的 SMX-d_4 和 17β-E_2-d_3），并立即储存在 4℃的冰箱中。在提取之前，用 4mol/L 硫酸和氨水调节 pH 为 4。然后用经 6mL 甲醇、6mL 超纯水活化的 Oasis HLB 固相萃取小柱萃取，上样速度为 2～5mL/min。接着，用 10mL 的超纯水淋洗 HLB 小柱，并在负压条件下抽真空 30 分钟进行干燥，用 2mL 的 2%氨水/甲醇洗脱两次，洗脱液氮气吹干，然后用 10%的乙腈/水溶液定容至 1mL，涡旋振荡 2～3 分钟。激素类药物过膜后会因吸附而发生损失，所以样品定容后 10 000r/min 离心 10 分钟去除可能存在的颗粒物，取出 0.4mL 加入 10μL 的 1mg/L 的标准品，加标样品与未加标样品同时用 UPLC-MS/MS 分析。

土壤样品：土壤采自农田表层（0～20 cm）新鲜水稻土土样，剔除石块和植物残体，将土壤样品置于-40℃冰柜冷冻一周，使用冷冻干燥仪进行干燥。研磨干燥土样，过 60 目尼龙筛，置于 4℃冰箱存放。准确称取 5g（±0.01g）经研磨的土壤样品，加入 100μL 的内标物质（250μg/L 的 SMX-d_4 和 17β-E_2-d_3），于室温下暗处放置 24 小时。加标的土壤样品与 2g 左右硅藻土混合装入 33mL 的萃取池中。土壤样品提取使用戴安 300 加速溶剂萃取（ASE）系统，提取条件为压力 1500ppsi（pounds per square inch，磅/平方英寸 1ppsi = 6.89476×10^3Pa），温度 80℃，保持 10 分钟，60%的冲洗体积，冲洗 60 秒。每个样品均用甲醇/丙酮（50∶50，体积比）循环提取 2 次。提取液旋转蒸发浓缩至 2mL 左右，用足够的水稀释至有机相比例小于 5%。用 4mol/L 硫酸调节 pH 为 4，其余样品处理过程与前面所述的水样处理过程相同。

蔬菜样品：将蔬菜样品剪碎，在-40℃冰柜里冷冻一周，使用冷冻干燥仪进行干燥。研磨干燥蔬菜样品，过 60 目尼龙筛，置于 4℃冰箱存放。蔬菜样品提取使用戴安 300 加速溶剂萃取系统。准确称取 0.5g（±0.01g）冻干的青菜样品，加入 100μL 的 0.1mg/L 的标准品和内标物，于室温下暗处放置 24 小时。加标的蔬菜样品与 1g 左右硅藻土混合装入 33mL 的萃取池中。青菜提取条件为压力 1500ppsi，温度 80℃，保持 10 分钟，60%的冲洗体积，冲洗 60 秒。每个青菜样品均用甲醇/丙酮（1∶1，体积比）循环提取 2 次。提取液旋转蒸发浓缩至 2mL 左右，用足够的水稀释至有机相比例小于 5%。用 4mol/L 硫酸调节 pH 为 4，其余的样品处理过程与前面所述的水样处理过程相同。

饲料样品：将饲料样品储存在-40℃的冰柜里，提取时研磨饲料样品，过 60 目尼龙筛，置于 4℃冰箱存放。饲料样品提取使用戴安 300 加速溶剂萃取系统。饲料样品提取方法参考相关文献，准确称取 2g（±0.01g）饲料样品，加入 100 μL 的 0.1mg/L 的磺胺标准品和内标物，于室温下暗处放置 24 小时。加标的饲料样品与 2g 左右硅藻土混合装入 33mL 的萃取池中。饲料提取条件为压力 1500ppsi，温度 55℃，保持 10 分钟，60%的冲洗体积，冲洗 100 秒。每个饲料样品均用超纯水循环提取 3 次。用足够的水稀释至 200mL 左右，用 4mol/L 硫酸调节 pH 为 4，其余样品的处理过程与前面所述的水样处理过程相同。

粪便样品：将粪便样品置于-40℃冰柜冷冻一周，使用冷冻干燥仪进行干燥。研磨干燥粪便样品，过 60 目尼龙筛，置于-40℃冰柜存放。粪便样品提取方法参考相关文献。准确称取 0.5g（±0.01g）土壤样品，加入 100 μL 的 0.1mg/L 的磺胺标准品和内标物，于室温下暗处放置 24 小时。粪便样品提取使用戴安 300 加速溶剂萃取系统。加标的样品与 2g 左右硅藻土混合装入 33mL 的萃取池中。提取条件为压力 1500ppsi，温度 55℃，保持 10 分钟，60%的冲洗体积，冲洗 100 秒。每个样品均用甲醇/水（1∶1，体积比）循环提取 2 次。用足够的水稀释提取液至有机相比例小于 5%。用 4mol/L 硫酸调节 pH 为 4，其余样品的处理过程与前面所述的水样处理过程相同。

猪肉样品：将新鲜的猪肉样品剪碎，置于-40℃冰柜冷冻一周，使用冷冻干燥仪进行干燥。研磨干燥肉样，过 60 目尼龙筛，置于-40℃冰柜存放。猪肉样品提取方法参考相关文献。准确称取 0.5g（±0.01g）猪肉样品，加入 100μL 的 0.1mg/L 的磺胺标准品和内标物，于室温下暗处放置 24 小时。样品提取使用戴安 300 加速溶剂萃取系统。加标的猪肉样品与 2g 左右硅藻土混合装入 33mL 的萃取池中。猪肉样品提取条件为压力 1500ppsi，温度 160℃，保持 8 分钟，60%的冲洗体积，冲洗 100 秒。每个猪肉样品均用超纯水循环提取 2 次。加入足够的水稀释提取液至 200mL，用 4mol/L 硫酸调节 pH 为 4，其余样品的处理过程与前面所述的水样处理过程相同。

鱼肉肌肉样品：提取净化方法与猪肉肌肉样品相同。

（4）液相色谱串联质谱（UPLC-MS/MS）测定条件。高效液相色谱（high performance liquid chromatography，HPLC）测定条件：色谱柱，ACQUITY UPLC BEH C_{18} 柱（1.7μm，2.1mm×50mm；Waters）；柱温，35℃；流动相，磺胺分析使用乙腈（A）和 0.1%甲酸/水（体积比）（B），流速 0.1mL/min；激素分析使用乙腈和 0.1%氨水/水（体积比），流速 0.1mL/min。测定时采用的流动相梯度如表 2-7 表示。

表 2-7　UPLC 测定磺胺和激素的流动相梯度

磺胺			激素		
时间/分钟	乙腈/%	0.1% 甲酸/水（体积比）/%	时间/分钟	乙腈/%	0.1% 氨水/水（体积比）/%
0	4	96	0	40	60
3	10	90	4	50	50
8	20	80	7	60	40
12	40	60	10	50	50
16	20	80	12	40	60
16.1	4	96	15	40	60
20	4	96			

MS 检测条件：电喷雾离子源（electrospray ionsource，ESI），离子源温度为 120℃，脱溶剂温度为 350℃，脱溶剂气和锥孔气为氮气，脱溶剂气流速为 600L/h，锥孔气流速为 50L/h，碰撞气为高纯氩气，采用多反应监测模式（multiple reaction monitoring，MRM）检测。测定磺胺采用 ESI 正离子模式，进样 5μL；测定激素采用 ESI 负离子模式，进样 5μL。测定时采用的主要 MRM 参数如表 2-8 所示。

表 2-8 磺胺和激素主要的 MRM 参数

化合物	保留时间/分钟	母离子（m/z）	子离子（m/z）	停留时间/秒	锥孔电压/V	碰撞能/V
SDZ	8.37	250.88	155.78/107.84	0.1	30	15/20
STZ	9.31	255.85	155.76/107.81	0.1	30	15/20
SMZ	10.02	264.92	155.78/171.74	0.1	30	15/15
SMT	11.30	278.94	185.82/91.89	0.1	25	15/25
SMX	14.05	253.95	155.79/91.91	0.1	25	15/20
SDM	15.39	311.1	155.81/91.97	0.1	30	20/30
SMX -d_4	14.01	257.91	159.98	0.1	25	15
E3	3.69	287.09	170.91/143.26	0.1	55	35/45
17β-E_2	6.99	270.73	144.67/183.00	0.1	45	40/45
17α-E_2	7.69	270.73	144.67/183.00	0.1	45	40/45
EE_2	7.91	294.92	144.62/159.32	0.1	70	40/40
E_1	8.41	268.75	144.40/253.22	0.1	40	40/35
HES	9.33	268.81	118.75/133.25	0.1	28	30/20
17β-E_2-d_3	6.93	273.79	144.80	0.1	45	40

（5）定量方法。磺胺和激素在水和土壤及生物样品等不同介质中的定量测定使用标准添加法。天然水体、土壤、粪便、蔬菜等一系列基质提取液中含有大量杂质对待测物存在不可忽略的离子增强基质效应，采用标准添加法进行定量，可以有效减小基质效应，增强方法的准确性。标准添加法进行定量的计算方程如下：

$$\frac{C_{sam}}{C_{std} + dC_{sam}} = \frac{S_{sam}}{S_{std+sam}} \tag{2-1}$$

式中，C_{sam} 为分析物的未知浓度；C_{std} 为分析物添加的已知浓度；d 为添加标准品带来的溶剂因子；S_{sam} 为未加入标准品的响应；$S_{std+sam}$ 为加入标准品后的响应。

2）结果与讨论

（1）水样 SPE 方法的优化。研究表明，Oasis HLB 固相萃取小柱对磺胺和激素均具有非常好的富集作用（Lu et al.，2007）。Migliore 等（1997）报道，水样（pH 为 4）经 Oasis HLB 固相萃取小柱（200mg）处理后，使用 5mL 50%甲醇/乙酸乙酯（体积比）和 2.5%氨水/甲醇洗脱，磺胺类药物的回收率达到 61.4%～157.3%，相对标准偏差（relative standard deviation，RSD）（n=3）为 2.9～22.2。Balakrisnan 等（2006）发现，经 Oasis HLB 固相萃取小柱（200mg）富集后，甲醇和 0.5%的氨水/甲醇对激素也有很好的洗脱效果，回收率达到 91%～127%，RSD（n=3）为 4%～10%。因此，本实验使用 Oasis HLB 固相萃取小柱对水中待测物进行富集净化，在提取之前，用 4mol/L 硫酸和氨水调节 pH 为 4，因为 pH 为 4

对所有化合物是最合适的。为了优化萃取条件，比较了不同的常用洗脱溶剂的洗脱效果，如图 2-2 所示。可以看出，加了 2%氨水的甲醇洗脱效果最好，磺胺和激素的回收率分别为 86.9%～98.4%和 90.1%～101.7%。因此，实验选择 2%氨水/甲醇作为洗脱溶剂。

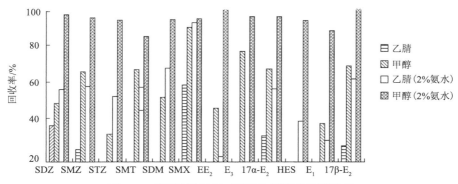

图 2-2　不同洗脱溶剂对磺胺和激素的洗脱效果

（2）土壤提取方法的优化。研究发现，ASE 对磺胺和激素类药物均具有较好的提取效果。Luo 等（2011）使用乙腈/Tris 缓冲液（pH 为 8.8）（85：15，体积比）提取土壤中的磺胺类药物，回收率可以达到 40%～90%。Ying 等（2002）等通过比较，发现甲醇/丙酮（1：1，体积比）在 80℃下对土壤中的激素类药物有比较好的提取效果。因此，本书使用 ASE 方法提取土壤中的磺胺和激素类药物。根据磺胺和激素的性质，结合文献，比较了常用提取试剂甲醇、乙酸乙酯和甲醇/丙酮（1：1，体积比）对磺胺和激素的提取效果，如图 2-3 所示，发现甲醇/丙酮（1：1，体积比）对磺胺和激素的提取效果最好，磺胺和激素的回收率分别达到 58.2%～80.0%和 62.8%～79.3%。

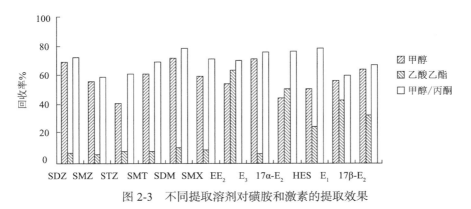

图 2-3　不同提取溶剂对磺胺和激素的提取效果

（3）方法的选择性。实际样品成分复杂，不同基质中含有很多杂质，这些杂质会干扰仪器对受试药物的检测。为了降低杂质成分对于特定药物的检测干扰，提高仪器对受试药物检测的有效性，对于每种化合物使用两组不同的离子对进行检测分析。磺胺和激素类药物的典型色谱如图 2-4 所示。由图可见，磺胺嘧啶、磺胺噻唑、磺胺甲嘧啶、磺胺二甲嘧啶、磺胺甲噁唑、磺胺二甲氧嘧啶的保留时间分别为 8.37 分钟、9.31 分钟、10.02 分钟、11.30 分钟、14.05 分钟和 15.39 分钟，雌三醇、17β-雌二醇、17α-雌二醇、炔雌醇、雌酮、乙烷雌酚的保留时间分别为 3.69 分钟、8.99 分钟、7.89 分钟、7.91 分钟、8.41 分钟和 9.33 分钟，内标物磺胺甲噁唑-d_4 和 17β-雌二醇-d_3 的保留时间分别为 14.01 分钟和 6.93 分钟。

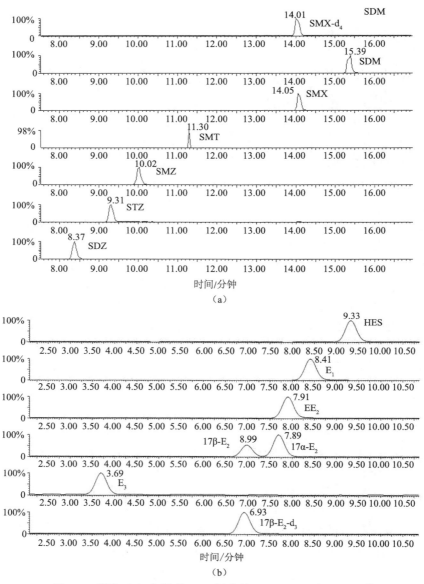

图 2-4 磺胺（a）和激素（b）标准品（0.5mg/L）的 MRM 谱图

（4）标准曲线及最低检测限测定。配制浓度分别为 0μg/L、10μg/L、50μg/L、100μg/L、200μg/L、500μg/L 的磺胺和激素类药物混合标准溶液。进行色谱分析，以色谱峰面积定量，进行线性回归，磺胺和激素类药物 0~500μg/L 的浓度峰面积（y）与进样浓度（x，μg/L）线性关系良好，相关系数 R^2>0.995。以磺胺和激素类药物标样的 3 倍信噪比（S/N=3）所对应的标样浓度计算仪器检测限，结果如表 2-9 所示。

表 2-9　磺胺和激素类药物线性关系、相关系数和检测限

化合物	线性关系	相关系数（R^2）	仪器检测限/（μg/L）
SDZ	$y = 674.6x$	0.998	0.02
STZ	$y = 535.5x$	0.998	0.03
SMZ	$y = 682.6x$	0.999	0.03
SMT	$y = 546.7x$	0.998	0.04
SMX	$y = 630.5x$	0.997	0.05
SDM	$y = 1000x$	1.000	0.03
E_3	$y = 9.817x$	0.998	0.47
$17\beta\text{-}E_2$	$y = 8.755x$	0.995	0.50
$17\alpha\text{-}E_2$	$y = 9.468x$	0.999	0.35
EE_2	$y = 9.100x$	0.999	0.40
E_1	$y = 6.274x$	0.997	0.53
HES	$y = 13.078x$	0.998	0.43

（5）提取回收率。

水和土壤：在不含目标受试物的空白水样和土壤样品中添加受试物标样溶液，按上述方法进行前处理和色谱分析，标准添加法定量。结果显示，磺胺在水样和土壤样品中的回收率（recovery）分别为 87.4%～103.6%和 58.2%～80.0%；激素在水样和土壤中的回收率分别为 84.8%～101.8%和 62.8%～79.3%，回收率和相对标准偏差（RSD）均能满足样品分析要求（表 2-10）。以 3 倍信噪比时可以检测到的化合物浓度作为药物的方法检测限，得到水中磺胺和激素的检测限分别为 0.11～0.24 ng/L 和 0.31～2.14ng/L，土壤中磺胺和激素的检测限（MDL）分别为 0.01～0.02ng/g 和 0.03～0.21 ng/g。

表 2-10　水和土壤中磺胺和激素的回收率、相对标准偏差和检测限

化合物	回收率 ± 相对标准偏差（n=3）							
	水				土壤			
	10 ng/L	50 ng/L	100 ng/L	检测限/（ng/L）	1ng/g	5 ng/g	10 ng/g	检测限/（ng/g）
SDZ	87.4±4.7	89.8±6.0	94.0±4.1	0.11	64.5±3.8	64.6±3.6	69.3±6.5	0.01
SMZ	99.4±3.9	96.9±3.7	99.2±4.7	0.18	70.3±6.1	61.0±1.4	64.6±5.8	0.01
STZ	96.3±5.3	90.5±3.4	94.1±4.2	0.20	59.2±3.7	58.2±6.6	64.6±5.7	0.02
SMT	98.2±0.8	90.3±3.3	101.1±3.7	0.24	76.8±4.2	71.5±5.2	74.5±1.2	0.02
SDM	102.8±3.7	90.4±4.2	90.5±3.6	0.12	80.0±5.6	79.4±4.0	76.2±4.1	0.01
SMX	99.0±4.1	96.5±1.9	103.6±6.7	0.21	79.8±3.3	70.9±5.0	76.2±2.8	0.02
EE_2	101.4±8.1	87.5±4.1	84.8±3.8	2.14	72.0±4.4	71.2±2.6	67.1±3.0	0.21
E_3	97.6±8.8	99.9±10.3	91.9±1.1	1.76	68.5±3.5	66.9±0.7	73.8±5.9	0.18
$17\alpha\text{-}E_2$	97.5±7.8	99.8±7.6	96.1±8.2	0.52	73.0±8.9	74.9±2.1	65.0±2.8	0.05
HES	95.2±7.2	85.1±4.1	101.8±4.0	0.50	79.3±4.9	78.5±4.4	69.0±1.7	0.05
E_1	90.1±6.2	85.4±4.8	92.8±2.2	0.31	67.2±7.6	65.0±5.1	63.8±1.8	0.03
$17\beta\text{-}E_2$	101.7±5.3	87.6±7.2	86.1±4.8	1.26	62.8±4.6	74.4±6.1	65.3±1.7	0.13

注：表中除检测限列外，其余数据单位为%。

生物基质：向粪便、猪肉、蔬菜和饲料等不同的生物介质中添加不同含量水平的磺胺药物，采用加速溶剂提取方法分别对不同的基质样品进行回收试验。回收率和精密度结果如表 2-11 所示。以 3 倍信噪比能够检出的药物浓度作为检测限，粪便、猪肉、蔬菜和饲料中磺胺的检测限为 0.02～0.23ng/g。

表 2-11　不同基质中磺胺的回收率、相对标准偏差和检测限

化合物	回收率 ± 相对标准偏差（$n=3$）							
	粪便		饲料		蔬菜		猪肉样品	
	5ng/g	检测限 /（ng/g）	5 ng/g	检测限 /（ng/g）	5 ng/g	检测限 /（ng/g）	5 ng/g	检测限 /（ng/g）
SDZ	68.3±5.4	0.14	96.1±2.2	0.04	59.5±7.1	0.11	54.4±4.7	0.23
SMZ	65.1±6.2	0.16	70.2±5.3	0.05	50.7±5.7	0.12	74.8±2.6	0.21
STZ	76.0±5.6	0.18	67.5±2.5	0.04	72.4±3.4	0.08	44.3±3.2	0.18
SMT	68.1±4.2	0.13	82.5±4.7	0.03	66.3±4.4	0.09	81.2±5.0	0.19
SDM	69.3±2.5	0.23	56.7±2.5	0.02	64.1±1.2	0.11	63.4±3.4	0.22
SMX	74.0±7.4	0.19	67.0±5.6	0.05	61.1±4.0	0.08	53.8±4.5	0.16

注：表中除检测限列外，其余数据单位为%。

3）结论

本书建立了同时分析测定水和土壤中 12 种磺胺和雌激素的方法。土壤样品经过 ASE 提取后 SPE 净化，水样经过 SPE 浓缩净化后，受试物磺胺和激素经过 ACQUITY™ BEH C$_{18}$ 色谱柱分离后，在 LC-MS/MS 多反应检测模式下进行定性及定量分析。与其他文献相比较，本书方法重现性好，前处理过程更加简单，不仅能够节约时间，还能减少试剂的使用量，适于水和土壤介质中磺胺和激素残留的同时测定。

2. 不同环境介质中 13 种抗生素的测试分析技术

1）实验材料与方法

（1）仪器：ACQUITYTM 超高效液相色谱仪-Quattro Premier XE 质谱仪（Waters 公司，美国）；真空冷冻干燥机（Virtis 公司，美国）；高速冷冻离心机（Sigma 公司，德国）；Milli-Q 超纯水器（Mimpore 公司，美国）；AG-285 电子天平（Mettler 公司，瑞士）；MG-2200 氮吹仪（EYELA 公司，日本）；12 通道固相萃取装置（Waters 公司，美国）；Waters Oasis HLB 固相萃取柱（200mg，6mL，Waters 公司，美国）；MH-3 微型漩涡混匀器（上海沪西分析仪器厂有限公司）；KQ-50DA 型数控超声波清洗器；NBS 恒温振荡培养箱；pH 计（瑞士 METTLER TOLEDO 公司）；Eppendorf 高速离心机；0.45μm 玻璃纤维微孔滤膜；0.22μm 尼龙膜微孔滤膜。

（2）试剂：磺胺嘧啶，磺胺甲嘧啶，磺胺噻唑，磺胺二甲嘧啶，磺胺二甲氧嘧啶，磺胺甲噁唑，四环素，土霉素，金霉素，诺氟沙星，环丙沙星，恩诺沙星，氧氟沙星等标准品（纯度>97%），均购于 Dr.Ehrenstorfer 公司。氘代磺胺甲噁唑-d$_4$ 购自多伦多研究化学品公司；氨水、乙腈、甲醇为色谱纯；试验用水为经 Milli-Q 净化系统（0.22μm 孔径过滤膜）过滤的去离子水。

上述标准品均用甲醇配制成 1mg/mL 的标准储备液，其中，磺胺嘧啶因溶解度较小

而使用 1%的氨水/甲醇配制，储存于-40℃的冰箱中。临用时根据需要稀释成适当浓度的混合标准溶液。

（3）提取与净化方法。

水样：准确量取经 0.45μm 玻璃纤维滤膜过滤的水样 0.5L，并立即储存在 4℃的冰箱中。提取之前，用 4mol/L 硫酸和氨水调节 pH 为 4，并加入 0.5g Na₂EDTA。其次，用经 6mL 甲醇、6mL 超纯水和 6mL McIlvaine 缓冲溶液活化的 Oasis HLB 固相萃取小柱提取水样，上样速度为 2~5mL/min。然后，用 10mL 的超纯水淋洗 HLB 小柱，并在负压条件下抽真空 30 分钟进行干燥，用 2mL 甲醇和 2mL 的 2%氨水/甲醇洗脱，洗脱液氮气吹干，再次用 10%的乙腈/水溶液定容至 1mL，涡旋振荡 2~3 分钟。样品定容后过 0.22μm 滤膜，使用 UPLC-MS/MS 进行分析。

土壤：准确称取 2g（±0.01g）经研磨的土壤样品，于室温下暗处放置 24 小时。加 0.5g Na₂EDTA，再加入磷酸盐缓冲液/乙腈（1:1，体积比）的混合提取液 10mL，振荡 20 分钟，超声 10 分钟。提取液 6000r/min 离心 8 分钟，收集上清液。重复提取三次后合并上清液，加水稀释至 400mL。用 4mol/L 硫酸调节 pH 为 4，其余样品的处理过程与前面所述的水样处理过程相同。

饲料样品：将饲料样品储存在-40℃冰柜里，提取时研磨饲料样品，过 60 目尼龙筛，置于 4℃冰箱存放。准确称取 2g（±0.01g）经研磨的饲料样品，于室温下暗处放置 24 小时。加 0.5g Na₂EDTA，再加入磷酸盐缓冲液/乙腈（1:1，体积比）的混合提取液 10mL，振荡 20 分钟，超声 10 分钟。提取液 6000r/min 离心 8 分钟，收集上清液。重复提取三次后合并上清液，加水稀释至 400mL。用 4mol/L 硫酸调节 pH 为 4，其余样品的处理过程与前面所述的水样处理过程相同。

粪便样品：将粪便样品置于-40℃冰柜冷冻一周，使用冷冻干燥仪进行干燥。研磨干燥粪便样品，过 60 目尼龙筛，置于-40℃冰柜存放。准确称取 2g（±0.01g）经研磨的粪便样品，于室温下暗处放置 24 小时。加 0.5gNa₂EDTA，再加入磷酸盐缓冲液/乙腈（1:1，体积比）的混合提取液 10mL，振荡 20 分钟，超声 10 分钟。提取液 6000r/min 离心 8 分钟，收集上清液。重复提取三次后合并上清液，加水稀释至 400mL。用 4mol/L 硫酸调节 pH 为 4，其余样品的处理过程与前面所述的水样处理过程相同。

蔬菜样品：将蔬菜样品剪碎，在-40℃冰柜里冷冻一周，使用冷冻干燥仪进行干燥。研磨干燥蔬菜样品，过 60 目尼龙筛，置于 4℃冰箱存放。准确称取 2g（±0.01g）经研磨的蔬菜样品，于室温下暗处放置 24 小时。加 0.5gNa₂EDTA，再加入磷酸盐缓冲液/乙腈（1:1，体积比）的混合提取液 10mL，振荡 20 分钟，超声 10 分钟。提取液 6000r/min 离心 8 分钟，收集上清液。重复提取三次后合并上清液，加水稀释至 400mL。用 4mol/L 硫酸调节 pH 为 4，其余样品的处理过程与前面所述的水样处理过程相同。

猪肉和鱼肉肌肉样品：将新鲜的肉样剪碎，置于-40℃冰柜冷冻一周，使用冷冻干燥仪进行干燥。研磨干燥肉样，过 60 目尼龙筛，置于-40℃冰柜存放。准确称取 2g（±0.01g）经研磨的肉样，于室温下暗处放置 24 小时。加 0.5g Na₂EDTA，再加入磷酸盐缓冲液/乙腈（1:1，体积比）的混合提取液 10mL，振荡 20 分钟，超声 10 分钟。提取液 6000r/min 离心 8 分钟，收集上清液。重复提取三次后合并上清液，加水稀释至 400mL。用 4mol/L

硫酸调节 pH 为 4，其余样品的处理过程与前面所述的水样处理过程相同。

（4）液相色谱串联质谱（LC-MS/MS）测定条件。HPLC 测定条件：色谱柱，ACQUITY UPLC BEH C_{18} 柱（1.7μm，2.1mm×100mm；Waters）；柱温，35℃；流动相，乙腈（A）和 0.1% 甲酸/水（体积比）（B）；流速 0.2mL/min；测定时采用的流动相梯度如表 2-12 所示。

表 2-12　UPLC 测定流动相梯度

时间/分钟	流速/（mL/min）	乙腈/%	0.1% 甲酸/水（体积比）/%
0	0.2	10	90
1	0.2	10	90
3	0.2	40	70
5	0.2	80	40
5.5	0.2	10	90
8	0.2	10	90

MS/MS 检测条件：电喷雾离子源（ESI），离子源温度为 120℃，脱溶剂温度为 350℃，脱溶剂气和锥孔气为氮气，脱溶剂气流速为 600L/h，锥孔气流速为 50 L/h，碰撞气为高纯氩气，采用多反应监测模式（MRM）检测。测定采用 ESI 正离子模式，进样 5μL。质谱检测的主要 MRM 参数如表 2-13 所示。

表 2-13　待测药物主要的 MRM 参数

化合物	保留时间/分钟	母离子（m/z）	子离子（m/z）	停留时间/秒	锥孔电压/V	碰撞能/V
SDZ	8.37	250.88	155.78*/107.84	0.1	30	15/20
STZ	9.31	255.85	155.76*/107.81	0.1	30	15/20
SMZ	10.02	264.92	155.78*/171.74	0.1	30	15/15
SMT	11.30	278.94	185.82*/91.89	0.1	25	15/25
SMX	14.05	253.95	155.79*/91.91	0.1	25	15/20
SDM	15.39	311.1	155.81*/91.97	0.1	30	20/30
SMX-d_4	14.01	257.91	159.98*	0.1	25	15
NOR	3.66	320.15	276.12*/233.05	0.05	47	18
OFL	3.67	362.13	318.03*/361.96	0.05	37	18
CIP	3.72	332.15	288.12*/245.11	0.05	47	18
OTC	3.74	460.95	425.86*/442.93	0.05	35	17
ENR	3.87	360.15	316.20*/244.98	0.05	47	20
TC	3.91	444.97	409.85*/426.97	0.05	33	18
CTC	4.35	478.84	443.79*/153.76	0.05	35	20

注：*为定量子离子。

（5）定量方法。待测抗生素在水和土壤，以及生物样品等不同介质中的定量测定使用标准添加法。天然水体、土壤、粪便、蔬菜等一系列基质提取液中含有大量杂质对待测物存在不可忽略的离子增强基质效应，采用标准添加法进行定量，可以有效减小基质效应，增强方法的准确性。标准添加法进行定量的计算方程如式（2-1）（Dolliver et al.，2007）。

2）结果与讨论

（1）方法的选择性。实际样品成分复杂，不同基质中含有很多杂质，这些杂质会干扰仪器对受试药物的检测。为了降低杂质成分对特定药物的检测干扰，提高仪器对受试药物检测的有效性，对每种化合物使用两组不同的离子对进行检测分析。磺胺、四环素、喹诺酮药物的典型色谱如图 2-5 所示。由图可见，磺胺嘧啶（SDZ）、磺胺噻唑（STZ）、磺胺甲嘧啶（SMZ）、磺胺二甲嘧啶（SMT）、磺胺甲噁唑（SMX）、磺胺二甲氧嘧啶（SDM）的保留时间分别为 8.37 分钟、9.31 分钟、10.02 分钟、11.30 分钟、14.05 分钟和 15.39 分钟，四环素（TC）、土霉素（OTC）和金霉素（CTC）的保留时间分别为 3.91 分钟、3.74 分钟和 4.35 分钟，恩诺沙星（ENR）、氧氟沙星（OFL）、环丙沙星（CIP）和诺氟沙星（NOR）的保留时间分别为 3.87 分钟、3.67 分钟、3.72 分钟和 3.66 分钟，内标物磺胺甲噁唑-d_4 的保留时间为 14.01 分钟。

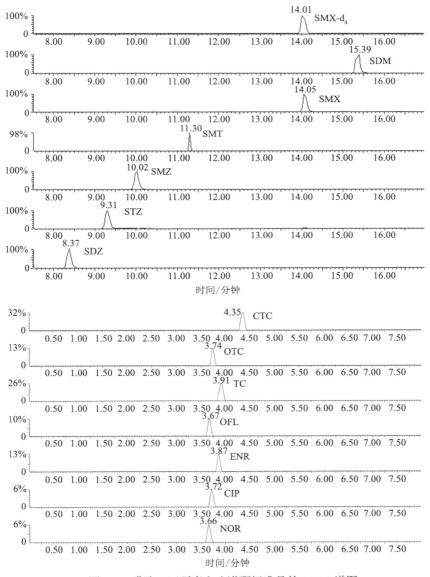

图 2-5　磺胺、四环素和喹诺酮标准品的 MRM 谱图

（2）标准曲线及最低检测限测定。配制浓度分别为 0、5μg/L、10μg/L、50μg/L、100μg/L、200μg/L、500μg/L 的磺胺、四环素和氟喹诺酮类药物混合标准溶液。进样检测分析，以峰面积定量，进行线性回归，三类药物 0～500 μg/L 浓度的峰面积（y）与进样浓度（x，μg/L）线性关系较好，相关系数 $R^2>0.995$。以磺胺、四环素和氟喹诺酮类药物标样的 3 倍信噪比（$S/N=3$）所对应的标样浓度计算仪器检测限；以 10 倍信噪比（$S/N=10$）所对应的样品浓度计算不同基质中的方法定量限，结果如表 2-14 所示。

表 2-14　待测药物线性关系、相关系数和检测限

物质	线性关系	相关系数（R^2）	仪器检测限/（μg/L）
SDZ	$y = 675x+2.68$	0.998	0.02
STZ	$y = 536x-10.4$	0.998	0.03
SMZ	$y = 683x+15.6$	0.999	0.03
SMT	$y = 547x+9.87$	0.998	0.04
SMX	$y = 631x-29.4$	0.997	0.05
SDM	$y = 1000x+25.1$	1.000	0.03
TC	$y = 30.8x+56.6$	0.998	0.52
OTC	$y = 93.1x-68.6$	0.998	0.98
CTC	$y = 108x+153$	0.995	0.52
NOR	$y = 8.03x-1.08$	0.999	0.37
CIP	$y = 6.80x-9.55$	0.997	0.35
ENR	$y = 26.2x+2.30$	0.997	0.74
OFL	$y = 36.8x-11.6$	0.998	0.76

（3）提取回收率。

水和土壤：在不含目标受试物的空白水样和土壤样品中添加受试物标样溶液，按上述方法进行前处理和色谱分析，标准添加法定量，结果显示：磺胺（表 2-15）在水样和土壤样品中的回收率分别为 87.4%～103.6%和 58.2%～80.0%。用外标法定量，结果显示：水样和土壤样品中四环素和喹诺酮的回收率分别为 91.4%～97.4%和 70.4%～82.8%。以 3 倍信噪比时检测到的化合物浓度作为药物的方法检测限，可以得到水中磺胺、四环素和喹诺酮的检测限分别为 0.11～0.24ng/L、0.90～1.20ng/L 和 0.90～1.10ng/L，土壤中磺胺、四环素和喹诺酮的检测限分别为 0.01～0.02ng/g、0.20～0.30 ng/g 和 0.20～0.30 ng/g。

表 2-15　水和土壤中磺胺和激素的回收率、相对标准偏差和检测限

化合物	回收率±相对标准偏差（$n=3$）							
	水				土壤			
	10 ng/L	50 ng/L	100 ng/L	检测限/（ng/L）	1ng/g	5 ng/g	10 ng/g	检测限/（ng/g）
SDZ	87.4±4.7	89.8±6.0	94.0±4.1	0.11	64.5±3.8	64.6±3.6	69.3±6.5	0.01
SMZ	99.4±3.9	96.9±3.7	99.2±4.7	0.18	70.3±6.1	61.0±1.4	64.6±5.8	0.01

续表

化合物	回收率 ± 相对标准偏差（n=3）							
	水				土壤			
	10 ng/L	50 ng/L	100 ng/L	检测限/（ng/L）	1ng/g	5 ng/g	10 ng/g	检测限/（ng/g）
STZ	96.3±5.3	90.5±3.4	94.1±4.2	0.20	59.2±3.7	58.2±6.6	64.6±5.7	0.02
SMT	98.2±0.8	90.3±3.3	101.1±3.7	0.24	76.8±4.2	71.5±5.2	74.5±1.2	0.02
SDM	102.8±3.7	90.4±4.2	90.5±3.6	0.12	80.0±5.6	79.4±4.0	76.2±4.1	0.01
SMX	99.0±4.1	96.5±1.9	103.6±6.7	0.21	79.8±3.3	70.9±5.0	76.2±2.8	0.02
TC	97.4±6.7			1.1	70.4±5.7			0.2
OTC	96.4±7.6			1.2	76.4±4.8			0.3
CTC	91.3±5.6			0.9	75.3±5.9			0.2
NOR	94.2±7.2			0.8	78.2±3.8			0.2
CIP	92.8±3.5			0.9	82.8±5.7			0.2
ENR	97.2±6.1			1.0	79.0±4.1			0.3
OFL	91.4±8.1			1.1	75.4±6.4			0.3

注：表中除检测限列外，其余数据单位为%。

固体基质：在粪便、猪肉、蔬菜和饲料等不同的生物介质中添加不同含量水平的磺胺药物，采用加速溶剂提取方法分别对不同基质样品进行回收试验。在不同的生物介质中添加一定含量的四环素和喹诺酮药物，采用超声和振荡提取方法对基质样品进行回收实验。回收率和精密度结果见表2-16。以3倍信噪比能够检出的药物浓度为检测限，粪便、猪肉、蔬菜和饲料中磺胺、四环素和喹诺酮的检测限为0.02～0.23ng/g、0.1～0.4ng/g和0.1～0.4 ng/g。

表 2-16　不同基质中磺胺的回收率、相对标准偏差和检测限

化合物	回收率 ± 相对标准偏差（n=3）							
	粪便/（ng/g）		饲料/（ng/g）		蔬菜/（ng/g）		猪肉样品/（ng/g）	
	5	检测限	5	检测限	5	检测限	5	检测限
SDZ	68.3±5.4	0.14	96.1±2.2	0.04	59.5±7.1	0.11	54.4±4.7	0.23
SMZ	65.1±6.2	0.16	70.2±5.3	0.05	50.7±5.7	0.12	74.8±2.6	0.21
STZ	76.0±5.6	0.18	67.5±2.5	0.04	72.4±3.4	0.08	44.3±3.2	0.18
SMT	68.1±4.2	0.13	82.5±4.7	0.03	66.3±4.4	0.09	81.2±5.0	0.19
SDM	69.3±2.5	0.23	56.7±2.5	0.02	64.1±1.2	0.11	63.4±3.4	0.22
SMX	74.0±7.4	0.19	67.0±5.6	0.05	61.1±4.0	0.08	53.8±4.5	0.16
TC	68.3±6.6	0.3	72.7±4.8	0.1	72.6±6.4	0.2	67.4±6.6	0.3
OTC	73.5±7.3	0.4	79.5±3.6	0.2	73.8±4.8	0.2	70.4±7.3	0.4
CTC	71.8±7.9	0.3	81.8±4.8	0.2	77.3±6.5	0.2	68.3±5.9	0.4
NOR	76.5±8.2	0.3	76.2±5.3	0.2	81.6±3.6	0.2	72.2±3.8	0.3
CIP	76.3±7.2	0.4	78.8±4.7	0.1	80.2±4.2	0.1	74.8±4.2	0.3
ENR	72.2±7.8	0.3	82.0±6.8	0.2	76.2±4.7	0.2	64.0±6.3	0.4
OFL	70.6±8.1	0.3	80.4±5.8	0.2	78.7±4.2	0.2	68.4±5.7	0.4

注：表中除检测限列外，其余数据单位为%。

3. 不同暴露介质中喹乙醇测定方法

1）方法摘要

验证和建立了不同介质中喹乙醇类药物的固相萃取-液相色谱串联质谱分析方法。水样过滤后采用固相萃取方法进行净化富集；土壤、蔬菜及猪肉等其他样品经超声提取之后过 HLB 小柱净化富集；采用超高效液相色谱-串联质谱，分别以乙腈和 0.1%的甲酸/水作为流动相，对样品进行分析。

2）实验部分

（1）仪器设备：ACQUITY™超高效液相色谱仪-Quattro Premier XE 质谱仪（Waters 公司，美国）；Dionex 300 加速溶剂萃取仪（Sunnyvale，美国）；真空冷冻干燥机（Virtis 公司，美国）；高速冷冻离心机（Sigma 公司，德国）；Milli-Q 超纯水器（Mimpore 公司，美国）；AG-285 电子天平（Mettler 公司，瑞士）；MG-2200 氮吹仪（EYELA 公司，日本）；12 通道固相萃取装置（Waters 公司，美国）。

（2）试剂与材料：喹乙醇（olaquindox，OLA）购自美国 Sigma 公司。氨水、乙腈、甲醇为色谱纯（Merck 公司，德国）；试验用水为经 Milli-Q 净化系统（0.22μm 孔径过滤膜）过滤的去离子水。Waters Oasis HLB 固相萃取柱（200mg，6mL，Waters 公司，美国）；喹乙醇标准储备液：准确称取喹乙醇标准品 0.01g（含量≥99.6%）于 10mL 棕色容量瓶中，少量水超声溶解，冷却至室温，甲醇定容至刻度，摇匀，使其溶液浓度为 1mg/mL，储存于−18℃冰箱中，可使用 1 个月；喹乙醇标准工作液：准确量取标准储备液于棕色容量瓶中，用 10%甲醇/水稀释，依次配成浓度为 0.1ppm（表示 10^{-6}）、1.0ppm、5.0ppm、10ppm、20ppm、50ppm、100ppm 的标准溶液。

（3）提取。

a. 样品制备：取适量样品于研钵中研磨至粉末状，备用。

b. 提取（蔬菜、土壤、猪肉）。样品提取使用 KQ-50DA 数控超声仪。准确称取研磨好的 0.5g（±0.01g）空白蔬菜样品 3 份分别置于 50mL 离心管中，加入 0.1mg/L 喹乙醇标液 100μL，加标的样品放置于暗处过夜老化。样品加入 30mL 的 5%甲醇/水提取液，水浴锅加热至 60℃，超声提取 20 分钟，10 000r/min 离心 8 分钟，取上清液，提取两次，合并提取液，过 HLB 小柱净化，氮吹至干，10%乙腈定容，12 000r/min 高速离心 10 分钟，进样，进样量 5μL。

（4）净化。用 6 mL 甲醇和 6mL 的 5%甲醇/水平衡 HLB 小柱，然后将提取液以 2mL/min 左右的速度加载到小柱上。样品加载完之后，先用 5mL 的 0.02mol/L 盐酸淋洗小柱，再用 5mL 的 5%甲醇/水淋洗小柱，用泵抽干。5mL 的 0.5%甲酸/甲醇洗脱小柱，用 10 mL 玻璃管收集洗脱液，40℃下氮吹蒸发至近干，用 1mL 的 10%乙腈/水溶解，过 0.22μm 滤膜。待 LC-MS/MS 测定。

（5）LC-MS/MS 测定条件。

a. 色谱条件。色谱柱：ACQUITY UPLC BEH C$_{18}$ 柱（1.7μm，2.1mm×50mm；Waters）；电喷雾离子源（ESI），离子源温度为 120℃，脱溶剂温度为 350℃，脱溶剂气和锥孔气为氮气，脱溶剂气流速为 600L/h，锥孔气流速为 50 L/h，碰撞气为高纯氩气，采用多反应监测模式（MRM）检测。测定磺胺使用的流动相为乙腈（A）和 0.1% 甲酸/水（体积比）（B），流速 0.2mL/min，进样 5μL；测定时采用的流动相梯度如表 2-17 所示。

表 2-17　UPLC 测定喹乙醇的流动相梯度

时间/分钟	乙腈/%	0.1% 甲酸/水（体积比）/%
0	10	90
1	10	90
2	30	70
3	60	40
4	30	70
4.5	10	90
7	10	90

b. 质谱条件（表 2-18）。

表 2-18　喹乙醇的主要 MRM 参数

化合物	母离子	子离子	碰撞能/V	锥孔电压/V
喹乙醇	264.11	143.14/159.70	30/25	25

3）结果与讨论

（1）提取溶剂的选择。药物不同，土壤提取剂也不同，土壤中喹乙醇的提取可选用不同的萃取溶剂，对于氟苯尼考本书比较了二氯甲烷、甲醇和乙腈提取东北黑土中氟苯尼考的效果，喹乙醇则比较了 25℃下去离子水、5%甲醇和 10%甲醇的提取效果，土壤添加浓度为 0.1 mg/kg 的回收结果见表 2-19。

表 2-19　不同提取剂提取喹乙醇的回收效率

兽药	添加浓度/（mg/kg）	提取溶剂	回收率/%	相对标准偏差/%
喹乙醇	0.1	10%CH$_3$OH	37.8	8.3
		5%CH$_3$OH	81.8	6.8
		H$_2$O	61.4	6.1

由表 2-19 可知，不同溶剂对喹乙醇的萃取效率差别很大，三种溶剂中 5%甲醇对喹乙醇的提取效率最高，RSD 最低为 6.8%。因此，本书选择提取效率较高、RSD 相对较低的 5%甲醇作为喹乙醇的提取溶剂。

（2）提取温度的选择。提取温度的选择对喹乙醇的萃取效率有较大影响。温度太低则达不到良好的萃取效果，太高则有可能造成喹乙醇的分解。本书以 5%甲醇为提取剂，采用超声提取方法分别选择了 25℃、50℃和 60℃三个温度进行了土壤中喹乙醇的回收试验，结果如图 2-6 所示。可以看出，一定条件下温度升高有利于喹乙醇的提取。25℃下喹乙醇的回收率为 61.4%，RSD 为 6.1%；50℃和 60℃下喹乙醇的回收率分别为 79.5%和 84.2%，RSD 分别为 5.0%和 4.1%。可见，以 5%甲醇为提取剂，选择 60℃为喹乙醇的提取温度，具有较高的提取效率。

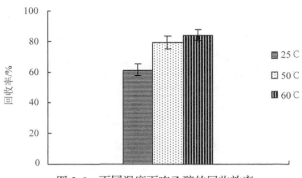

图 2-6　不同温度下喹乙醇的回收效率

（3）样品提取方法的对比。选择超声破碎仪提取、振荡提取和超声提取三种不同提取方法，研究其对土壤中氟苯尼考和喹乙醇的提取效率，试验选择甲醇和超纯水为喹乙醇提取剂，其提取条件如表 2-20 所示。

表 2-20　不同提取方法的提取条件

提取方法	功率	温度/℃	提取时间/分钟	重复次数
超声破碎提取	150W	25	10	2
振荡提取	200r/min	25	30	2
超声提取	80W	60	15	2

不同提取方法的提取效率如图 2-7 所示，从图中可以看出，三种提取方法相比，超声提取效率最高，其土壤回收率为 84.8%，RSD 为 4.0%；其次为振荡提取，其回收率为 54.5%，RSD 为 10.1%；超声破碎提取效率最低为 44.6%，RSD 为 2.5%。与前两种方法相比，超声提取回收率高，所需时间短，精密度也较好，并且可以大批量处理样品，是一种比较省时简便的处理方法。

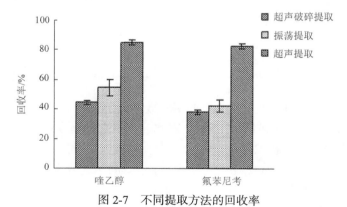

图 2-7　不同提取方法的回收率

（4）样品净化方法的对比。为了消除基质中共提组分对待测组分出峰位置的干扰，需要对提取样品进行 SPE 固相萃取去除样品中的杂质，通过试验对比，喹乙醇采用 HLB 固相萃取小柱对土壤提取液进行净化，对于喹乙醇水样经过 HLB 固相萃取小柱后，分别用 5 mL 甲醇和 5%甲酸/甲醇为洗脱液，发现 5 mL 的 5%甲酸/甲醇可以完全洗脱掉小柱上的喹乙醇，因此确定 5 mL 的 5%甲酸/甲醇为洗脱液。

（5）方法回收率和检测限。向蔬菜、土壤和猪肉中添加不同含量水平的喹乙醇，采用超声提取方法对其进行回收试验。提取溶剂 5%甲醇（30mL、60℃），提取两次，实验结果如表 2-21 所示。

表 2-21　喹乙醇在不同介质中的回收

介质	回收率/%			平均值/%	相对标准偏差/%
蔬菜	64.5	67.7	69.1	67.1	2.3
土壤	80.5	84.0	84.6	83.1	2.2
猪肉	83.1	74.4	80.8	79.4	4.5

从表 2-21 可以看出，采用超声提取蔬菜、土壤和猪肉中喹乙醇的回收率为 67.1%～83.1%，相对标准偏差为 2.2%～4.5%，其中喹乙醇提取剂为 60℃的 5%甲醇，提取两次，SPE 对提取样品进行净化。此方法回收率高，RSD 低，可用于不同介质中喹乙醇的提取。以 3 倍信噪比确定方法的检测限，喹乙醇的检测限为 0.1ng/g。

（6）结论。本书通过对不同提取溶剂、提取方法的对比研究，确定采用 5%甲醇提取，HLB 小柱净化，LC-MS/MS 对喹乙醇进行测定。优化了提取溶剂和提取温度等条件，选用 5%甲醇作为提取溶剂，60℃作为提取温度。

2.3　典型兽药在养殖场介质的暴露分析

根据前期调查的不同养殖类型动物的兽药使用情况，本书分别选取养猪场、奶牛场、养鸡场、养鱼塘四类典型的污染场景。以江苏宿迁某养猪场、江苏南京江宁某奶牛场、江苏南京禄口某蛋鸡场等为研究对象，研究兽药在养殖场不同介质中的污染特征。

2.3.1　实验材料与方法

（1）主要仪器和设备：GPS 导航仪；电池；1L 细口棕色瓶；采水器；漏斗式采泥器，1L 带柄塑料烧杯；生料带 2 盒；铲子；封口袋；棉手套；乳胶手套；小推车；整理箱；记号笔；签字笔；标签纸；透明胶带；剪刀；卷纸；镊子；保温箱；冰袋；浓硫酸；滴管。

四环素会与硅醇基或蛋白结合，并与金属离子形成螯合物，因此所有玻璃器皿清洗干净后必须使用饱和 EDTA 甲醇溶液荡洗。

（2）采样方法。样品采集：严格按照《水质采样方案设计技术规定》（HJ 495—2009）与环境监测技术规范中关于监测断面、监测点的布设原则来布点采集。

（3）样品分析方法。不同基质中典型兽药残留的分析参照前述方法进行分析检测。

（4）质量保证和数据分析。样品保存过程中，水样过滤后置于 4℃的冰箱里保存，并在一个星期内分析完。其他固体样品冷冻干燥后置于-40℃冰柜中冷冻保存。样品分析过程中所有样品充分研磨混匀，称量偏差严格控制在 0.5%以内，样品添加回收达到要求，且同一个浓度添加的回收率标准偏差小于 5%，分析方法稳定可靠后进行实际样品的分析，每次样品前处理完后立即进行液相色谱串联质谱分析，不能立即分析的样品放置于冰箱内保存，3 天内进样分析。

所有实验数据处理及图形绘制均采用 Microsoft Excel 2007 进行，采用最小显著性差异（least significant difference，LSD）对数据进行显著性分析。

2.3.2　样品采集

1. 采样点基本情况

几种兽药在典型养殖场环境暴露分析所选取的采样点基本情况如表 2-22 所示。

表 2-22　采样点基本情况

地区	养殖场	规模	占地面积/亩①	养殖年限	粪便去向
宿迁市	养猪场	25 000 头	800	10	农肥/喂鱼
南京汤山	养牛场	430 头	1000	10	沼气发酵/农肥
南京禄口	养鸡场	90 000 羽	1000	12	有机肥/农肥
南京江宁	养鱼场	50t/a	119	10	—

①1 亩≈666.67m²。

养猪场、养牛场、养鸡场和养鱼塘的采样平面如图 2-8～图 2-11 所示。

2. 样品采集

分别于 2011 年 10 月和 2012 年 7 月在江苏宿迁某典型养殖场（养猪场）采集其周边环境及生物样品。采集水样、底泥、土壤、饲料、蔬菜、猪肉、猪粪和鱼肉样品。饲料样品为该养殖场常用饲料，粪便样品为养殖场饲养的牲畜粪便。如图 2-8 所示，S1～S8 是土壤样本的采样位点，其中每个样点采集平行样本，采集的土壤样本为 0～20cm 的表层土壤，在直径 50cm 的范围内取样 1kg 左右，蔬菜样品和土壤样品采样地点相同。W1～W4 是水体样本与底泥样本的采样位点，每个样点采集平行样本；水样用采水器取 0.5m 深度处的水，收集于 1L 棕色玻璃瓶内，使用硫酸酸化使 pH 达到 2±0.2。底泥样品使用采泥器进行采集，采样点和水样相同。猪肉和鱼样分别采自养殖场饲养的育肥猪和场区内的养鱼塘。本养殖场二年度共采集粪便样本 10 份，土壤样本 32 份，水体样本 16 份，底泥样本 16 份，蔬菜样本 32 份，饲料样本 10 份，猪肉样本 6 份，鱼体样本 10 份。

2012 年 11 月在江苏南京汤山地区一典型奶牛场采集其周边水样、底泥、土壤、饲料、蔬菜和牛粪样品。饲料样品为该养殖场常用精饲料，粪便样品为奶牛场的奶牛粪便。S1～S4 是土壤样本的采样位点，每个样点采集平行样本，采集的土壤样本为 0～20cm 的表层土壤，在直径 50cm 的范围内取样 1kg 左右，蔬菜样品和土壤样品采样地点相同。W1～W4 是水体样本与底泥样本的采样位点，每个样点采集平行样本；水样用采水器取 0.5m 深度处的水，收集于 1L 棕色玻璃瓶内，使用硫酸酸化使 pH 达到 2±0.2。底泥样品使用采泥器进行采集，采样点和水样相同。本养殖场共采集粪便样本 5 份，土壤样本 8 份，水体样本 8 份，底泥样本 8 份，蔬菜样本 8 份，饲料样本 5 份。

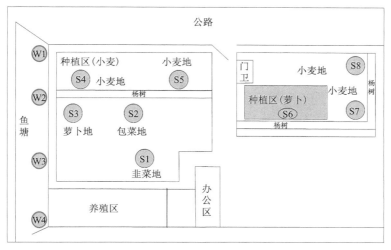

图 2-8　宿迁养猪场采样点示意图

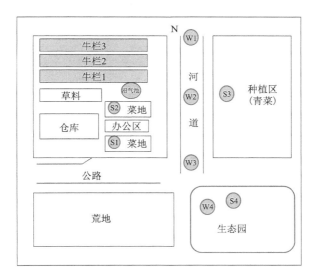

图 2-9　南京汤山奶牛场采样点示意图

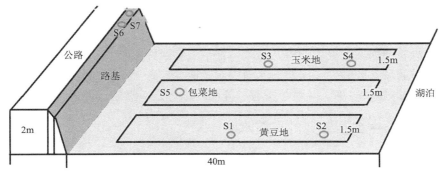

图 2-10　南京禄口蛋鸡场采样点示意图

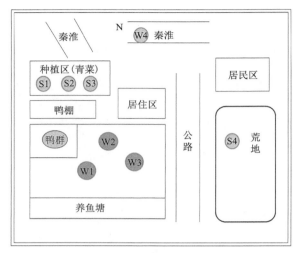

图 2-11　南京江宁养鱼塘采样点示意图

2011 年 7 月在江苏南京禄口的一典型蛋鸡场采集水样、底泥、土壤、饲料、蔬菜样本。S1～S7 是土壤样本的采样位点，每个样点采集平行样本，土壤样本为 0～20cm 的表层土壤，直径 50cm 范围内取样 1kg 左右，蔬菜样品和土壤样品采样地点相同。水体分别采集了距离养殖场排废水口 30m、100m、200m 和 300m 处的河流水，每个样点采集平行样本；水样使用采水器取 0.5m 深度处的水，收集于 1L 棕色玻璃瓶内，使用硫酸酸化使 pH 达到 2±0.2。本养殖场共采集粪便样本 5 份，土壤样本 14 份，水体样本 8 份，蔬菜样本 10 份，饲料样本 5 份。

于 2012 年 11 月在江苏南京江宁区秦淮河边一典型养鱼塘采集水样、底泥、土壤、饲料、蔬菜、鱼肉和鸭粪样品。在该养鱼塘内设置了三个主要采样点，共采集了 9 份水样和 9 份底泥样品，水样使用采水器采集 0.5m 深度的水，收集于 1L 棕色玻璃瓶内，使用硫酸酸化使 pH 达到 2±0.2。底泥样品使用采泥器进行采集，采样点和水样相同。蔬菜样品采自养鱼塘北边菜地和东边一处菜地，共 8 个样品，土样和蔬菜样品采集地点相同，主要采集 0～20cm 的表层土壤，在直径 50cm 的范围内取样 1kg 左右。饲料样品为常用鸭饲料和面粉，粪便样品从鸭子养殖的场内收集，混合得到。

3. 样品保存

采集的所有样品均放置冰袋避光冷藏，并于当天运回实验室，水样用 0.45μm 孔径玻璃纤维膜过滤后立即储存在 4℃ 的冰箱中避光保存，并于一周内分析。其他样品采集放置于 -40℃ 的冰柜中冷冻，及时将所有的样品冷冻干燥，然后保存于 -40℃ 的冰柜中。

2.3.3　暴露介质中典型兽药的暴露水平

本书建立的典型兽药测定方法，对养殖场各暴露介质中的磺胺类、四环素类和喹诺酮类抗生素，雌激素类药物及喹乙醇的残留水平进行了测定。结果如表 2-23～表 2-26 所示。兽药在各暴露介质中的检出种类和含量与养殖场使用兽药情况一致。抗生素类兽

表 2-23 不同养殖场不同暴露介质中抗生素暴露水平

养殖场	暴露介质	SDZ	SMZ	STZ	SMT	SDM	SMX	TC	OTC	CTC	CIP	ENR
猪场-冬季	饲料	ND	ND	ND	4.58±0.60	ND	ND	ND	18.94±5.32	12.04±0.40	ND	ND
	粪便	ND	ND	14.64±3.08	426.6±30.06	11.43±1.93	19.64±7.69	ND	559±25.29	349.2±28.56	ND	ND
	土壤	ND	0.18±0.05	ND	18.89±6.40	0.30±0.18	0.33±0.07	ND	36.83±3.20	21.60±2.86	ND	ND
	蔬菜	ND	ND	ND	1.47±0.30	ND	ND	ND	0.97±0.48	0.53±0.13	ND	ND
	水样	0.2±0.07	ND	2.78±1.05	108.25±0.96	0.33±0.04	2.14±0.75	ND	52.23±3.75	19.78±2.81	ND	ND
	底泥	ND	ND	0.91±0.29	89.15±7.23	ND	0.87±0.26	ND	3106±329	1957±263	ND	ND
	鱼肉	ND	ND	ND	3.38±0.39	ND	ND	ND	ND	ND	ND	ND
	猪肉	ND	ND	ND	20.44±5.38	ND	ND	ND	63.30±4.42	51.23±1.45	ND	ND
猪场-夏季	饲料	ND	ND	ND	4.17±0.54	ND	ND	ND	20.38±2.88	12.64±0.65	ND	ND
	粪便	ND	ND	ND	256.20±46.80	ND	ND	ND	394±24.94	98.00±13.29	ND	ND
	土壤	ND	ND	ND	14.50±3.95	ND	ND	ND	28.90±4.81	12.88±2.45	ND	ND
	蔬菜	ND	ND	ND	1.31±0.31	ND	ND	ND	0.37±0.13	0.14±0.04	ND	ND
	水样	ND	ND	ND	59.63±14.48	ND	ND	ND	30.60±1.85	12.38±2.29	ND	ND
	底泥	ND	ND	ND	39.48±4.47	ND	ND	ND	1814±253	924.68±80.0	ND	ND
	鱼肉	ND	ND	ND	1.33±0.73	ND	ND	ND	ND	ND	ND	ND
	猪肉	ND	ND	ND	20.47±5.39	ND	ND	ND	24.90±3.46	20.60±1.66	ND	ND

续表

养殖场	暴露介质	SDZ	SMZ	STZ	SMT	SDM	SMX	TC	OTC	CTC	CIP	ENR
牛场	饲料	ND	ND	ND	ND	ND	ND	ND	12.80±3.05	ND	ND	ND
	粪便	ND	ND	ND	ND	ND	ND	ND	515.5±3.93	ND	ND	ND
	土壤	ND	ND	ND	ND	ND	ND	ND	34.87±1.03	ND	ND	ND
	蔬菜	ND	ND	ND	ND	ND	ND	ND	0.92±0.08	ND	ND	ND
	水样	ND	ND	ND	ND	ND	ND	ND	35.60±19.9	ND	ND	ND
	底泥	ND	ND	ND	ND	ND	ND	ND	1179±1011	ND	ND	ND
鸡场	饲料	27.84±1.91	ND	ND	36.86±2.43	ND	19.24±1.97	302.8±15.9	481.2±16.73	524.8±19.32	25.0±3.23	15.84±2.75
	粪便	870±27.66	ND	ND	2179±127.96	ND	753±32.88	8901±101	50 923±2775	65 696±1564	9224±612	8772±749
	土壤	21.86±5.22	ND	ND	105.94±14.06	ND	20.92±3.99	753±45.54	3212±292	4331±490	505±12.9	197±9.72
	蔬菜	0.53±0.08	ND	ND	6.47±0.44	ND	1.86±0.03	4.35±0.22	50.19±0.11	29.73±0.13	15.7±0.37	337±11.5
	水样-30m	266.17	ND	ND	195.88	ND	79.94	808.52	751.31	2421.51	2560.88	1131.57
	水样-100m	88.63	ND	ND	49.32	ND	53.54	725.61	689.32	1203.91	1820.13	884.20
	水样-200m	ND	ND	ND	33.95	ND	ND	625.24	561.71	556.46	1161.01	410.54
	水样-300m	ND	ND	ND	ND	ND	ND	162.80	130.43	177.30	571.97	260.01

注：ND 表示未检测到；表中液体样品单位为 ng/L，固体样品单位为 μg/kg。

药是检出最为广泛、检出量较高的药物。激素类兽药检出品种少，含量也较低，不同文献报道雌激素含量差异较大，其可能与畜禽种类、养殖规模、粪便处理方式、粪便堆积时间及检测方法有关。本书中雌激素含量都较低，主要检出品种 17β-雌二醇为畜禽动物的内源性激素，其在水体中浓度高于土壤，表明其会随着农田浇灌、降水地表径流和渗滤过程（大孔隙流）等进入地下水、河流水体。喹乙醇的原型药物在养猪场的土壤中未检出，但是其代谢物却检出广泛，说明其在环境中的暴露形式为代谢产物。

表 2-24　养鱼塘不同介质中喹诺酮类药物的暴露水平

化合物		NOR	ENR	OFL	CIP
饲料/（ng/g）		ND	ND	ND	ND
鸭粉/（ng/g）		ND	ND	ND	ND
粪便/（ng/g）		56.2±8.1	123.4±1.6	80.0±3.9	ND
水样/（ng/L）	秦淮河	56.9±8.1	92.4±3.7	42.0±2.0	ND
	1	232.5±9.0	258.9±1.8	85.1±1.5	ND
	2	198.6±2.5	325.9±1.6	95.3±2.1	ND
	3	223.7±5.4	332.8±1.3	84.3±3.9	ND
底泥/（ng/g）	秦淮河	286.3±0.9	3327.7±15.2	98.9±3.6	ND
	1	197.8±1.1	932.0±58.4	41.9±1.0	ND
	2	102.4±2.0	1082.2±18.9	31.6±6.3	ND
	3	118.0±0.9	1376.7±16.3	26.5±0.8	ND
蔬菜/（ng/g）	1	ND	ND	5.9±1.5	ND
	2	ND	2.3±1.1	6.1±0.5	ND
	3	ND	ND	ND	ND
	4	ND	ND	ND	ND
土壤/（ng/g）	1	60.6±2.5	95.2±0.8	25.8±1.2	ND
	2	81.4±1.4	105.1±2.2	31.7±2.6	ND
	3	42.6±0.4	98.9±3.2	33.7±0.9	ND
	4	ND	ND	ND	ND
鲫鱼/（ng/g）	1	231.7±4.2	430.8±5.4	58.3±0.3	ND
	2	282.2±3.5	302.2±1.2	53.1±0.6	ND
	3	224.2±1.8	324.2±2.3	57.6±1.3	ND
鳊鱼/（ng/g）	1	53.2±0.8	43.6±0.9	52.8±1.8	ND
	2	43.9±2.1	53.8±1.2	52.7±0.0	ND
	3	62.7±3.2	75.7±3.1	50.7±0.3	ND

注：ND 表示未检测到。

表 2-25　养猪场水和土壤中雌激素的暴露水平

化合物	水/（ng/L）			土壤/（ng/g）							
	地下水	地表水 1	地表水 2	1	2	3	4	5	6	7	8
EE_2	ND	ND	7.8	ND	ND	ND	ND	ND	ND	ND	ND
E_3	ND	ND	ND	ND	ND	ND	ND	ND	ND	ND	ND
17β-E_2	ND	2.0	4.9	0.5	0.2	ND	ND	ND	ND	ND	ND

续表

化合物	水/（ng/L）			土壤/（ng/g）							
	地下水	地表水 1	地表水 2	1	2	3	4	5	6	7	8
HES	ND	ND	ND	ND	ND	ND	ND	ND	ND	ND	ND
E_1	5.7	8.0	12.9	ND	ND	ND	ND	ND	ND	ND	ND
$17\alpha\text{-}E_2$	ND	ND	7.6	ND	ND	ND	ND	ND	ND	ND	ND

注：ND 表示未检测到。

表 2-26　养猪场粪便和地表水检出喹乙醇代谢产物的暴露水平

化合物	粪便/（ng/g）	地表水 1/（ng/L）	地表水 2/（ng/L）	地表水 3/（ng/L）	地表水 4/（ng/L）
MQCA	4.7±0.2	8.2±1.1	4.8±1.5	6.0±0.1	5.5±0.2

2.4　典型养殖场抗生素的污染特征分析

2.4.1　抗生素在不同暴露介质中的分布规律

图 2-12 是养猪场内检测到的三种典型抗生素在不同介质中暴露的浓度比较。由图可见，磺胺二甲嘧啶（SMT）在不同介质中污染浓度的排序为：粪便>底泥>土壤>鱼肉>蔬菜>水体，四环素类的土霉素（OTC）和金霉素（CTC）在不同介质中污染浓度的排序为底泥>粪便>土壤>蔬菜>水体>鱼肉。磺胺二甲嘧啶和土霉素与金霉素不同的纵向变化规律与其理化特性密切相关。表 2-27 反映了典型抗生素在养猪场旁河流的底泥和水体中的分配比例。四环素类具有较高的 K_d 值（土壤吸附常数），且与土壤或底泥表现出较好的亲和力，易通过阳离子键桥、表面配位螯合及氢键等作用机制吸附在底泥中，表现出较强的土壤滞留性（Nowara et al.，1997；Tolls，2001；Golet et al.，2003）。而磺胺类药物的 K_d 值较低，在土壤和底泥中的吸附能力较弱（Boxall et al.，2002）。因此，底泥是四环素污染浓度最高的介质。从污染物的鱼类富集情况看，富集量高的磺胺二甲嘧啶主要是由于介质污染浓度高，但介质污染浓度也较高的土霉素和金霉素并没有完全表现出高的富集效应（如 OTC 和 CTC），这可能跟污染物在生物体内的稳定性有关，也可能归因于这些污染物与环境介质的吸附或螯合等特性，不易被生物体吸收而重新排出体外（Kinney et al.，2008）。此外，某些抗生素在生物体内的消减速度也影响其在体内的累积（Le Bris and Pouliquen，2004）。

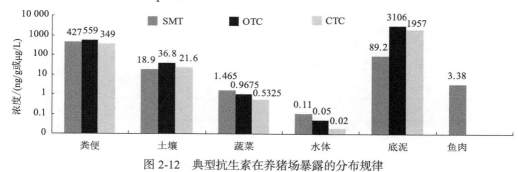

图 2-12　典型抗生素在养猪场暴露的分布规律

表 2-27　养猪场河流中底泥与水体中抗生素浓度分配比

抗生素	底泥浓度/（ng/g）	水样浓度/（ng/L）	K/（L/g）
SDZ	—	0.28	—
SMZ	—	—	—
STZ	0.91	2.78	0.33
SMT	89.15	108.25	0.82
SDM	—	0.33	—
SMX	0.87	2.14	0.41
TC	—	—	—
OTC	3106.25	52.23	59.48
CTC	1957.00	19.78	98.96

　　图 2-13 是养牛场内检测到的土霉素在不同暴露介质中的浓度比较,其在不同介质中污染浓度的排序与养猪场得到的规律一致。养牛场中检出的抗生素品种较为单一,这与目前对牛奶的监督检查较为严格有关。调查发现,本采样点作为南京卫岗乳业有限公司的指定奶源,卫岗乳业有限公司每年会定期派送兽医对奶牛进行体检,并注射疾病预防药物(据称主要是中药类药物,不含抗生素和激素类药物)。但是,由于商品化精饲料中抗生素的添加,土霉素依然存在于整个环境暴露链中。

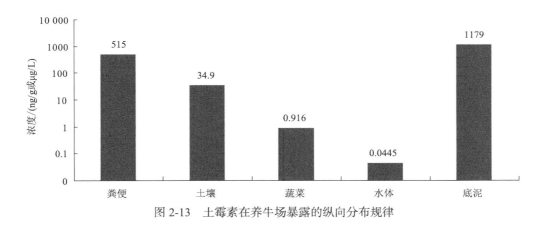

图 2-13　土霉素在养牛场暴露的纵向分布规律

　　图 2-14 和图 2-15 是养鸡场内检测到的不同抗生素在不同暴露介质中的浓度分布规律。由图可见,各抗生素在粪便中的暴露浓度最高,其次为土壤,最后为蔬菜。水体中抗生素的污染浓度与污水排放口的距离呈明显的正相关。同时发现,养鸡场检出的抗生素药物品种较多,且环境介质中暴露水平较高,这与其日常用药情况密切相关。四环素和喹诺酮类抗生素在鸡场各暴露介质中污染浓度较磺胺类药物高,也反映了这两类抗生素是鸡场中使用频率较高、使用量较大的品种。

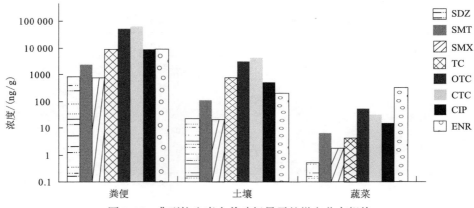

图 2-14 典型抗生素在养鸡场暴露的纵向分布规律

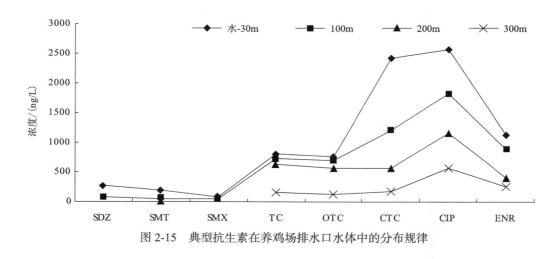

图 2-15 典型抗生素在养鸡场排水口水体中的分布规律

2.4.2 抗生素从粪便到土壤的迁移规律

抗生素从粪便向土壤迁移是一个非常复杂的过程，如图 2-16 所示。抗生素从粪便施用进入土壤中的残留浓度可用公式计算。此预测尝试未考虑抗生素迁移的中间过程，如降解、植物吸收和地表径流等。残留率的计算公式如下：

$$RR = \frac{C_a V_m \rho_m}{A_a H_m \rho_s} \qquad (2-2)$$

式中，RR 为残留率[μg/（kg·hm^2·a）]；C_a 为抗生素在粪便中的浓度（μg/kg）；V_m 为每公顷年施肥量[150m^3/（hm^2·a）]；A_a 为施用粪肥的农田面积（10 000m^2）；H_m 为表层土壤的厚度（0.15m）；ρ_m 为粪便密度（1.1g/cm^3）；ρ_s 为土壤密度（1.15g/cm^3）。

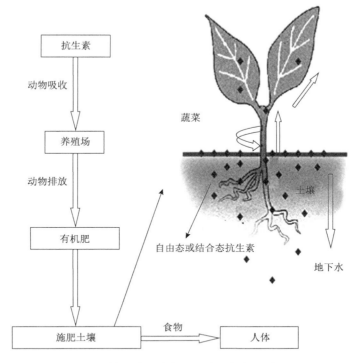

图 2-16　抗生素的粪便—土壤—植物迁移过程

本书以养猪场、养牛场和养鸡场周边农田土壤作为研究对象，通过式（2-2）模拟计算由粪便施用进入土壤的抗生素浓度，探讨本模型预测土壤中抗生素残留浓度的准确性，结果如表 2-28 所示，模拟与实测结果比较如图 2-17 所示。

表 2-28　抗生素由粪便迁移至土壤的模拟与实测结果　　（单位：μg/kg）

抗生素	鸡场		猪场		牛场	
	实测浓度	预测浓度	实测浓度	预测浓度	实测浓度	预测浓度
SDZ	21.86	83.26	—	—	—	—
SMT	105.94	208.43	18.89	40.81	—	—
SDM	—	—	0.30	1.09	—	—
SMX	20.92	72.06	0.33	1.88	—	—
TC	753.31	851.38	—	—	—	—
OTC	3212.13	4870.93	36.83	53.47	34.90	49.00
CTC	4331.36	6283.97	21.60	33.40	—	—
CIP	504.86	882.33	—	—	—	—
ENR	196.66	834.53	—	—	—	—

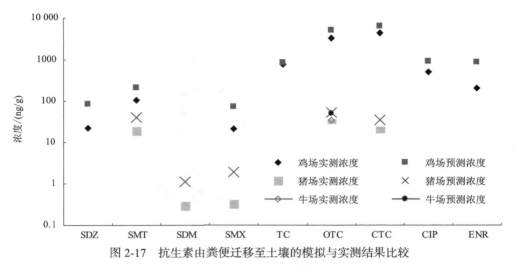

图 2-17　抗生素由粪便迁移至土壤的模拟与实测结果比较

由图 2-17 可见，各抗生素的预测浓度均大于实测浓度，这与此假设未考虑抗生素迁移的中间过程，如降解、植物吸收和地表径流等因素有关。四环素类的预测和实测浓度都偏高，其次为喹诺酮类和磺胺类。还发现，该预测公式对四环素类药物估算的准确性较其他药物高，说明该预测模型更适于持久性高且水溶性低的抗生素（四环素类），不适于易降解和高水溶性的抗生素（磺胺类和喹诺酮类）。该模型为持久性抗生素从粪便迁移至土壤的浓度预测提供了一种简单的方法。如果一种抗生素在土壤中的临界安全浓度已知，那么粪便中的安全浓度可以通过式（2-2）来反推。

2.4.3　抗生素从土壤到植物的迁移规律

本书中大部分抗生素都被检到残留于植物茎叶，这与文献报道的结果比较一致。有文献报道，植物组织中四环素和磺胺二甲嘧啶的浓度为 1～50ng/g，残留水平与暴露时间和粪便中抗生素的含量成正比（Kumar et al.，2005a；Migliore et al.，2010）。土霉素、金霉素、恩诺沙星、磺胺二甲嘧啶都具有较高的蔬菜残留浓度，说明水溶解度、半衰期等理化特性几乎不影响蔬菜对药物的吸收，这也进一步说明蔬菜对药物的吸收通过被动吸附作用。研究表明，抗生素在不同植物组织中蓄积浓度大小排序为叶>茎>根（Hu et al.，2010）。因此，本书分析测定了采集蔬菜的茎叶混合组织。

Chiou 等（2001）报道过一些有机污染物的富集模型，如分配-限制模型。然而，这些模型由于需要复杂的参数一直无法得到推广应用。应用简单的参数预测抗生素在植物中的富集量是非常有意义的一项工作。Briggs 等（1983）认为 K_{ow} 是与植物富集因子相关的一个参数，他们提出了一个简单的模型：

$$\lg SCF = A\lg K_{ow} - B \qquad (2\text{-}3)$$

式中，SCF 为抗生素在茎叶中浓度与在土壤中浓度的比值；A 和 B 为常数（取决于植物种类和生长环境）。

虽然这个模型非常简单，但是其容易操作和应用。Briggs 等（1983）得出小麦的经验方程参数 A 为 0.95，B 为 2.05。本书运用养猪场菜地生长的小麦、萝卜、包菜和韭菜中抗生素的含量作为输入指进行拟合，得到回归方程为 lg SCF = 0.611lgK_{ow}−1.55，R^2=0.9，P<0.001，说明 SCF 与 K_{ow} 是线性相关的，回归曲线如图 2-18 所示。由于四环素类具有中等的 K_{ow} 值且在土壤中浓度最高，因此蔬菜中四环素的含量是最高的。从图 2-18 可以得出，具有较高 lgK_{ow} 的抗生素，如喹诺酮和磺胺类更适用于该预测模型（右侧圆圈标示），而具有较低 lgK_{ow} 的抗生素，如四环素类不太适用于该预测模型（左侧圆圈标示）。此外，喹诺酮和磺胺类药物的水溶性高于四环素类，这说明植物对抗生素的富集能力可能与抗生素的水溶性存在正相关性，同时也揭示了植物通过水传输性对抗生素进行富集这一规律。

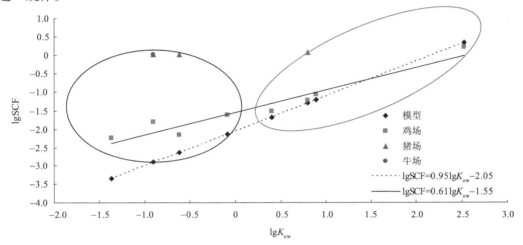

图 2-18　实际测定与模型预测的 K_{ow} 与 SCF 的回归方程

2.4.4　抗生素饲料添加剂对环境暴露的贡献率

饲料的兽用抗生素添加是畜禽养殖业兽药利用的主要形式，在美国，有 80%～95.1% 的兽药通过饲料添加利用。从调查研究的各养殖场饲料检测结果来看，养鸡场饲料添加剂使用的品种多且添加含量高，养猪场和养牛场抗生素的饲料添加浓度较养鸡场的低得多，具体检测结果比较如图 2-19 所示。

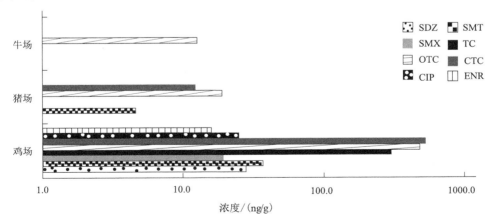

图 2-19　各养殖场抗生素饲料添加浓度比较

根据饲料摄入途径来计算各养殖场排泄目标抗生素到粪便的浓度，并与实际检测值相比。计算公式如下。

$$C_{\mathrm{M}} = \frac{C_f \times D \times \mathrm{ER}}{\mathrm{EM} \times 23\%} \tag{2-4}$$

式中，C_{M} 为猪粪中兽用添加抗生素的预测浓度（ng/g）。C_f 为饲料中抗生素浓度，由各养殖场实际样品测得（ng/g）。D 为每日饲料摄入量，养猪场计算时，根据农业行业标准——猪饲养标准（NY/T65—2004，60～90 kg 的生猪每天采食 2.5 kg）；养牛场计算时，根据奶牛饲养标准（ZBB43007，牛在最大干物质摄入期间，至少应该摄入其体重 4% 的干物质。体重为 600kg 的牛，应摄入 600kg×4%=24kg 的干物质）；养鸡场计算时，根据鸡饲养标准（NY/T33—2004，按蛋鸡体重为 2.3kg 计算，10～13℃时采食 129g 饲料）。ER 为抗生素在畜禽体内的排泄系数，根据 Sarmah 等（2006）取 30% 和 90% 等两种情况计算；EM 为动物每日排泄粪便量（湿基），根据国家环境保护部推荐各种畜禽的排泄系数，牛粪便量取值 20 kg/d，猪粪便量取值 2 kg/d，鸡粪便量取值 0.072 kg/d；23% 为猪粪干物质含量，20% 为牛粪干物质含量，25% 为鸡粪干物质含量（多个样品平均结果）。

结果发现，饲料摄入途径预测的猪粪抗生素浓度均小于实际浓度，如表 2-29 所示，抗生素饲料添加剂对粪便中抗生素残留的贡献比例如图 2-20 所示。养鸡场中四环素和磺胺嘧啶的添加对最终粪便中抗生素残留的贡献较高，达到 20% 以上；养猪场和养牛场中土霉素和金霉素作为饲料添加较为普遍，贡献率在 15% 左右。该结果表明，养殖场通过正常剂量的饲料添加摄入不是兽药主要的利用方式，饮用水中的添加或注射，以及超量使用抗生素添加剂可能是养殖场抗生素污染的主要来源。

表 2-29　猪粪中目标抗生素实测值与预测值比较　　　　（单位：ng/g）

抗生素	鸡粪			猪粪			牛粪		
	实测	30%排泄估算	90%排泄估算	实测	30%排泄估算	90%排泄估算	实测	30%排泄估算	90%排泄估算
SDZ	870.4	59.9	179.6						
SMT	2179.0	79.2	237.7	426.6	7.47	22.4			
SMX	753.4	41.4	124.1						
TC	8900.8	651.0	1953.1						
OTC	50923.4	1034.6	3103.7	559.0	30.9	92.6	515.5	23.0	69.1
CTC	65696.0	1128.3	3385.0	349.2	19.6	58.9			
CIP	9224.4	53.7	161.1						
ENR	8724.6	34.1	102.2						

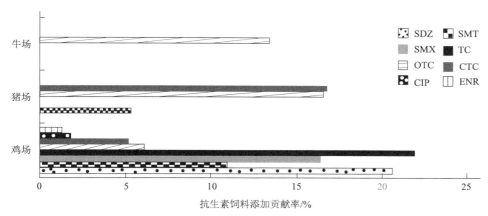

图 2-20　各养殖场抗生素饲料添加剂对粪便残留浓度的贡献

2.4.5　季节变化对抗生素环境暴露的影响

　　通过比较夏季和冬季养猪场抗生素在不同暴露介质中的残留浓度，发现检出的磺胺二甲嘧啶、土霉素、金霉素在粪便、土壤、蔬菜、水体、底泥及鱼体中冬天的残留浓度普遍大于夏天的残留浓度，如图 2-21 所示。这可能归因于夏季温度升高和菌群活性增强加速了抗生素的生物降解。同时，据调查，养殖动物非常容易在冬天患各种感染疾病，因此冬天养殖场的兽用抗生素用量一般都非常大，这也是抗生素在各暴露介质中冬季的含量明显大于夏季含量的一个主要因素。

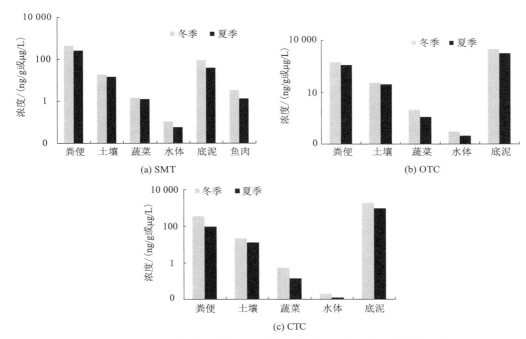

图 2-21　夏季和冬季养猪场抗生素在不同暴露介质中的残留浓度比较

2.5　典型养殖场抗生素的环境与健康风险分析

2.5.1　生态风险评估

1. 阶段 I 评估

　　欧盟的 VICH 制定的兽药生态风险评估导则规定了几个筛选层次风险评估的临界效应值，分别为粪便浓度 10μg/kg，土壤浓度 10μg/kg，地表水浓度 1μg/L，地下水浓度 0.1μg/L。这些临界效应数值是欧洲药品审评局工作组长期讨论的结果，目的是将其作为筛选级别的管理工具，如果预测环境暴露浓度超过了这些临界值，那么需要进入第 II 阶段的风险评价。

　　本书各养殖场不同暴露介质中抗生素药物的检出浓度与临界值的比较见图 2-22～图 2-24。结果显示，所有检出药物的粪便 PEC 都大于临界值 10μg/kg，磺胺嘧啶（SDZ）、磺胺二甲嘧啶（SMT）、磺胺甲噁唑（SMX）、四环素（TC）、土霉素（OTC）、金霉素（CTC）、环丙沙星（CIP）、恩诺沙星（ENR）的土壤 PEC 大于临界值 10μg/kg，须进入第 II 阶段评价这些药物的生态风险。CTC、CIP 和 ENR 在水体中的污染浓度超过了临界值 1μg/L，应更多关注其水生毒性。

2. 阶段 II 评估

　　抗生素的设计时主要针对人体和动物体内的病原性致病菌，这就使其必然也对人体和环境中其他有机体产生潜在的健康威胁（Warman et al.，1981）。兽药抗生素的生态毒性主要表现在：①通过影响环境中各种微生物的种群数量及其他较高等生物，如水生生物、植物、动物的种群结构和营养转移方式，破坏环境中固有的以食物链为联系的生态系统平衡。②在环境中诱发大量耐药菌的产生，并大量繁殖和传播，最终影响人类健康。Sanderson 等（2004）采用 QSARs 和现有的水生生态毒理学试验数据，对 226 种兽药抗生素的生态危害性进行了评价。预测结果表明：20% 的兽药抗生素对于藻类非常毒；16% 的兽药抗生素对于大型蚤极度毒（$EC_{50}<0.1mg/L$），44% 为非常毒（$EC_{50}<1mg/L$）；几乎 33% 的兽药抗生素对于鱼类非常毒，而超过 50% 的兽药抗生素对于鱼类有毒（$EC_{50}<10mg/L$）。

　　现在，有关兽药抗生素对不同水生生物、陆生生物毒性效应的研究均有展开，但目前研究大多以短期急性毒性试验为主，以生长、死亡和繁殖等作为主要指示指标，而对低剂量、长期污染暴露下的兽药抗生素对生物机体内生理、生化及分子水平等敏感指标的研究还相对较少。表 2-30 总结了近年来国内外文献报道的本书需要进行阶段 II 评估的几种抗生素兽药对于不同陆生和水生生物的生态毒理学数据，按照 VICH 导则 AF 值的选取规则，计算几种抗生素兽药对不同生物级别的预测无效应浓度（predicted no effect concentration，PNEC）值。

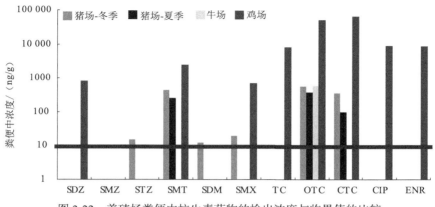

图 2-22　养殖场粪便中抗生素药物的检出浓度与临界值的比较

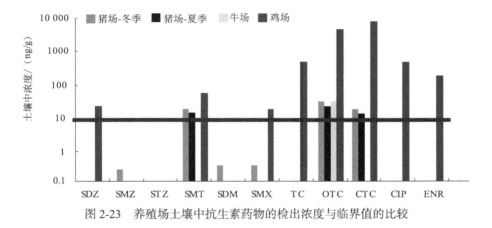

图 2-23　养殖场土壤中抗生素药物的检出浓度与临界值的比较

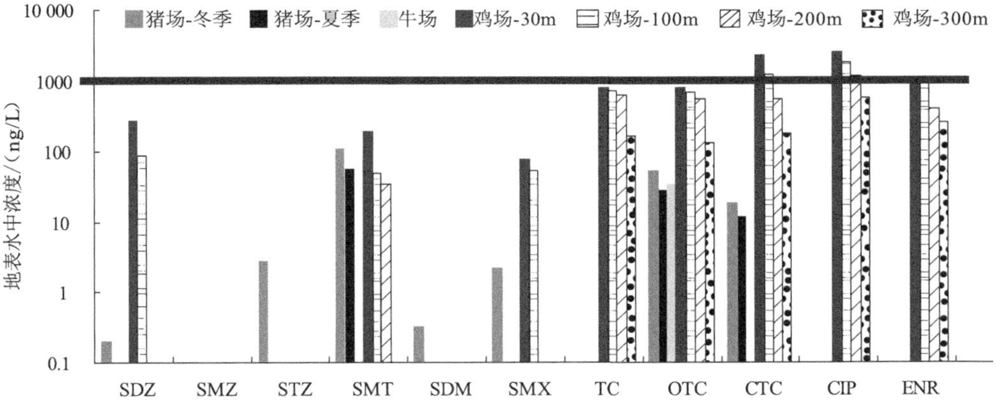

图 2-24　养殖场水体中抗生素药物的检出浓度与临界值的比较

表 2-30 兽药抗生素的生态毒理学数据

药物	项目	毒性数据/（mg/kg 或 mg/L）	评估因子	无效应浓度
SDZ	白羽扇豆根长减少 13%	100	100	1
	土壤微生物对 Fe^{3+} 的还原能力降低 50%	0.003	100	0.000 03
	对土壤微生物的种群数量和细菌、真菌、放线菌的生长速度有明显的抑制作用	125	100	1.25
	羊角月芽藻 EC_{50}	0.135	100	0.001 35
	浮萍（Lemna minor）EC_{50}	0.07	100	0.0007
SMT	蚯蚓 LC_{50}	>5000	100	>50
	燕麦根生长抑制 NOEC	0.1	10	0.01
	水稻根生长抑制 NOEC	1	10	0.1
	黄瓜根生长抑制 NOEC	1	10	0.1
	藻类（Pseudokirchneriella subcapitata）72 小时 NOEC	0.001	10	0.0001
	浮萍 EC_{50}	1.74	100	0.0174
SMX	燕麦根生长抑制 NOEC	1	10	0.1
	水稻根生长抑制 NOEC	0.1	10	0.01
	黄瓜根生长抑制 NOEC	300	10	30
	藻类（Synechococcus leopoliensis）96 小时 EC_{50}	0.0268	1000	0.000 026 8
	浮萍 EC_{50}	0.62	100	0.0062
TC	猩猩木（Euphorbia pulcherrima）体内酶活性抑制	0.009	100	0.000 09
	燕麦根生长抑制 NOEC	1	10	0.1
	水稻根生长抑制 NOEC	1	10	0.1
	黄瓜根生长抑制 NOEC	1	10	0.1
	费氏弧菌 24 小时 EC_{50}	0.0251	100	0.000 251
	斑马鱼 96 小时 LC_{50}	406	1000	0.406
	鲫鱼 96 小时 LC_{50}	322.8	1000	0.3228
OTC	对紫花苜蓿茎和根生长的抑制率分别达 61%	0.99	100	0.0099
	弹尾虫 EC_{10}	>5000	100	>50
	蚯蚓 EC_{10}	1954	100	19.54
	北鹌 14 天 LD_{50}	>2000	100	>20
	南美白对虾 48 小时中毒 NOEC	0.055	10	0.0055
	费氏弧菌半数发光抑制浓度 EC_{50}（40 分钟）	0.09	100	0.0009

续表

药物	项目	毒性数据/（mg/kg 或 mg/L）	评估因子	无效应浓度
CTC	土壤呼吸速率 NOEC	>0.6	10	>0.06
	燕麦根生长抑制 NOEC	<0.1	10	<0.01
	水稻根生长抑制 NOEC	1	10	0.1
	黄瓜根生长抑制 NOEC	0.1	10	0.01
	斑马鱼 96 小时 LC_{50}	61.15	1000	0.061 15
	鲫鱼 96 小时 LC_{50}	34.68	1000	0.034 68
	铜绿微囊藻 7 天 EC_{50}	0.005	100	0.000 05
CIP	铜绿微囊藻 7 天 EC_{50}	0.005	100	0.000 05
	小球藻 96 小时 EC_{50}	20.61	100	0.2061
	大型蚤 48 小时 LC_{50}	135.15	1000	0.135 15
ENR	土壤微生物群落利用各类碳源能力显著降低	0.01	100	0.0001
	蚯蚓 NOEC	100	10	10
	根生长抑制 LC_{50}	125.7	100	1.257
	大型蚤慢性 NOEL	9.8	10	0.98

得到预测无效应浓度和暴露浓度后，即可以进行风险商值的计算。计算公式为 Risk=EC/PNEC。如果所有生物级别的 Risk<1，那么说明风险可以忽略，就不需要进一步的评价；如果任何一种生物级别的 Risk>1，则需进行更高层次的生态风险评估及制定风险管理措施。表 2-31～表 2-33 分别总结了磺胺类药物、四环素类药物和喹诺酮类药物的陆生风险和水生风险。可见，养鸡场土壤中残留的 SDZ、TC、OTC、CTC、ENR 对陆生生物具有极高的生态风险，养猪场土壤中残留的 SMT、OTC、CTC，以及养牛场土壤中残留的 OTC 对陆生生物具有不可忽视的生态风险；养鸡场水样中的 SMT、SMX、TC、CTC 及 ENR 的水生生态风险较高。

表 2-31　磺胺类药物在不同养殖场的陆生和水生生态风险

养殖场	暴露介质	SDZ			SMT			SMX		
		EC	PNEC	Risk	EC	PNEC	Risk	EC	PNEC	Risk
猪场-冬季					18.89		**1.89**	0.33		0.03
猪场-夏季	土壤/(ng/g)		0.000 03		14.5	0.01	**1.45**		0.01	0.00
牛场										
鸡场		21.86		**728.67**	105.94		**10.59**	20.92		**2.09**
猪场-冬季		0.2		0.0003	108.25		**1.08**	2.14		0.08
猪场-夏季	水样/(ng/L)		0.0007		59.63	0.0001	0.60		0.000 026 8	
牛场										

续表

养殖场	暴露介质	SDZ			SMT			SMX		
		EC	PNEC	Risk	EC	PNEC	Risk	EC	PNEC	Risk
鸡场	水样-30m	266.17		0.38	195.88		**1.96**	79.94		**2.98**
鸡场	水样-100m	88.63		0.13	49.32		0.49	53.54		**2.00**
鸡场	水样-200m				33.95		0.34			
鸡场	水样-300m									

表 2-32　四环素类药物在不同养殖场的陆生和水生生态风险

养殖场	暴露介质	TC			OTC			CTC		
		EC	PNEC	Risk	EC	PNEC	Risk	EC	PNEC	Risk
猪场-冬季	土壤				36.83		**3.72**	21.6		**2.16**
猪场-夏季	土壤				28.9		**2.92**	12.88		**1.29**
牛场	土壤		0.000 09		34.87	0.0099	**3.52**		0.01	
鸡场	土壤	753		**8366.67**	3212		**324.44**	4331		**433.10**
猪场-冬季	水样				52.23		0.06	19.78		0.40
猪场-夏季	水样				30.6		0.03	12.38		0.25
牛场	水样				35.6		0.04			0.00
鸡场	水样-30m	808.52	0.000 251	**3.22**	751.31	0.0009	0.83	2421.51	0.000 05	**48.43**
鸡场	水样-100m	725.61		**2.89**	689.32		0.77	1203.91		**24.08**
鸡场	水样-200m	625.24		**2.49**	561.71		0.62	556.46		**11.13**
鸡场	水样-300m	162.8		0.65	130.43		0.14	177.3		**3.55**

表 2-33　喹诺酮类药物在不同养殖场的陆生和水生生态风险

养殖场	暴露介质	CIP			ENR		
		EC	PNEC	Risk	EC	PNEC	Risk
猪场-冬季	土壤						
猪场-夏季	土壤		—			0.0001	
牛场	土壤						
鸡场	土壤	505			197		**1970.00**
猪场-冬季	水样						
猪场-夏季	水样						
牛场	水样						
鸡场	水样-30m	2560.88	0.000 05	**51.22**	1131.57	0.98	0.0012
鸡场	水样-100m	1820.13		**36.40**	884.2		0.0009
鸡场	水样-200m	1161.01		**23.22**	410.54		0.0004
鸡场	水样-300m	571.97		**11.44**	260.01		0.0003

2.5.2　健康风险评估

残留于动物体内的兽药抗生素通过食物链会对人体产生毒性作用，通过土壤吸收了兽药抗生素的蔬菜等作物同样也会通过食物链进入人体。抗生素的毒性反应包括变态反应、过敏反应、免疫毒性、内分泌毒性等，有的甚至危及人的生命。动物食品中兽药残留水平通常低于 2.0mg/kg，每天食入 1kg 动物食品会摄入 2mg 药物，远低于人的治疗剂量，发生急性中毒的可能性很小，但长期摄入可产生慢性或蓄积中毒。许多抗菌药物，如青霉素类、四环素类、磺胺类和氨基糖苷类等，能使部分人群产生过敏反应甚至休克，并在短时间内出现血压下降、皮疹、喉头水肿、呼吸困难等严重症状。

本书对调查的各养殖场菜地蔬菜残留兽药抗生素进行了初步健康风险评估。由于几种检出抗生素都不是已有确切证据的致癌物，因此仅对其非致癌风险进行了评估。非致癌风险（non-cancer risk）应为污染物的人体平均每日摄取量（acceptable daily intake，ADI）与污染物毒性参考剂量（reference dose，RfD）的比值，其中，ADI 为污染物在暴露介质的浓度与该暴露介质的人体摄入频率比值。由于我国目前没有颁布人群暴露参数手册，因此本书中暴露介质的人体摄入频率采用《日本暴露参数手册》中日本民众经口的暴露参数。表 2-34 为不同养殖场菜地蔬菜中残留兽药抗生素的健康风险评估结果。可见，蔬菜中残留的恩诺沙星具有较高的人体健康风险。

表 2-34　不同养殖场菜地蔬菜中残留兽药抗生素的健康风险

养殖场	化合物	暴露浓度/（ng/g）	暴露率/[g/（人·d）]	ADI/[mg/（kg·d）]	RfD/[mg/（kg·d）]	非致癌风险
猪场-冬季	SMT	1.47	293.8	7.20×10^{-6}	0.05	0.000 14
	OTC	0.97	293.8	4.75×10^{-6}	0.15	0.000 03
	CTC	0.53	293.8	2.60×10^{-6}	0.003	0.000 87
猪场-夏季	SMT	1.311	293.8	6.42×10^{-6}	0.05	0.000 13
	OTC	0.37	293.8	1.81×10^{-6}	0.15	0.000 01
	CTC	0.14	293.8	6.86×10^{-7}	0.003	0.000 23
牛场	OTC	0.92	293.8	4.50×10^{-6}	0.15	0.000 03
鸡场	SDZ	0.53	293.8	2.60×10^{-6}	0.02	0.000 13
	SMT	6.47	293.8	3.17×10^{-5}	0.05	0.000 63
	SMX	1.86	293.8	9.11×10^{-6}	0.05	0.000 18
	TC	4.35	293.8	2.13×10^{-5}	0.03	0.000 71
	OTC	50.19	293.8	2.46×10^{-4}	0.15	0.001 64
	CTC	29.73	293.8	1.46×10^{-4}	0.003	0.048 53
	CIP	15.7	293.8	7.69×10^{-5}	0.0006	0.128 13
	ENR	337	293.8	1.65×10^{-3}	0.0006	**2.75**

2.6　结　　论

本章建立了不同暴露介质（包括饲料、粪便、土壤、蔬菜、水体、底泥、鱼肉、猪肉）中典型兽药的监测分析技术，方法选择性强，准确性好，灵敏度高。根据前期调查的不同养殖类型动物的兽药抗生素使用情况，应用已建立的抗生素多残留分析方法研究了养猪场、奶牛场、养鸡场和养鱼塘四类典型的污染场景下典型抗生素的暴露水平与纵向分布规律。

　　研究发现，养殖场普遍使用抗生素作为饲料添加剂及治疗药物，导致动物粪便、养殖场农田土壤、蔬菜、水体、底泥、鱼体等暴露介质广泛检出抗生素原型药物。其中，养鸡场的抗生素环境污染最为严重，其次为养猪场。通过典型抗生素在养殖场暴露的规律分析，发现这些药物在养殖场的污染特征与其物理化学及环境行为特性等密切相关。磺胺二甲嘧啶在不同介质中污染浓度的排序为粪便>底泥>土壤>鱼肉>蔬菜>水体，四环素类的土霉素和金霉素在不同介质中污染浓度的排序为底泥>粪便>土壤>蔬菜>水体>鱼肉，水体中抗生素的污染浓度与污水排放口的距离呈明显的正相关。同时，对抗生素从粪便到土壤的迁移规律，以及从土壤到植物的迁移规律进行了模型预测与验证，为揭示抗生素的迁移规律和预测抗生素的暴露水平提供了基础。对不同药物作为饲料添加剂的贡献比进行计算表明，饮用水中的添加或注射，以及超量使用抗生素添加剂可能是养殖场抗生素污染的主要来源。

　　基于 VICH 和 EMEA 的兽药风险评估导则及 USEPA 的人体健康风险评价技术，本书对检出兽药抗生素的生态风险和健康风险进行了评估。结果发现，养鸡场土壤中残留的 SDZ、TC、OTC、CTC、ENR 对陆生生物具有极高的生态风险，养猪场土壤中残留的 SMT、OTC、CTC 及养牛场土壤中残留的 OTC 对陆生生物具有不可忽视的生态风险；养鸡场水样中的 SMT、SMX、TC、CTC 及 ENR 的水生生态风险较高。蔬菜中残留的恩诺沙星具有较高的人体健康风险。抗生素低剂量长周期地暴露于环境中值得人们高度重视，这种暴露会对生态环境和人体健康带来潜在的危害。

参 考 文 献

陈传斌, 王娜, 孔德洋, 等. 2013. 水和土壤中磺胺和激素类药物的同时分析方法.生态与农村环境学报, 29（3）: 380-385.

陈永山, 章海波, 骆永明, 等. 2011.苕溪流域典型断面底泥 14 种抗生素污染特征. 环境科学, 32（3）: 668-672.

郭欣妍, 王娜, 许静, 等. 2014. 兽药抗生素的环境暴露水平及其环境归趋研究进展. 环境科学与技术, 37（9）: 76-89.

胡双庆, 沈根祥, 朱江, 等. 2011. 酶联免疫检测技术在水环境雌激素快速筛选中的应用研究.上海师范大学学报, 6: 591-596.

李艳霞, 李帷, 张雪莲, 等. 2012. 固相萃取-高效液相色谱法同时检测畜禽粪便中 14 种兽药抗生素. 分析化学, 2: 213-217.

李鱼, 刘建林, 张琛, 等. 2012. 固相萃取分散液液微萃取柱前衍生法测定水样中痕量雌激素.分析化学, 40（1）: 107-112.

刘虹, 张国平, 刘丛强. 2007. 固相萃取-色谱测定水, 沉积物及土壤中氯霉素和 3 种四环素类抗生素. 分析化学, 35（3）: 315-319.

马丽丽, 郭昌胜, 胡伟, 等. 2010. 固相萃取高效液相色谱串联质谱法同时测定土壤中氟喹诺酮四环素和磺胺类抗生素. 分析化学研究报告, 1: 21-26.

阮悦斐, 陈继森, 郭昌胜, 等. 2011. 天津近郊地区淡水养殖水体的表层水及沉积物中典型抗生素的残留分析. 农业环境科学学报, 30（12）: 2586-2593.

沈颖, 魏源送, 郭睿, 等. 2009. 超高效液相色谱串联质谱检测猪粪中残留的四环素类抗生素.环境化学, 5: 747-752.

唐才明, 黄秋鑫, 余以义, 等. 2009. 污泥和沉积物中微量大环内酯类、磺胺类抗生素、甲氧苄胺嘧啶和氯霉素的测定. 分析化学研究报告, 37（8）: 1119-1124.

王硕, 张晶, 邵兵超. 2013. 超高效液相色谱-串联质谱测定污泥中氯霉素、磺胺类、喹诺酮类、四环素类与大环内酯类抗生素. 分析测试学报, 32（2）: 179-185.

伍婷婷, 张瑞杰, 王英辉, 等. 2013. 邕江南宁市区段表层沉积物典型抗生素污染特征. 中国环境科学, 33 （2）: 336-344.

章琴琴, 汪昆平, 杨林, 等. 2012. 基于液相色谱法分析水环境中大环内酯类抗生素污染的研究进展. 环境化学, 31（11）: 1787-1795.

Akhtar M H. 2004. Comparison of microwave assisted extraction with conventional（homogenization, vortexing）for the determination of incurred salinomycin in chicken eggs and tissues. J Environ Sci Health, Part B, 39（5-6）: 835-844.

Arikan O A, Mulbry W, Rice C P. 2009. Management of antibiotic residues from agricultural sources: use of composting to reduce chlortetracycline residues in beef manure from treated animals. J Hazard Mater, 164: 483-489.

Aust M O, Godlinski F, Travis G R, et al. 2008. Distribution of sulfamethazine, chlortetracycline and tylosin in manure and soil of Canadian feedlots after subtherapeutic use in cattle. Environ Pollut, 156（3）: 1243-1251.

Balakrisnan V K, Terry K A, Toito J. 2006. Determination of sulfonamide antibiotics in wastewater: a comparison of solid phase microextraction and solid phase extraction methods. J Chromatogr A, 1131（1-2）: 1-10.

Boxall A B A, Fogg L A, Blackwell P A, et al. 2002. Review of veterinary medicines in the environment. R&D Technical Report P6-012/8TR. Bristol: UK Environment Agency.

Briggs G G, Bromilow R H, Evans A A, et al. 1983. Relationships between lipophilicity and the distribution of non-ionised chemicals in barley shoots following uptake by the roots. Pestic Sci, 14: 492-500.

Brown K D, Kulis J, Thomson B, et al. 2006. Occurence of antibiotic in hospital, residential, and dairy efluent, municipal wastewater, and the Rio Grande in new Mexico. Sci Total Environ, 366（23）: 772-783.

Castiglioni S, Fanelli R, Calamari D, et al. 2004. Methodological approaches for studying pharmaceuticals in the environment by comparing predicted and measured concentrations in River Po, Italy. Reg Toxicol Pharm, 39（1）: 25-32.

Chang X, Meyer M T, Liu X, et al. 2010. Determinantion of antibiotics in sewage from hospitals, nusery and slaughter house, wastewater treatment plant and sourse water in the Chongqing region of Three Gorge Reservoir in China. Environ Pollut, 158（5）: 1444-1450.

Cherlet M, Baere S D, Backer P D. 2003. Uantitative analysis of oxytetracycline and its 4-epimer in calf tissues by high-performance liquid chromatography combined with positive electrospray ionization mass spectrometry. Analyst, 128（7）: 871-878.

Chiou C T, Sheng G Y, Manes M A. 2001. A partition-limited model for the plant uptake of organic contaminants from soil and water. Environ Sci Technol, 35: 1437-1444.

D´ıaz-Cruz M S, Garc´ıa-Gal´an M J, et al. 2008. Highly sensitive simultaneous determination of sulfonamide antibiotics and one metabolite in environmental waters by liquid chromatography-quadrupole linear ion trap-mass spectrometry. J Chromatogr A, 1193（1-2）: 50-59.

Dolliver H, Gupta S, Noll S. 2008. Antibiotic degradation during manure composting. J Environ Qual, 37: 1245-1253.

Dolliver H, Kumar K, Gupta S. 2007. Sulfamethazine uptake by plants from manure-amended soil. J Environ Qual, 36（4）: 1224-1230.

Finlay-Moore O, Hartel P G, Cabrera M L. 2000. 17β-estradiol and testosterone in soil and runoff from grasslands amended with broiler litter. J Environ Qual. 29: 1604-1611.

Gobel A, Thomsen A, McArdell C S. 2005. Extraction and determination of sulfonamides, macrolides, and trimethoprim in sewage sludge. J Chromatogr A, 1085: 179-189.

Golet E M, Strehler A, Alder A C. 2002. Determination of fluoroquinolone antibacterial agents in sewage sludge and sludge-treated soil using accelerated solvent extraction followed by solid -phase extraction. Anal Chem, 74（21）: 5455-5462.

Golet E M, Xifra I, Siegrist H, et al. 2003. Environmental exposure assessment of fluoroquinolone antibacterial agents from sewage to soil. Environ Sci Technol, 37（15）: 3243-9.

Halling S B, Jacobsen A M, Jensen J, et al. 2005. Dissipation and effects of chlortetracycline and tylosin in two agricultural soils: a field-scale study in Southern Denmark. Environmental Toxicology and Chemistry, 24: 802-810.

Halling S B, Jensen J, Tjornelund J. 2001. Worstcase Estimations of Predicted Environmental Soil Concentrations （PEC） of Selected Veterinary Antibiotics and Residues Used in Danish Agriculture. Pharmaceuticals in the Environment. Berlin: Springer Verlag: 143-157.

Hamscher G, Sczesny S, Hoper H, et al. 2002. Determination of persistent tetracycline residues in soil fertilized with liquid manure by high-performance liquid chromatography with electrospray ionization tandem mass spectrometry. Anal Chem, 74: 1509-1518.

Hansen M, Krogh K A, Halling-Sørensen B, et al. 2011. Determination of ten steroid hormones in animal waste manure and agricultural soil using inverse and integrated clean-up pressurized liquid extraction and gas chromatography-tandem mass spectrometry. Anal Methods, 3: 1087-1095.

Hermo M P, Barron D, Barbosa J. 2005. Determination of residues of quinolones in pig muscle: comparative study of classical and microwave extraction techniques. Anal Chim Acta, 539（1-2）. Barbosa: 77-82.

Hirsch R, Ternes T, Haberer K, et al. 1999. Occurrence of antibioticsn in the aquatic environment. Sci Total Environ, 225（1-2）: 109-118.

Hoa P T, Managaki S, Nakada N, et al. 2011. Antibiotic contamination and occurrence of antibiotic-resistant bacteria in aquatic environments of northern Vietnam. Sci Total Environ. 409(15):2894-2901.

Hu X G, Luo Y, Zhou Q X. 2008. Determination of thirteen antibiotics residues in manure by solid phase extraction and high performance liquid chromatography. Chin J Anal Chem, 36（9）: 1162-1166.

Hu X G, Zhou Q X, Luo Y. 2010. Occurrence and source analysis of typical veterinary antibiotics in manure, soil, vegetables and groundwater from organic vegetable bases, northern China. Environ Pollut, 158（9）: 2992-2998.

Jacobsen P, Berglind L. 1988. Persistence of oxytetracycline in sediments from fish farms. Aquaculture, 70（4）: 365-370.

Jjemba P K. 2006. Excretion and ecotoxicity of pharmaceutical and personal care products in the environment. Ecotoxicol Environ Saf, 63（1）: 113-130.

Johnston L, Mackay L, Croft M. 2002. Determination of quinolones and fluoroquinolones in fish tissue and seafood by high-performance liquid chromatography with electrospray ionisation tandem mass spectrometric detection. J Chromatogr A, 982（1）: 97-109.

Kantiani L, Farré M, Freixiedas J M G, et al. 2010. Development and validation of a pressurised liquid extraction liquid chromatography-electrospray-tandem mass spectrometry method for β-lactams and sulfonamides in animal feed. J of Chromatogr A, 1217（26）: 4247-4254.

Kim Y, Jung J, Kim M, et al. 2008. Prioritizing veterinary pharmaceuticals for aquatic environment in Korea. Environ Toxicol Pharmacol, 26（2）: 167-176.

Kinney C A, Furlong E T, Kolpin D W, et al. 2008. Bioaccumulation of pharmaceuticals and other anthropogenic waste indicators in earthworms from agricultural soil amended with biosolid or swine manure. Environ Sci Technol, 42（6）: 1863-1870.

Kuhne M, Ihnen D, Moller G, et al. 2000. Stability of tetracycline in water and liquid manure. J Vet Med, Series A, 47: 379-384.

Kumar K, Gupta S C, Baidoo S K, et al. 2005a. Antibiotic uptake by plants from soil fertilized with animal manure. J Environ Qual, 34（6）: 2082-2085.

Kumar K, Gupta S C, Chander Y, et al. 2005b. Antibiotic use in agriculture and their impact on the terrestrial environment. Adv Agron, 87: 1-54.

Le Bris H, Pouliquen H. 2004. Experimental study on the bioaccumulation of oxytetracycline and oxolinic acid by the blue mussel （Mytilus edulis）. An evaluation of its ability to bio-monitor antibiotics in the marine environment. Mar Pollut Bul, 48（5-6）: 434-40.

Lindsey M E, Meyer M, Thurman E M. 2001. Analysis of trace levels of sulfonamide and tetracycline antimicrobials in groundwater and surface water using solid-phase extraction and liquid chromatography/mass spectrometry. Anal Chem, 73: 4640-4646.

Lorenzen A, Hendel J G, Conn K L, et al. 2004. Survey of hormone activities in municipal biosolids and animal manures. Environ Toxicol, 19（3）: 216-225.

Lu K H, Chen C Y, Lee M R. 2007. Trace determination of sulfonamides next term residues in meat with a combination of solid-phase microextraction and liquid chromatography－mass spectrometry. Talanta, 72（3）: 1082-1087.

Luo Y, Xu L, Rysz M, et al. 2011. Occurrence and transport of tetracycline, sulfonamide, quinolone and macrolide antibiotics in the Haihe river basin, China. Environ Sci Technol, 45（5）: 1827-1833.

Martinez-Carballo E, Gonzalez-Barreiro C, Scharf S, et al. 2007. Environmental monitoring study of selected veterinary antibiotics in animal manure and soils in Austria. Environ Pollut, 148（2）: 570-579.

Migliore L, Civitareale C, Brambilla G, et al. 1997. Effects of sulphadimethoxine on cosmopolitan weeds （Amaranthus retroflexus L., Plantago major L. and Rumex acetosella L.）. Agric Ecosyst Environ, 65（2）: 163-168.

Migliore L, Godeas F, Filippis S P D, et al. 2010. Hormetic effects of tetracyclines as environmental contaminant on Zea mays. Environ Pollut, 158（1）: 129-134.

Nowara A, Burhenne J, Spiteller M. 1997. Binding of fluoroquinolone carboxylic acid derivatives to clay minerals. J Agric Food Chem, 45（4）: 1459-1463.

Ötker U M, Yediler A, Akmehmet B I, et al. 2008. Analysis and sorption behavior of fluoroquinolones in solid matrices. Water, Air, and Soil Pollution, 190（14）: 55-63.

Pailler J Y, Krein A, Pfister L, et al. 2009. Solid phase extraction coupled to liquid chromatography-tandem mass spectrometry analysis of sulfonamides, tetracyclines, analgesics and hormones in surface water and wastewater in Luxembourg. Sci Total Environ, 407（16）: 4736-4743.

Pan X, Qiang Z M, Ben W W, et al. 2011. Residual veterinary antibiotics in swine manure from concentrated animal feeding operations in Shandong Province, China. Chemosphere, 84（5）: 695-700.

Pawelzick H T, Hoper H, Nau H, et al. 2004. A survey of the occurrence of various tetracyclines and sulfamethazine in sandy soils in northwestern Germany fertilizced with liquid manure. In SETAC Euro 14th Annual Meeting, Prague, Czech Republic: 18-22.

Pecorelli I, Galarini R, Bibi R, et al. 2003. Simultaneous determination of 13 quinolones from feeds using accelerated solvent extraction and liquid chromatography. Anal Chim Acta, 483（1-2）: 81-89.

Peterson E W, Davis R K, Orndorff H A. 2000. 17β-estradiol as an indicator of animal waste contamination in mantled karst aquifers. J Environ Qual, 29: 826-834.

Phuong H P T, Managaki S, Nakada N, et al. 2011. Antibiotic contamination and occurrence of antibiotic resistant bacteria in a quatic environment of northern Vietnam. Sci Total Eviron, 409（15）: 2894-2901.

Qin S S, Wu C M, Wang Y, et al. 2011. Antimicrobial resistance in Campylobacter coliisolated from pigs in two provinces of China. Int J Food Microbiol, 146（1）: 94-98.

River P O. 2004. Italy. Regul Toxicol Pharm, 39（1）: 25-32.

Samuelsen O B. 1989. Degradation of oxytetracycline in seawater at two different temperatures and light intensities and the persistence of oxytetracycline in the sediment from a fish farm. Aquaculture, 83（1-2）: 7-16.

Sanderson H, Brain R A, Johnson D J, et al. 2004. Toxicity classification and evaluation of four pharmaceuticals classes: antibiotics, antineoplastics, cardiovascular, and sex hormones.Toxicology, 15; 203（1-3）: 27-40.

Sarmah A K, Meyer M T, Boxall A B A. 2006. A global perspective on the use, sales, exposure pathways, occurrence, fate and effects of veterinary antibiotics （VAs）. Chemosphere, 65: 725-759.

Shao B, Zhao R, Meng J, et al. 2005. Simultaneous determination of residual hormonal chemicals in meat, kidney, liver tissues and milk by liquid chromatography－tandem mass spectrometry. Anal Chim Acta, 548: 41-50.

Shore L S, Shemesh M, Cohen R. 1998. The role of estradiol and estrone in chicken manure silage in hyperoestrogenism in cattle. Aust Vet J, 65（2）: 68.

Spaepen K R I, Leemput L J J V, Wislocki P G, et al. 1997. A uniform procedure to estimate the predicted environmental concentration of the residues of veterinary medicines in soil. Environ Toxicol Chem, 16（9）: 1977-1982.

Stoob K, Singer H P, Stettler S, et al. 2006. Exhaustive extraction of sulfonamide antibiotics from aged agricultural soils using pressurized liquid extraction. J Chromatogr A, 1128（1-2）: 1-9.

Tolls J. 2001. Sorption of veterinary pharmaceuticals in soils: A review. Environ Sci Technol, 35（17）: 3397-3406.

Tong L, Li P, Wang Y X, Zhu K Z. 2009. Analysis of veterinary antibiotic residues in swine wastewater and environmental water samples using optimized SPE-LC/MS/MS. Chemosphere, 74（8）: 1090-1097.

Tso J, Dutta S, Inamdar S, et al. 2011. Simultaneous analysis of free and conjugated estrogens, sulfonamides and tetracyclines in runoff water and soils using solid-phase extraction and liquid chromatography-tandem mass spectrometry. J Agric Food Chemi, 59（6）: 2213-2222.

VICH. 2000. Environmental impact assessment （EIAs） for veterinary medicinal products （VMPs）—phase I. http: //www.vichsec.org/pdf/2000/Gl06_st7.pdf [2013-5-25].

Warman S T, Reinitz E, Klein R S. 1981. Haemophilus parainfluenzae septic arthritis in an adult. JAMA, 246（8）: 868-869.

Winckler C, Grafe A. 2001. Use of veterinary drugs in intensive animal production. J Soils Sediments, 1: 66-70.

Xiao X Y, McCalley D V, McEvoy J. 2001. Analysis of estrogens in river water and effluents using solid-phase extraction and gas chromatography-negative chemical ionisation mass spectrometry of the pentafluorobenzoyl derivatives. J Chromatogr A, 923（1-2）: 195-204.

Ying G G, Kookana R S, Ru Y J. 2002. Occurrence and fate of hormone steroids in the environment. Environ Int, 28（6）: 545-551.

Zhao L , Dong Y H, Wang H. 2010. Residues of veterinary antibiotics in manures from feedlot livestock in eight provinces of China. Sci Total Environ, 408（5）: 1069-1075.

第3章 典型兽药在环境介质中的行为特性研究

3.1 抗生素类药物的环境行为特性研究

3.1.1 研究进展

1. 兽药抗生素在动物粪便中的行为归趋

堆肥作为稳定营养物质、减少粪便中病原体和气味的一种有效方法（US Composting Council，2000），可以显著降低兽药抗生素在粪便中的浓度。兽药抗生素在粪便中的降解与抗生素种类、粪便种类、堆肥时间、堆肥温度等因素有关。堆肥时间越长，兽药抗生素的降解率越大，如土霉素在堆肥 10 天、30 天、140 天后，浓度降为原来的 54%、6.3%、<0.23%（De Liguoro et al.，2003）。温度对兽药抗生素的降解影响很大，金霉素于 55℃的条件下，在牛粪中 30 天降解 98%～99%，而在 25℃的条件下，30 天仅降解了 40%～49%（Arikan et al.，2009）。除了堆肥时间、温度外，光照也影响某些光敏感的兽药抗生素在粪便中的降解，恩诺沙星在光照条件下和避光条件下的降解半衰期分别为 2.23 天和 286 天（吴银宝等，2005）。

由表 3-1 可以看出，在合适的堆肥条件下，畜禽粪便堆肥过程可以有效降低兽药抗生素在粪便中的浓度，是消除兽药抗生素对环境影响的有效措施。粪便堆肥用作肥料是我国的农耕传统，距今已有几千年的历史，根据《粪便无害化卫生标准》（GB 7959—2012），粪便必须高温（50～60℃）堆肥 5～10 天或常温厌氧消化/兼性厌氧发酵不少于 30 天才能达到无害化要求。

表 3-1　堆肥过程兽药抗生素在不同类型动物粪便中的降解

类别	物质	降解条件	降解百分率	参考文献
四环素类	金霉素	60%湿度，有氧，鸡粪	92.6%，42 天	Bao et al.，2009
	金霉素	60%湿度，有氧，猪粪	27.3%，42 天	Bao et al.，2009
	金霉素	60℃，牛粪	99%，10 天	Dolliver et al.，2008
	金霉素	25℃，牛粪	40%～49%，30 天	Arikan et al.，2009
	金霉素	55℃，牛粪	98%～99%，30 天	Arikan et al.，2009
磺胺类	磺胺二甲嘧啶	60℃，牛粪	0，10 天	Dolliver et al.，2008
	不特指某一种抗生素	—	50%，30 天	Boxall et al.，2002

续表

类别	物质	降解条件	降解百分率	参考文献
喹诺酮类	恩诺沙星	避光，25℃，鸡粪	50%，286 天	吴银宝等，2005
	恩诺沙星	自然光照，25℃，鸡粪	50%，2.23 天	吴银宝等，2005
大环内酯类	泰乐菌素	猪粪	50%，<2 天	Boxall et al.，2002
	泰乐菌素	60℃，牛粪	76%，10 天	Dolliver et al.，2008

2. 兽药抗生素在土壤中的行为归趋

1）土壤吸附

兽药抗生素在土壤中的吸附过程会直接或间接影响抗生素在土壤中的迁移、降解和生物有效性，土壤对兽药抗生素的吸附与有机质（OM）、pH、阳离子交换量（CEC）等多种因素有关（Aboul-Kassim and Simoneit，2001）。一般用土壤吸附常数 K_d 值表示土壤对抗生素的吸附强度。K_d 值高的物质容易吸附于土壤，移动性差；而 K_d 值低的物质与土壤结合不牢固，容易移动到下层土壤或地下水中（Tolls，2001）。

喹诺酮类和四环素类抗生素的 K_d 值明显高于其他几类（表 3-2）。四环素、土霉素和恩诺沙星等很容易在土壤表层积累，向下层土的迁移能力很弱；大环内酯类抗生素对矿物质含量较高的土壤有一定的吸附能力；磺胺类抗生素的 K_d 值较低，在土壤中的迁移能力较强，其在农田土中 24 小时后的回收率不超过 15%（Kay et al.，2004）。

表 3-2　兽药抗生素在不同土壤中的吸附系数

物质	$K_{d. soil}$/（L/kg）	K_{oc}/（L/kg）	等级
四环素	400～1620	—	易吸附
土霉素	420～1030	27 800～93 300	易吸附
磺胺二甲嘧啶	0.6～31	60～208	难吸附，较难吸附
恩诺沙星	260～6310	16 500～770 000	易吸附
泰乐菌素	8.3～128	550～7990	较易吸附，中等吸附

2）土壤降解

降解是影响土壤中抗生素生态行为的重要因素，由于环境条件的不同，土壤中的抗生素可发生一种或多种以上的降解反应。抗生素在土壤中的降解因外界环境条件、土壤理化性质及抗生素种类的不同有较大的差异。王丽平和章明奎（2009）研究了金霉素、土霉素、恩诺沙星和磺胺二甲嘧啶的土壤降解率，得到不同环境下抗生素的稳定性顺序为避光＞灭菌＞自然，光对土壤中抗生素降解的影响远远大于微生物对抗生素降解的影响，其中对四环素类抗生素降解的影响最为显著。因此，通过淋溶作用进入深层土壤的兽药抗生素由于不易被降解，其残留在土壤中的时间较长。

表 3-3 分析了部分兽药抗生素在特定条件下的土壤降解半衰期，其中土霉素、磺胺嘧啶、磺胺二甲嘧啶、磺胺甲噁唑和环丙沙星能在较长时间内稳定存于土壤中（$t\frac{1}{2}$>29天），容易引发进一步的环境污染问题。

表 3-3　兽药抗生素在土壤中的降解半衰期

类别	物质	条件	$t\frac{1}{2}$d	参考文献
四环素类	土霉素	25℃，壤土	29	李玲玲等，2010
		25℃，红土	75	李玲玲等，2010
磺胺类	磺胺嘧啶	25℃，砂土	83	张从良等，2007
	磺胺二甲嘧啶	25℃，砂土	100	张从良等，2007
	磺胺甲噁唑	25℃，砂土	30	张从良等，2007
喹诺酮类	环丙沙星	豆角盆栽土壤	43.9	肖秋美等，2012
大环内酯类	泰乐菌素	黏土	3.3～8.1	Boxall et al.，2002
		砂土	4.1～4.2	Boxall et al.，2002

3）土壤迁移

径流和淋溶为兽药抗生素在土壤中迁移最主要的两种形式：地表径流将畜禽粪便中的抗生素逐渐释放并随径流以可溶态方式向地表水体扩散（王阳和章明奎，2011），而淋溶是指污染物随渗透水在土壤中沿土壤垂直剖面向下运动，是污染物在水-土壤颗粒之间吸附-解吸或分配的一种综合行为，它可使污染物进入地下水而造成污染（何利文等，2006）。兽药抗生素在土壤中的迁移性与多种因素相关，其中包括抗生素自身的性质（水溶性、离解常数、吸附-解吸过程）和外在条件（温度、土壤水分含量、施肥的时间、降水量）（Sarmah et al.，2006）。

水溶性大（77～1500 mg/L）、吸附性弱的磺胺类抗生素移动性较强，对地表水和地下水存在潜在的污染风险。Unold 等（2009）采用室内模拟方法研究磺胺嘧啶的淋溶特性，经 10cm 高的土柱以 0.25 cm/h 的速率模拟降水淋洗 68 小时，结果淋出液中磺胺嘧啶的质量分数高达 97%。

Kay 等（2005a，2005b）用大田试验和室内模拟试验共同验证泰乐菌素的迁移特性，施以大量的含泰乐菌素的粪便 2～120 天后，在土壤中和淋出液中均未检出泰乐菌素。土壤吸附性很强的土霉素，即使被重复施药，也未在 20cm 以下的土层被检测到（Gonsalves and Tucker，1977）。Yu 等（2012）用三种不同类型的土柱模拟恩诺沙星在土壤中的淋溶，经 36 小时 250mm 的模拟降水淋洗后，有98%的恩诺沙星被吸附在土柱 0～5cm 处，淋出液中没有检出恩诺沙星。以上这些试验证明了泰乐菌素、土霉素和恩诺沙星移动性弱，污染地表水、地下水的风险较小。

人类的干预也能在一定程度上影响兽药抗生素在土壤中的迁移。预耕作的形式可以影响兽药抗生素在土壤的径流程度，Kreuzig 等（2005）研究发现，经土壤预耕作后磺胺类抗生素在土壤中的流失由 13%～23%减少到了 0.1%～2.55%。兽药抗生素通过土壤的大孔隙快速往下迁移，因此 Kay 等（2005a）建议，使用粪便前对土壤进行翻耕有助于降低兽药抗生素污染地下水的风险。

3. 兽药抗生素在水体中的行为归趋

水体作为一种透明的环境介质，透光丰富，对光敏感的兽药抗生素在水中极易降解，如四环素在水中光解半衰期仅为 3 小时，沙氟沙星水中光解半衰期甚至小于 1 小时（表 3-4）。但是，当兽药抗生素从水中转移到沉积物中，其降解半衰期将大大增加。而深层沉积物低温、缺乏光照、微生物种群稀少等，使得兽药抗生素能长时间稳定存在于其中，土霉素、磺胺嘧啶和沙氟沙星在 5~7cm 深的深层沉积物中半衰期高达 300天、100 天和>300 天（表 3-4）。

表 3-4　兽药抗生素在水和沉积物中的降解

类别	物质	降解条件	降解百分率	参考文献
四环素类	四环素	水中光解	50%，3 小时	Boxall，2002
	土霉素	水底沉积物（0~1cm 深）	50%，151 天	Boxall，2002
		水底沉积物（5~7cm 深）	50%，300 天	Boxall，2002
		水中光解	96%，9 天	Boxall，2002
磺胺类	磺胺二甲氧嘧啶	水中光解	18%，21 天	Boxall，2002
		水底沉积物	20%，120 天	Boxall，2002
	磺胺嘧啶	水底沉积物（0~1cm 深）	50%，50 天	Boxall，2002
		水底沉积物（5~7cm 深）	50%，100 天	Boxall，2002
		水中光解	26%，21 天	Boxall，2002
喹诺酮类	沙氟沙星	水底沉积物（0~1cm 深）	50%，151 天	Boxall，2002
		水底沉积物（5~7cm 深）	50%，>300 天	Boxall，2002
		水中光解	50%，<1 小时	Boxall，2002
大环内酯类	泰乐菌素	水中光解	50%，9.5 天	Ingerslev et al.，2001
		水+沉积物	50%，40 天	Ingerslev et al.，2001

3.1.2　磺胺类抗生素环境行为特性研究

磺胺类抗生素是使用最为广泛的一类兽药抗生素，本书选择 5 种磺胺类药物，参照 *Fate，Transport and Transformation Test Guidelines OPPTS 835.3300 Soil Biodegradation*，《化学农药环境安全评价试验准则》（GB/T 31270.1—2014）和《化学品试验方法》（GB/T 21608—2008）中的相关方法，研究磺胺类兽药在环境中的行为特性。

1. 试验材料与仪器

1）供试材料

供试药物选用 5 种典型磺胺类药物，如下：磺胺嘧啶（纯度 99.0%）；磺胺甲嘧啶（纯度 99.2%）；磺胺二甲嘧啶（纯度 99.0%）；磺胺二甲氧嘧啶（纯度 99.0%）；磺胺甲噁唑（纯度 99.0%）。上述标准品均购自美国 Sigma 公司，其共同化学结构是对氨基苯磺酰胺（图 3-1 和表 3-5）。

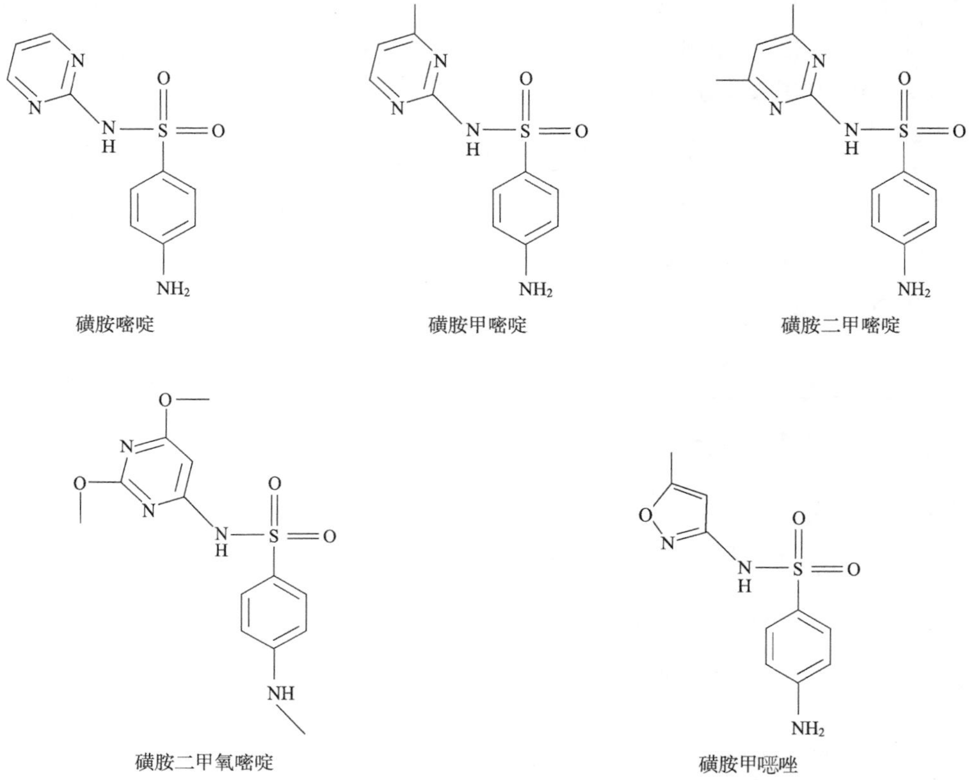

图 3-1　磺胺类抗生素的化学结构

表 3-5　磺胺类抗生素的解离常数

抗生素	pK_a	
	酸性条件：25 ℃	碱性条件：25 ℃
磺胺嘧啶	6.81±0.10	1.64±0.10
磺胺甲嘧啶	7.35±0.10	1.64±0.10
磺胺二甲嘧啶	7.89±0.10	1.69±0.10
磺胺二甲氧嘧啶	6.21±0.50	3.00±0.10
磺胺甲噁唑	5.81±0.50	1.39±0.10

　　内标物质为氘代磺胺甲噁唑-d_4（纯度 98.0%，sulfamethoxazole-d_4，SMX-d_4），购于多伦多研究化学品公司（North York，Ontario）。

　　供试土壤样品分别为采自黑龙江海伦的黑土、江苏无锡的水稻土、江西鹰潭的红壤、江苏南京的黄棕壤和陕西的潮土。取 0～20 cm 耕作层土壤，经风干磨细，过 1 mm 筛备用。按照常规方法对供试土壤进行处理和基本理化性质的测定，土壤理化性质见表 3-6。粪便采自江苏省农业科学院养猪场的小猪仔粪便，经冷冻干燥仪冻干后，研碎至细碎粉末，并通过超高效液相色谱-串联质谱检测，粪便中未检出磺胺类药物残留。土壤-粪便混合基质即将土壤与粪便以 1:0.04（质量比）的比例进行混合，土壤溶液（加入粪便）理化性质见表 3-7。

表 3-6　供试土壤的基本理化性质

土壤 类型	pH	有机质/ （g/kg）	阳离子交换量/ （cmol/kg）	土壤颗粒组成/%			质地
				黏粒	粉粒	砂粒	
江西红壤	4.00	10.4	9.69	15.9	67.2	16.9	黏壤土
东北黑土	5.78	60.5	31.2	15.6	73.1	11.3	松砂土
无锡水稻土	6.23	49.8	18.0	19.4	75.8	4.80	壤土
陕西潮土	7.56	24.3	10.6	9.20	74.3	16.5	壤土
南京黄棕壤	5.58	9.80	21.8	14.7	82.9	2.40	黏壤土

表 3-7　土壤组和土壤+粪便组溶液基本理化性质

土壤类型	平衡溶液 pH		TOC/（g/kg）	
	土壤组	土壤+粪便组	土壤组	土壤+粪便组
江西红壤	4.00	5.38	10.4	23.8
东北黑土	5.78	6.21	60.5	85.0
无锡水稻土	6.23	6.44	49.8	62.6
陕西潮土	7.56	7.85	24.3	40.3
南京黄棕壤	5.58	6.41	9.80	17.4

　　2）供试仪器

　　ACQUITYTM 超高效液相色谱仪-Quattro Premier XE 质谱仪（UPLC-MS/MS，Waters 公司，美国）；真空冷冻干燥机（Virtis 公司，美国）；RXZ 型智能人工气候箱（宁波江南仪器厂，中国）；300 型加速溶剂萃取仪（Dionex 公司，美国）；CR 22G Ⅱ离心机（HITACHI，日本）；R-210 旋转蒸发仪（BUCHI 公司，瑞士）。

　　3）供试试剂

　　硫酸、氨水、磷酸、无水硫酸钠（均为分析纯，南京化学试剂股份有限公司，中国）；甲醇、丙酮、乙腈（均为色谱纯，Merck 公司，德国）；硅藻土（10～20 目，Dionex 公司，美国）；试验用水为经 Milli-Q 净化系统（0.22 μm 孔径过滤膜）过滤的去离子水。

2. 试验方法

1）溶液配制

分别准确称取磺胺嘧啶、磺胺甲嘧啶、磺胺二甲嘧啶、磺胺二甲氧嘧啶和磺胺甲噁唑（0.05±0.0005）g 于 5 个 50 mL 容量瓶中，用甲醇稀释至刻度，得到 1000 mg/L 的标准储备液备用。5 种磺胺类抗生素的混合标准溶液由上述标准储备液用甲醇混合稀释制得。

2）土壤降解试验

分别称取 20g 土壤或 20g 土壤+0.8g 粪便的混合基质放于 150mL 三角烧瓶中，每种基质（3 种土壤和 3 种土壤加粪便基质，共 6 种试验基质）10 个重复。均匀、准确地滴加磺胺类药物试验液，添加浓度为 1.00mg/kg，通风橱中通风挥发干有机溶剂，将土壤充分混匀，加水调节土壤水分至饱和持水量的 60%，用透气硅胶塞将瓶口塞紧，定期检查并补充水分保持土壤持水状态。置于人工气候箱中于 25℃（±1℃）、湿度 75%～85%、黑暗条件下培养；另称取一组江西红壤（20g，10 个重复），同前操作后，置于人工气候箱中于 25℃（±1℃）、湿度 75%～85%、光照（12 小时光照，光照强度 1041lx；12 小时黑暗）条件下培养。按一定时间间隔定期取样（0、5 天、10 天、15 天、20 天、60 天、90 天、120 天、150 天、180 天），测定土壤中药物残留浓度。

3）土壤吸附试验

试验组：试验每个浓度各设置 3 个平行组和 1 个空白组。选择水土比为 25∶1，称取 2 g 过 60 目筛供试土壤于 150 mL 具塞三角瓶中，加入 50 mL 浓度为 0.05～1.00 μg/mL 的磺胺类抗生素溶液（0.01 mol/LCaCl$_2$ 介质）。塞紧瓶塞，置于恒温振荡器中，于（25±2）℃下振荡 24 小时后将土壤悬浮液转移至离心管中，以 10 000 r/min 的速率离心 5 分钟，静置 30 分钟后吸取上清液，测定其中磺胺类抗生素质量浓度。

粪便对照组：试验每个浓度各设置 3 个平行组和 1 个空白组。选择水土比为 25∶1，称取 2g 过 60 目筛供试土壤，同时称取 0.08g 过 60 目筛的干粪便于 150 mL 具塞三角瓶中，加入 50 mL 浓度为 0.05～1.00 μg/mL 的磺胺类抗生素溶液（0.01 mol/L CaCl$_2$ 介质）。塞紧瓶塞，置于恒温振荡器中，于（25±2）℃下振荡 24 小时后将土壤悬浮液转移至离心管中，以 10 000 r/min 的速率离心 5 分钟，静置 30 分钟后吸取上清液，测定其中磺胺类抗生素质量浓度。

4）土柱淋溶试验

淋洗装置是深度为 30 cm、内径为 5 cm 的淋溶柱。在淋洗管底部先垫入一片干滤纸再铺一层 1 cm 厚的石英砂，可保证土柱及时排水，防止淋溶过程中土粒流出；向柱体中填装 600～700 g（±0.1 g）过 20 目筛的供试土壤，每填装约 5 cm 高度时，轻轻敲打，使其均匀密实，制成均质土柱。淋洗试验前，把淋洗管下端浸于一盛放 0.01 mol/L CaCl$_2$ 溶液的烧杯中，使水分通过毛细管进入土壤并接近饱和，以去除土柱的内含空气。

试验组称取 5 g 供试土壤置于表面皿上，往土壤上均匀滴入 2.5 mL 磺胺混合溶液（每种磺胺抗生素含量为 200 μg/mL），置于通风橱至完全风干；将加药后的土壤均匀铺于同种土壤土柱的顶部。粪便对照组称取 2.5 g 供试土壤和 2.5g 干粪便搅拌均匀置于表面皿上，往土壤粪便混合物上均匀滴入 2.5 mL 磺胺混合溶液（每种磺胺抗生素含量为200 μg/mL），置于通风橱至完全风干；将加药后的土壤粪便混合物均匀铺于同种土壤土柱的顶部。为防止溶液直接冲洗土壤和上层滞水面的形成，均匀分配水量到土层表面，在加药后的土柱顶部覆盖一层 1 cm 厚的石英砂。

用 0.01 mol/L CaCl$_2$ 溶液以 0.5 mL/min 的速度淋洗 10 小时，相当于 24 小时、180 mm 的降水量。淋出液用试管收集，由自动收集器控制，每隔 1 小时更换 1 根试管，共计 10 小时。结束后将土柱平分切成 10 段，分别置于烧杯中，搅匀，每段称取 20 g 土壤待测。分别测定各段土壤及各个小时淋出液中的磺胺类抗生素的含量。

5）测定方法

土壤样品处理：所采样品加入硅藻土干燥混合，装入 33 mL 的 ASE 萃取池，使用加速溶剂萃取（ASE）系统，压力设为 1500 ppsi，温度 80℃，保持 10 分钟，60%的冲洗体积，冲洗 60 秒。每个土壤样品均用甲醇/丙酮（50：50，体积比）循环提取 2 次。提取液旋转蒸发浓缩至近干，用足够的水稀释至有机相比例小于 5%。用 4 mol/L 硫酸调节 pH 为 4，用 Oasis HLB 固相萃取小柱对水中待测物进行富集净化。用 6 mL 甲醇、6 mL 超纯水活化小柱，上样速度为 2~5 mL/min。接着，用 10 mL 的超纯水淋洗 HLB 小柱，并在真空条件下干燥 30 分钟，用 2 mL 的甲醇（含 2%氨水）洗脱 2 次，洗脱液氮气吹干，然后用水（含 20%甲醇）定容至 1mL，涡旋振荡 1~2 分钟，过 0.22 μm 微孔滤膜，待液质测定。上述方法的回收率为磺胺嘧啶 91.6%、磺胺甲嘧啶 98.2%、磺胺二甲嘧啶 97.8%、磺胺二甲氧嘧啶 95.3%、磺胺甲噁唑 98.9%。

水样处理：取水样加入含 2 mL 甲醇的具塞磨口 10 mL 试管中至刻度，摇混，过 0.22 μm 滤膜，待液质测定。上述方法的回收率为磺胺嘧啶 99.6%、磺胺甲嘧啶 99.1%、磺胺二甲嘧啶 99.8%、磺胺二甲氧嘧啶 99.3%、磺胺甲噁唑 99.0%。

UPLC-MS/MS 测定条件：色谱柱，ACQUITY UPLC BEH C$_{18}$（1.7μm，2.1mm×50mm，Waters）；电喷雾离子源（ESI），离子源温度为 120℃，脱溶剂温度为 350℃，脱溶剂气和锥孔气为氮气，脱溶剂气流速度为 600 L/h，锥孔气流速度为 50 L/h，碰撞气为高纯氩气，采用多反应监测模式（MRM）检测。使用的流动相为乙腈（A）和 0.1%甲酸/水（体积比）（B），流速为 0.1 mL/min，进样 5 μL，测定时采用的流动相梯度见表 3-8，质谱采集参数见表 3-9。

表 3-8　UPLC 测定磺胺类抗生素的流动相梯度

时间 / 分钟	乙腈	0.1% 甲酸/水（体积比）
0	4%	96%
3	10%	90%
8	20%	80%
12	40%	60%
16	20%	80%
16.1	4%	96%
20	4%	96%

表 3-9　磺胺类抗生素的质谱检测条件

化合物	保留时间/分钟	母离子（m/z）	子离子（m/z）	停留时间/秒	锥孔电压/V	碰撞能/V
磺胺嘧啶	8.37	250.88	155.78/107.84	0.1	30	15/20
磺胺甲嘧啶	10.02	264.92	155.78/171.74	0.1	30	15/15
磺胺二甲嘧啶	11.30	278.94	185.82/91.89	0.1	25	15/25
磺胺二甲氧嘧啶	15.39	311.1	155.81/91.97	0.1	30	20/30
磺胺甲噁唑	14.05	253.95	155.79/91.91	0.1	25	15/20

6）数据处理

（1）土壤降解。本类磺胺类药物在土壤中的降解规律遵循二次指数函数，可用下列公式表达：

$$C_t = A \exp(-k_1 t) + B \exp(-k_2 t) \tag{3-1}$$

式中，A、B 为常数（mg/kg）；k_1、k_2 为第一阶段、第二阶段的降解速率常数（d^{-1}）；t 为反应时间（d）；C_t 为 t 时农药浓度（mg/kg）。

（2）吸附模型。本类磺胺类药物在土壤中和土壤粪便混合物中的降解规律遵循 Freundlich 模型，可用下列公式表达：

$$\lg C_s = \lg K_d + 1/n \cdot \lg C_e \tag{3-2}$$

式中，C_s 为单位质量土壤吸附的磺胺类抗生素量（mg/kg）；C_e 为平衡溶液磺胺类抗生素浓度（mg/L）；Freundlich 吸附系数 K_d 为吸附能力的大小[$\mu g^{1-1/n}$（cm^3）$^{1/n}$/g]，吸附指数 $1/n$ 反映吸附的非线性程度。

（3）疏水 pH 分区模型。磺胺类抗生素是两性化合物，具有两个可离子化的官能团，它们在溶液中存在阴离子、阳离子和中性分子这三种形态。已有不少研究用疏水 pH 分区模型来讨论 pH 对磺胺类抗生素吸附的影响（Schwarzenbach et al.，2003；Snoeyink and Jenkins，1980）。若已知某一种磺胺类抗生素的 pK_{a1} 和 pK_{a2}，其在不同 pH 的溶液中，阴离子、阳离子和中性分子的比例可用下列公式表达（Prakash，2013）：

$$a_+ = 1 \ / \ [1 + 10^{(pH-pK_{a1})} + 10^{(2pH-pK_{a1}-pK_{a2})}]$$

$$a_0 = 1 \ / \ \left[1 + 10^{(pK_{a1}-pH)} + 10^{(pH-pK_{a2})}\right] \tag{3-3}$$

$$a_- = 1 \ / \ \left[1 + 10^{(pK_{a2}-pH)} + 10^{(pK_{a1}+pK_{a2}-2pH)}\right]$$

式中，a_+、a_0 和 a_- 分别为阳离子、中性分子和阴离子的比例。

当溶液中 pH 远小于 pK_a 时，磺胺类抗生素是阳离子形态；随着溶液 pH 增加，并接近供试抗生素 pK_a，磺胺类抗生素中性分子形态的比例逐渐增加；当溶液 pH 继续增加，正方向偏离 pK_a 时，磺胺类抗生素中性分子形态的比例逐渐减小，而阴离子形态的比例逐渐增加（图 3-2）。

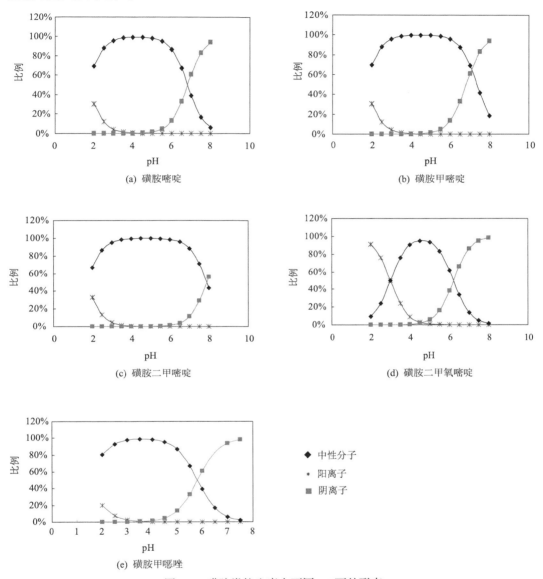

图 3-2　磺胺类抗生素在不同 pH 下的形态

（4）GUS 模型。研究学者普遍认为地下水污染指数可以表示化学物质的淋溶迁移转化性质，所以采用地下水污染指数 GUS 值来表示抗生素类有机污染物淋溶迁移性的大小，其计算公式如下（吕颖等，2013）：

$$GUS = \lg DT_{50} \times (4 - \lg K_{oc}) \tag{3-4}$$

式中，DT_{50} 为抗生素类有机污染物在土壤（或沉积物）中的半衰期；K_{oc} 为土壤（或沉积物）有机碳吸附系数。

3. 研究结果

1）磺胺类药物在土壤中的降解性

（1）避光条件下磺胺类药物在土壤中的降解性。25℃避光条件下，5 种磺胺类药物在江西红壤、太湖水稻土和东北黑土中的降解试验结果见表 3-10 和图 3-3。由此可见，黑暗条件下，5 种磺胺类药物在江西红壤中均具有较强的稳定性，磺胺嘧啶、磺胺甲嘧啶、磺胺二甲嘧啶、磺胺二甲氧嘧啶和磺胺甲噁唑的降解半衰期分别为 110 天、62 天、160 天、37.4 天、>180 天，90%降解量所需时间均大于 180 天；在无锡水稻土和东北黑土中，磺胺类药物的降解半衰期均较短，为 3.9～18 天，但其 90%降解量所需时间较长，最长在 180 天以上（磺胺二甲嘧啶，东北黑土）。

表 3-10　避光条件下不同土壤中降解特性参数

药名	不同土壤	二级指数方程	相关系数 R^2	DT_{50}/天	DT_{90}/天
磺胺嘧啶	江西红壤	$C=0.4692e^{-0.0063t}-0.5101e^{-0.0063t}$	0.945	110	>180
	无锡水稻土	$C=0.5179e^{-0.1007t}-0.4907e^{-0.1007t}$	0.965	7.00	22.7
	东北黑土	$C=0.4871e^{-0.1023t}-0.4591e^{-0.1023t}$	0.980	6.50	22.5
磺胺甲嘧啶	江西红壤	$C=0.2085e^{-0.2456t}-0.7224e^{-0.0071t}$	0.969	62	>180
	无锡水稻土	$C=0.7784e^{-0.0951t}-0.1795e^{-0.0071t}$	0.987	10.1	89.3
	东北黑土	$C=0.4631e^{-0.0863t}-0.4368e^{-0.0863t}$	0.956	7.73	26.7
磺胺二甲嘧啶	江西红壤	$C=0.2917e^{-0.1812t}-0.6533e^{-0.0020t}$	0.969	160	>180
	无锡水稻土	$C=0.6262e^{-0.0742t}-0.3460e^{-0.008t}$	0.965	18.0	163
	东北黑土	$C=0.8458e^{-0.0865t}-0.1711e^{-0.0039t}$	0.981	10.9	142
磺胺二甲氧嘧啶	江西红壤	$C=0.4737e^{-0.0595t}-0.3641e^{-0.0011t}$	0.961	37.4	>180
	无锡水稻土	$C=0.6519e^{-0.0996t}-0.3799e^{-0.0077t}$	0.976	14.3	173
	东北黑土	$C=0.7154e^{-0.0977t}-0.4060e^{-0.0045t}$	0.980	14.8	>180
磺胺甲噁唑	江西红壤	$C=0.2544e^{-0.0652t}-0.6833e^{-0.0007t}$	0.946	>180	>180
	无锡水稻土	$C=0.7773e^{-0.0849t}-0.1323e^{-0.0029t}$	0.981	10.0	134
	东北黑土	$C=0.8976e^{-0.0719t}-0.1461e^{-0.0014t}$	0.943	8.60	>180

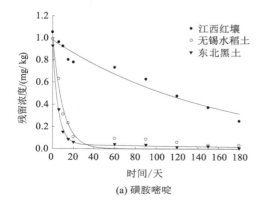

(a) 磺胺嘧啶

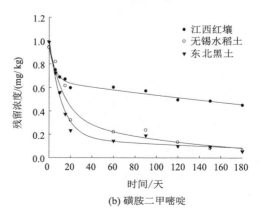

(b) 磺胺二甲嘧啶

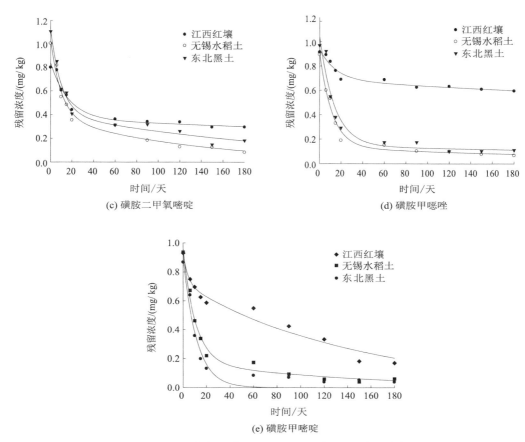

图 3-3　避光条件下磺胺类药物在不同土壤中降解动态

（2）避光条件下磺胺类药物在土壤-粪便混合基质中的降解性。25℃避光条件下，5
种磺胺类药物在江西红壤+粪便、无锡水稻土+粪便和东北黑土+粪便三种混合基质中的
降解试验结果见表 3-11 和图 3-4。由此可见，黑暗条件下，5 种磺胺类药物在不同混合
基质中的降解速率明显加快，江西红壤+粪便混合基质中的降解速率变化最为显著。5
种磺胺类药物中，磺胺甲噁唑在混合基质中降解速率变化最大，其在江西红壤+粪便、
无锡水稻土+粪便和东北黑土+粪便基质中的 DT_{50} 分别为 5.84 天、<3.0 天、<3.0 天，
DT_{90} 分别为 57.8 天、27.1 天和 17.8 天。

表 3-11　避光条件下不同土壤混合基质中降解特性参数

药名	不同土壤	二级指数方程	相关系数 R^2	DT_{50}/天	DT_{90}/天
	江西红壤+粪便	$C=0.6059e^{-0.1237t}-0.5631e^{-0.1237t}$	0.944	6.00	18.6
磺胺嘧啶	无锡水稻土+粪便	$C=0.7029e^{-0.2429t}-0.1058e^{-0.0082t}$	0.981	3.50	34.0
	东北黑土+粪便	$C=0.8057e^{-0.2150t}-0.1217e^{-0.0107t}$	0.996	4.10	28.0

续表

药名	不同土壤	二级指数方程	相关系数 R^2	DT$_{50}$/天	DT$_{90}$/天
磺胺甲嘧啶	江西红壤+粪便	$C = 1.0326e^{-0.1011t} - 0.1362e^{-0.0028t}$	0.934	8.40	65.5
	无锡水稻土+粪便	$C = 0.8042e^{-0.2809t} - 0.1991e^{-0.0106t}$	0.997	3.29	64.6
	东北黑土+粪便	$C = 0.6567e^{-0.2370t} - 0.2497e^{-0.0121t}$	0.984	4.50	84.2
磺胺二甲嘧啶	江西红壤+粪便	$C = 0.8731e^{-0.1157t} - 0.1582e^{-0.0024t}$	0.9883	7.55	>180
	无锡水稻土+粪便	$C = 0.4487e^{-0.1207t} - 0.4105e^{-0.0076t}$	0.9926	15.2	>180
	东北黑土+粪便	$C = 0.6262e^{-0.0742t} - 0.3460e^{-0.0080t}$	0.953	5.84	172
磺胺二甲氧嘧啶	江西红壤+粪便	$C = 0.9172e^{-0.1388t} - 0.0850e^{-0.0017t}$	0.915	5.84	28.8
	无锡水稻土+粪便	$C = 0.7734e^{-0.1939t} - 0.1977e^{-0.0086t}$	0.929	5.47	84.4
	东北黑土+粪便	$C = 0.7289e^{-0.1162t} - 0.1149e^{-0.0038t}$	0.973	7.81	87.5
磺胺甲噁唑	江西红壤+粪便	$C = 0.7425e^{-0.1448t} - 0.1215e^{-0.0062t}$	0.985	5.84	57.8
	无锡水稻土+粪便	—	—	<3.0	27.1
	东北黑土+粪便	—	—	<3.0	17.8

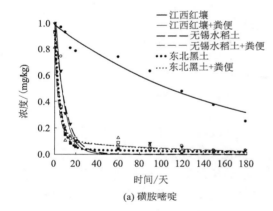

(a) 磺胺嘧啶

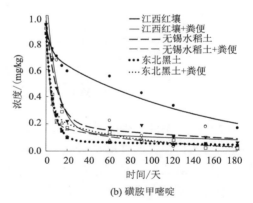

(b) 磺胺甲嘧啶

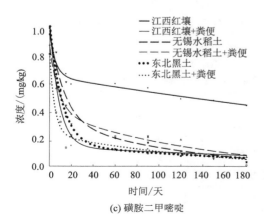

(c) 磺胺二甲嘧啶

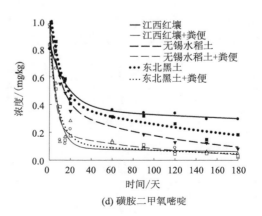

(d) 磺胺二甲氧嘧啶

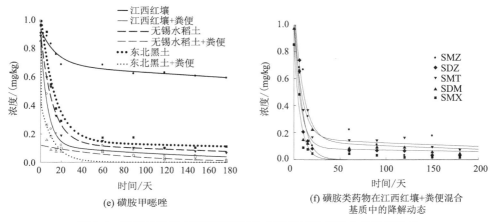

图 3-4　避光条件下 5 种磺胺类药物在不同试验基质中的降解动态

（3）光照条件下磺胺类药物在土壤中的降解性。试验模拟自然光照（光照强度为 1041 lx，12 小时光照+12 小时黑暗）条件下，5 种兽用磺胺类药物在土壤中的降解性，研究光照条件对药物降解的影响。25℃光照条件下，5 种磺胺类药物在江西红壤、无锡水稻土和东北黑土中的降解试验结果见表 3-12。结果显示，在无锡水稻土和东北黑土中，5 种磺胺类药物在避光条件下的降解半衰期为 6.50～18.0 天，DT_{90} 所需时间为 22.5～>180 天；光照条件下的降解半衰期为 5.30～16.5 天，DT_{90} 值为 17.5～>180 天。磺胺类药物光照条件与避光条件下的降解半衰期差异不大，而 DT_{90} 值稍有减小。说明磺胺类药物在中性和碱性土壤中有光降解作用发生，但其影响较小，相对于其他降解作用，光解作用在其土壤降解过程中并非主导因素。

在酸性土壤（江西红壤）中，5 种磺胺类药物光照条件比避光条件下的降解速率均有所加快，降解半衰期有所缩短，避光下降解半衰期为 37.4～>180 天，光照下降解半衰期为 20.0～58.5 天，其降解动态趋势如图 3-5 所示。

表 3-12　光照条件下不同土壤中降解特性参数

药名	不同土壤	二级指数方程	相关系数 R^2	DT_{50}/天	DT_{90}/天
磺胺嘧啶	江西红壤	$C=0.5198e^{-0.059t}-0.4685e^{-0.0073t}$	0.960	26.7	>180
	无锡水稻土	$C=0.5822e^{-0.1246t}-0.5450e^{-0.1246t}$	0.962	5.70	18.0
	东北黑土	$C=0.4809e^{-0.1317t}-0.4484e^{-0.1317t}$	0.973	5.30	17.5
磺胺甲嘧啶	江西红壤	$C=0.2239e^{-0.1218t}-0.6154e^{-0.011t}$	0.979	35.9	>180
	无锡水稻土	$C=0.9027e^{-0.1196t}-0.1470e^{-0.0067t}$	0.975	7.10	52.7
	东北黑土	$C=0.5318e^{-0.0958t}-0.4553e^{-0.0958t}$	0.968	7.00	24.0
磺胺二甲嘧啶	江西红壤	$C=0.4536e^{-0.0287t}-0.4195e^{-0.0085t}$	0.973	40.8	>180
	无锡水稻土	$C=0.7023e^{-0.0599t}-0.2391e^{-0.0077t}$	0.981	16.5	122
	东北黑土	$C=0.6894e^{-0.0801t}-0.2210e^{-0.0072t}$	0.974	12.5	122

续表

药名	不同土壤	二级指数方程	相关系数 R^2	DT_{50}/天	DT_{90}/天
磺胺二甲氧嘧啶	江西红壤	$C = 0.6130e^{-0.0516t} - 0.1825e^{-0.0033t}$	0.952	20.0	>180
	无锡水稻土	$C = 0.7379e^{-0.0718t} - 0.2889e^{-0.0072t}$	0.948	11.5	143
	东北黑土	$C = 0.7308e^{-0.106t} - 0.1802e^{-0.0036t}$	0.934	9.00	>180
磺胺甲噁唑	江西红壤	$C = 0.2571e^{-0.1688t} - 0.6454e^{-0.0061t}$	0.942	58.5	>180
	无锡水稻土	$C = 0.7545e^{-0.0964t} - 0.1363e^{-0.0087t}$	0.963	8.80	54.1
	东北黑土	$C = 0.7350e^{-0.1164t} - 0.2148e^{-0.0089t}$	0.994	8.40	91.4

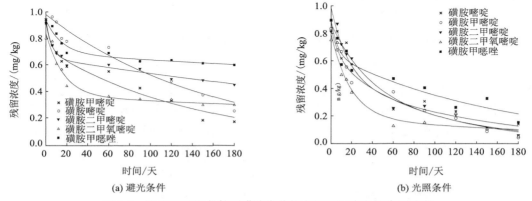

(a) 避光条件　　　　　(b) 光照条件

图 3-5　光照和避光条件下磺胺类药物在江西红壤中的降解动态

(4) 光照条件下磺胺类药物在土壤-粪便混合基质中的降解性。自然光照(光照强度为 1041 lx，12 小时光照+12 小时黑暗)条件下，5 种兽用磺胺类药物在土壤-粪便混合基质中的降解试验结果见表 3-13 和图 3-6。结果显示，5 种磺胺类药物在不同混合基质中的 DT_{50} 为 <3.00~6.00 天，DT_{90} 为 14.8~162.4 天。

表 3-13　光照条件下不同土壤混合基质中降解特性参数

药名	不同土壤	二级指数方程	相关系数 R^2	DT_{50}/天	DT_{90}/天
磺胺嘧啶	江西红壤+粪便	$C = 0.6433e^{-0.1151t} - 0.6083e^{-0.1151t}$	0.977	5.63	19.7
	无锡水稻土+粪便	$C = 0.7639e^{-0.3173t} - 0.1096e^{-0.0140t}$	0.998	2.80	18.3
	东北黑土+粪便	$C = 0.8710e^{-0.233t} - 0.1022e^{-0.011t}$	0.994	3.52	17.6
磺胺甲嘧啶	江西红壤+粪便	$C = 0.4513e^{-0.2528t} - 0.4654e^{-0.0173t}$	0.992	8.40	94.2
	无锡水稻土+粪便	—	—	<3.00	51.3
	东北黑土+粪便	$C = 0.7732e^{-0.3164t} - 0.2645e^{-0.0136t}$	0.995	3.52	68.8
磺胺二甲嘧啶	江西红壤+粪便	$C = 0.8139e^{-0.1633t} - 0.3342e^{-0.0091t}$	0.951	6.00	118
	无锡水稻土+粪便	$C = 0.5143e^{-0.2894t} - 0.3523e^{-0.0086t}$	0.922	5.63	162.4
	东北黑土+粪便	$C = 0.5526e^{-0.245t} - 0.2276e^{-0.0107t}$	0.985	4.92	99.8

药名	不同土壤	二级指数方程	相关系数 R^2	DT$_{50}$/天	DT$_{90}$/天
磺胺二甲氧嘧啶	江西红壤+粪便	$C=0.9423\mathrm{e}^{-0.1652t}-0.1435\mathrm{e}^{-0.0074t}$	0.979	5.00	39.4
	无锡水稻土+粪便	$C=0.8828\mathrm{e}^{-0.1568t}-0.1278\mathrm{e}^{-0.0096t}$	0.991	5.00	30.9
	东北黑土+粪便	$C=0.6608\mathrm{e}^{-0.1636t}-0.1673\mathrm{e}^{-0.0095t}$	0.927	5.62	73.8
磺胺甲噁唑	江西红壤+粪便	$C=0.8302\mathrm{e}^{-0.1665t}-0.1028\mathrm{e}^{-0.0101t}$	0.988	4.90	24.6
	无锡水稻土+粪便	$C=0.7298\mathrm{e}^{-0.2747t}-0.0774\mathrm{e}^{-0.0088t}$	0.990	<3.00	14.8
	东北黑土+粪便	$C=0.8301\mathrm{e}^{-0.2870t}-0.1447\mathrm{e}^{-0.0106t}$	0.915	<3.00	18.5

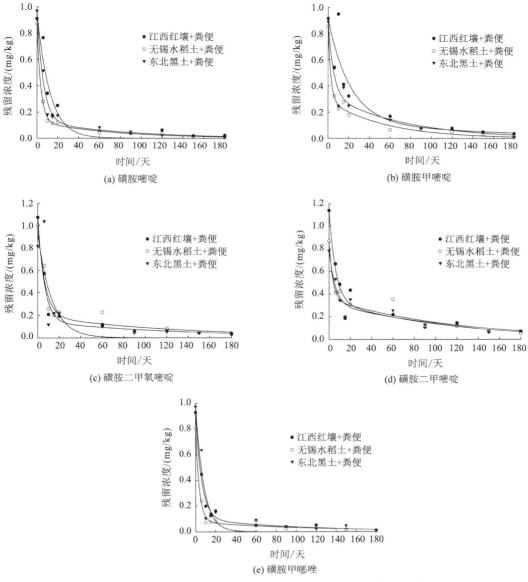

图 3-6　光照条件下 5 种磺胺类药物在混合基质中的降解动态

2）磺胺类药物的土壤吸附性

（1）磺胺类药物在土壤中的吸附性。用 Freundlich 模型定量描述不同土壤对 5 种磺胺类抗生素的吸附等温线，图 3-7 为拟合结果，通过拟合曲线计算可得吸附等温线方程参数（表 3-14）。由表 3-14 可见，供试土壤对 5 种磺胺类抗生素的吸附等温线与 Freundlich 方程均有较好的拟合性，其中 R^2 值为 0.803～0.999，$1/n$ 为 0.61～1.59。

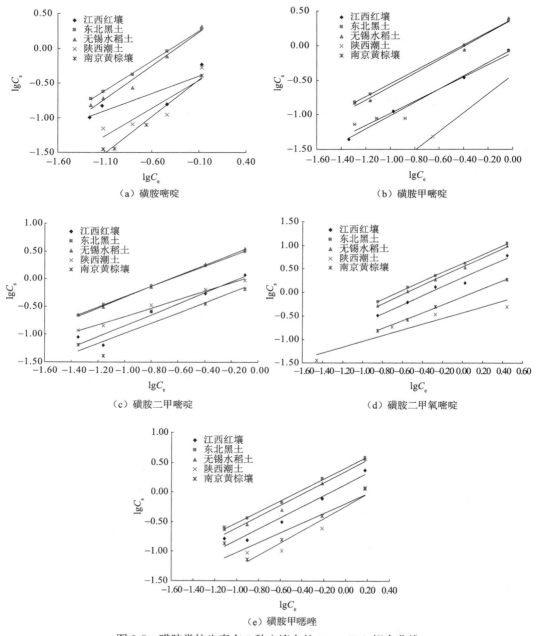

图 3-7　磺胺类抗生素在 5 种土壤中的 Freundlich 拟合曲线

表 3-14　磺胺类抗生素在 5 种土壤中吸附性的 Freundlich 方程参数

兽药种类	磺胺嘧啶			磺胺甲嘧啶			磺胺二甲嘧啶			磺胺二甲氧嘧啶			磺胺甲噁唑		
土壤类型	K_d	$1/n$	R^2	K_d	$1/n$	R^2	K_d	$1/n$	R^2	K_d	$1/n$	R^2	K_d	$1/n$	R^2
江西红壤	1.42	0.91	0.984**	1.11	0.97	0.997**	1.39	0.99	0.946**	2.02	0.95	0.97**	1.36	0.95	0.962*
东北黑土	1.76	0.68	0.948**	2.43	0.93	0.999**	3.97	0.92	0.999**	4.32	0.99	0.997**	2.60	0.93	0.996**
无锡水稻土	2.02	0.95	0.975**	2.40	0.97	0.991*	4.39	0.98	0.998**	3.50	0.98	0.997**	2.26	0.96	0.981**
陕西潮土	0.41	0.80	0.803*	0.77	0.89	0.919*	1.19	0.75	0.988**	0.37	0.61	0.909*	0.58	1.04	0.896*
南京黄棕壤	0.45	1.05	0.983**	0.63	1.59	0.995**	0.87	0.92	0.877**	0.10	0.84	0.998**	0.65	0.83	0.856*

注：**表示 $P < 0.01$，*表示 $P < 0.05$。

　　磺胺嘧啶在 5 种土壤中的 K_d 为 0.41~2.02，磺胺甲嘧啶 K_d 为 0.63~2.43，磺胺二甲嘧啶 K_d 为 0.87~4.39，磺胺二甲氧嘧啶 K_d 为 0.10~4.32，磺胺甲噁唑 K_d 为 0.58~2.60。根据《化学农药环境安全评价试验准则》（国家质量监督及检验检疫总局，2014），磺胺类抗生素在供试土壤中的吸附性属于难吸附。

　　Aboul-Kassim 和 Simoneit（2001）认为，有机质含量（OM）、pH、阳离子交换量（CEC）等多种因素可能影响土壤对兽药抗生素的吸附，这类似其他有机污染物的情况。分配系数 K_d 具有浓度依赖性，本书选择了三个浓度 C_e（0.10 μg/mL、0.20 μg/mL、0.50 μg/mL）下的分配系数 K_d，得出吸附能力和土壤有机质含量的关系，结果见图 3-8。土壤有机质含量与 5 种磺胺类抗生素 K_d 表现出良好的正相关性，说明有机质含量为影响土壤对该 5 种磺胺类抗生素吸附的重要因素。虽然陕西潮土的 OM 高于江西红壤，但其对磺胺类抗生素的吸附能力小于江西红壤，证明土壤对磺胺类抗生素的吸附能力除了与有机质含量相关外，还与其他因素相关。

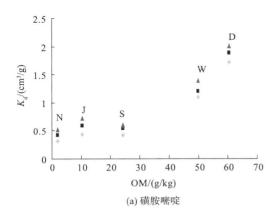

(a) 磺胺嘧啶

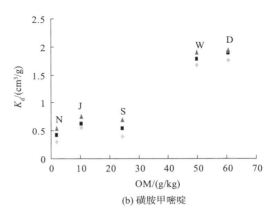

(b) 磺胺甲嘧啶

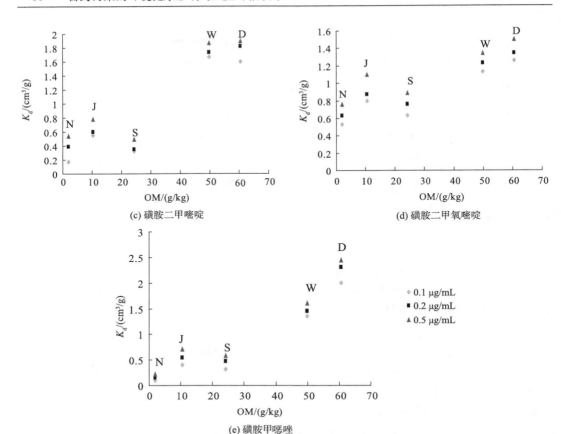

图 3-8　磺胺类抗生素的吸附性 K_d 与土壤有机质含量的关系

N 代表南京黄棕壤，J 代表江西红壤，S 代表陕西潮土，W 代表无锡水稻土，D 代表东北黑土

　　磺胺类抗生素在土壤中的吸附能力与其存在的形态有关，Gao 等（2005）曾报道，3 种形态的磺胺类抗生素在土壤中吸附能力的顺序为阳离子形态 > 中性分子形态 > 阴离子形态。阳离子形态的有机分子与土壤表面存在着静电引力，主要的吸附机理是阳离子交换，因此在土壤中有高的吸附容量；中性分子形态的有机分子则通过疏水性分配的原理和土壤有机质作用，吸附量降低；阴离子形态的有机分子与负电性的土壤表面存在静电斥力，吸附量大大减小（Tolls，2001；孔晶晶等，2008）。由疏水 pH 分区模型（图 3-2）得到 5 种磺胺类抗生素在 pH4～6.5 的主要存在形式为中性分子（33%～99%），因而在此范围内，pH 对磺胺类抗生素吸附性影响不大，影响吸附性的主要为土壤的有机质含量。本实验所用到的供试土壤中除陕西潮土外的 4 种土壤的土壤溶液 pH 为 4～6.23，陕西潮土溶液 pH 为 7.56。当土壤溶液 pH 高达 7.5 时，磺胺类抗生素阴离子的比例大大增高（0.30%～0.97%），吸附性减弱。上述很好地解释了 5 种供试土壤中 pH 最高的陕西潮土对磺胺类抗生素的低吸附性。

　　（2）磺胺类抗生素在土壤粪便混合物中的吸附性。用 Freundlich 模型定量描述 5 种土壤粪便混合物对 5 种磺胺类抗生素的吸附等温线，图 3-9 为拟合结果，通过拟合曲线计算可得等温吸附方程参数（表 3-15）。由表 3-15 可知，5 种供试土壤粪便混合物对 5 种磺胺类抗生素的吸附等温线与 Freundlich 方程均有较好的拟合性，其中 R^2 值为 0.826～0.999，$1/n$ 为 0.71～1.44。

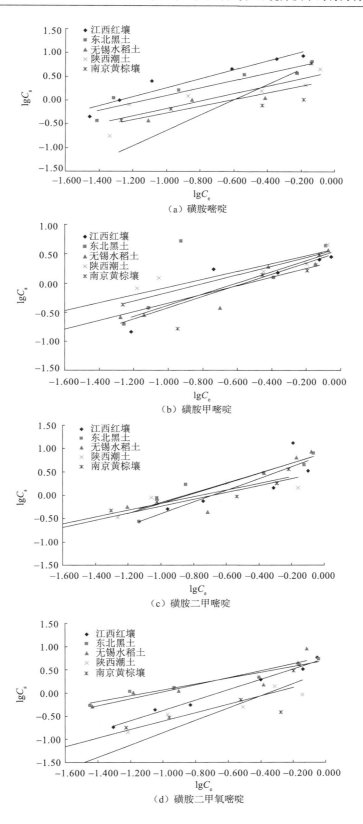

（a）磺胺嘧啶

（b）磺胺甲嘧啶

（c）磺胺二甲嘧啶

（d）磺胺二甲氧嘧啶

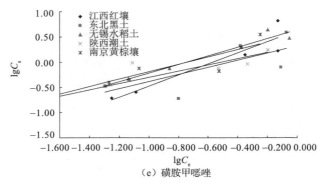

（e）磺胺甲噁唑

图 3-9　磺胺类抗生素在 5 种含粪便土壤中的 Freundlich 拟合曲线

表 3-15　磺胺类抗生素在 5 种土壤中吸附性的 Freundlich 方程参数

| 兽药种类 | 磺胺嘧啶 | | | 磺胺甲嘧啶 | | | 磺胺二甲嘧啶 | | | 磺胺二甲氧嘧啶 | | | 磺胺甲噁唑 | | |
土壤类型	K_d	$1/n$	R^2	K_d	$1/n$	R^2	K_d	$1/n$	R^2	K_d	$1/n$	R^2	K_d	$1/n$	R^2
江西红壤	11.69	0.71	0.994**	3.46	1.00	0.961**	10.46	1.44	0.852*	5.55	1.12	0.987**	4.18	1.09	0.880**
东北黑土	7.77	0.79	0.890**	5.34	0.97	0.952**	7.88	1.06	0.883**	5.02	0.74	0.961**	4.43	0.87	0.999**
无锡水稻土	9.73	1.21	0.884**	3.50	0.96	0.900**	8.96	1.00	0.988**	6.01	0.75	0.826**	4.33	0.85	0.956**
陕西潮土	2.46	0.82	0.977**	2.65	0.90	0.963**	4.73	0.87	0.933**	2.59	1.28	0.870*	1.89	0.72	0.967**
南京黄棕壤	5.23	0.95	0.848*	3.03	0.72	0.976**	4.19	0.77	0.977**	3.67	1.09	0.980**	3.42	0.73	0.878*

注：**表示 $P < 0.01$，*表示 $P < 0.05$。

磺胺嘧啶在 5 种土壤粪便混合物（1∶0.04）中的 K_d 为 2.46～11.69，磺胺甲嘧啶 K_d 为 2.65～5.34，磺胺二甲嘧啶 K_d 为 4.19～10.46，磺胺二甲氧嘧啶 K_d 为 2.59～6.01，磺胺甲噁唑 K_d 为 1.89～4.43。根据《化学农药环境安全评价试验准则》，磺胺类抗生素在供试的土壤粪便混合物（1∶0.04）中的吸附性属于难吸附。由图 3-10 可见，加入粪便后，土壤粪便混合物的 K_d 值均比不加入粪便的土壤的 K_d 值大，可推测加入粪便后，土壤对磺胺类抗生素吸附作用增强。

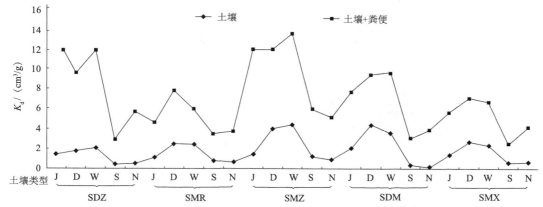

图 3-10　磺胺类抗生素在 5 种供试土壤及添加了粪便的土壤基质的吸附性对比
N 代表南京黄棕壤，J 代表江西红壤，S 代表陕西潮土，W 代表无锡水稻土，D 代表东北黑土

由表 3-7 可知，以 1∶0.04 的比例在土壤中加入研磨后的干粪便，土壤粪便混合物

溶液的 pH 比土壤溶液稍微增大（陕西潮土粪便混合物除外），而土壤的有机质含量增加，增加量为 13.77～24.49g/kg。上文已讨论，当土壤有机质含量增大，磺胺类抗生素的吸附作用增大；而土壤溶液 pH 增大，吸附作用减弱。但由于本实验加入粪便后的溶液 pH 虽有增高，却仍然为 4～6.5（陕西潮土+粪便样品除外），因此溶液的 pH 改变对吸附性的影响不大。本实验有机质含量为影响吸附性的主要因素，加入粪便后，土壤粪便混合物的有机质含量增加，吸附性增强。Boxall 等（2002）的研究表明，加入粪便后土壤对磺胺类抗生素的吸附性减弱，这是由于在 Boxall 等（2002）的实验中，加入粪便后土壤溶液的 pH 变化范围为 6.5～7.5，在这个 pH 范围内，pH 的微小增加会使溶液中阴离子态的磺胺类抗生素的量急剧增加，这对吸附性减弱作用的影响远大于添加粪便后土壤有机质含量增加对吸附性的增强作用。

然而，将所有土壤和土壤粪便混合物样本的 OC 含量设为自变量，K_d 值设为因变量进行相关性分析，发现二者并不呈显著的正相关。加入粪便的土壤基质对磺胺类抗生素的吸附作用增强并不仅仅是因为有机质增加发挥作用，可能粪便中含有的一些微小有机质颗粒包括羧酸、碳酸集团等为磺胺类药物提供了离子交换位点。因此，药物的极性越大，其在加入粪便的土壤基质中 K_d 值增高越多。例如，除陕西潮土外，加入粪便的土壤基质中磺胺嘧啶（lg K_{ow} = −0.09）的吸附能力增强了 5.87 倍，磺胺甲噁唑（lg K_{ow} = 0.89）的吸附能力增强了 2.49 倍。

3）磺胺类药物在土壤中的淋溶性

淋溶是指污染物随渗透水在土壤中沿土壤垂直剖面向下的运动，是污染物在水-土壤颗粒之间吸附-解吸或分配的一种综合行为，它可使污染物进入地下水而造成污染（何利文等，2006）。磺胺类抗生素在 5 种土壤土柱（分为土壤组和土壤+粪便组）的模拟实验结果（图 3-11）表明，当模拟降水达到 10 小时（相当于 300 mL 降水量）时，磺胺类

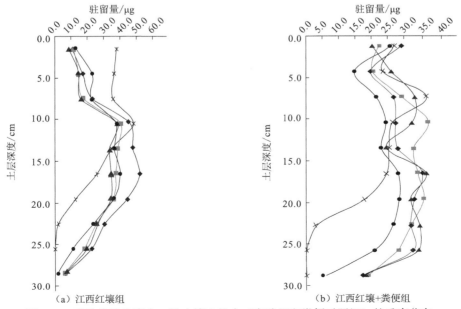

图 3-11　磺胺类抗生素在 5 种土壤土柱中（实验组和粪便对照组）的垂直分布

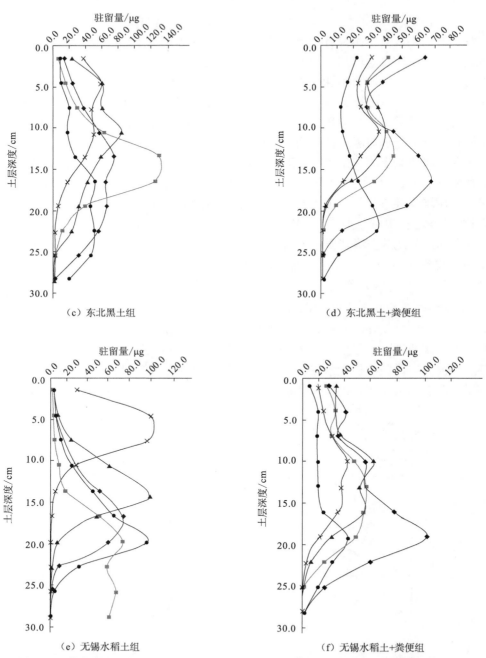

（c）东北黑土组　　　　　　　　（d）东北黑土+粪便组

（e）无锡水稻土组　　　　　　　　（f）无锡水稻土+粪便组

图 3-11　磺胺类抗生素在 5 种土壤土柱中（实验组和粪便对照组）的垂直分布（续）

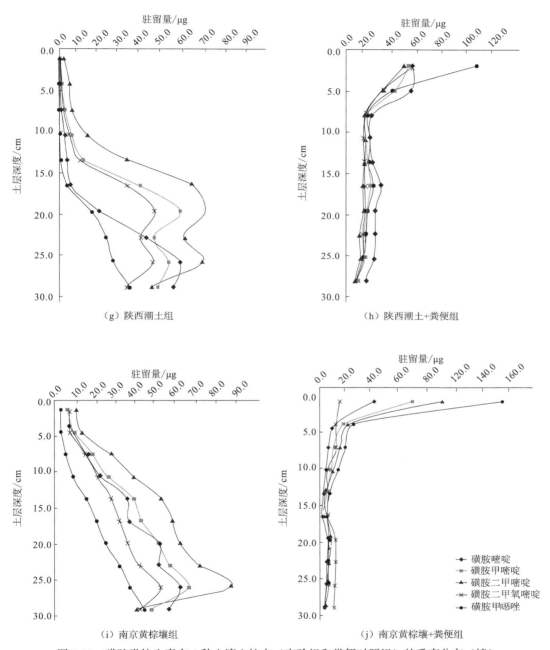

图 3-11　磺胺类抗生素在 5 种土壤土柱中（实验组和粪便对照组）的垂直分布（续）

抗生素随降水在土壤中的移动有一定的规律性。由于添加的粪便层对磺胺类抗生素吸附性较强，粪便对照组中的 5 种土壤土柱在深度为 0～6cm 的富集浓度均比实验组大；而在陕西潮土和南京黄棕壤这两种对磺胺类抗生素吸附相对较弱的土壤中，粪便层大量吸附磺胺类抗生素，粪便对照组中在深度为 0～3cm 的富集浓度出现峰值。在深度 5cm 以下的深层土壤，粪便对照组的迁移规律与实验组大致相同。

磺胺类抗生素在 5 种土柱中（分为土壤组和土壤+粪便组）淋出液所占的质量分数见表 3-16。其中，实验组和粪便对照检出磺胺类抗生素的情况基本相同，东北黑土和无锡水稻土淋出液中基本不含磺胺类抗生素。江西红壤在第 9、10 小时的淋出液中检测出少量的磺胺类抗生素，陕西潮土和南京黄棕壤最早在第 6 小时的淋出液就能检测到磺胺类抗生素。但由于粪便对照组中土柱的粪便层吸附了大量抗生素，其抗生素的检出浓度均比实验组小。

表 3-16　磺胺类抗生素淋出液的质量分数

土壤类型	磺胺嘧啶		磺胺甲嘧啶		磺胺二甲嘧啶		磺胺二甲氧嘧啶		磺胺甲噁唑	
	实验组	粪便对照组	实验组	粪便对照组	实验组	粪便对照组	实验组	粪便对照组	实验组	粪便对照组
江西红壤	0.02%	0.04%	0.04%	0.05%	0.06%	0.12	ND	ND	ND	ND
东北黑土	ND	ND	ND	ND	ND	ND	ND	ND	ND	ND
无锡水稻土	ND	ND	ND	ND	ND	ND	ND	ND	ND	ND
陕西潮土	8.10%	1.10%	4.90%	0.62%	2.70%	0.36%	3.20%	0.54%	6.26%	0.46%
南京黄棕壤	3.20%	0.24%	2.20%	0.30%	1.10%	0.24%	2.20%	0.06%	5.80%	0.58%

土柱试验表明，磺胺类抗生素在 5 种供试土壤中具有较高的淋溶性。由实验组中综合浓度最大的点所能到达土柱的最远距离和淋出液的质量分数可知，淋溶性能从大到小依次为：陕西潮土＞南京黄棕壤＞江西红壤＞无锡水稻土＞东北黑土。实验组土壤淋溶性的排列顺序和土壤吸附性的排列顺序大致相反，说明磺胺类抗生素在土壤中吸附越弱就越容易被淋溶到土柱下层，甚至被淋出土柱，出现在淋出液中。而前面章节讨论了影响土壤吸附性的两个重要因素为土壤的 pH 和土壤的有机质含量，可推知土壤的 pH 和土壤的有机质含量也对磺胺类抗生素在土壤中的淋溶有一定的影响。粪便对照组中加入的粪便层吸附了一定比例的磺胺类抗生素，使得淋出液中抗生素的检出浓度减少。由于粪便层只占土柱质量的 0.36%～0.42%，加入粪便对土柱总有机质含量变化影响不大，粪便对照组淋出液的 pH 也大致与实验组相同（±0.05），因此磺胺类抗生素在加入粪便层后的 5 种供试土壤中依然具有较高淋溶性。

除了土壤的理化性质，淋溶性还与抗生素自身的理化性质有密切关系。一般来说，水溶性大的污染物淋溶作用较强，有可能进入深层土壤而造成地下水的污染 （Wang，1996）。由淋溶实验结果得知，当模拟降水达到 10 小时时，在高度为 30cm 的 5 种土壤土柱中，5 种磺胺类抗生素最远达到的距离均在 24cm 后，说明 5 种高水溶性的磺胺类抗生素均具有较高的淋溶性。

研究表明，水溶解度 > 30 mg/L、土壤 K_{oc} < 300 mL/g、土壤降解半衰期 > 14 天的有机分子容易导致地下水污染（Pionker et al.，1988）。磺胺类抗生素具有很强的水溶性（77～1500 mg/L），土壤吸附性弱（K_d 为 0.10～4.39 L/kg），在土壤中降解较慢（$t_{1/2}$ > 14 天）（张从良等，2007b），移动性较强，对地表水和地下水存在潜在的污染风险。

同时利用 GUS 模型预估 5 种磺胺类抗生素在土壤中的淋溶迁移能力。在 GUS 评价法中，有机污染物的 GUS 值越大，表示其淋溶迁移性越高，污染地下水的可能性也越大，GUS 评价法对淋溶迁移性分级如下：当 GUS<1.8 时，有机污染物基本不淋溶迁移；当 1.8≤GUS≤2.8 时，有机物可在适宜的条件下发生淋溶和迁移；当 GUS>2.8 时，有机污染物具有高淋溶迁移性。根据 5 种磺胺类抗生素在江西红壤、东北黑土和无锡水稻土，以及这 3 种土壤加粪便混合基质中的 K_{oc} 数据和 DT_{50} 数据，计算得出 5 种磺胺类抗生素的 GUS 值，如表 3-17 所示。

表 3-17　5 种磺胺类抗生素的 GUS 值

	磺胺嘧啶	磺胺甲嘧啶	磺胺二甲嘧啶	磺胺二甲氧嘧啶	磺胺甲噁唑
江西红壤	2.64	3.04	2.99	2.20	3.30
东北黑土	1.84	2.02	2.39	2.05	2.19
无锡水稻土	1.81	1.97	2.50	2.28	2.21
江西红壤（粪便）	1.21	2.29	1.06	1.14	1.21
东北黑土（粪便）	1.41	1.83	1.89	2.14	1.09
无锡水稻土（粪便）	1.09	1.17	1.38	1.64	1.62

由图 3-12 可见，3 种土壤的 GUS 值均大于 1.8，而江西红壤的 GUS 值甚至大于 2.8，磺胺类抗生素在江西红壤中淋溶性极强，对地下水污染的风险性大。含粪便的土壤 GUS 值比不含粪便的土壤小，说明粪便对降低磺胺类抗生素在土壤中的淋溶能力有一定的作用。

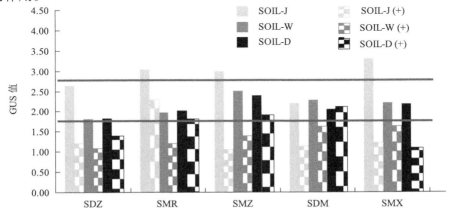

图 3-12　磺胺类抗生素在 3 种供试土壤及添加了粪便的土壤基质中的淋溶性能对比

（+）代表添加粪便后的土壤基质

4. 结论

（1）研究表明，5 种磺胺类抗生素在不同土壤类型中的降解规律均能较好地用二级指数函数方程描述。磺胺类药物在土壤中的降解并非匀速进行，它的降解呈现先快后慢的两级阶段，这就造成了其降解半衰期很短，但环境中残留药物长期滞留，完全消解所需时间很长，所以建议对磺胺类药物进行生态环境安全性评价时，需要结合 DT_{50} 和 DT_{90} 两个评价指标综合评定。

（2）5 种磺胺类抗生素在不同土壤中的降解趋势为：松砂土≈壤土>黏壤土；在江西红壤中，5 种磺胺类兽药的降解速率的顺序为磺胺甲嘧啶>磺胺嘧啶>磺胺二甲氧嘧啶>磺胺二甲嘧啶>磺胺甲噁唑。

（3）磺胺类药物在不同混合基质中的降解速率比单一土壤基质中的降解速率快，粪便的加入，提高了原土壤中的有机质含量，促进了磺胺类药物在土壤中的降解。

（4）磺胺类药物在土壤中的降解速率受光照影响。光照下，磺胺类药物的降解半衰期不同程度地缩短，土壤降解过程中发生了一定程度的光降解作用。

（5）5 种磺胺类抗生素在江西红壤、无锡水稻土、东北黑土、陕西潮土与南京黄棕壤中的吸附性较好地符合 Freundlich 方程，5 种磺胺类抗生素在供试土壤中吸附性大致排列顺序为：东北黑土≈无锡水稻土 > 江西红壤 > 南京黄棕壤≈陕西潮土。影响磺胺类抗生素土壤吸附性的重要因素有土壤有机质和土壤的 pH。在土壤中加入一定比例的粪便，提高了土壤的有机质含量，使土壤对磺胺类抗生素吸附量增加。

（6）5 种磺胺类抗生素在 5 种土壤中的淋溶速率为：陕西潮土 > 南京黄棕壤 > 江西红壤 > 无锡水稻土 > 东北黑土。5 种磺胺类抗生素在土壤中的移动规律与土壤吸附性有明显的相关性，同时 5 种磺胺类抗生素的较高淋溶性与其高水溶性密切相关。粪便对土壤淋溶性能有一定影响，能吸附磺胺类抗生素，减少其移动。通过 GUS 模型估算磺胺类抗生素在土壤中的淋溶能力，说明粪便对降低磺胺类抗生素在土壤中的淋溶能力有一定的作用。

（7）由于磺胺类抗生素是我国畜牧业的主要兽用药之一，每年有大量未被代谢的磺胺类抗生素以原药形式随粪便排入土壤中，且磺胺类抗生素淋溶性较强，降解较慢，对地下水具有潜在的污染风险，应引起高度重视。

3.2 激素类药物的环境行为特性研究

畜禽养殖过程中，为提高养殖效率，养殖场往往添加合成的雌激素类物质，如雌二醇（E_2）、雌三醇（E_3）、雌酮（E_1）、炔雌醇（EE_2）和己烯雌酚（DES）等，一般以动物饲料添加剂或埋植于动物皮下，达到促进动物生长发育、增加体重，或促使动物同期发情，以提高养殖效率（Wilson et al.，2002）。根据其化学结构和来源又分为三类：①内源性激素，包括睾酮、孕酮、雌酮（E_1）、17β-E_2、雌三醇（E_3）；②人工合成类固醇激素，包括丙酸睾酮、甲烯雌醇等；③人工合成非类固醇激素，包括己烯雌酚（diethylstilbestrol，DES）、炔雌醇（EE_2）等。然而，雌激素类兽药在促进畜禽生长的同时，具有较强的内分泌干扰活性，在畜禽体内残留，并随着食物链进入人体，产生不良后果，主要危害表现在：扰乱人体和动物体的正常内分泌，改变机体在发育和成年阶段细胞中的信号过程（Tyler et al.，1998），从而造成生殖、免疫和神经系统的多种病变。尽管目前已严格限制其在畜牧生产中的应用，但长期不规范地使用雌激素，造成其在环境中的普遍污染。大多数雌激素具有疏水性、亲脂性，易于生物富集，因此存在潜在的危害。污水处理厂和畜禽养殖场的粪便污水是雌激素的主要来源，雌激素通过施肥、污灌，或直接排放进入环境，对人类和其他生物体健康构成长期威胁。

3.2.1　激素类兽药土壤中的环境行为特性

激素类兽药在土壤中的环境行为是土壤、药物和土壤微生物共同作用的结果，即土壤的物化性质、土壤有机质和药物本身，以及微生物活动之间的交互作用共同影响了兽药在土壤中的吸附、迁移和转化。

如前所述，兽药进入土壤的主要途径是向耕作土壤施入禽畜粪便。此外，对于激素类兽药，其环境迁移的范围较广，如大气浮尘中的此类物质可通过降水融入土壤。与农药和其他外源性化学物质相似，在激素类兽药的研究过程中，其环境浓度的预测同样具有相当重要的地位（Spaepen et al.，1997；Montforts et al.，1999），Lorenzen 等（2004）调查了几种常见的动物有机肥料中的激素水平，发现腐熟的猪粪有机肥料中雌激素水平最高，17β-E_2 含量为 5965ng/g 干重。Shore 等（1998）对使用畜禽粪便的土地附近的河流进行了调查，发现 17β-E_2 的浓度为 5.0ng/L，足以产生危害。Finlay 等（2000）对使用雏鸡粪便的土地进行测定，发现土壤中的 17β-E_2 浓度可达 675ng/kg，而附近地表水中的 17β-E_2 浓度也达到 50～2300ng/L。Peterson 等（2000）也对使用家禽家畜肥料的土地作了类似的调查，发现附近的地下水中的 17β-E_2 浓度为 6～66ng/L。

一般来说，兽药的理化性质（K_{ow}，pK_a 和极性等）预示了其在固相环境基质中的滞留趋势，雌二醇等雌激素类药物同样为移动性较差的亲脂性有机化合物，于土壤或底泥间吸附滞留性较强，可以预测土壤吸附是降低其在水环境中浓度的显著因素（Ying et al.，2002）。

1. 土壤降解特性

兽药在土壤中的降解，自然条件下包括土壤微生物降解、化学降解与光降解三部分。影响土壤（沉积物）降解的因子，除兽药的性质外，还有气候及土壤条件。在高温湿润、土壤有机质含量高、土壤微生物活跃和土壤偏碱的地区，兽药就容易降解（《化学农药环境安全评价试验准则》）。

Colucci 和 Topp（2001）调查了 E_2 和 E_1 在土壤中的降解性，发现 E_2 先是被非生物途径氧化为雌激素酮，随后被微生物降解，在三种农业土壤中其消散速率为 0.3～3/天，若能在土壤中将 17β-E_2 转化为促雌强度较弱的物质或完全降解，可有效减少其在土壤中的滞留时间，减小其对地表水和地下水的影响（图 3-13）。在土壤中，如锰系 Mn（Ⅳ）、Fe（Ⅲ）的氧化物接受电子，被还原为可溶性的 Mn（Ⅱ）、Fe（Ⅱ），E_2 失去电子，

被氧化为 E_1。研究同时表明，E_1 在灭活的土壤中十分稳定，说明 E_1 要进一步降解，需要微生物作用。Mashtare 等（2013）也比较了 17α-E_2 和 17β-E_2 在土壤中的好氧降解情况。结果表明，两种异构体激素的降解速率是相同的，生物转化是雌激素降解的主要机制，雌激素的残留时间比拟合的一级动力学方程预测的时间更长。

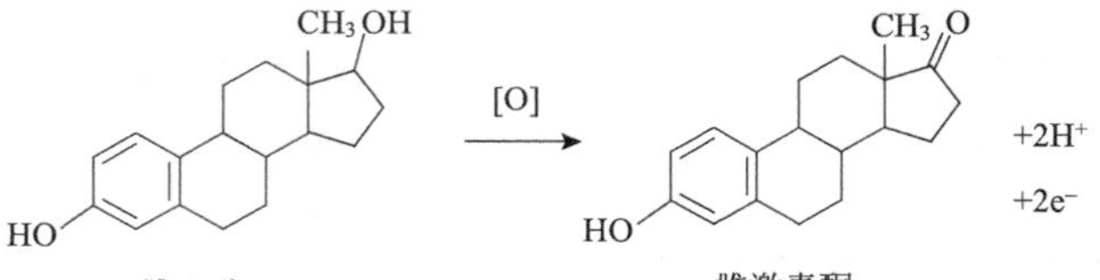

图 3-13　17β-雌二醇非生物途径氧化为雌激素酮过程

　　Lucas 和 Jones（2006）对粪便改良土壤中雌激素的降解效率进行了研究，发现在农田土壤、牛粪改良土壤和羊粪改良土壤中，雌激素的降解速率与土壤类型和雌激素的添加方式有关。土壤中添加粪便提高了雌激素的降解效率，但完全矿化的速率与粪便类型和施用时间无关。Lee 和 Liu（2002）证实在土壤与水混合体系中 17β-E_2 的半衰期为 0.8～9.7 天，Raman 等（2001）向奶牛粪中添加 500μg/kg 的 17β-E_2，并在 5～50℃温度下培养，发现该雌激素的一级降解速率随温度升高而变大，同时也发现，低温、酸性条件不利于雌激素的微生物降解。刘敏等（2011）研究了畜禽粪便改良土壤中的 E_1 和 17β-E_2 自然降解行为和影响因素。结果同样表明，灭菌可以显著抑制两种雌激素的土壤生物降解，温度对雌激素的土壤降解影响显著（0～35℃），随着温度的升高，改良土壤中雌激素的去除率呈增大趋势。同时，添加表面活性剂吐温 80 和泰乐菌素，可有效提高两种雌激素在牛粪改良土壤中的降解效率。

　　除添加粪便外，其他雌激素降解的相关因素也有较多研究。Bai 等（2013）研究了17β-E_2-17 磺酸盐（E_2-17S）（17β-E_2 的可能前体）在土壤-水系统中的降解和转化过程，并推测其为雌激素的前体。结果表明，在 14 天的实验周期内，水相中的 E_2-17S 相对稳定，底层土壤半衰期为 64～173 小时，高于顶层土壤的半衰期 4.6～26 小时。其在水相中的稳定性与其初始浓度关系密切。其主要的转化途径为羟基化作用，产生单-或二-羟基-E_2-17S，去共轭作用产生的 EE$_2$、E_1 和 E_2 很微量（～1%）。Shareef 等（2009）研究了三氯生和衍生物三氯卡宾杀菌剂对砂土中 17α-EE$_2$ 和 17β-E_2 生物降解的影响，结果表明，直至三氯生投量 1000mg/kg 时，雌激素的降解才受到明显的抑制。因此，在通常的灭菌剂环境浓度下，雌激素的土壤降解不会受到明显影响。

　　综上所述，雌激素类兽药在土壤中（或土壤+粪便）的降解主要是生物反应过程，降解速率受土壤有机质、微生物数量、温度，以及氧化还原的影响。

2. 土壤中的迁移行为

　　激素类兽药在土壤中的迁移行为主要包括吸附、解吸、淋溶作用等，兽药在土壤中的迁移行为直接决定其对水环境的污染风险。

　　环境中的 17β-E_2 可与土壤发生吸附等作用，影响其进入水中及其后续的转化降解和生物可利用率。吸附作用的强弱和很多因素有关，如土壤有机质含量、pH、粒度、碳酸盐含量、电导率、阳离子交换率等（Caron et al.，2010），此外，雌激素所存在的介质也对其移动产生明显的影响（Lucas and Jones，2009）。Larsen 等（2001）通过淋溶试验，研究了两种不同土壤（砂土和含 2%～3%有机质的粉砂壤土）中 17β-E_2 的移动性，发现在粉砂壤土中 17β-E_2 并没有被淋洗出来，且主要集中在表层土壤的 5cm 以内，而砂土中 90%的 17β-E_2 被水洗脱。Casey 等（2003）设计了 17β-E_2 在水土体系中的吸附实验，发现吸附在 48 小时可达到平衡，在砂土中的吸附速率为 $0.002\mu g/kg$，而在膨润土中达到 $0.112\mu g/kg$。Lai 等（2000）通过研究，也得出相似的结论，Lima 等（2012）也对土壤有机物对雌激素吸附的影响做了研究，表明土壤中有机质的含量和类型对 EE_2 的吸附效果影响较大，芳香基和羧基基团同 K_{oc} 值具有明显的正相关。

Sun 等（2012）研究了不同粒径对包括 EE_2 在内的内分泌干扰物的土壤吸附性能的影响。研究表明，粒径、有机碳含量同污染物吸附容量呈正相关，比表面积则关系不大。Lee 等（2003）测定出 E_2 的有机碳标准吸附系数（K_{oc}）较大，土壤表面径流是进入水体的主要途径。

Caron 等（2010）研究了加拿大亚伯达省的 41 个农业区，17β-E_2 和 E_1 等激素类兽药在土壤中的吸附行为，测定了各层土壤的 K_d 和 K_{oc} 值。各类雌激素的 K_d 和 K_{oc} 值大小次序为 E_3=17β-E_2 < E_1（33L/kg 土和 1557 L/kg），土壤有机质含量是影响污染物 K_d 值的最显著因素。王联芝等（2008）的研究表明，阴离子表面活性剂十二烷基苯磺酸钠（SDBS）存在时，17β-E_2 在土壤中的吸附/脱附均符合 Freundlich 方程，17β-E_2 的土壤吸附存在不可逆的特征，且有 SDBS 存在时，不可逆吸附量减少。Stanford 等（2010）研究表明，废水中总有机碳含量（TOC）和壬基酚聚氧乙烯醚（NPEO）表面活性剂促进了雌激素溶出，减少了土壤吸附量。

Kjaer 等（2007）研究发现，施用猪粪 3 个月后土壤中 E_1 和 17β-E_2 浓度向排水系统中迁移，雌激素的渗滤使农田排水系统中 E_1 和 17β-E_2 的浓度分别达到 68.1ng/L 和 2.5ng/L。Mansell 和 Drewes（2004）认为，17β-E_2 比 E_3 更易在土壤与蓄水层中迁移。

Lucas 和 Jones（2009）研究了水质对雌酮和 17β-E_2 在 3 种草地中土壤淋溶、吸附和稳定性的影响。结果表明，以羊尿作添加基质的土柱淋溶液中雌激素含量要高于蒸馏水添加的。Mashtare 等（2011）研究了 7 种土壤中，牲畜排泄物中的 17α-E_2 和 17β-E_2 的吸附行为。结果表明，两种同分异构体的 $\lg K_{oc}$ 相差不大。相比之下，17α-E_2 更易从农田中渗漏。

3.2.2　光降解特性研究

多数雌激素类兽药有较好的光降解特性，光解反应速率受其初始浓度、pH 和催化剂的共同影响，反应通常遵循假一级动力学方程。17β-E_2 光降解的机理一般理解为分子中的苯酚环被氧化，导致其雌激素活性丧失，而且其降解产物的促雌性都比较弱。刘彬等（2002）发现在一定浓度范围内，初始浓度越小，17β-E_2 光解速率越高；光解效率随溶液 pH 增加而增加，三价铁离子对光解有明显促进作用。Coleman 等（2000）利用 TiO_2 粉末光催化降解水体中微量的 $17\beta\text{-}E_2$，发现在 3.5 小时内，98%的原药被光解，反应为假一级反应。Yoshihisa 等（2002）也对 TiO_2 光降解 $17\beta\text{-}E_2$ 进行了研究，表明初始浓度为 $1.0\mu g/L$ 的 $17\beta\text{-}E_2$ 在 UV/ TiO_2 系统中反应 3 小时后，完全矿化为 CO_2。

游春等（2006）研究了 DES 的水中光解作用，表明 DES 的光解符合假一级动力学，GC-MS 确定光解的中间产物为羟基化 DES，DES 半邻醌和对羟基苯基乙基酮等。肖举强等（2008）探讨 Cu_2O 催化 DES 光降解效能，表明 DES 的初始浓度增加，光解效率降低；催化剂投加量增加，DES 的降解率增加；pH=4 为最佳的光解酸度值。

藻类也具有催化光解 $17\beta\text{-}E_2$ 的作用，葛利云等（2004）通过实验测试了藻类对水体中 $17\beta\text{-}E_2$ 的光降解效果的影响：实验在 250W 高压汞灯（$\lambda\geqslant365nm$）下，水溶液中的 $17\beta\text{-}E_2$ 基本不发生光降解，而当藻浓度为 4.0×10^{10} 个/L 时，$17\beta\text{-}E_2$ 的光解率可达 37%。李培霞等（2005）采用 N，O-双（三甲基硅烷基）三氟乙酰胺（BSTFA）衍生，结合 GC-MS 检测，对硅藻引发的 $17\alpha\text{-}EE_2$ 光解反应的中间产物进行鉴定，表明光解过程中有中间降解产物 $10\varepsilon\text{-}17\alpha$-二羟基-1，4-乙炔基雌二烯-3-酮（$10\varepsilon\text{-}17\alpha$-dihydroxy-1，4-ethinylstradien-3-one）生成。

3.2.3　水-沉积物系统中行为特性研究

1. 水-沉积物中的迁移

雌激素在沉积物系统中首先通过吸附作用进行富集，再通过生物降解进行去除。在被类固醇雌激素污染的河流中，Labadie 等（2007）检测到底泥表层以下 15cm 处的冲积层与黏土层交界处 E_1 含量达到 $28.8\mu g/kg$，是表层底泥含量的 9 倍，证实了雌激素从表层底泥向深层的转移，对地下水质量构成了威胁。Arnon 等（2008）对某奶牛厂氧化塘底泥的研究发现，其地下 32m 处仍能检测出雌激素的存在，浓度虽低仍对地下水构成威胁，采用对渗透区雌激素的水平对流、扩散、吸附模型评估都不能解释雌激素地下迁移如此深度，推测可能是与粪便相互作用和优势流促进了地下迁移。

Tashiro 等（2003）检测到某流域内所有主、支河流都受到雌激素的污染，河水中的 E_1 含量为 $8.0\sim53.0ng/L$，$17\beta\text{-}E_2$ 浓度高达 $8.7ng/L$，底泥中 $17\beta\text{-}E_2$ 的浓度也达到了 $10\mu g/kg$，排除人为因素的干扰，流域内养猪场不经彻底处理的猪粪排入环境是河流雌激素污染的根本原因。Peterson 等（2000）、Wicks 等（2004）均在喀斯特地区地下蓄水层中检测 $17\beta\text{-}E_2$ 在 $6\sim80ng/L$，其含量与流入地表水中的 $17\beta\text{-}E_2$ 含量有关。

Kuster 等（2004）研究表明：进入河流系统的雌激素 13%～92%将汇集于河床，而且绝大部分在 24 小时内吸附于底泥上。在最初半小时内，雌激素快速吸附于河流底泥随后吸附率下降；水相雌激素浓度越高，吸附率越低，浅层底泥对雌激素的吸附率更好；同类物质的存在会与雌激素竞争吸附点位，导致后者吸附受到抑制；同时，超痕量水平下雌激素的吸附效率虽低，但吸附容量相对较大。

雌激素在河水与底泥中的分配会受到河水盐度的影响，盐度越高，雌激素越容易吸附于底泥中，原因是盐度增大时降低了雌激素在水中的溶解度。Braga 等（2005）对海水中雌激素的研究得到类似结论，检测到远离悉尼海岸线 7km 底泥中雌激素含量是入海口底泥中的几倍。分析发现，7km 外底泥中 TOC 的含量及细颗粒比入海口多，导致吸附了大量雌激素的颗粒物接触到高离子强度盐水后聚集沉积在海底。进一步验证结果表明，污水处理厂出水中盐度增加，液相中 17β-E_2 的含量就越少。

雷炳莉等（2008）调查了北京温榆河上游及干流表层沉积物中雌激素（E_2、E_3、E_1、DES、EE_2 等）的含量水平，各测点中 E_1 和 E_2 的检出率达到 100%，并且 E_1 的浓度要高于 E_2 的浓度。龚剑等（2011）对珠江三角洲河流沉积物中典型的雌激素分布调查结果显示，E_1 和 E_2 的检出率分别高于 60%。东江东莞河段沉积物中雌激素的污染状况要比珠江广州河段更为严重，沉积物中污染的总体趋势是沿河口方向降低。

2. 水-沉积物系统中的降解特性

沉积物系统中的微生物降解也是激素类兽药消失的重要途径，并且，其降解速率受初始浓度、氧气条件、微生物密度和温度影响。Lee 和 Liu（2002）分别在好氧和厌氧条件下利用污水中的细菌处理 17β-E_2，发现 $200\mu g/L$ 的 17β-E_2 几乎被完全氧化为 E_1，然后被快速降解。Ying 和 Kookana（2003）对沉积物中 17β-E_2 的生物降解进行了研究，结果显示 $1.0\mu g/L$ 的 17β-E_2 能较快地降解，半衰期为 2～4.4 天。何芳等（2012）研究了不同深度底泥层中 17β-E_2 的生物降解效能，结果表明无论在好氧还是厌氧条件下，17β-E_2 的降解行为与沉积物沉积深度和环境温度有密切关系：底泥沉积深度越深，其降解速率越慢；在微生物活性温度范围内，环境温度越高，降解速率越快。好氧条件降解反应速率常数 k 要高于厌氧条件。湖泊沉积物中硝化细菌的存在对其具有促进作用。王亚娥等（2005）以日本岐阜县境内的长良川及其支流为对象，研究了河流浮游微生物对 17β-E_2 的分解特性。结果表明，河流水系微生物对其有较好的分解作用，好氧条件下 E_2 的分解速率大于厌氧条件的分解速率。对于干流，其分解速率越往下游越大，而对于支流，则与其流域的土地利用、污水处理和排放情况密切相关。

沈剑等（2012）研究了大理洱海罗时江的水-沉积物系统中包括 E_1 和 17β-E_2 等 5 种环境激素的分布特征。结果表明，附近 2 个乡镇对药物的污染贡献最为显著，经过湿地截留及河水的自身净化作用，各污染物的通量有所削减。Czajka 和 Londry（2006）研究湖水与底泥中的 17β-E_2 在不同厌氧条件下的生化降解，发现其降解中间产物为 E_1，17β-E_2 向 E_1 转化不会受新加入 E_1 的影响，而 E_1 又可通过消旋化作用重新生成 17α-E_2，并且转化产物中还可能出现 E_3。

3.2.4　总结

环境中雌激素的主要来源是污水处理的尾水，以及畜禽粪便污水，通过施肥、污灌等进入环境，腐熟粪便中其浓度高达 6mg/kg，进入环境后，随着淋溶、降解作用，环境浓度有所降低，但由于其脂溶性和易于生物富集，对环境微生物和生物仍存在较大的威胁。激素类兽药的环境行为特性主要体现在：

（1）土壤/沉积物中主要浓度是其与介质间吸附、淋溶、微生物降解共同作用的结果，高有机质含量、较高的环境温度有利于其降解，添加粪便的土壤中雌激素的降解速率大大增加。高有机质含量更有利于其在土壤中的吸附。

（2）水中的降解作用主要包括其水解和光解，其中光解作用对其分解作用明显，光解的速率同水溶液 pH、催化剂种类和含量（或藻类密度）有较大的关系。

（3）水-沉积物体系中的分配同水中盐度、氧气环境有密切关系，高盐度有利于其吸附于沉积物中而继续降解，好氧一般较厌氧条件利于其降解。此外，快吸附作用主要发生在吸附初期。

（4）同其他抗生素类兽药不同之处是，由于结构上的相近性，激素类兽药间存在相互转化的可能。一般是 17β-E_2 首先降解产物为 E_1，E_1 受环境因素影响，可重新生成 17α-E_2，并且转化产物中还可能出现 E_3。

3.2.5　建议

畜禽养殖中的激素类兽药伴随动物代谢、农肥施用进入土壤及水体环境，对生态环境构成较大威胁。准确评价激素类兽药的环境风险，必须对污染源-畜禽粪便中的雌激素水平及其环境行为作以调查。因此，激素类兽药环境行为的进一步研究，需要从以下两方面开展：

（1）深入系统地研究雌激素在土壤中的吸附、渗滤及水体中迁移的时空环境行为，建立雌激素类兽药吸附、降解和迁移的模型，根据其环境行为进行污染风险的预测。

（2）进一步完善激素类兽药的环境行为特性评价指标，包括挥发性、水解性及生物富集特性，完善其在环境中的迁移和转化行为特征。

参 考 文 献

葛利云, 邓欢欢, 吴峰, 等. 2004. 普通小球藻引发水中 17β-雌二醇的光解. 应用生态学报, 15（7）: 1257-1260.

龚剑, 冉勇, 陈迪云, 等. 2011. 珠江三角洲两条主要河流沉积物中的典型内分泌干扰物污染情况. 生态环境学报, 20（6～7）: 1111-1116.

郭欣妍, 王娜, 许静, 等. 2013. 5 种磺胺类抗生素在土壤中的吸附和淋溶特性. 环境科学学报, 33（11）: 1-9.

国家环境保护总局. 2003. 化学农药环境安全评价试验准则. 北京: 国家环境保护总局.

国家环境保护总局南京环境科学研究所, 农业部农药检定所. 1990. 化学农药环境安全评价试验准则.

何芳, 李富生, Akira Y, 等. 2012. 湖泊沉积物对 17β-雌二醇的降解效能. 土木建筑与环境工程, 34（4）: 125-130.

何利文, 石利利, 孔德洋, 等. 2006. 呋喃丹和阿特拉津在土壤中的淋溶及其影响因素. 生态与农村环境学报, 22（2）: 71-74.

孔晶晶, 裴志国, 温蓓, 等. 2008. 磺胺嘧啶和磺胺噻唑在土壤中的吸附行为. 环境化学, 27（6）: 736-741.

雷炳莉, 黄胜彪, 王东红, 等. 2008. 温榆河沉积物中 6 种雌激素的存在状况. 环境科学, 29（9）: 2419-2424.

李玲玲, 黄利东, 霍嘉恒, 等. 2010. 土壤和堆肥中四环素类抗生素的检测方法优化及其在土壤中的降解研究. 植物营养与肥料学报, 16（5）: 1176-1182.

李培霞, 吴峰, 邓南圣. 2005. GC-MS 联用鉴定 17α-乙炔基雌二醇光降解的产物. 分析科学学报, 21（5）: 533-535.

刘彬, 刘先利, 邓南圣. 2002. 17β-雌二醇水溶液紫外光降解的研究. 华东师范大学学报（自然科学版）, 36（4）: 459-462.

刘敏, 岳波, 尹平河, 等. 2011. 畜禽粪便改良土壤中 E1 和 E2 自然降解的影响因素. 环境科学研究, 24（10）: 1166-1171.

吕颖, 张玉玲, 党江艳, 等. 2013. 抗生素在地下环境中的淋溶迁移能力分析. 环境科学与技术, 36（6）: 21-25.

沈剑, 王欣泽, 张真, 等. 2012. 罗时江中 5 种环境内分泌干扰物的分布特征. 环境科学研究, 25（5）: 495-500.

王丽平, 章明奎. 2009. 四种外源抗生素在土壤中的降解研究. 中国科技论文在线 http: //www.paper.edu. cn [2014-12-11].

王联芝, 章飞芳, 薛兴亚, 等. 2008. 土壤中阴离子表面活性剂对 17β-雌二醇吸附脱附的影响. 精细化工, 25（7）: 691-695.

王亚娥, 李富生, 汤浅晶, 等. 2005. 浮游微生物对环境荷尔蒙的分解特性. 中国给水排水, 21（9）: 5-9.

王阳, 章明奎. 2011. 畜禽粪对抗生素的吸持作用. 浙江农业学报, 23（2）: 373-377.

吴银宝, 汪植三, 廖新俤, 等. 2005. 恩诺沙星在鸡体中的排泄及其在鸡粪中的降解. 畜牧兽医学报, 36（10）: 1069-1074.

肖举强, 王友玲. 2008. Cu₂O 光催化降解水中环境内分泌干扰物己烯雌酚性能的研究. 净水技术, 27（2）: 7-9, 61.

肖秋美, 王建武, 唐艺玲. 2012. 土壤鄄蔬菜系统中环丙沙星的降解与生物累积特征. 应用生态学报, 23（10）: 2708-2714.

许静, 王娜, 孔德洋, 等. 2013. 磺胺类药物在土壤中的降解性. 环境化学, 32（12）: 2349-2356.

许静, 王娜, 孔德洋, 等. 2015. 有机肥源磺胺类抗生素在土壤中的降解规律及影响因素分析. 环境科学学报, 35（2）: 550-556.

游春, 王红丽, 李培霞, 等. 2006. 水中己烯雌酚的紫外光降解. 水处理技术, 32（4）: 46-48.

张从良, 王岩, 王福安. 2007. 磺胺类药物在土壤中的微生物降解. 农业环境科学学报, 26（5）: 1658-1662.

张从良, 王岩, 文春波, 等. 2007. 磺胺嘧啶在不同类型土壤中的吸附研究. 农机化研究, 9: 143-146.

Aboul-Kassim T, Simoneit B R T. 2001. Pollutant-solid Phase Interactions Mechanisms, Chemistry and Modeling. Berlin Heidelberg: Springer.

Arikan O A, Mulbry W, Rice C. 2009. Management of antibiotic residues from agricultural sources: use of composting to reduce chlortetracycline residues in beef manure from treated animals. J Hazard Mater, 164（2-3）: 483-489.

Arikan O A. 2008. Degradation and metabolization of chlortetracycline during the anaerobic digestion of manure from medicated calves. J Hazard Mater, 158（2-3）: 485-490.

Arnon S, Dahan O, Elhanany S, et al. 2008. Transport of testosterone and estrogen from dairy-farm waste lagoons to groundwater. Environ Sci Technol, 42（15）: 5521-5526.

Bai X L, Casey F X M, Hakk H, et al. 2013. Dissipation and transformation of 17β-estradiol-17-sulfate in soil-water systems. J Hazard Mater, 260: 733-739.

Bao Y Y, Zhou Q X, Guan L Z, et al. 2009. Depletion of chlortetracycline during composting of aged and spiked manures. Waste Manage, 29: 1416-1423.

Boxall A B A, Blackwell P, Cavallo R, et al. 2002. The sorption and transport of a sulphonamide antibiotic in soil systems. Toxicol Lett, 131（1-2）: 19-28.

Braga O, Smythe G A, Schafer A I, et al. 2005. Steroid estrogens in ocean sediments. Chemosphere, 61（6）: 827-833.

Caron E, Farenhorst A, Mcqueen R, et al. 2010. Mineralization of 17β-estradiol in 36 surface soils from Alberta, Canada. Agr Ecosyst Environ, 139（4）: 534-535.

Caron E, Farenhorst A, Zvomuya F, et al. 2010. Sorption of four estrogens by surface soils from 41 cultivated fields in Alberta, Canada. Geoderma, 155（1-2）: 19-30.

Casey F X M, Larsen G L, Hakk H, et al. 2003. Fate and transport of 17β-estradiol in soil-water systems. Environ Sci Technol, 37（11）: 2400-2409.

Coleman M, Eggins R, Byrne J. 2000. Photocatalytic degradation of 17β-estradiol on immobilized TiO₂. Appl Catal B, 24: 1-5.

Colucci M S, Topp E. 2001. Persistence of estrogenic hormones in agricultural soils: Ⅱ.17β-estradiol and estrone. J Environ Qual, 30（6）: 2070-2076.

Czajka C P, Londry K L. 2006. Anaerobic biotransformation of estrogens. Sci Total Environ, 367（2-3）: 932-941.

De Liguoro M, Cibin V, Capolongo F, et al. 2003. Use of oxytetracycline and tylosin in intensive calf farming: evaluation of transfer to manure and soil. Chemosphere, 52（1）: 203-212.

Dolliver H, Gupta S, Noll S. 2008. Antibiotic degradation during manure composting. J Environ Qual, 37（3）: 1245-1253.

Finlay M O, Hartel P G, Cabrera M L. 2000. 17β-estradiol and testosterone in soil and runoff from grasslands amended with broiler litter. J Environ Qual, 29（5）: 1604-1611.

Gao J, Pedersen J A. 2005. Adsorption of sulfonamide antimicrobial agents to clay minerals. Environ Sci Technol, 39: 9509-9516.

Gonsalves D, Tucker D P H. 1977. Behavior of oxytetracycline in Florida citrus and soils. Arch Environ Contam Toxicol, 6（1）: 515-523.

Ingerslev F, Halling S B. 2001. Biodegradability of metronidazole, olaquindox, and tylosin and formation of tylosin degradation products in Aerobic soil, manure and slurries. Ecotoxicol Environ Saf, 48（3）: 311-320.

Kay P, Blackwell P A, Boxall A B A. 2005a. A lysimeter experiment to investigate the leaching of veterinary antibiotics through a clay soil and comparison with field data. Environ Pollut, 134（2）: 333-341.

Kay P, Blackwell P A, Boxall A B A. 2005b. Transport of veterinary antibiotics in overland flow following the application of slurry to arable land. Chemosphere, 59（7）: 951-959.

Kay P, Blackwell P A. Boxall A B A. 2004. Fate of veterinary antibiotics in a macroporous tile drained clay soil. Environ Toxicol Chem, 23（5）: 1136-1144.

Kjaer J, Olsen P, Bach K, et al. 2007. Leaching of estrogenic hormones from manure-treated structured soils. Environ Sci Technol, 41（11）: 3911-3917.

Kreuzig R, Holtge S, Brunotte J, et al. 2005. Test-plot studies on runoff of sulfonamides from manured soils after sprinkler irrigation. Environ Toxicol Chem, 24（4）: 777-781.

Kuster M, Alda M J L D, Barcelo D. 2004. Analysis and distribution of estrogens and progestogens in sewage sludge, soils and sediments. Trends Anal Chem, 23（10）: 790-798.

Labadie P, Cundy A B, Stone K, et al. 2007. Evidence for the migration of steroidal estrogens through river bed sediments. Environ Sci Technol, 41（12）: 4299-4304.

Lai K M, Johnson K K, Scrimshaw M D, et al. 2000. Binding of waterborne steroid estrogens to solid phases in river and estuarine systems. Environ Sci Technol, 34（18）: 3890-3894.

Larsen G, Casey F, Mageley B. 2001. Second international conference on pharmaceuticals and endocrine disrupting chemicals in water. Minneapolis.

Lee H B, Liu D. 2002. Degradation of 17β-estradiol its metabolities by sewage bacteria. Water Air Soil Pollut,

134（1）: 351-366.

Lee L S, Strock T J, Sarmah A K, et al. 2003. Sorption and dissipation of testosterone, estrogens, and their primary transformation products in soils and sediments. Environ Sci Technol, 37（18）: 4098-4105.

Lima D L D, Schneider R J, Esteves V E. 2012. Sorption behavior of EE2 on soils subjected to different long-term organics amendments. Sci Total Environ, 423: 120-124.

Lorenzen A, Hendel J G, Conn K L, et al. 2004. Survey of hormone activities in municipal   biosolids   and animal manures. Enviro Toxicol, 19（3）: 216-225.

Lucas S D, Jones D L. 2006. Biodegradation of estrone and 17β-estradiol in grassland soils with animal wastes. Soil Biol Biochem, 38（9）: 2803-2815.

Lucas S D, Jones D L. 2009. Urine enhances the leaching and persistence of estrogens in soils. Soil Biol Biochem, 41（2）: 236-242.

Mansell L, Drewes J E. 2004. Fate of steroidal hormones during soil-aquifer treatment. Ground Water Monit Rem, 24（2）: 94-101.

Mashtare M L, Green D A, Lee L S. 2013. Biotransformation of 17α- and 17β-estradiol in aerobic soils. Chemosphere, 90（2）: 647-652.

Mashtare M L, Khan B, Lee L S. 2011. Evaluating stereoselective sorption by soils of 17α-estradiol and 17β-estradiol. Chemosphere, 82（82）: 847-852.

Montforts M H M M, Kalf F K, Vlaardingen P L A, et al. 1999. The exposure assessment for veterinary medicinal products. Sci Total Environ, 225（1-2）: 119-133.

Peterson E W, Davis R K, Orndorff H A. 2000. 17beta-estradiol as an indicator of animal waste contamination in mantled karst aquifers. J Environ Qual, 29（3）: 826-834.

Pionker H B, Glotfelty D E, Lucas A D, et al. 1988. Pesticide contamination of groundwater in the Mahatango Greek watershed. Environ Qual, 17（1）: 76-84.

Prakash S. 2013. Sorption, degradation and transport of veterinary antibiotics in New Zealand pastoral soils. A thesis submitted in fulfilment of the requirements for the degree of Doctor of Philosophy in Chemistry at The University of Waikato.

Raman D R, Layton A C, Moody L B, et al. 2001. Degradation of estrogens in dairy waste solids: effects of acidification and temperature. Am Soc Agr Eng, 44（6）: 1881-1888.

Sarmah A K, Meyer M T, Boxall A B A. 2006. A global perspective on the use, sales, exposure pathways, occurrence, fate and effects of veterinary antibiotics （VAs） in the environment. Chemosphere, 65: 725-759.

Shareef A, Eferer S, Kookana R. 2009. Effect of triclosan and triclocarban biocides on biodegradation of estrogens in soils. Chemosphere, 77（10）: 1381-1386.

Shore L S, Shemesh M, Cohen. 1998. The role of estradiol and estrone in chicken manure silage in hyperoestrogenism in cattle. Aust Vet J, 65（2）: 68.

Spaepen K R I, Van Leemput L J J, Wislocki P G, et al. 1997. A uniform procedure to estimate the procedure to estimate the predicted environmental concentration of the residues of veterinary medicines in soil. Environ Toxicol Chem, 16（9）: 1977-1982.

Stanford B D, Aziz A, Weinberg H S. 2010. The impact of co-contaminant and septic system effluent quality on the transport of estrogens and nonylphenols through soil. Water Res, 44（5）: 1598-1606.

Sun K, Jin J, Zhang Z Y, et al. 2012. Sorption of 17α-ethyl estradiol, Bisphenol A and phenanthrene to different size fractions of soil and sediment. Chemosphere, 88: 577-583.

Tashiro Y, Takemura A, Fuji H. 2003. Livestock wastes as a source of estrogens and their effects on wildlife of Manko tidal flat, Okinawa. Mar Pollut Bull, 47（1-6）: 143-147.

Tolls J. 2001. Sorption of veterinary pharmaceuticals in soil: a review. Environ Sci Technol, 35（17）: 3397-3406.

Tyler C R, Jolbing S, Sumpter T P. 1998. Endocrine disruption in wildlife: a critical review of the evidence. Crit Rev Toxicol, 28（4）: 319-361.

Unold M, Kasteel R, Groeneweg J, et al. 2009. Transport and transformation of sulfadiazine in soil columns packed with a silty loam and a loamy sand. J Contam Hydrol, 103（1-2）: 38-47.

US Composting Council. 2000. Field guide to compost use.http: //www.compostingcouncil.org/pdf/FGCU3. pdf [2013-5-25].

Wang N, Guo X Y, Xu J, et al. 2014. Pollution characteristics and environmental risk assessmentof typical veterinary antibiotics in livestock farmsin Southeastern China. Journal of Environmental Science and Health, Part B, 49: 468－479.

Wang Y S. 1996. Movement of three striazine herbicides atrazine, simazine, and arnetryn in subtropical soil. Bull Environ Contain Toxicol, 57（5）: 743-750.

Wang Y, Zhang M K. 2011. Absorption of four antibiotics onto animal manures. Acta Agriculturae Zhejiangensis, 23（2）: 373-377.

Wicks C, Kelley C, Peterson E. 2004. Estrogens in a karstic aquifer. Ground Water, 42（3）: 384-389.

Wilson V S, Lambright C, Ostby J, et al. 2002. In vitro and in vivo effects of 17β-trenbolone: a feedlot effluent contaminant. Toxicol Sci, 70（2）: 202-211.

Ying G G, Kookana R S, Ru Y J. 2002. Occurrence and fate of hormone steroids in the environment. Environ Int, 28（6）: 545-551.

Ying G G, Kookana R S. 2003. Degradation of five selected endocrine-disrupting chemicals in seawater and marine sediment. Environ Sci Technol, 37（7）: 1256-1260.

Yoshihisa O, Ken I I, Chisa N. 2002. 17β-estradiol degradation by TiO_2 photocatalysis as a means of reducing estrogenic activity. Environ Sci Technol, 36（19）: 4175-4181.

Yu Z Y, Yediler A, Yang M, et al. 2012. Leaching behavior of enrofloxacin in three different soils and the influence of a surfactant on its mobility. J Environ Sci, 24（3）: 435-439.

第4章 典型兽药的环境效应研究

4.1 典型兽药的内分泌干扰效应研究

兽药在保障动物健康、提高畜禽产品质量,尤其在畜牧业集约化发展等方面起着至关重要的作用,然而兽药和饲料添加剂的大量使用成为生态环境污染和人体健康损害的一个重要因素。研究表明,很多作为促生长剂而广泛应用于养殖业的人工合成雌激素类兽药是典型的环境内分泌干扰物(endocrine disruptors)。这类物质脂溶性强,在水源和土壤中很难降解,可以通过食物链进入生物体内,对人类健康及生物的生存产生巨大影响(Colborn and Clement,1992;安婧和周启星,2009;张志美等,2011;赵丹宇,2003)。

内分泌干扰物一般是指环境中存在的能够干扰生物体内源激素的合成、释放、转运、结合、作用或清除,从而影响机体的内环境稳定、生殖、发育及行为的外源性物质(史熊杰等,2009);环境中存在的多种内分泌干扰物与生物体内天然激素受体选择性结合而产生的如上所述的多种生物效应,即内分泌干扰效应。环境中的许多化合物具有内分泌干扰作用,这些化学物质性质差异极大,包括难降解的持久性有机污染物(如多氯联苯、二噁英、有机氯农药等)和易分解的极性杀虫剂、除草剂、洗涤剂降解产物、动物及人类排泄的激素、天然植物激素、微生物毒素及某些重金属等。值得注意的是,广泛使用的口服避孕药和一些用于家畜助长或免疫的同化激素(兽药)中含有大量的人工合成雌激素,如己烯雌酚、乙烷雌酚、炔雌醇等。近年来,人们认为许多健康受损现象的发生均与环境雌激素有关,包括人类隐睾症与尿道下裂等疾病发病率的提高、男性平均精子数量减少、女性不孕症明显上升、水生动物出现雌性化现象等(解美娜等,2004;刘菲和蒲力力,2006)。兽药污染造成的内分泌干扰风险已引起国内外政府机构、专家学者的高度重视。本节介绍了典型兽药的内分泌干扰效应研究,兽药类内分泌干扰物的快速筛选、检测及评价方法,并对该领域未来研究提出展望和建议。

4.1.1 兽药内分泌干扰效应研究现状

1. 内分泌干扰物分子作用模式

内分泌干扰物的分子作用模式主要是具有与生物体内源激素相似结构的外源化学物质通过结合细胞外受体,转运至细胞核内同启动子位置结合,从而启动目的基因的表达,因而可模拟、阻止或干扰雄激素、雌激素、甲状腺激素等内分泌过程,此途径称为受体介导途径。此外,环境中还存在大量化学物质,其化学结构与生物体内源激素结构并不相同,但也可表现出内分泌干扰物效应。这可能是污染物直接影响了生物体内的与激素合成相关酶的活力,以及通过破坏内源激素及其受体的生成、代谢、转运、信号转导等途径，干扰生物体内分泌，如许多化学物质可通过干扰与类固醇激素生物合成路径中相关的基因表达和酶的活力影响性激素的含量，这些作用称为非受体介导途径（史熊杰等，2009；伍吉云等，2005）。

环境内分泌干扰物的研究长期以来集中在污染物对动物生殖器官的作用。然而，生物机体的生长发育、繁殖等受内分泌系统和体内复杂信号通路的调控，这种调控方式常以网络的形式存在，互相影响并相互补偿，以应对环境因子的影响。在脊椎动物体内，下丘脑-垂体-性腺/甲状腺/肾上腺轴在动物的繁殖、生长发育、免疫等方面发挥着重要的调控作用。大脑作为控制内分泌系统的核心综合部位，发育中的神经系统对于内分泌干扰物的作用非常敏感。因此，环境内分泌干扰物可能对动物完整内分泌系统产生作用，影响动物的生长发育及繁殖等。此外，神经内分泌系统也是许多有机污染物作用的主要靶器官之一，这些物质可以引起大脑永久性的结构及功能的改变，直接影响内分泌功能。

2. 典型兽药的内分泌干扰效应研究

（1）己烯雌酚（DES），是一种非甾体类雌激素，能产生与天然雌二醇相同的所有药理与治疗作用。DES 曾作为促生长剂而广泛应用于畜禽生产中，Lorenz（1943）首次报道给小公鸡皮下植入 DES，8 周后公鸡的胸部和腿部肌肉脂肪含量增加了 3 倍；Rumsey 等（1975）的试验证明，肉牛每日口服 10 mg DES，能增强体内蛋白质沉积和增加日增重，可以很快产生显著和直接的经济效益。除欧盟以外的许多国家，如美国、加拿大、澳大利亚、新西兰等都曾把人工合成雌激素（主要是 DES）用作促生长剂。

DES 是亲脂性物质，性质较稳定，不易降解，易在人和动物脂肪及组织中残留，长期服用会导致肝脏损伤。DES 具有明显的毒副作用，DES 应用早期就曾有人报道过 DES 对小鼠具有致癌性，但当时没有引起人们的重视。直到 20 世纪 70 年代，大量的动物试验才证明孕期服用 DES 会增加其后代患生殖道癌症的风险，如阴道和子宫颈透明细胞腺癌（clear-cell adenocarcinoma，CCA）、阴道癌、子宫内膜癌、睾丸异常等。研究表明，与 DES 致癌性关系最密切的是女性阴道和子宫颈透明细胞腺癌。此外，DES 还会导致阴道癌、子宫内膜癌和乳腺癌等，现在大多数女孩月经初潮明显提前也与服用 DES 有关；孕期服用 DES 不仅对女性后代造成严重危害，对男性后代的危害更是不可忽视。妇女孕期服用 DES 易导致男性后代睾丸异常、发育不全、精子计数减少和精子活力下降等一系列生殖系统问题；孕期服用 DES 会导致胎儿早产、影响胎儿性别分化和生长发育，还会导致胎儿脑瘫痪、失明和其他神经缺陷（黄芬等，2007）。

Mikkilä 等（2006）就新生小鼠睾丸组织对 DES 的敏感性进行了研究，结果发现，所有接触过 DES 的小鼠其血液中的睾丸激素均减少。长期摄入 DES 会导致雄性雌性化，造成严重的"阴盛阳衰"。Shukuwa 等（2006）发现，DES 会导致雄鼠催乳素细胞密度明显增加。当水体中 DES 浓度为 1 ng/mL 时，可导致雄性日本青鳉两性化，5～10 ng/mL 则完全雌性化（李俊锁等，2002）。对真鲷幼鱼的雌激素效应研究表明，暴露于一定浓度（0.08μg/L、0.8μg/L、8.0μg/L）DES 42 天，真鲷幼鱼的肥满度均极显著下降，血浆中卵黄蛋白原被诱导产生，肝胰脏指数和血浆蛋白总量极显著升高，显示己烯雌酚和辛基酚具有明显的雌激素效应。新生期注射 DES 后 BALB/c 小鼠可显著减少脾细胞黄体生成素的表达，且雌性小鼠对 DES 的敏感性大于雄性小鼠，表明 DES 能影响小鼠的免疫器官（朱虹等，2008）。用量为 0.3mg/kg 和 3 mg/kg 的 DES 能促使幼年香猪睾丸生殖细胞数显著增多，而使睾丸支持细胞数量显著减少；不同剂量的 DES 都具有促进幼年香猪睾丸和附睾中肥大细胞增多的作用，且具有剂量相关性（田兴贵等，2010；田兴贵等，2011）。此外，己烯雌酚还能诱导泥鳅红细胞产生异形细胞、异常核和微核，说明己烯雌酚对泥鳅红细胞的形成有明显的致突变作用（叶盛群和唐正义，2006）。

（2）喹乙醇，属于喹噁啉类，是一种曾在畜禽及水产养殖中广泛使用的抗菌促生长剂，是我国养殖饲料中最常用的兽药及饲料添加剂之一，其不但对鱼类和禽类具有较强的急性毒性作用，而且作用于动物后会严重损害动物肝肾组织，引起机体生理生化指标的变化等亚慢性毒性反应。喹乙醇以原形或代谢物的方式从动物粪、尿等排泄物进入生态环境，或者渔场水体直接用药的方式，均可造成土壤环境、表层水体、水生和陆生生物的喹乙醇残留蓄积，进而引起生态毒性。在实际生产中，喹乙醇不当用药而引起养殖动物中毒甚至死亡的现象时有发生。

据报道，喹乙醇对大型蚤（*Daphnia magna*）的急性毒性较强，作为渔场的饲料添加剂，喹乙醇对水环境有潜在的不良作用（Wollenberger et al.，2000）。此外，喹乙醇还可显著影响斑马鱼的胚胎发育过程，有明显的致畸作用；可以引起鲤鱼肾细胞 DNA 的明显损伤、染色体断裂，具有潜在的遗传毒性，应该严格控制喹乙醇在水产养殖中的使用，消除其对鱼类等水生生物、人体和环境的潜在危害（陈海刚等，2006）。近些年的研究表明，喹乙醇还对内分泌免疫系统产生作用，通过原代细胞培养，高于 0.3 μg/mL 浓度的喹乙醇可显著导致草鱼肝细胞和胰腺外分泌部细胞的脂肪积累，抑制草鱼胰腺外分泌部细胞胰蛋白酶原的合成；当添加喹乙醇 1.8 μg/mL 时，可导致部分草鱼胰腺外分泌部细胞形态发生病理变化（何春鹏等，2006）。给小鼠灌喂不同剂量喹乙醇，发现大剂量喹乙醇会抑制机体的红细胞免疫功能；小鼠的胸腺指数和脾指数随着喹乙醇剂量的增大均不同程度降低，说明大量使用喹乙醇可能会抑制胸腺的发育，对脾脏的重量也有一定影响，致使小鼠的免疫机能下降（尹荣焕等，2007）。

（3）7-甲基异炔诺酮，其体内代谢产物具有雌、孕、雄激素作用。研究表明，7-甲基异炔诺酮可以显著提高去卵巢大鼠血清 E_2 水平，也可明显增加 CD3+、CD4+、CD4+/CD8+ 的表达和子宫、肾上腺、胸腺的重量，作用类似于传统的雌激素。雷洛昔芬是一种雌激素受体调节剂，具有拟雌激素作用，该药的拟雌激素作用也可表现在生殖内分泌免疫系统。研究表明，雷洛昔芬可以明显增加去卵巢大鼠血清 CD3+、CD4+ 的表达，且胸腺重量增加明显（吴静等，2007）。

（4）大豆异黄酮，是植物雌激素，黄酮类化合物的一种，主要存在于豆科植物中，大豆异黄酮是大豆生长中形成的一类次级代谢产物。由于其从植物中提取，与雌激素有相似结构，可通过与雌激素受体（estrogen receptor，ER）结合表现出雌激素的生物学活性，缓解绝经期妇女的临床症状；可促进和诱导淋巴细胞的转化与增殖，维持自身免疫稳定性和巨噬细胞的能力，提高围绝经期妇女的免疫功能（Ryan-Borchers et al.，2006）。

大豆异黄酮作为一种新型的饲料添加剂，具有良好的抗病和促生长作用，能增强机体免疫力，提高产奶量，改善乳品品质，且在一定程度上还有无污染、无残留、无抗药性等优点，但是就其是否会增加乳腺癌、子宫内膜癌及对生育能力的影响仍存在很大的争议，需进一步研究。吴静等（2007）的研究表明，大豆异黄酮可增加去卵巢大鼠血清 E_2 水平，作用稍弱于传统雌激素，但可以明显增加 CD3+、CD4+、CD4+/CD8+的值和胸腺的重量。近期研究表明，大豆异黄酮能影响雄性生殖激素分泌、睾丸和附睾组织的生长发育、睾酮合成相关酶的活性及大脑中生殖激素基因的表达，并与剂量有关，其对雄性动物生殖系统可能产生的不良作用不容忽视。

（5）大多数内分泌干扰药物的长期毒害效应体现在它们具有传代效应，这其中牵涉表观遗传状态的改变。激素类兽药引起传代效应的一个重要机制就是引起 DNA 甲基化图式的改变。烯菌酮是一种杀菌剂，也是环境激素的一种，暴露于烯菌酮或其他几种物质中的水蚤的 DNA 甲基化水平会稳定持续地降低，且这种变化可在没有受过其影响的后代中出现（Vandegehuchte et al.，2010）。烯菌酮处理 F0 代鼠后，在 F3 代鼠的精子中也会发现 DNA 甲基化状态的改变，证明潜在的间接遗传异常现象和表观遗传传代继承的存在（Guerrero-Bosagna et al.，2010）。暴露于 17α-炔雌醇一段时间后，成年斑马鱼肝脏中卵黄蛋白原 I 基因的 5'侧翼的甲基化水平下降，表明由雌激素诱导的卵黄蛋白原表达涉及 DNA 甲基化水平的改变（Stromqvist et al.，2010）。

从目前的研究报道来看，大多数试验得到的兽药对生态环境的毒性效应经常是在大大高于实际环境浓度的情况下得到的，观察到的多数是药物的急性毒性结果，而实际环境条件下兽药的生态毒性较小，但是应该考虑到，部分兽药持续地进入环境且难以降解，加之环境污染物常以低剂量复合形式存在，其对生物的潜在影响常常是难以通过短期的试验观察到的，因此需建立可靠的低剂量复合长期暴露的方法学，关注激素兽药低浓度复合作用下的内分泌干扰作用研究。为降低兽药应用风险，应该研究减少、避免和消除兽药在生态环境中残留的方法和措施。通过完善兽药监控体系，加大行政执法力度，优化畜禽的给药方案，研制和推广使用天然药物等，减少或避免兽药残留。

4.1.2　兽药类内分泌干扰物筛选方法

目前已建立的较成熟的环境内分泌干扰物的快速筛选和检测方法，可以归为四大类：模型动物筛选法、组织器官筛选法、细胞筛选法和分子筛选法。

（1）模型动物筛选法。主要包括大鼠子宫增重和水生生物形态学变化观察。大鼠子宫增重步骤固定且筛选程序简单，是最为成熟的筛选检测环境雌激素的体内实验方法之一，选用未成熟的雌幼鼠或摘除卵巢的雌成鼠为研究对象，以口服或皮下注射的方式，将试验动物连续 3～4 天暴露于待测化学物质，然后剥离受试对象的子宫并测定对照组与实验组子宫的脂肪、干重或湿重与体重的比值，进而评价待测化学物质是否具有促进子宫生长的作用，判断其是否具有雌激素效应（Kang et al.，2000；Markey et al.，2001）。水生生物形态学变化观察则选用鱼类或甲壳类动物等水生生物作为模型生物，根据其形态特征的改变用于筛选具有雌激素活性及雄激素活性的化学物质，但这种形态学指标不如细胞或分子水平上的指标精确度高。

（2）组织器官筛选法。主要是竞争性雌激素受体结合法（competitive estrogen receptor binding assays）：具有雌激素效应的内分泌干扰物可以在特定器官内（如肝脏）与雌激素受体结合，启动信号传导途径，诱导产生细胞应答，并最终表现为卵黄原蛋白（vitellogenin，VTG）等终端产物的生成，既可以通过测量受体结合力，又可以通过监测终端产物的产量，较为灵敏地监测出待测物对生物体造成的内分泌干扰影响。美国国家环境保护局已将雌激素受体结合法广泛应用于环境内分泌干扰物的前期快速筛选步骤中。

（3）细胞筛选法。包括细胞培养检测法和酵母雌激素筛选测试法。前者除了能够通过特定器官内的细胞应答诱导生成生物标志物外，具有雌激素效应的内分泌干扰物还可以对含有雌激素受体的人乳腺癌细胞系产生细胞应答，这其中应用最广泛的即为 MCF-7 细胞增殖实验（MCF-7 cell proliferation bioassay）（Soto and Sonnenschein，1985）；酵母雌激素筛选测试法则利用特定生物标志物，如卵黄原蛋白等建立重组酵母筛选系统，将转基因酵母作为生物模型，利用受体-配体之间的相互作用进行内分泌干扰物的检测，该方法操作简便、耗时短、灵敏度极高，一般比 MCF-7 细胞增殖实验和子宫增重方法高出 2～5 个数量级。

（4）分子筛选法。主要是免疫检测法，其基本原理是生物分子（受体）与相应的特异性抗体（单克隆抗体或多克隆抗体）结合，然后利用同位素、酶、荧光或化学发光底物等标记技术加以方法和显示，根据生物分子被诱导产生的水平判断化学物质是否具有内分泌干扰特性（Estevez-Alberola and Marco，2004）。免疫检测方法主要包括放射免疫分析法（RIA）、酶免疫测定法（EIA）、荧光免疫分析法、时间分辨荧光免疫分析法和化学发光免疫测定法，其中以 EIA 和 RIA 最为常用。选取方便高效的生物标志物是各种免疫检测法的关键所在，卵黄原蛋白是应用最早也是最为广泛的筛选类雌激素化合物的生物标志物，其中卵黄原蛋白的酶联免疫吸附方法最为方便，检测限可达 2～6 ng/mL。此外，卵壳前体蛋白（choriogenin，CHG）也是鱼类中研究较多的一种生物标志物。随着内分泌干扰分子机制研究的进展，芳香化酶 mRNA、ERβ mRNA 等越来越多的分子标志物被发现可用于内分泌干扰物质筛选（康亦珂等，2010）。

这四种筛选方法各有其优缺点：动物模型整体水平的检测法可以较为真实可靠地反映兽药是否能够作为环境内分泌干扰物对生物体造成危害，但耗时耗材、精确度低；组织与器官水平的检测法较动物活体检测要方便，并能在一定程度上检测出某些需要经过体内代谢活化才会发挥性激素作用的化学物质；细胞检测法同样采用宏观指标，但更为快速、便捷，应用较广泛；分子检测法敏感度最高、耗时最短，可大大提高检测效率，并越来越多地向实践应用方向发展。

4.1.3　实验动物选择原则

在干扰物筛选方法的应用中，选择的实验动物种类不仅包括啮齿类和灵长类，还涉及鱼类、鸟类和两栖类、爬行类等。模式生物的选取应遵循一定的原则：①实验动物易于获得并易于在实验室培养；②生长迅速，生活周期短；③基础生物学研究比较深入，前期研究实验数据较丰富。就目前的研究现状和水平来看，国内实验室较易开展兽药类内分泌干扰物筛选研究的模型生物有小型鱼类模型和两栖类模型，前者包括鲦鱼（*Fathead minnow*）、日本青鳉（*Oryzias latipes*，Japanese medaka）和斑马鱼（*Brachydanio rerio*）。根据不同水平的评价体系，鱼类内分泌干扰效应的评价终点可见表 4-1。两栖动物生活周期比较复杂，幼体生长速度快，食物链中具有水陆两栖的独特地位，卵、鳃和皮肤具有渗透性、能对污染物富积和放大，从而成为环境污染的前哨物种。目前，适用于兽药类内分泌干扰物筛选的两栖模型动物种类有非洲爪蟾（*Xenopus laevis*）和热带爪蟾（*Xenopus tropicalis*），具有广阔的应用前景。

表 4-1 鱼类内分泌干扰效应评价终点

生长发育指标	
1. 生殖行为改变	抑制求偶行为，雄性领地竞争减少
2. 性腺指数（gonadosomatic index，GSI）	是性腺发育的重要指标，暴露于 EDCs 后往往致性腺指数下降
3. 肝脏指数（hepatosomatic index，HSI）	是 VTG 合成的器官，暴露于 EDCs 后往往导致雄性鱼类 HSI 升高
繁殖指标	
4. 产卵力（日平均产卵量）	
5. 受精率	
6. 孵化率类药	受内分泌干扰物影响后会导致产卵力下降
7. 幼鱼存活率	
8. 畸形率	
组织病理学变化指标	
9. 性腺、肝脏、肾脏变化	包括雌雄同体、肝肾的损伤等
生理生化指标	
10. 性激素比（E/T 或 E/11-KT）	雌鱼通常 E/T>1、雄鱼通常 E/T<1
11. VTG 和卵壳蛋白（ZR）	雄鱼血液中这些蛋白质水平的升高与 EDCS 具有剂量-反应关系

目前，关于兽药内分泌干扰效应的研究才刚刚起步，有关内分泌干扰物的筛选方法很多，并且日趋丰富，在今后的研究上应重点加深对干扰作用机制的研究。针对不同类型的兽药种类，根据其可能干扰内分泌系统的不同途径，选择合适的实验动物模型及合适的筛选方式，并结合其他方法来辅助研究其潜在的内分泌干扰作用。

4.1.4 兽药内分泌干扰效应的评价方法

发达国家和地区从 20 世纪 90 年代以来，开始对内分泌干扰物进行研究，并相继发表了专题报告。经济合作与发展组织（Organization for Economic Co-operation and Development，OECD）、美国、欧盟、日本等均建立了内分泌干扰物筛选检测的基本框架，并不断完善。目前，OECD 内分泌分级筛选和检测框架草案已提出，美国一级筛选各试验的指导原则已完善，欧盟在建立优先名录上取得了不错的进展。我国兽药内分泌干扰效应的评价方法和筛选体系可参考 USEPA 和 OECD 等发达国家和组织的经验建立。USEPA 提出的内分泌干扰物筛选和检测的基本框架包括初级分类（initial sorting）、优先选择（priority setting）、一级筛选（tier 1 screening，T1S）、二级检测（tier 2 testing，T2T）（USEPA，2005）。欧盟对内分泌干扰物筛选的研究主要侧重于优先名录的确定和内分泌干扰物对水生生物影响的研究（Reach，2008）。欧盟于 1999 年制定了内分泌干扰物的策略，包括短期、中期和长期措施。短期和中期的重点是为优先名录收集相关资料，以指导研究和监测，确定消费使用的具体情况和生态暴露情况。OECD 于 2002 年制定了内分泌干扰物检测与评价基本框架，包括五个层次评价，并于 2012 年对其进行了修订，如表 4-2 所示。

表 4-2　OECD 环境内分泌干扰物测试评估框架体系

第一层次 现有数据和非试验信息	物理化学特性；从标准和非标准测试得到的所有可用（生态）毒理学数据；交叉参照、化学分类、定量-活性关系（QSARs）及其他电脑模拟预测，以及药物代谢性质（ADME）模型预测
第二层次 体外测试，提供特定内分泌作用机理/途径数据（哺乳类和非哺乳类方法）	雌激素或雄激素受体结合试验；雌激素受体转录激活；雄激素或甲状腺激素转录激活；体外类固醇生成；MCF-7 细胞增殖测试（ER 拮抗剂/兴奋剂）；酌情考虑其他测试
第三层次 体内测试，提供特定内分泌作用机理/途径数据	哺乳类测试：子宫增重法；赫什伯格法
	非哺乳类测试：爪蟾胚胎甲状腺激素信号通路测试；两栖动物变态测试；鱼类繁殖筛选测试；鱼类筛选测试；雌性棘鱼雄性化筛选
第四层次 体内测试，提供内分泌相关终点的有害效应数据	哺乳类测试：啮齿目动物 28 天重复经口毒性试验；啮齿目动物 90 天重复经口毒性试验；哺乳动物一代繁殖毒性测试；雄性青春期发育测试；雌性青春期发育测试；完整成年雄性内分泌筛选测试；产前发育毒性试验；繁殖筛选测试；联合 28 天/繁殖筛选测试；发育神经毒性
	非哺乳类测试：鱼类性发育测试；鱼类繁殖部分生命周期测试；两栖类幼体生长和发育测试；鸟类繁殖测试；软体动物部分生命周期测试；摇蚊毒性测试；大型蚤繁殖测试；蚯蚓繁殖测试；线蚓生殖测试；底泥水带丝蚓毒性测试；土壤捕食螨繁殖测试；土壤跳虫繁殖测试
第五层次 体内测试，提供大量生物体生命周期更多内分泌相关重点的有害效应数据	哺乳类测试：一代延伸繁殖毒性测试；两代繁殖毒性测试
	非哺乳类测试：鱼类生命周期毒性测试（FLCTT）；青鳉多代测试（MMGT）；鸟类两代繁殖毒性测试；糠虾生命周期毒性测试；桡足类繁殖和发育测试；底泥水摇蚊生命周期毒性测试；软体动物全生命周期测试；大型蚤多代测试

我国尚未建立相关内分泌干扰物筛选和检测体系指导原则。一般针对兽药的毒理学检测评价方法也只主要包括急性毒性、慢性毒性、遗传毒性、致畸性和致癌性毒理学试验等，许多兽药具有内分泌干扰作用，用现有的毒理学评价方法标准有可能检测不到其潜在的毒性作用。国内开展兽药类内分泌干扰物的研究相对较晚，未来需要借鉴国际上已有的先进技术和经验，在国外研究评价的基础上，对国内可能有内分泌干扰效应的兽药进行全面研究，做出科学评价，并制定出符合我国国情的内分泌干扰物筛选和评价体系，以及采取相应的管理措施。

4.1.5　展望及建议

（1）虽然我国兽药污染现状及其潜在内分泌干扰风险已经引起相关管理部门和研究人员的重视，但必须注意的是，目前针对激素类兽药和其他具有潜在内分泌干扰性质的兽药的筛选研究还远远不够，且对不同种类动物的内分泌干扰作用机制的研究并不透彻。今后应重点深入对干扰作用机制的探讨。

（2）借鉴国际上已有的先进技术和经验，建立起符合我国特点的兽药内分泌干扰作用的评价体系，这需要开发灵敏高效的离体评价体系，并需要分别以不同的实验动物，包括鱼类、两栖类、鸟类及哺乳动物的活体评价模型，为潜在兽药类内分泌干扰物的危险控制提供可靠的实验方法和技术。

（3）兽药污染物常以低剂量复合形式存在，因此应建立可靠的低剂量复合长期暴露的方法学，以便开展污染物对实验动物低剂量复合暴露下的内分泌干扰作用的研究。

4.2　兽药抗生素的抗性诱导效应研究

4.2.1　概述

1. 耐药菌产生的分子机制概述

已有研究显示，不同耐药菌的耐药机制是不同的，已揭示的耐药机制主要包括：①产生灭活酶或钝化酶（如 N-acetyltransferases [AAC]、O-nucleotidyltransferase [ANT] 和 O-phosphotransferases [APH]等），导致抗生素失效或失活；②通过外膜蛋白（如 OmpC、OmpE、OmpF）、药物泵出系统（如 mefE 和 mefA）或生物膜（biofilm）等阻断药物的摄取、进入或降低菌体内药物的浓度；③通过突变改变药物作用的靶点（如 Penicilin Binding Proteins [PBP]、DNA 促旋酶的 A 亚单位和 B 亚单位，以及组成拓扑异构酶 IV 的 partC 和 partE 亚单位等），降低药物（ß-内酰胺类抗生素）与靶标的结合力；④通过改变菌体的代谢途径，生产其必需的代谢底物（如针对磺胺类药物的二氢蝶呤合成酶[sul]）（Skold，2000；刘芳等，2011；丁远廷，2013）。

相关基因的表达及突变是导致病原菌产生耐药性的分子基础，这也使得早期有关耐药机制的研究主要集中在对相关基因突变的研究方面。但是，近年来的调查研究发现：即便是那些接触不到抗生素的病原菌，它们也会产生耐药性，体现出耐药基因水平转移（horizontal gene transfer，HGT）的特点，其中质粒（介导基因的转移并实现在菌体中的自主复制）、转座子（通过反向重复序列及转座酶随机引入）及整合子（通过整合酶介导基因定点插入）在耐药基因的水平转移过程中发挥着重要的作用（丁远廷，2013；Lee et al.，2010）。最近，D'Costa 等（2007）通过建立环境微生物宏基因组方法分析四环素抗性基因，研究推测：土壤环境中可能蕴藏着大量的抗性基因，它们在环境中通过 HGT 的方式转移到其他相邻的微生物中，并导致微生物出现耐药性。目前，这种性耐药基因及其产生的机制已成为研究的热点。

细菌似乎很容易在环境中发生突变并在种间和种内进行遗传信息的交流，使得不同的菌种容易获得抗性基因；或者通过转移的形式将环境中已有的抗性基因转移到非耐药菌中（Amábile-Cuevas and Chicurel，1992；Dzidic and Bedekovic，2003；Kriegeskorte and Peters，2012）。很有意思的是：很多情况下，不同的抗性基因往往还可以以串联的形式整合在同一个超级整合子中，通过质粒介导或转座子的方式进行水平转移。例如，在一些超级整合子中，可能会出现 100 多种的抗性基因，它们转移到细菌中后，将产生多药耐药现象（Mazel，2004），这同时也暗示了：环境中，一种抗菌药物的使用有可能会导致病原菌产生抗多种抗菌药物的能力（Beekmann et al.，2005）。此外，有不少研究显示：即便这些含有抗性基因的病原菌死亡，它们在环境中被裂解后，DNA 被释放到环境中，其中一些含有抗性基因的 DNA 片段也能通过水平转移的方式进入其他微生物体内（Blum et al.，1997；Hill and Top，1998；Crecchio et al.，2005）。通过水平基因转移获得的耐药基因在抗菌药物消化后，它们将长期存在于微生物种群中，形成了环境中的"抗性基因库"（Andersson and Levin，1999；Bager et al.，1999；Björkman et al.，2000；Manson et al.，2004），这种抗性基因库在后续的抗性基因水平转移过程中将为其他同属的致病菌和非致病菌，甚至亲缘关系较远的其他种属细菌提供抗性基因（Andersson and Levin，1999；Courvalin，1994；Kruse and Sørum，1994；Levy et al.，1976）。

磺胺类药物抗菌机制主要与其拮抗 p-氨基苯甲酸与二氢叶酸合成酶（DHPS）的结合有关。在细菌的正常生长代谢过程中，叶酸代谢途径是菌体合成核酸和核蛋白过程中一个重要的环节，其中，p-氨基苯甲酸与 DHPS 的结合启动了叶酸的生物合成。磺胺类药物具有类似于 p-氨基苯甲酸的结构，在细菌的生长中可竞争性抑制 p-氨基苯甲酸与 DHPS 的结合，从而抑制细菌的叶酸代谢循环，并最终显示出抗菌的作用（Skold，2000）。

2. 磺胺类耐药微生物

磺胺类药物自上市后不久，20 世纪 40 年代初就在临床上被报道具有多种耐药菌株。迄今为止，已发现肺炎球菌（*Pneumococcus*）、淋病奈瑟菌（*Neisseria gonorrhoeae*）、链球菌（*Streptococcic*）、脑膜炎球菌（*Meningococci*）、脑膜炎奈瑟菌（*Neisseria meningitidis*）、金黄色葡萄球菌（*Staphylococcus aureus*）、表皮葡萄球菌（*Staphylococcus epidermidis*）、空肠弯曲杆菌（*Campylobacter jejuni*）、麻风分枝杆菌（*Mycobacterium leprae*）等多种耐药菌株（Skold，2000；Huovinen et al.，1995）。

自 20 世纪 90 年代以来，高密度养殖导致的畜牧业和水产养殖业中病害发生问题日益显著，农业生产中对抗感染药物的需求也日益明显，作为一类具有广谱抗革兰氏阳性和革兰阴性菌活性并且价格低廉的抗菌药物，磺胺类药物在兽医临床、畜牧和水产养殖业中得到普遍应用。然而，养殖业中大量使用磺胺类药物以来，研究者们在畜禽体内、排泄物及周边环境（土壤、水体）中也检测到多种磺胺类耐药微生物（表 4-3）。从表中可看出，畜禽体内及畜禽排泄物中检测到的磺胺耐药菌株多为肠球菌属（*Enterococcus*）和大肠杆菌（*Escherichia coli*），土壤及水体中多为杆菌。例如，来自于英国林肯郡农田土壤的磺胺抗性细菌以不动杆菌属（*Acinetobacter*）为优势种。

表 4-3　磺胺耐药微生物

来源种类	磺胺耐药微生物	国家	参考文献
畜禽体内	肠球菌属、大肠杆菌、肠炎沙门菌亚属（Salmonella enterica）	美国，英国，加拿大，瑞士，丹麦	Glenn et al.，2013；Enne et al.，2008；Perreten and Boerlin，2003；Hammerum et al.，2006
畜禽排泄物	大肠杆菌（Escherichia coli）、不动杆菌属、气球菌属（Aerococcus）、节杆菌属（Arthrobacter）、芽孢杆菌属（Bacillus）、短杆菌属（Brevibacterium）、动性球菌属（Planococcus）、假单胞菌（Pseudomonas）、嗜冷杆菌（Psychrobacter）、魏斯氏菌属（Weissella）	英国，加拿大	Byrne et al.，2009；Sharma et al.，2008
土壤	不动杆菌属、土壤杆菌属（Agrobacterium）、节杆菌属、芽孢杆菌属、肉杆菌属（Carnobacterium）、嗜冷杆菌、志贺氏菌属、丛毛平胞菌属（Comamonas）、棒杆菌属（Corynebacterium）、气球菌属（Aerococcus）、普罗威登斯菌属（Providencia）、假单胞菌属（Pseudomonas）、狭长平胞菌属（Stenotrophomonas）	英国	Byrne et al.，2009
水体	不动杆菌属、气单胞菌属（Aeromonas）、节杆菌属、芽孢杆菌属、短杆菌属（Brachybacterium）、纤维微菌属（Cellulosimicrobium）、肠杆菌属（Enterobacter）、大肠埃希氏菌属（Escherichia）、假交替单胞菌属（Pseudoalteromonas）、假单胞菌属、志贺氏菌属（Sigella）、Vitreosciella、魏斯氏菌属（Weissella）	越南	Phuong et al.，2008

3. 磺胺类抗性基因

细菌对磺胺类药物的抗性与 DHPS 基因（folP）的突变或 DHPS 的替代基因（sul）有关，后者对磺胺类药物具有相对较低的亲和力。通过 sul 基因获得磺胺抗性被认为是细菌对磺胺类药物产生抗性的主要机制（Skold，2000）。但并不是所有的病原菌中平均分布着这类基因，这意味着不同的病原菌对磺胺类药物的抗性是有差异的（Suzuki and Phan，2012）。现已发现，耐药菌中存在着 3 种 sul 基因（sul1、sul2、sul3）。

研究发现，sul1 由 I 类整合子介导，是 I 类整合子 3′-保守区的一部分（Skold，2001）。整合子是一种细菌捕获和表达基因的遗传单位，细菌通过整合子系统来捕获外来耐药基因，并在上游启动子的作用下使之表达，使细菌表现为多重耐药，因此 sul1 基因常与其他抗性基因联系在一起存在于 I 类整合子中（Sundström et al.，1988；Rosser and Young，1999）。sul2 基因首先发现于大肠杆菌 RSF1010 质粒上（Scholz et al.，1989）。Toleman 等（2007）研究发现，sul2 一般存在于大质粒上，但少部分也可以由染色体介导，sul2 与 ISCR 插入元件共同区（insertion element common region，ISCR）连锁。同时，该研究数据还表明 I 类整合子和 ISCR 元件与 sul2 基因的连锁能够介导嗜麦芽窄食单胞菌对复方新诺明耐药，sul1 和 sul2 基因的存在与磺胺类药物有直接关系，并且整合子 ISCR 结构可以更容易地把几个耐药基因一起从一个质粒整合到另一个质粒或染色体上，增加耐药性传播。但是，Lanz 等（2003）的研究发现：从猪体内分离出的抗磺胺类药物大肠杆菌病原菌中只有 70% 的菌株可以用 sul1 和 sul2 基因来解释抗性机制，仍有 30% 的菌株抗磺胺类药物机制无法解释。Perreten 和 Boerlin（2003）从来源于瑞士猪群中的大肠杆菌中发现了一种新的抗磺胺药物基因 *sul*3，该基因长为 789bp，编码一个由 263 个氨基酸残基组成的蛋白，该蛋白与大肠杆菌 Pvp440 质粒编码的二氢叶酸合成酶相似。*sul*3 基因侧翼的 IS15/26 拷贝及其在不同种大肠杆菌中不同质粒上出现，表明这种抗性基因很有可能在不同细菌种属中扩散。

从亚洲的研究报道来看，*sul* 基因分布并不一致 （Suzuki and Hoa，2012）。例如，Agersø 和 Petersen （2007）发现 *sul*2 基因普遍存在于泰国渔场和鸡粪的不动杆菌属中。然而，Hoa 等（2008）的报道显示：在来自于越南密集型养殖农场、城市河流及水产养殖环境水体中的磺胺甲噁唑抗性菌株中的 *sul*1 基因占主导地位。这些报道中大多是基于分离的可培养菌株，然而，由于环境中的大多数微生物属于不可培养微生物。因此，目前很难准确评估环境中抗生素抗性基因的分布。2006 年，Pruden 等（2006）利用一种直接定量的方法揭示出美国湖水及江河中 *sul*1 是主要的磺胺抗性基因，该项研究为环境中包括不可培养微生物体内抗生素抗性基因的研究带来了新的启示。因此，研究者预测：不久的将来，这些未培养物中检测到的抗性基因可能会增加（Pei et al.，2006）。

4.2.2　施用粪肥的农田土壤中微生物种群分析

由于兽药抗生素的生物利用度有限，它们在动物体内难以完全吸收，大多数将在给药后的几天内以原药的形式随粪便和尿液排出体外，并释放到环境（土壤和水体）中（Sarmah et al.，2006）。由于磺胺类和四环素类抗生素药物具有广谱抗菌性，并且在土壤中易扩散、难降解，其进入土壤后将对土壤微生物产生选择性压力，由此引发细菌耐药性的形成和扩散。

为了揭示残留在粪肥中的磺胺类农药进入农田土壤后对土壤环境中微生物种群变化的影响，分别利用 16S rDNA 文库分析技术和平板法分离微生物技术对施用过粪肥和未施用过粪肥的耕作土壤中的微生物（尤其是磺胺类耐药菌）组成进行了分析。

1. 材料与方法

1）实验材料

Taq Plus DNA 聚合酶、dNTP Mixture、细菌基因组 DNA 提取试剂盒（离心柱型）购自天根生化（北京）科技有限公司；pEASY-T1 克隆载体购自北京全式金生物技术有限公司；PCR 分析引物由南京金斯瑞生物科技有限公司合成；PowerSoil®DNA Isolation Kit 为 MoBio 公司产品（MoBio Laboratories，Carlsbad，CA）；凝胶回收试剂盒购自 Axygen 公司；磺胺嘧啶钠盐购自上海思域化工科技有限公司，其他试剂均为国产分析纯。

2）实验方法

（1）样品采集。2011～2012 年，从江苏省宿迁市沭阳县养猪场周边采集施用过含有磺胺类药物残留的猪粪肥的蔬菜（韭菜、卷心菜和萝卜）地和小麦种植地土壤样品 12 个，其中 8 个采集于冬季（2011 年 11 月），农家肥作为基肥施入 1 周左右；4 个采集于夏季（2012 年 6 月，耕地农作物收获后 1 周左右，无农家肥基肥施入）。冬季样品中的

4 个土壤样采集于蔬菜地，标记为 PVW；其余 4 个土壤样采集于小麦种植地，标记为 PAW。夏季样品中的 2 个土壤样采集于蔬菜地，标记为 PVS；2 个土壤样采集于小麦种植地，标记为 PAS。

2011 年 5 月，从江苏省南京市江宁区禄口镇禄口蛋鸡场施用过鸡粪肥的土壤中采集到 8 个样品。其中，2 个样本采集于蔬菜地，标记为 CV；2 个样本采集于小麦地，标记为 CA；2 个样本采集于未施鸡粪肥的周边高地土壤，标记为 NA；同时，采集新鲜鸡粪样品 2 个，标记为 M。

从南京江宁方山山顶采集未受磺胺类药物影响的原始土壤样品 1 个，标记为 F；混合 12 个冬季采集的猪场土壤样本标记为 P，混合 4 个鸡场土壤样本标记为 C。所有土壤样本采集于地表以下 10~15cm 处，采集后于 4℃冰箱中冷藏保存。

（2）土壤总菌落数和耐药菌丰度分析。去除新鲜土壤中的枯枝及颗粒直径大于 5mm 的石块，每个土壤样品称取 5g，分别加入装有 45mL 无菌生理盐水和若干小玻璃珠的三角瓶中，37℃下 200r/min 振荡 30 分钟制成土壤悬液，记为稀释度 1，然后按照 10 倍倍比稀释的方法将样品梯度稀释至 10^{-3}、10^{-4}、10^{-5}。分别取上述稀释梯度的土壤悬液 200μL 涂布于牛肉膏蛋白胨平板培养基或含 60μg/mL 磺胺嘧啶的牛肉膏蛋白胨平板培养基上，各稀释度制备 3 个平行板。平板倒置于生化培养箱中，37℃恒温培养 2~5 天，根据菌落生长情况确定培养时间（H）。计算每个平板上的菌落数，从而计算每克土壤样品中的菌落形成单位（CFU）。计算公式为：菌落数/克土=（9×平均菌落数×稀释倍数）/0.2。

（3）耐药菌菌株的形态学初步鉴定。利用平板画线分离法分离纯化耐药菌菌株，通过革兰氏染色和芽孢染色在显微镜下观察获得菌株形态，进行初步鉴定并拍照保存。

（4）菌株 16S rDNA 序列分析。对分离获得的耐药菌菌株，利用硅胶柱模吸附法（TIANamp Bacteria DNA Kit）提取细菌基因组 DNA，取 5μL 提取的 DNA 用 1.0%的琼脂糖凝胶电泳检测 DNA 纯度，并于−20℃保存。

以基因组 DNA 为模板，利用 16S RNA 通用引物 27F（5′-AGAGTTTGATCATGGCTCAG-3′）和 1492R（5′-TACGGYTACCTTGTTACGACTT-3′）进行 PCR 扩增（Heuer et al.，2007）。扩增体系为 50μL，其中含 100~200ng 基因组 DNA、1×Taq plus buffer（含 1.5 mmmol/L MgCl$_2$）、1.5 U Taq plus DNA 聚合酶、2.5 mmmol/L dNTP、10 μmol/L 上/下游引物。混匀上述反应液后，94℃预变性 5 分钟，然后按 94℃变性 30 秒，58℃退火 30 秒，72℃延伸 1.5 分钟，最后于 72℃延伸 10 分钟结束反应。PCR 产物经 1.0%琼脂糖凝胶电泳检测。将获得的 PCR 产物送上海生工生物工程技术服务有限公司测序。

将测得的序列通过 Blast 程序与 GenBank 中核酸数据（http://www.ncbi.nlm.nih.gov/blast）和 EzTaxon server 2.1（http://www.eztaxon.org）（Heuer et al.，2011）进行在线比对，所得序列和原序列一起输入 Clustalx1.83 程序进行 DNA 同源序列排列，并经人工仔细核查。在此基础上，将序列输入 Bioedit 软件转换格式，再将转换格式后的序列输入 Mega5.0 软件包以 N-J 法（Neighbor-joining analysis）建树（http://www.huffingtonpost.com/2012/01/09/antibiotic-farm-animals-fda-regulation_n_1193680.html）。距离矩阵按照 Kimura–parameter 双参数模型进行计算，Bootstrap 检验进行 1000 次取样。根据建树结果，结合前面的形态鉴定结果，确定待测菌株的种属。

（5）16S rDNA 文库分析。等重量比例混合来自于沭阳的施用过猪粪肥的土样样品（SYN1~8），组成施肥混合土壤样 SY。同时，等重量比例混合来自南京方山及周边未施用过农家肥的土壤样品（FM、A 和 NA）组成未施肥混合土壤样 C。取混合土壤样 SY 和 C 各 0.25g，按 PowerSoil®DNA Isolation 试剂盒说明书提取土壤总 DNA。取 5μL 提取的 DNA，用 1.0%的琼脂糖凝胶电泳检测 DNA 纯度，并于-80℃保存。

以上述土壤总 DNA 为模板，利用 16S RNA 通用引物 27F 和 1492R 进行 PCR 扩增，获得长度约 1500bp 的 DNA 片段。PCR 产物经 1%琼脂糖凝胶电泳分离，用凝胶回收试剂盒回收 PCR 产物。

将 PCR 回收产物与 pEASY-T1 克隆载体在 25℃下连接 15 分钟，转化到 E. coli DH 5α 感受态细胞，涂布 15 cm 的 LB 平板后，通过蓝白斑筛选法挑选阳性克隆。将 15cm 平板上的所有的白色菌落转接到含有氨苄的 LB 液体培养基中，37℃下 180r/min 培养过夜，然后用 15%甘油将菌种保存于-80℃。另取 1mL 菌液送去南京金斯瑞生物科技有限公司测序。

用 Mallard 软件（http://www.huffingtonpost.com/2012/03/23/antibiotic-overuse-fda-nrdc-resistance-lawsuit-livestock_n_1375881.html）对序列进行嵌合体检验并去除嵌合体后，余下所有序列用 ClustalX 按照最大同源性的原则进行比对。比对后截取同源序列，把序列相似性≥99.0% 的序列克隆子划分为同一个 OTU（operational taxonomic unit）。并将去除嵌合体后的所有序列在线分类（http://rdp.cme.msu.edu/classifier/classifier.jsp），同时用 Blast search 找出各序列在 GenBank 数据库中最相似的参照序列，一起用 Clustalx1.83 比对，并用 Bioedit 校正。采用 Mega5.0软件，依据 Neighbor-Joining 法及 Kimura2-parameter matrix 模型构建系统发育树，Bootstrap 检验 1000 次。

（6）统计学处理。所有测定的数据以"平均值±方差"表示，组间差异采用 Student t-test 方法。$P < 0.05$ 表示组间差异显著，$P < 0.01$ 表示组间差异极显著。

2. 研究结果

1）施用粪肥土壤中的总细菌数和耐药菌数的变化

利用涂布平板法分别统计了各土壤样品中磺胺类耐药菌菌落数和总菌落数，结果显示：施用过粪肥和未施用过粪肥土壤中总菌数介于 1.96×10^7~9.75×10^7 CFU/g[图 4-1（a）]，高于耐药菌菌数[0.45×10^6~90×10^6 CFU/g，图 4-1（b）]，这一结果高于 Hoa 等报道过的水产养殖底泥中总菌数和耐药菌数（分别为 3.0×10^4~1.6×10^6 CFU/g 和 3.0×10^2~4.1×10^4 CFU/g）。鸡粪样本中总菌数和耐药菌数都是最高的，分别为 9.75×10^7 CFU/g 和 9.00×10^7 CFU/g，这可能是由于鸡粪中的营养成分有利于加速菌群的生长（Jechalke et al.，2013）。

图 4-1 显示，施用粪肥的土壤样本中耐药菌的数量（3.02×10^6~9.40×10^6 CFU/g）显著高于森林土壤（0.45×10^6CFU/g）和未施用过粪肥的鸡场土壤（1.96×10^6 CFU/g）。可见，土壤中耐药菌的数量与施肥密切相关。另外，蔬菜地土壤中的耐药菌数量高于小麦地土壤（PVW，5.96×10^6 CFU/g；PAW，3.02×10^6；PVS，9.40×10^6 CFU/g；PAS，4.98×10^6 CFU/g；CV，7.50×10^6；CA，4.11×10^6 CFU/g）。这可能是因为蔬菜地的施肥次数

多于小麦地，施肥量的增加导致耐药菌数量增加，也可能因为蔬菜植物根系所分泌的物质有利于耐药菌的生长。

在不同季节采样时，同一土壤采样点来源样品中的耐药菌菌数有较为明显的差异，表现为：夏季土壤中的耐药菌菌数高于冬季土壤，这可能因为夏季的温度及气候较冬季更容易使耐药菌生长。本书中，施用猪粪肥和鸡粪肥的土壤耐药菌的丰度都较高，这提示养殖场土壤中耐药菌抗性基因水平转移的风险较高，是抗生素耐药菌的"储藏库"。

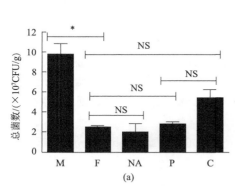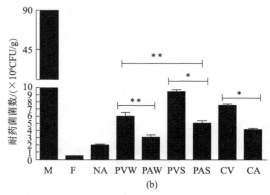

图 4-1　施用和未施用猪粪肥土壤中的总菌数（a）和磺胺类耐药菌数（b）

M 代表粪便；F 代表森林；NA 代表未耕种；P 代表猪；C 代表鸡；W 代表冬天；V 代表蔬菜地土壤；
A 代表小麦地土壤；**代表 $P \leqslant 0.01$，*代表 $P < 0.05$，$n=3$；NS 代表不显著

2）施用和未施用粪肥土壤中的细菌和耐药菌组成

（1）耐药菌组成。利用涂布平板法从采集的 20 个土壤样品中共分离了 237 株耐药菌。根据菌落主要形态特征和 16S rDNA 序列分析结果，对纯化后的这些耐药菌菌株进行了鉴定，发现它们分别属于 26 个属，包括：无色杆菌属（*Achromobacter*）、节杆菌属（*Arthrobacter*）、芽孢杆菌属（*Bacillus*）、短杆菌属（*Brevibacterium*）、金黄杆菌属（*Chryseobacterium*）、柠檬酸杆菌属（*Citrobacter*）、贪铜菌属（*Cupriavidus*）、埃希氏菌属（*Escherichia*）、黄杆菌属（*Flavobacterium*）、噬氢菌属（*Hydrogenophaga*）、克雷伯氏菌属（*Klebsiella*）、赖氨酸芽孢杆菌属（*Lysinibacillus*）、*Massilia*、细杆菌属（*Microbacterium*）、*Microvirga*、假单胞菌属（*Pseudomonas*）、假黄色单胞菌属（*Pseudoxanthomonas*）、根瘤菌（*Rhizibium*）、红球菌属（*Rhodococcus*）、志贺氏菌属（*Shigella*）、鞘氨醇杆菌属（*Sphingobacterium*）、鞘氨醇盒菌属（*Sphingopyxis*）、葡萄球菌属（*Staphylococcus*）、狭长平胞菌属（*Stenotrophomonas*）、链球菌属（*Streptococcus*）和链霉菌属（*Streptomyces*）（图 4-2）。在所有分析的土壤样本中，芽孢杆菌属检出率最高，占到 43.88%，其次为假单胞菌属和志贺氏菌属，分别占 11.39% 和 8.02%，如图 4-3 所示。值得注意的是，猪粪肥和鸡粪肥施用过的土壤中耐药菌种类非常丰富。例如，PVW 和 CA 土壤中分离得到耐药菌种属数量为 12，提示具有抗生素残留的农家肥的施用有助于增加土壤耐药菌的多样性。值得注意的是：在施用过猪粪肥的土壤样品 SYN2 和未受磺胺类药物影响的原始土壤样品 FM 中均只检测到芽孢杆菌属细菌的存在（图 4-2）。

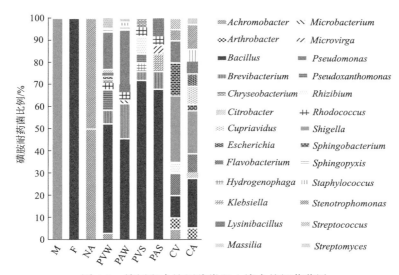

图 4-2　施用和未施用猪粪肥土壤中的细菌菌属

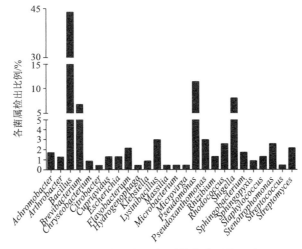

图 4-3　土壤中磺胺类耐药菌菌属的组成

（2）土壤细菌的组成。

土壤中高达 99%以上的微生物属于不可培养的微生物，为了分析施用过和未施用过猪粪肥的土壤中微生物的组成差异，进一步采用 16s rDNA 文库分析的方法对上述两种类型的土壤微生物类群进行了分析。从施用过猪粪肥的混合土壤样品 SY 和未施用过猪粪肥的混合土壤样品 C 的 16s rDNA 文库中分别获得了 101 条和 90 条有效 16s rDNA 序列，其中 SY 样品的 16s rDNA 可聚为 43 个分类单元（OTU，每个单元的序列相似性≥99%），而 C 样品的 16s rDNA 可聚为 34 个 OTU。

进一步的分析结果显示：土壤样品 SY 的 43 个 OTU 分别与 8 个门的细菌的同源性较高（16s rDNA 序列同源性为 87%～100%），包括酸杆菌门（Acidobacteria）、放线菌门（Actinobacteria）、拟杆菌门（Bacteroidetes）、绿屈挠菌门（Chloroflexi）、变形细菌门

（Proteobacteria）、TM7、疣微菌门（Verrucomicrobia）及未知类别；而土壤样品 C 的 34 个 OTU 分别与 7 个门的细菌的同源性较高（16s rDNA 序列同源性为 86%～99%），主要包括酸杆菌门（Acidobacteria）、放线菌门（Actinobacteria）、装甲菌门（Armatimonadetes）、拟杆菌门（Bacteroidetes）、绿屈挠菌门（Chloroflexi）、变形细菌门（Proteobacteria）及未知类别（图 4-4）。

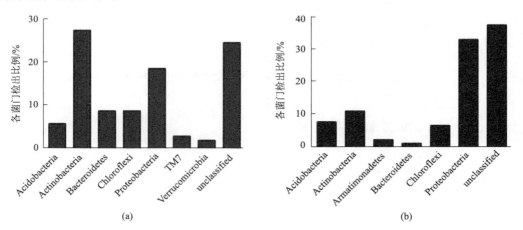

图 4-4　基于 16s rDNA 文库分析基础上的施用（a）和未施用（b）猪粪肥土壤中的微生物组成

　　放线菌门和变形细菌门细菌是施用过或未施用过猪粪肥土壤中共同的优势类群。TM7 和疣微菌门属于施用猪粪肥土壤中的特征菌属，而 Armatimonadetes 类细菌则属于未施猪粪肥土壤样品中的特征菌属（图 4-5）。

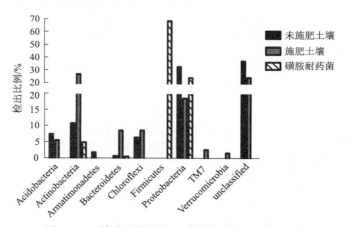

图 4-5　土壤中的微生物和磺胺类耐药细菌的组成

　　按照上述分类原则，对分离获得的 210 株磺胺耐药菌进行分类，发现这些耐药菌属于 4 个类群，其中，厚壁菌门（Firmicutes）是第一优势类群，占分离到的总耐药菌数的 69.0%；第二优势类群是变形细菌门，占 24.8%；其他还有放线菌门和拟杆菌门，分别占总耐药菌数的 5.2% 和 1.0%（图 4-5）。

3. 讨论

微生物的种群和数量受其环境中的营养成分，以及微生物类型、pH、温度、湿度、光照和土壤颗粒度等多种生物和非生物因子的影响（http://www.huffingtonpost.com/2012/03/23/antibiotic-overuse-fda-nrdc-resistance-lawsuit-livestock_n_1375881.html）。不同环境介质中耐药菌的数量有较为明显的差异，例如，Hoa 等对越南北部的一个水产养殖区域水体环境中的微生物分析结果表明，水体中的可培养细菌数量为 $3\times10^4\sim1.7\times10^6$ CFU/g，而其环境中可培养磺胺类耐药菌的数量则为 $3.0\times10^2\sim4.1\times10^4$ CFU/g（Skold，2000）。来自于土壤的报道则显示：土壤中的总菌数一般为 $10^6\sim10^7$ CFU/g（Skold，2001），而耐药菌数一般为 $0.45\times10^6\sim90\times10^6$ CFU/g（Kadlec et al.，2005）。本书对施用过和未施用过粪肥的土壤样品中的细菌及磺胺类耐药菌的种群和数量进行了分析，发现施用过含有磺胺类药物残留的粪肥土壤中的磺胺类耐药菌的数量显著高于未施用过的土壤，数量丰富的耐药菌为抗性基因的水平转移提供了抗性基因的来源，增加了耐药菌扩散和传播的风险。鉴于从未受到农家肥影响的来自方山的原始未耕种土壤中分离到的耐药菌全部属于芽孢杆菌属，而此属细菌同时也是其他土壤中的主要磺胺类耐药菌这一事实，推测环境中的芽孢杆菌属细菌可能是磺胺类抗性基因的主要来源。

在不同季节采样时，同一土壤样品中的耐药菌菌数夏季高于冬季土壤，这种季节性的差异可能与温度有关，绝大多数微生物最适生长温度为 25～37℃，而冬季温度较低，可能抑制了耐药菌的生长。微生物生长受到很多环境生物因子和非生物因子的影响，其中温度是一个重要的影响因子（Huovinen，2001；Suzuki and Phan，2012）。因此，在开展兽药环境风险评估（environmental risk assessment，ERA）时除了考虑地域、养殖类型、土壤类型等的差异外，还应考虑采样季节不同所带来的差异。

施用粪肥的土壤耐药菌种属（12 属）明显高于非施用农家肥的土壤（平均 2.3 属），暗示具有抗生素残留的农粪肥可能有利于土壤耐药菌的多样性。已有研究表明，粪肥中含有大量的携带抗药基因及可移动元件的细菌，这些粪肥进入后一方面增加抗性基因在土壤中进行基因水平转移，另一方面粪肥中高含量的碳源和营养物质进入土壤可能刺激微生物生长，甚至改变微生物群落结构，同时增加了磺胺嘧啶对土壤微生物产生耐药性（何金华等 2012；Suzuki et al.，2013）。

而在无抗生素影响的土壤中，一些非耐药细菌可能会通过营养的竞争或者分泌抑菌成分抑制其他细菌的生长。同时，抗生素的残留对非耐药菌的杀伤和抑制可能使得耐药菌有充足的营养来维持生长。

本书获得的 237 株耐药菌中芽孢杆菌属是施用猪粪和未施用猪粪土壤中的第一优势耐药菌，检出率为 643.88%左右，同时假单胞菌属和短杆菌属检出率也较高（13.8%和 7.6%）。这与来自英国林肯郡农田土壤的磺胺抗性细菌以不动杆菌属为第一优势耐药种群的研究结果不一致，占 35.7%，但假单胞菌属和芽孢杆菌属检出率也较高，分别占 11.39%和 8.02%，短杆菌属也有检出（陈昃等，2008）。芽孢杆菌属和假单胞菌属也是土壤中常见的优势菌群（Li et al.，2013）。芽孢杆菌属是一类好氧或兼性厌氧、产生抗逆性内生孢子的杆状细菌。多数为腐生菌，主要分布于土壤、动植物体表及水体中。由于芽孢杆菌属的细菌可以产生多种有用代谢产物,芽孢又是菌体度过不良环境的休眠体,因此,在工、农业生产上有较高的应用价值(Hu et al., 2010)。但本书中芽孢杆菌属耐药性检出率比其他文献中相关研究明显要高,同时已有报道中此类细菌还对四环素、链霉素和红霉素产生抗性(Chen et al., 2012),因此需引起人们的重视。

假单胞菌属是非发酵糖类、专性需氧无芽孢、无荚膜的革兰阴性杆菌。其在自然界分布广泛,喜欢潮湿的环境,可存在于土壤、污水和空气中,也是环境中常见的菌属之一。假单胞菌属细菌是常见的条件致病菌,是医院感染常见的病原菌,可引起呼吸道、泌尿道、伤口感染,严重时可导致败血症,临床上表现为多重耐药性(Chen et al., 2012)。迄今为止,在施用畜禽粪肥的土壤及水产养殖污染的水体环境中已检测到多种此类磺胺耐药细菌(陈昇等,2008;Zhou et al., 2013),并且检出率比较高,因此该类细菌在环境中耐药性的普遍出现也应引起人们的重视。

文库分析中发现施肥土壤中的细菌分为 43 个 OTU,它们属于 8 个门类,而非施肥土壤中的细菌分为 34 个 OTU,属于 7 个门类。其中,酸杆菌门、放线菌门、拟杆菌门、变形细菌门和绿屈挠菌门是这两种土壤中共有的门类,也是其他类型土壤中的常见门类(Li et al., 2013)。TM7 和疣微菌门是施肥土壤中特有的门类。疣微菌门也是其他类型土壤中的优势门类,研究表明此类细菌的丰富度易受环境因素的影响,特别是土壤湿度的影响(Ji et al., 2012)。本书中在未施用粪肥的土壤中未发现此门类,可能是施用粪肥及灌溉农田时增加了土壤的湿度因而有利于疣微菌门的生长。已有报道显示,TM7 门类细菌难以用常规方法进行培养,多为不可培养细菌,TM7 特异性原位杂交分析发现其在土壤、水体和临床上均有存在,土壤中抑制其生长的因素并不清楚(Zhu et al., 2012)。而 Armatimonadetes 是非施肥土壤特有的门类,在本书施肥土壤中并未检测到此门类,有可能是施肥土壤中残留的磺胺药抑制了此类细菌的生长。

总之,本书通过比较施用和不施用猪粪肥土壤中磺胺类耐药菌种群结构的差异,发现施肥土壤样品中的耐药微生物数量均非常丰富,数量庞大的耐药菌的存在必然对环境产生潜在的危险。

土壤中出现的耐磺胺类药物的细菌有超过一半为芽孢杆菌属,其次为假单胞菌属和短杆菌属细菌,这些细菌属于土壤中的常见细菌,其抗性的产生可能与粪肥中的磺胺类抗性基因的转移有关。进一步分析这些耐药菌中磺胺类抗性基因(如 *sul*1-3)的分布特征和表达规律,有助于揭示耐药性产生的分子机制和为进一步开展兽药的环境风险评估提供理论基础。

4.2.3　施用粪肥对土壤中磺胺类抗性基因的影响

具有抗生素残留的粪肥的使用将导致抗生素释放在环境中,胁迫环境中的微生物产生耐药性。研究显示:导致耐药菌产生的主要机制与抗生素抗性基因通过质粒等载体以一种水平基因转移(horizontal gene transfer,HGT)模式在环境中的微生物间传播有关(Knapp et al., 2010;Heuer et al., 2011)。Pruden 等(2006)指出,与抗生素作为污染物一样,抗生素污染诱导的抗性基因可能也是一种新型环境污染物,且其风险要高于抗生素药物本身的污染风险,可提高环境中微生物的整体抗性水平,降低目前常用抗生素药物的作用效果,并直接对人类和动物的健康造成负面影响。目前,世界卫生组织已将抗生素抗性基因(ARGs)作为 21 世纪威胁人类健康的最重大挑战之一,并宣布将在全球范围内对控制 ARGs 进行战略部署。

近年来,国外有关 ARGs 在环境中传播和污染等的报道呈现出明显增多的趋势,但国内在这方面的研究还处于起步阶段,尤其是对施用过畜禽粪肥的农田土壤中磺胺抗性基因(sul1、sul2、sul3)污染的研究鲜有报道。因此,本书通过对养猪场和养鸡场的周边土壤进行采样,调查施用过不同种类粪肥的农田土壤中磺胺抗性基因的存在和污染水平,以期为我国养殖环境中 ARGs 的污染状况提供资料。

1. 材料与方法

1)实验材料
荧光染料 Ultra SYBR mixture 购自北京康为世纪生物科技有限公司。

2)实验方法
(1)样品采集。参照 4.2.2 施用粪肥的农田土壤中微生物种群分析中的样品采集方法。

(2)土壤总 DNA 提取。分别取各培养后的土壤 0.5g,按照 PowerSoil®DNA Isolation Kit(MoBio,美国)试剂盒说明书提取土壤总 DNA。

(3)磺胺类抗性基因(sul1、sul2 和 sul3)的检测。选择 3 种常见的磺胺类抗性基因 sul1、sul2 和 sul3,对养猪场和养鸡场周边土壤进行半定量和实时荧光定量 RT-PCR 检测。

半定量 PCR 分析:相关基因的半定量分析引物设计主要来源于已发表的文献,对应引物序列见表4-4。建立25μL 扩增体系,其中含100～200ng 土壤DNA、1×Taq plus buffer、1.5 U Taq plus DNA 聚合酶(1.5mmol/L MgCl$_2$)、2.5 mmol/L dNTP、10 μmol/L 上/下游引物、ddH$_2$O 补充体积至 50μL。混匀上述反应液后,94℃预变性 5 分钟,然后按 94℃变性 30 秒,69℃退火 30 秒(sul1、sul2)或者 55℃退火 30 秒 (sul3),72℃延伸 45秒(sul1、sul2)或者 1 分钟(sul3),最后于 72℃延伸 7 分钟结束反应。质粒 NJJN 401含 sul1 基因被用作 sul1 检测时的阳性对照;质粒 NJJN801 含有 sul2 和 sul3 基因用作 sul2 或 sul3 基因检测的阳性控制; E. coli DH5α 不含 sul 基因作为阴性对照。最后 PCR产物经 1.5%琼脂糖凝胶电泳检测。

表 4-4　普通 PCR 扩增引物

基因	引物	序列(5'-3')	扩增片段大小(bp)	参考文献
sul1	sul1-F	CGGCGTGGGCTACCTGAACG	433	Skold O, 2000
	sul1-R	GCCGATCGCGTGAAGTTCCG		
sul2	sul2-F	GCGCTCAAGGCAGATGGCATT	293	Skold O, 2000
	sul2-R	GCGTTTGATACCGGCACCCGT		
sul3	sul3-F	TCAAAGCAAAATGATATGAGC	787	Enne VI, 2002
	sul3-R	TTTCAAGGCATCTGATAAAGAC		

荧光定量 PCR 分析：从 GenBank 数据库中获取 sul1、sul2 和 sul3 基因的 cDNA 序列，以 16S rDNA 基因作为内参基因，通过 NCBI 的 Primer-Blast（http：//www.ncbi.nlm.nih.gov/tools/primer-blast）软件设计荧光实时定量 RT-PCR 引物，引物序列见表 4-5。参照 Ultra SYBR mixture 试剂盒说明书在 CFX96 Touch™ Real-Time PCR Detection System（Biorad）仪上进行 Real-Time PCR，扩增条件为 95℃热变性 10 分钟后进行 40 个循环，每个循环包括 95℃变性 15 秒，60℃反应 1 分钟，最后 60℃升到 95℃，其间每 0.5℃采集一次荧光以生成溶解曲线，根据溶解曲线的变化检测扩增结果的特异性。以方山土样为阴性对照组，将实验组的ΔCt 值减去对照组的ΔCt 值，采取 2-ΔΔCt 法进行数据处理。

表 4-5　qPCR 引物设计

基因	引物	序列（5′-3′）	扩增片断大小（bp）	参考文献
16s rDNA	q16sF	CAATGGACGAAAGTCTGACG	146	SYN115
	q16sR	ACGTAGTTAGCCGTGGCTTT		
sul1	qsul1F	TGTCGAACCTTCAAAAGCTG	113	AF071413
	qsul1R	TGGACCCAGATCCTTTACAG		
sul2	qsul2F	ATCTGCCAAACTCGTCGTTA	89	M36657
	qsul2R	CAATGTGATCCATGATGTCG		
sul3	qsul3F	GGTTGAAGATGGAGCAGATG	111	AJ459418
	qsul3R	GCCTTAATGACAGGTTTGAGTC		

（4）数据分析。参照 4.2.2 节相关方法。

2. 研究结果

以 16s rDNA 基因为内参，利用荧光实时定量 PCR 技术进一步分析了各种土壤样品中 3 种磺胺抗性基因（sul1、sul2 和 sul3）在土壤中的相对含量，结果（图 4-6）发现：尽管不同类型的土壤中均存在着 3 种不同的磺胺类抗性基因，但同一类型土壤中不同的抗性基因的相对含量有较为明显的差异。在施用过猪粪肥的土壤中，sul1 的相对含量明显高于 sul2，而在施用过鸡粪肥的土壤中，sul2 的相对含量明显高于 sul1。Sul1 和 sul2 的相对含量远远高于 sul3，它们是在很多报道中出现频率最高的磺胺类抗性基因（Perreten，2003）。本书中土壤总 DNA 含有较高丰度的磺胺抗性基因，这与国外一些报道相一致，说明施用粪肥的土壤是抗生素抗性基因的"储藏库"（Heuer and Smalla，2007；Heuer et al.，2011；Jechalke et al.，2013）。

另外，研究发现，sul2 基因的丰度及总 sul 基因丰度与土壤中可培养细菌总数存在显著的正相关，相关系数（R^2）分别为 0.95 和 0.65（$P<0.05$）。然而，sul1 和 sul3 基因的丰度与土壤中可培养的细菌总数相关性较弱（sul1，$R^2=0.44$，$P>0.05$；sul3，$R^2=0.39$，$P>0.05$）。这可能因为很多 sul1 和 sul3 基因属于"沉默基因"，在培养基条件下未表达。如前所述，平板培养磺胺耐药菌数量可以反映土壤中三种抗性基因的总丰度。因此，抗性平板法依然是评估土壤中抗性基因风险的有效且简便的方法。

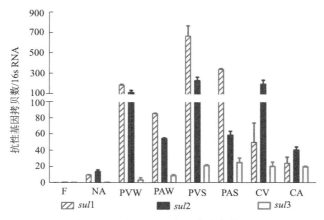

图 4-6　施用和未施用过粪肥的土壤中磺胺类抗性基因的相对含量

3. 讨论

分子生物学手段的发展和分子示踪技术的不断完善从方法学上为对环境中抗生素抗性基因的分析提供了一种相对准确的分析方法。聚合酶链式反应 PCR（polymerase chain reaction）技术是一种选择性体外扩增 DNA 或 RNA 片段的方法，它可直接检测微生物或环境样本中的抗性基因，不需要对微生物进行分离培养，该方法快速、简便（王丽梅等，2010）。因此，本书通过设计 sul1～3 特异性引物，利用常规 PCR 扩增土壤总 DNA 中的 sul1、sul2、sul3 基因，并通过琼脂糖凝胶电泳检测扩增结果，发现多数样品中并不存在 sul1 基因，所有样品中均未检测到 sul3 基因。

进一步通过荧光定量 PCR 检测可知，不同类型的土壤中均存在着 3 种磺胺类抗性基因，这与利用常规 PCR 分析的结果有所不同，其原因可能与相对于琼脂糖凝胶电泳检测的灵敏度高有关。研究表明，PCR 抑制物的存在或样品中 DNA 含量较低，均可造成琼脂糖凝胶电泳分析 PCR 产物时目标产物检出困难，甚至出现假阴性的结果（綦廷娜等，2011）。针对上述缺点，Heuer 和 Smalla（2007）与 Binh 等（2008）在研究中使用斑点杂交或核酸印迹杂交技术对 PCR 扩增检测进行验证。但由于 PCP 扩增与杂交技术联用，耗时长、操作复杂，杂交过程中同样可能出现假阴性或假阳性的结果。因此，随着荧光实时定量（RTQ-PCR）技术的发展和完善，近年来多数文献报道中采用 RTQ-PCR 技术检测粪肥、土壤或水体中的抗性基因。例如，Heuer 和 Smalla（2007）通过 RTQ-PCR 技术对施用粪肥土壤中的磺胺抗性基因进行了定量检测，发现 sul1 基因含量丰富。因此，针对土壤中的抗性基因检测，荧光实时定量 PCR 是一种更加灵敏的检测方法。

在本书中，实时荧光定量 qPCR 结果显示 sul1 和 sul2 的相对含量普遍高于 sul3。施用过粪肥的土壤中的磺胺类抗性基因含量明显高于未施用过粪肥的土壤，这与 Heuer 等（2011）的研究结果一致，相对于未施肥土壤，不断施用粪肥的土壤中 sul1 和 sul2 基因相对含量显著增加，一方面抗性基因不断累积在土壤中，另一方面施肥土壤中的抗性基因可能部分来自于粪肥（Knapp et al.，2010；Heuer et al.，2011）。因此，将残留有磺胺药的粪肥施用于农田土壤后增加了土壤中的抗性基因含量和多样性，这种抗性基因的传播对环境健康造成的污染应该引起人们的重视。

4.2.4 磺胺类耐药菌中的抗性基因分布

自磺胺类药物上市后不久的 20 世纪 40 年代开始，临床上就陆续出现了一些磺胺类耐药菌株，而随着磺胺类药物在养殖业中的大量使用，从畜禽体内和其排泄物，以及环境的土壤和水体中报道的磺胺类耐药菌也呈现出一种快速增长的趋势。迄今为止，已发现的磺胺类耐药菌包括肠杆菌科（Enterobacteriaceae）的大肠杆菌、沙门氏菌（*Salmonella spp*）及肠道沙门氏菌（*Salmonella enteric*）的一些细菌（Byrne-Bailey et al.，2009）。另外，耐药菌还出现在包括不动杆菌属、嗜冷杆菌属和芽孢杆菌属的一些细菌中，这些耐药菌的体内可检测到磺胺类抗性基因（*sul*1、*sul*2 和 *sul*3 基因）（Antunes et al.，2005；Phuong Hoa et al.，2008）。在前文的分析中，从不同土壤环境中分离到大量的耐药菌，它们分布在包括芽孢杆菌属、假单胞菌属和志贺氏菌属在内的 28 个菌属中。早期发现的几种磺胺类耐药菌基本上分布在大肠杆菌和葡萄球菌少数几个菌属中，目前发现的磺胺类耐药菌出现在包括寡营养单胞菌、短杆菌属和黄杆菌属在内的数十种菌属中，磺胺类耐药菌呈现出一种明显的向其他菌属微生物扩散的趋势。

尽管不同微生物对不同抗生素的耐药机制有所不同，但是它们都有一个共同点，即均与抗性基因的产生和表达有关。就微生物对磺胺类药物产生抗性而言，已有的研究显示其主要与 3 种不同的抗性基因（*sul*1、*sul*2 和 *sul*3）有关（Suzuki and Hoa，2012）。

研究显示，土壤及水体中 *sul*1 主要存在于不动杆菌属细菌中（Byrne-Bailey et al.，2009；Phuong Hoa et al.，2008），它们主要分布在耐药菌菌株的基因组 DNA 上（Phuong Hoa et al.，2008）；*sul*2 也主要存在于不动杆菌属细菌中，一般位于质粒 DNA 上（Scholz et al.，1989；Smalla et al.，2000）；*sul*3 是近几年来新发现的一种与磺胺类药物抗性有关的基因，主要存在于不动杆菌属细菌中，分布在这些细菌的染色体上（Byrne-Bailey et al.，2009；Phuong Hoa et al.，2008）。迄今为止，环境中耐药菌的产生被认为与包括突变、基因替代、基因转移等多种因素有关，其中基因水平转移（HGT）现象被认为是耐药菌产生的一个重要原因，因为环境中存在着大量的来自于其他生物的抗性基因，这些生物在生长过程中或者死亡后，向环境介质中释放抗性基因片段，形成一个丰富的抗性基因库（Martínez，2008）。这些抗性基因片段在被其周围的微生物"捕获"后，通过重组或质粒介导的方式，整合在这些微生物的基因组 DNA 和/或质粒 DNA 中，并在抗生素胁迫的环境下表达，呈现出耐药特征（Aminov and Mackie，2007）。尽管到目前为止尚无确凿的证据表明微生物死亡后遗传物质的降解片段可以通过重组的方式整合进其他微生物的遗传载体中，但已有证据表明在抗性基因的转移中，质粒介导的HGT 是一种常见的抗性基因转移模式（Palmer et al.，2010）。因此，探讨抗性基因在微生物体内遗传物质中的分布特征，将有助于揭示抗性基因的转移规律及耐药菌产生的分子机制。

近 10 余年来，国内外已有不少关于环境介质中耐药菌（Popowska et al.，2012；Tao et al.，2010）和抗性基因（Patterson et al.，2007；Zhu et al.，2012）的检测报道，也有一些研究工作报道了耐药相关基因在微生物基因组 DNA 和质粒 DNA 中的分布（Phuong

Hoa et al., 2008），但仍有不少问题有待进一步明确，例如，不同类型的抗性基因在微生物基因组 DNA 和质粒 DNA 中的分布是否具有规律性？是否所有的耐药菌都携带特有的质粒？或者这些耐药菌中的质粒是否是其自身特有的？针对同一种抗生素产生抗性的不同抗性基因是否以一种基因簇的形式分布在遗传物质中？为了回答上述问题，本书以在前文工作中获得的 274 株磺胺类耐药菌为对象，分离这些菌株中的基因组 DNA 和质粒 DNA，通过 PCR 方法分析这些不同的遗传物质中 3 种与磺胺类抗性有关的基因的分布，为对上述问题的回答提供数据支撑。

1. 材料与方法

1）实验材料

普通离心柱型质粒小提试剂盒（Biomiga EZgeneTM Plasmid Miniprep kit）购自 Biomiga 公司。

2）实验方法

（1）细菌基因组 DNA 提取。利用硅胶柱膜吸附法（TIANamp Bacteria DNA Kit，天根生化科技公司）提取细菌基因组 DNA。

（2）细菌质粒 DNA 提取。将纯化后的耐药菌菌株接种在含有 60μg/mL 浓度的磺胺嘧啶 LB 培养基中，37℃温度下 180r/min 振荡培养 12～24 小时，8000r/min 离心 1 分钟收集菌株后，根据质粒提取试剂盒说明书提取细菌质粒 DNA，取 5μL 提取的质粒 DNA，用 1.0%的琼脂糖凝胶进行电泳检测并置于凝胶成像系统中照相保存，剩余质粒放于 −20℃保存备用。

（3）磺胺类抗性基因（sul1、sul2 和 sul3）分析。磺胺类抗性基因 sul1、sul2 和 sul3 PCR 分析的引物序列参照表 4-4。建立 25μL 扩增体系，其中含 100～200ng 基因组 DNA 或质粒 DNA、1×Taq plus buffer（1.5mmol/L MgCl$_2$）、1.5 U Taq plus DNA 聚合酶、2.5mmol/L dNTP、10 μmol/L 上/下游引物、ddH$_2$O 补充体积至 50μL。混匀上述反应液后，94℃预变性 5 分钟，然后按 94℃变性 30 秒，69℃退火 30 秒（sul1、sul2）或者 55℃退火 30 秒（sul3），72℃延伸 45 秒 （sul1、sul2）或者 1 分钟（sul3），最后于 72℃延伸 7 分钟结束反应。质粒 NJJN 401 含 sul1 基因被用作 sul1 检测时的阳性对照；质粒 NJJN801 含有 sul2 和 sul3 基因被用作 sul2 或 sul3 基因检测的阳性对照；E. coli DH5α 不含 sul 基因，被作为阴性对照。PCR 扩增产物经 1.5%琼脂糖凝胶电泳检测。

（4）数据分析。参照 4.2.2 节相关方法。

2. 研究结果

利用普通离心柱型质粒小提试剂盒对从各种土壤样品中分离到的 274 株耐药菌中的质粒进行提取，发现其中有 220 株耐药菌中含有质粒，占分离到的耐药菌总数的 80.3%。分析结果同时显示：从施用鸡粪肥土壤中分离到的 64 株耐药菌菌株全部携带质粒，而从施用猪粪肥中分离到的 172 株耐药菌菌株中有 134 株携带质粒，未施农家肥土壤来源的耐药菌中携带质粒的菌株占分离菌数的 57.9%（表 4-6）。

表 4-6　不同土壤来源的耐药菌菌株中质粒的分布

样品类型	耐药菌数	含质粒菌数	含质粒菌属数	质粒/总耐药菌/%
施用猪粪肥	172	134	17	77.9
施用鸡粪肥	64	64	16	100
未施用农家肥	38	22	4	57.9

1）磺胺类抗性基因在细菌 DNA 中的分布

利用 *sul*1、*sul*2、*sul*3 特异引物对分离到的耐药菌染色体和质粒 DNA 上的磺胺抗性基因进行分析（表 4-7）。

表 4-7　*sul*1、*sul*2、*sul*3 基因在染色体和质粒 DNA 上的分布

sul 基因组合		M（n=6ᵃ/6ᵇ）菌数（所占比例/%）		F（n=1/0）菌数（所占比例/%）		NA（n=2/2）菌数（所占比例/%）	
		染色体 DNA	质粒 DNA	染色体 DNA	质粒 DNA	染色体 DNA	质粒 DNA
单个基因	*sul*1	0（0.0）	0（0.0）	0（0.0）	0（0.0）	0（0.0）	0（0.0）
	*sul*2	0（0.0）	0（0.0）	1（100.0）	0（0.0）	2（100.0）	0（0.0）
	*sul*3	0（0.0）	0（0.0）	0（0.0）	0（0.0）	0（0.0）	0（0.0）
双基因	*sul*1+*sul*2	0（0.0）	0（0.0）	0（0.0）	0（0.0）	0（0.0）	0（0.0）
	*sul*1+*sul*3	0（0.0）	0（0.0）	0（0.0）	0（0.0）	0（0.0）	0（0.0）
	*sul*2+*sul*3	0（0.0）	0（0.0）	0（0.0）	0（0.0）	0（0.0）	1（50.0）
三基因	*sul*1+*sul*2+*sul*3	6（100.0）	6（100.0）	0（0.0）	0（0.0）	0（0.0）	1（50.0）
无		0（0.0）	0（0.0）	0（0.0）	0（0.0）	0（0.0）	0（0.0）
总基因	*sul*1	6（100.0）	6（100.0）	0（0.0）	0（0.0）	0（0.0）	1（50.0）
	*sul*2	6（100.0）	6（100.0）	1（100.0）	0（0.0）	2（100）	2（100.0）
	*sul*3	6（100.0）	6（100.0）	0（0.0）	0（0.0）	0（0.0）	2（100.0）
含有抗性基因的总耐药菌数		6（100.0）	6（100.0）	1（100.0）	0（0.0）	2（100.0）	2（100.0）

sul 基因组合		PVW（n=65/47）菌数（所占比例/%）		PAW（n=57/43）菌数（所占比例/%）		PVS（n=25/22）菌数（所占比例/%）	
		染色体 DNA	质粒 DNA	染色体 DNA	质粒 DNA	染色体 DNA	质粒 DNA
单个基因	*sul*1	0（0.0）	23（48.9）	0（0.0）	19（44.2）	0（0.0）	15（60.0）
	*sul*2	28（43.1）	3（6.4）	15（26.3）	8（18.6）	15（68.2）	1（4.0）
	*sul*3	0（0.0）	1（2.1）	0（0.0）	2（4.7）	0（0.0）	0（0.0）

续表

sul 基因组合		PVW (n=65/47) 菌数（所占比例/%）		PAW (n=57/43) 菌数（所占比例/%）		PVS (n=25/22) 菌数（所占比例/%）	
		染色体 DNA	质粒 DNA	染色体 DNA	质粒 DNA	染色体 DNA	质粒 DNA
双基因	sul1+sul2	34 （52.3）	11 （23.4）	41 （71.9）	9 （20.9）	6 （27.3）	1 （4.0）
	sul1+sul3	0 （0.0）	2 （4.3）	0 （0.0）	0 （0.0）	0 （0.0）	0 （0.0）
	sul2+sul3	0 （0.0）	0 （0.0）	1 （1.8）	0 （0.0）	1 （4.5）	0 （0.0）
三基因	sul1+sul2 +sul3	1 （1.5）	0 （0.0）	0 （0.0）	0 （0.0）	0 （0.0）	0 （0.0）
无		2 （3.1）	7 （14.9）	0 （0.0）	5 （11.6）	0 （0.0）	8 （32.0）
总基因	sul1	35 （53.8）	36 （76.6）	41 （71.9）	24 （55.8）	6 （27.3）	16 （64.0）
	sul2	63 （96.9）	14 （29.8）	57 （100.0）	17 （39.5）	21 （95.5）	2 （8.0）
	sul3	1 （1.5）	3 （6.4）	1 （1.8）	2 （4.7）	1 （4.5）	0 （0.0）
含有抗性基因的总耐药菌数		63 （96.9）	40 （85.1）	57 （100.0）	38 （88.4）	22 （100.0）	17 （68.0）

sul 基因组合		PAS (n=25/22) 菌数（所占比例/%）		CV (n=20/20) 菌数（所占比例/%）		CA (n=36/36) 菌数（所占比例/%）	
		染色体 DNA	质粒 DNA	染色体 DNA	质粒 DNA	染色体 DNA	质粒 DNA
单个基因	sul1	24 （96.0）	0 （0.0）	0 （0.0）	1 （5.0）	0 （0.0）	2 （5.6）
	sul2	0 （0.0）	16 （72.7）	2 （10.0）	3 （15.0）	2 （5.6）	3 （8.3）
	sul3	0 （0.0）	0 （0.0）	0 （0.0）	0 （0.0）	0 （0.0）	1 （2.8）
双基因	sul1+sul2	1 （4.0）	6 （27.3）	4 （20.0）	7 （35.0）	2 （5.6）	10 （27.8）
	sul1+sul3	0 （0.0）	0 （0.0）	0 （0.0）	0 （0.0）	0 （0.0）	0 （0.0）
	sul2+sul3	0 （0.0）	0 （0.0）	0 （0.0）	0 （0.0）	9 （25.0）	1 （2.8）
三基因	sul1+sul2 +sul3	0 （0.0）	0 （0.0）	12 （60.0）	9 （45.0）	23 （63.9）	19 （52.8）
无		0 （0.0）	0 （0.0）	0 （0.0）	0 （0.0）	0 （0.0）	0 （0.0）
总基因	sul1	25 （100.0）	6 （27.3）	16 （80.00）	17 （85.0）	25 （69.4）	27 （75.0）
	sul2	1 （4.0）	22 （100.0）	19 （95.0）	19 （95.0）	36 （100.0）	29 （80.6）
	sul3	0 （0.0）	0 （0.0）	13 （65.0）	9 （45.0）	32 （88.9）	21 （58.3）
含有抗性基因的总耐药菌数		25 （100.0）	22 （100.0）	19 （95.0）	20 （100.0）	36 （100.0）	36 （100.0）

注：a 代表染色体 DNA，b 代表质粒。

（1）粪便来源的耐药菌基因组 DNA 中磺胺类药物抗性基因的分布。由表 4-8 可知，*sul*1、*sul*2、*sul*3 3 种基因以联合基因的方式存在于粪便中磺胺耐药菌的染色体和质粒 DNA 中，检出率为 100%，这说明粪便是耐药菌抗性基因的主要来源。

（2）未施用过粪肥的土壤来源耐药菌基因组和质粒 DNA 中抗性基因的分布。在前文的土壤耐药菌菌株分离中，分别利用含 60μg/mL 磺胺嘧啶的牛肉膏蛋白胨平板培养基从 2 种不同类型的未施用过农家肥的土壤（未施用过粪肥的非种植土壤 NA 及从未种植过的高山原始土壤 F）中分别分离到磺胺类耐药菌，与其他施用过粪肥的土壤相比，耐药菌的分离效率并未见有明显下降，尤其是土壤样品 F，尽管该土壤从未有过磺胺类药物的污染，但其耐药菌数量高达 $0.45×10^6$CFU/g，土壤样品 NA 耐药菌数量高达 $1.96×10^6$ CFU/g，暗示土壤中的细菌普遍具有磺胺类抗性基因。从 F 土壤中仅鉴定到芽孢杆菌属这一个属，结合在对其他土壤中耐药菌种群的分析结果，推测该属细菌可能是该类型土壤中主要的磺胺类耐药菌。

为了进一步分析磺胺类抗性基因在未施用粪肥土壤来源的耐药菌基因组 DNA 中的分布情况，在纯化获得这种耐药菌染色体 DNA 的基础上，利用 PCR 方法检测不同耐药菌中的 *sul*1、*sul*2 和 *sul*3 这 3 种与磺胺类抗性有关基因，结果发现：仅有 *sul*2 基因在这 2 种土壤（NA 和 F）来源的耐药菌基因组 DNA 中检出，*sul*1 和 *sul*3 基因均未检测到。这可能提示，染色体上的 *sul*1 和 *sul*3 基因可能与养殖动物粪便的基因引入有关。同时，本书在纯化获得耐药菌质粒 DNA 的基础上，利用 PCR 方法检测了不同耐药菌质粒中的 *sul*1、*sul*2 和 *sul*3 基因，结果发现：森林土壤的耐药菌质粒未检测到 *sul* 基因，而鸡场周围未施用过粪肥的非种植土壤 NA 的耐药菌质粒检测到 3 种 *sul* 基因，这也说明，*sul* 基因可以通过质粒水平传递。

（3）施用过粪肥的土壤来源耐药菌基因组和质粒 DNA 中抗性基因的分布。施肥土壤所分离得到的耐药菌基因组和质粒 DNA 中的 *sul* 基因总体检出率的顺序为 *sul*2 > *sul*1 > *sul*3（$P < 0.05$），这一结果与很多文献报道的粪便和施肥土壤中耐药菌 *sul*1 基因较 *sul*2 基因检出率高的结论不同（Heuer and Smalla，2007；Phuong Hoa et al.，2008）。这是由于不同国家的土壤环境有所差异。与国外文献报道一致的是，*sul*3 基因在所有的环境中检出率都是最低的。

Hoa 等（2008）研究表明，大多数 *sul* 基因位于染色体 DNA 上。然而，本书统计分析显示，*sul* 基因在染色体和质粒 DNA 的检出率总体并无显著性差异。但有趣的是，猪粪施肥土壤耐药菌的染色体和质粒 DNA 上 *sul*1 和 *sul*2 检出率总是相反的。例如，冬季猪粪肥施土壤的耐药菌中，*sul*2 是染色体 DNA 上检出率高的基因（PVW 为 96.9%，PAW 为 100%），*sul*1 次之（PVW 为 53.8%，PAW 为 71.9%），但是 *sul*1 却是质粒 DNA 上检出率高的基因（PVW 为 76.6%，PAW 为 55.8%），*sul*2 次之（PVW 为 29.8%，PAW 为 39.5%）。夏季猪粪肥施肥土壤的耐药菌中，染色体 DNA 上 *sul*1 基因检出率（PVS 为 64.0%，PAS 为 100%）大于 *sul*2 基因检出率（PVS 为 8.0%，PAS 为 4.0%），但是质粒 DNA 上 *sul*2 基因检出率（PVS 为 95.0%，PAS 为 100%）大于 *sul*1 基因检出率（PVS 为 27.3%，PAS 为 27.3%）。这一结果表明，*sul*1 和 *sul*1 基因可能会以不同的速率相互转移，提示它们存在于不同的移动元件。

另外，统计发现，动物类型可能是影响 *sul* 基因表达的显著因素。*sul* 基因在鸡粪施肥土壤中耐药菌的检出率显著高于猪粪施肥土壤（$P<0.05$），这可能由于鸡场抗生素用药量较大，鸡粪施肥量较多。

本书考察了任意 2 个或 3 个基因联合存在于染色体及质粒的情况。结果发现，*sul*1 和 *sul*2 在染色体 DNA 上存在最为广泛（PVW、PAW、PVS、PAS、CV 及 CA 中检出率分别为 52.3%、71.9%、4.0%、4.0%、20.0%及 27.8%），*sul*1、*sul*2 和 *sul*3 联合基因在土壤样本 M、CV 和 CA 耐药菌染色体上检出率最高，分别为 100%、60.0% 和 52.8%。*sul*2 和 *sul*3 联合基因只在 PAW 和 CA 土壤中分离得到的 2 株菌种基因组 DNA 检出；*sul*1 和 *sul*3 联合基因未在任何耐药菌基因组 DNA 中检出。另外，*sul*1 和 *sul*2 在质粒 DNA 上存在也很广泛（PVW、PAW、PVS、PAS、CV 和 CA 中检出率分别为 23.4%、20.9%、27.3%、27.3%、35.0%和 5.6%），*sul*2 和 *sul*3 联合基因只在 NA、PVS 及 CA 样本耐药菌的质粒 DNA 检出，检出率分别为 50.0%、4.5%及 25.0%，*sul*1 和 *sul*3 联合基因未在任何质粒中检出。3 种 *sul* 联合基因在样本 M、NA、CV 和 CA 样本耐药菌的质粒 DNA 检出率分别为 100%、50.0%、45.0%及 63.9%。可见，*sul*1 和 *sul*2 联合基因在染色体和质粒 DNA 上的存在都非常普遍，*sul*1 和 *sul*3 联合基因未在任何染色体和质粒 DNA 中检出。同时发现 3 种联合基因只在粪便及鸡粪施肥土壤中耐药菌中检出，表明 3 种 *sul* 联合基因的检出率与粪便施肥的频率、数量及抗生素的浓度呈正相关。

综上所述，*sul* 基因无论以单独还是联合的形式都在磺胺耐药菌中广泛存在。同时，除了森林土壤 F 样本，磺胺耐药菌的所有质粒都有 *sul* 基因。已有的研究显示，*sul* 基因可通过基因组 DNA 上存在的整合子和转座子（Aminov and Mackie，2007；Antunes et al.，2005；Perreten and Boerlin，2003）或可移动质粒（Smalla et al.，2000）作为载体进行基因水平转移（Smalla and Sobecky，2002），推测这三类 *sul* 基因都有可能通过基因水平转移方式在环境中传播，导致环境中的细菌产生耐药性。

2）携带 *sul* 基因的磺胺耐药菌菌属分析

sul 基因在不同菌属的分布情况总结于表 4-8。由表可见，芽孢杆菌是土壤中携带 *sul* 基因最广泛的菌属，*sul* 基因检出率为 43.88%。因此，芽孢杆菌是 *sul* 基因最主要的传递菌，这与其他报道有所不同，他们的研究结果为：*sul* 基因主要存在于肠杆菌科的大肠杆菌和沙门氏菌中（Antunes et al.，2005；Hammerum et al.，2006），或主要分布于不动杆菌属细菌中（Byrne-Bailey et al.，2009；Phuong Hoa et al.，2008）。造成不同研究组报道差异的主要原因可能是分离的环境样品不同和分离到的耐药菌菌属的差异。有不少报道指出，芽孢杆菌属细菌携带着大量的抗生素抗性基因，但是仅有很少几类芽孢杆菌对磺胺药物敏感（Valderas and Barrow，2008）。假单胞菌菌属和志贺氏菌属是 *sul* 基因检出率第二和第三的菌属，分别占 11.39%和 8.02%。医学报道中，免疫性肺炎和呼吸道感染，以及囊性纤维化病人的慢性呼吸道感染主要与假单胞菌菌属（尤其是 *P. aeruginosa*）密切相关（Diene et al.，2013）。包括志贺氏菌属、克雷伯氏菌属、埃希氏菌属在内的肠杆菌科是过去 30 年内细菌感染的主要菌科（Diene et al.，2013）。河南 2006 年 72.6%的感染细菌都是志贺氏菌属（Xia et al.，2011）。动物粪便施肥的土壤中大量存在的携带抗生素抗性基因的志贺氏菌属，势必会将抗性

基因传递给农作物的菌群，最终通过食物链及其他接触途径暴露于人体，引发极大的健康风险。

表 4-8　磺胺耐药菌属的 *sul* 基因型总结

菌属	携带 *sul* 基因的菌数所占比例/%		细菌来源	*sul* 基因型	携带 *sul* 基因的菌数
Achromobacter	4	(1.69)	NA，PVW，CV	*sul2*	2
				sul1 sul2	1
				sul2 sul3	1
Arthrobacter	3	(1.27)	CV，CA	*sul1 sul2*	1
				sul1 sul2 sul3	2
Bacillus	104	(43.88)	F，PVW，PAW，PVS，PAS，CV，CA	*sul1*	2
				sul2	23
				sul1 sul2	66
				sul2 sul3	1
				sul1 sul2 sul3	12
Brevibacterium	16	(6.75)	PVW，PAW，PVS，PAS	*sul2*	4
				sul1 sul2	11
				sul1 sul2 sul3	1
Chryseobacterium	2	(0.84)	PVW，PVS	*sul1 sul2*	2
Citrobacter	1	(0.42)	CA	*sul1 sul2 sul3*	1
Cupriavidus	3	(1.27)	CA	*sul1 sul2 sul3*	3
Escherichia	3	(1.27)	PVW，CA	*sul1 sul2*	1
				sul1 sul2 sul3	3
Flavobacterium	5	(2.11)	CV，CA	*sul2*	1
				sul1 sul2	1
				sul1 sul2 sul3	3
Hydrogenophaga	1	(0.42)	PVS	*sul1 sul2*	1
Klebsiella	2	(0.84)	PAS	*sul1 sul2*	2
Lysinibacillus	7	(2.95)	PVW，PAW，PAS	*sul1*	1
				sul1 sul2	4
				sul1 sul2 sul3	2
Massilia	1	(0.42)	PVW	*sul2*	1
Microbacterium	1	(0.42)	PAW	*sul1 sul2*	1
Microvirga	1	(0.42)	PAS	*sul1 sul2*	1
Pseudomonas	27	(11.39)	PVW，PAW，CV	*sul2*	1
				sul1 sul2	23
				sul1 sul2 sul3	3

续表

菌属	携带 sul 基因的菌数所占比例/%		细菌来源	sul 基因型	携带 sul 基因的菌数
Pseudoxanthomonas	7	（2.95）	PVW，PVS	*sul*2	2
				*sul*1 *sul*2	4
				*sul*1 *sul*2 *sul*3	1
Rhizibium	3	（1.27）	PVS	*sul*1 *sul*2	2
			CV	*sul*1 *sul*2 *sul*3	1
Rhodococcus	6	（2.53）	PVW，PAW，PVS，PAS	*sul*1 *sul*2	6
Shigella	19	（8.02）	CV，CA，M	*sul*1 *sul*2 *sul*3	19
Sphingobacterium	4	（1.69）	VA	*sul*1 *sul*2	1
				*sul*1 *sul*2 *sul*3	3
Sphingopyxis	2	（0.84）	PVW，PAW	*sul*2	1
				*sul*1 *sul*2	1
Staphylococcus	3	（1.27）	PAW，CA	*sul*1 *sul*2 *sul*3	3
Stenotrophomonas	6	（2.53）	CV，CA，NA	*sul*2 *sul*3	1
				*sul*1 *sul*2 *sul*3	5
Streptococcus	1	（0.42）	CV	*sul*1 *sul*2 *sul*3	1
Streptomyces	5	（2.11）	PVW，PAW，CA	*sul*1 *sul*2	1
				*sul*1 *sul*2 *sul*3	4

本书不仅从土壤中分离到芽孢杆菌属、志贺氏菌属、大肠杆菌属、沙门氏菌属和不动杆菌属等已报道过的常见磺胺类耐药菌菌株，同时，还发现金黄杆菌属、噬氢菌属、赖氨酸芽孢杆菌属、细杆菌属、泛菌属、假黄色单胞菌属、根瘤菌、红球菌属、鞘氨醇盒菌属、葡萄球菌属、链霉菌属、贪铜菌属、黄杆菌属、链球菌属、*Massilia*，以及 *Microvirga* 的一些细菌具有磺胺耐药性，并从它们的基因组和/或质粒 DNA 中检测到了 *sul* 基因，而这些菌属并未见于抗生素抗性基因数据库（antibiotic resistance database，ARDB）。这些具有磺胺类耐药性菌属的发现，不仅意味着磺胺抗性基因具有向环境中众多其他菌属扩散的风险，同时，也为今后临床上与感染有关耐药菌的流行病调查提供了线索。

迄今为止，仅报道不动杆菌属、芽孢杆菌属、嗜冷杆菌属、大肠杆菌和沙门氏菌属中的一些细菌中同时存在 *sul*1、*sul*2 和 *sul*3 这 3 种基因，而在研究中首次发现：从施用过猪粪肥的土壤中分离到的芽孢杆菌属、赖氨酸芽孢杆菌属、假单胞菌属和葡萄球菌属，以及从新鲜鸡粪及受鸡粪肥影响的土壤中分离到的无色杆菌属、节杆菌属、短杆菌属、柠檬酸杆菌属、黄杆菌属、鞘氨醇杆菌属、贪铜菌属、埃希氏菌属、寡养单胞菌属、根瘤菌属、志贺氏菌属、链球菌属和链霉菌属的一些耐药菌菌株中也含有这 3 种抗性基因，这不仅表明 3 种 *sul* 基因在菌株中同时分布是一种普遍现象，同时，也暗示了多个抗性基因的存在是环境微生物耐受外界胁迫环境的一种普遍机制。事实上，在对多种不同抗生素抗性基因的分析中发现：在一些菌株的基因组和质粒 DNA 上往往有多种针对不同抗生素的抗性基因的存在。

总之，通过对磺胺类耐药菌菌株中 3 种抗性基因在不同遗传物质中分布的研究，证明了 3 种抗性基因在耐药菌遗传物质中分布的普遍性；而研究中新发现的一些菌属具有磺胺类耐药基因的现象则进一步表明环境中的微生物普遍具有耐药的特征。

4.2.5　磺胺类耐药菌中抗性基因的表达分析

迄今为止，尽管很多的报道都显示抗菌药物可诱导微生物产生耐药性，但微生物在什么样的抗生素诱导浓度下才能产生抗性（抗性基因的表达）并不清楚。理论上推测：耐药菌的产生可能需要一个合理浓度范围内的抗菌药物进行刺激，当抗菌药物浓度高于这个浓度时，菌体在尚未产生抗性的情况下可能就已被药物杀死，而低于这个浓度，抗菌药物所产生的胁迫压力可能并不足以导致菌体生长的停止或死亡，因此，不需要产生抗性。所以，探讨菌株中与耐药相关的抗性基因在不同抗生素选择压力下的表达规律，将有助于对这些耐药菌产生耐药性的进一步认识，同时，相关数据也能为建立针对抗生素的环境安全评估和预警体系提供线索。

本书中，以施用过畜禽粪肥土壤中常见的致病菌炭疽芽孢杆菌菌株（*Bacillus anthracis* SYN201）和弗氏志贺菌菌株（*Shigella flexneri* NJJN802）为目标菌株，利用 RT-PCR 方法考察了它们在含有不同浓度磺胺类药物的培养基中生长不同时间时，3 种抗性基因（*sul*1、*sul*2、*sul*3）的表达变化。

1. 材料与方法

1）实验材料

革兰氏阳性菌（G$^+$）：炭疽芽孢杆菌。

革兰氏阴性菌（G$^-$）：弗氏志贺菌。

RNA 提取试剂盒（RNApro Total RNA Isolation Reagent）购自上海启动元生物科技有限公司，cDNA 逆转录试剂盒购自北京全式金生物技术有限公司。

2）实验方法

（1）磺胺类耐药菌的生长曲线分析。取 3 mL 在 LB 培养基上活化 6 小时的测试菌株（SYN201 或 NJJN802）接种到装有 150 mL LB 液体培养基或含 60μg/mL 磺胺嘧啶 LB 液体培养基的三角瓶中，振荡混匀后，取 2 mL 于分光光度计上测定 OD600，此为培养 0 小时的读数。将接种菌株后的三角瓶置于摇床上，37℃下，180r/min 振荡培养，每间隔 1～2 小时取 2mL 菌液测定 OD600，直至培养后的第 96 小时。

（2）不同诱导时间对磺胺类耐药菌中抗性基因表达的影响。将待测菌株培养在含 60μg/mL 磺胺嘧啶的 LB 液体培养基中，分别培养 0、6 小时、12 小时、24 小时、36 小时、48 小时、72 小时、96 小时，离心收集菌株，提取菌株总 RNA，逆转录成 cDNA 第一链后，进行荧光实时定量 RT-PCR 分析；其间设置平行对照，即同样的菌株在不含抗生素的液体培养基中培养 0、6 小时、12 小时、24 小时、36 小时、48 小时、72 小时、96 小时，分析抗性基因的表达变化。

（3）不同浓度的磺胺嘧啶对磺胺类耐药菌抗性基因表达的影响。在（2）分析结果的基础上，将菌株 *Bacillus anthracis* SYN201 和 *Shigella flexneri* NJJN802 分别接种在含有不同浓度（0、2μg/mL、8μg/mL、16μg/mL、32μg/mL、64μg/mL 和 1024μg/mL）磺胺嘧啶的 LB 液体培养基中，37℃分别培养 72 小时或 36 小时，离心收集菌株，提取菌株总 RNA，-80℃保存备用。

根据 RNA 提取试剂盒说明书提取不同时间或不同浓度下的细菌总 RNA，测定总 RNA 的 A260 和 A280，并结合琼脂糖凝胶电泳检测总 RNA 的浓度、纯度和质量。

按照逆转录试剂盒说明书，利用 TransScript One-Step gDNA Removal 和 cDNA Synthesis SuperMix 逆转录试剂盒对提取的不同时间点或不同浓度下的总 RNA 样品（4μg）分别进行逆转录，合成 cDNA 第一链作为荧光实时定量 RT-PCR 分析的模板。

qPCR 分析：以 16S rDNA 基因作为内参基因，*sul*1、*sul*2 和 *sul*3 引物序列见表 4-5。参照 Ultra SYBR mixture 试剂盒说明书在 CFX96 Touch™ Real-Time PCR Detection System（Biorad）仪上进行 Real-Time PCR，扩增条件参照第 4 章相关方法。将目标菌株培养在不含抗生素的液体培养基中，以此培养的菌株总 RNA 作为对照，以方山土样为阴性对照组，将实验组的ΔCt 值减去对照组的ΔCt 值，结果采取 2-ΔΔCt 法进行数据处理，分析抗生素胁迫下的抗性基因表达。

（4）磺胺嘧啶残留量测定。利用高效液相（HPLC）测定上述培养过程中各个时间点培养基中磺胺嘧啶的残留量。HPLC 分析方法参照 Lai 等（2008）的方法，所用仪器为 Waters2695 型 HPLC，检测波长为 270nm。同时，按照 10 倍倍比稀释的方法制备磺胺嘧啶标准品，同样条件下分析以获取磺胺嘧啶药物的标准曲线。根据样品检测结果，计算培养基中磺胺嘧啶的残留量。

3）数据分析

参照 4.2.2 节相关方法。

2. 研究结果

1）磺胺类药物对耐药菌生长的影响

对菌株 SYN201 和 NJJN802 在含磺胺嘧啶的培养基和不含磺胺嘧啶的培养基中培养时的生长曲线分析结果（图 4-7）显示：菌株 SYN201 和 NJJN802 的对数生长期均出现在培养后的 1~16 小时，磺胺嘧啶的加入并没有改变这两株菌的生长曲线，甚至对其生长也没有明显的影响。

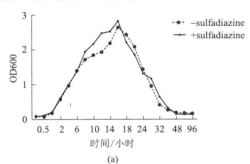

(a)

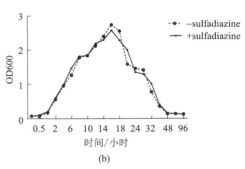

(b)

图 4-7　磺胺类耐药菌株 SYN201（a）和 NJJN802（b）的生长曲线

2）耐药菌培养过程中的培养基内磺胺嘧啶含量的变化

检测了两种菌株在生长过程中培养基内磺胺嘧啶残留量的变化（图 4-8），结果发现：在检测的 4 天内，培养基中磺胺嘧啶含量整体上呈现出一种非常缓慢的下降趋势。培养 96 小时后，菌株 201 和 802 培养基中磺胺嘧啶的含量分别为培养前的 88.5%和 96.1%。

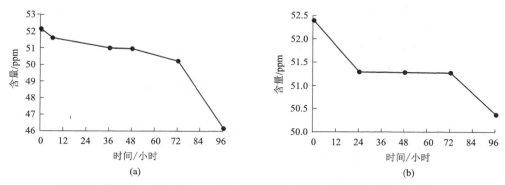

图 4-8　菌株 201（a）和 802（b）培养过程中培养基中磺胺嘧啶残留量的变化

3）耐药菌菌株中抗性基因的表达

（1）培养时间对 *sul* 基因表达的影响。检测了耐药菌菌株 SYN201 和 NJJN802 在含磺胺嘧啶（60μg/mL）的 LB 液体培养基中培养不同时间后 3 种抗性基因的表达变化，结果发现：无论培养基中是否存在磺胺类药物，菌株 SYN201 中 3 种磺胺类抗性基因在培养的第 0～48 小时表达量很低，无明显的变化，但在其后的 72 小时则出现一个明显的表达峰，并在 96 小时恢复到一个很低的水平（该菌株在无磺胺嘧啶的培养基中培养时，*sul3* 基因的表达呈现出一个非常缓慢的上升趋势）[图 4-9（a）～（c）]。

尽管磺胺类药物的加入并不能改变菌株 SYN201 中 *sul1*、*sul2* 和 *sul3* 基因表达峰的特定出现时间（培养 72 小时），但可以明显提高该培养时间下的表达水平：与未加磺胺嘧啶的对照组相比，培养 72 小时时，菌株 SYN201 中 *sul1*、*sul2* 和 *sul3* 的表达量分别提高了 2.5 倍、4.8 倍和 3.2 倍。数据同时显示：在未添加磺胺嘧啶培养 36 小时的情况下，菌株 NJJN802 中 *sul1* 基因的表达水平最高，其次是 *sul2* 基因，而 *sul3* 基因的表达水平最低；在添加磺胺嘧啶培养 36 小时的情况下，*sul2* 基因的表达水平明显高于 *sul1* 和 *sul3*，其 mRNA 水平分别是后者的 1.1 倍和 1.6 倍。

菌株 NJJN802 中 3 种磺胺类抗性基因的特征表达峰出现在培养后的 36 小时，磺胺类药物的添加也不能改变其抗性基因表达峰出现的时间，但可以影响抗性基因的表达水平。与未加磺胺嘧啶的对照组相比，培养 36 小时时，菌株 NJJN802 中 *sul1*、*sul2* 和 *sul3* 的表达量分别提高了 3.7 倍、6.0 倍和 5.0 倍。与菌株 SYN201 不同的是，菌株 NJJN802 中 3 种磺胺类抗性基因的相对表达水平基本一致[图 4-9（d）～（f）]。

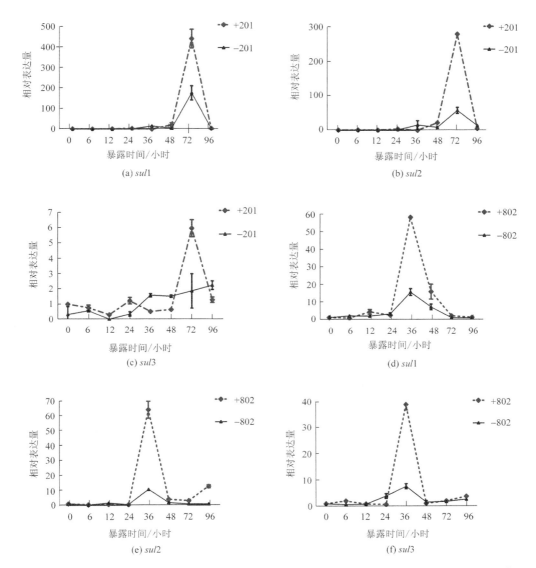

图 4-9　不同培养时间下菌株 SYN201[（a）～（c）] 和 NJJN802[（d）～（f）]中 *sul* 基因的表达

（2）磺胺嘧啶浓度对耐药菌菌株中 *sul* 基因表达的影响。

根据抗性基因在不同时间的表达分析结果，将菌株 SYN201 和 NJJN802 分别接种在含有不同浓度磺胺嘧啶的 LB 培养基中培养 72 小时（菌株 SYN201）和 36 小时（菌株 NJJN802），提取总 RNA，利用 RT-PCR 方法检测 *sul* 基因的相对表达，结果显示：随着培养基中磺胺嘧啶浓度的升高（0～1024μg/mL），菌株 SYN201 和 NJJN802 中 *sul* 基因的表达量整体上呈现出明显上升的趋势，但 32 μg/mL 和 64 μg/mL 的磺胺嘧啶对菌株 NJJN802 中 *sul2* 和 *sul3* 表达的诱导效应似乎反而有所减弱（图 4-10）。数据同时显示，在同一株菌内，3 种磺胺类抗性基因的表达水平有较为明显的差异：就菌株 SYN201 而言，*sul1* 基因的表达量最高，其次是 *sul2*，表达量最低的是 *sul3*；而在菌株 NJJN802 中，

*sul*1 基因的表达量最高，分别为 *sul*2 和 *sul*3 的 4.7 倍和 18.7 倍。

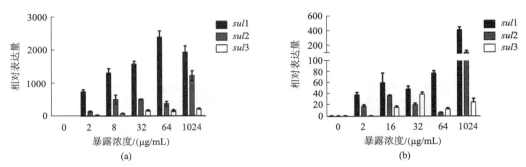

图 4-10　磺胺耐药菌菌株 SYN 201（a）和 NJJ 802（b）中 *sul* 基因在不同磺胺嘧啶浓度下的表达

3. 讨论

尽管已有一些关于环境介质中磺胺类药物残留的检测报告（陈昇等，2008；冀秀玲等，2011），但有关磺胺类药物在微生物培养过程中的动力学变化并未见有报道。本书，检测了培养基中的磺胺嘧啶在耐药菌培养过程中的变化，发现其在培养过程中呈现出一种缓慢下降的趋势，至观察期结束的第 96 小时，培养基中残余的磺胺嘧啶量为培养前的 88.5% 和 96.1%，这种高残留抗生素的存在必然对菌株的生长产生生长效影响。然而，有意思的是：磺胺嘧啶的存在与否并不影响耐药菌菌株的生长（菌株生长曲线无明显的改变），也不影响菌株中抗性基因的表达特征（即菌株 SYN201 和 NJJN802 中的抗性基因 *sul* 在整个培养过程中仅分别在培养的 72 小时和 36 小时出现了一个明显的表达峰，而在其他时间基本不表达），磺胺嘧啶的存在只是提高了这两个菌株在特定时间下抗性基因的表达水平。

磺胺类药物的化学结构类似于对氨基苯甲酸（para aminobenzoic acid，PABA，一种细菌生长过程中必需的与二氢叶酸生物合成有关的化合物），因此，其可以与对氨基苯甲酸竞争二氢叶酸合成酶，阻断细菌中二氢叶酸的生物合成，进而抑制以二氢叶酸为底物的四氢叶酸的生物合成过程，影响核酸前体物嘌呤和嘧啶的合成，从而抑制细菌的正常生长和繁殖（Skold，2000）。研究显示：细菌对磺胺类药物产生抗性的原因主要是 DHPS 基因发生点突变（如 Phe28-Ile、Arg58 和 Pro59 的重复及 Gly60-Ser61 之间 Arg 的插入）或非同源重组（可能与基因水平转移有关）（Skold，2000；Enne et al.，2002；Perreten and Boerlin，2003），其中 DHPS 的突变基因 *sul* 1～3 被认为是耐药菌产生磺胺药物耐药性的主要相关基因，它们与磺胺类的结合能力相对于野生型降低了 10 000 倍左右（Suzuki and Phan，2012；Yun et al.，2012）。本书研究发现：在磺胺嘧啶存在的情况下，*sul*1～3 基因在菌株的对数生长期并没有表达。因此，菌株不可能通过改变 DHPS 结构以降低其与磺胺嘧啶的结合能力来实现二氢叶酸的正常合成。基于二氢叶酸对微生物生长的重要性推测：此阶段微生物生长的环境中可能存在以二氢叶酸为底物合成的四氢叶酸，或者培养基中存在大量的嘌呤或嘧啶类成分，它们可以满足细菌正常生长和繁殖的需要。而事实上，LB 培养基的主要成分之一——酵母提取物（富含蛋白质、肽、核苷酸、氨基酸及维生素等成分）中就可能存在着这些微生物核酸合成所必需的成分。此外，对数生长期的菌株不表达 sul 1~3 基因的另一个原因可能是培养基中加入的磺胺嘧啶量（60μg/mL）尚不足以完全阻断菌株生长环境中二氢叶酸合成前体物质对氨基苯甲酸与二氢叶酸合成酶的结合，即在对数生长期内，菌株培养环境中存有大量的对氨基苯甲酸或者表达有很高水平的二氢叶酸合成酶。事实上，研究中也发现，在低浓度磺胺嘧啶存在的情况下，sul 1~3 基因并不表达，而随着培养基中磺胺嘧啶含量的升高，sul 1~3 基因的表达呈现出明显的上升趋势。随着培养基中与嘌呤和嘧啶等合成有关成分的消耗，磺胺嘧啶对菌株的生长抑制作用开始出现，这可能是菌株在特定时间表达 sul 1~3 基因的原因。但是，难以解释的是：3 种抗性基因在该特定时间表达后又迅速下降至一个极低的水平，这与实验预期完全相反。

迄今为止，国内外已有不少文献报道了环境介质及耐药菌中 3 种磺胺耐药基因的分布水平（Byrne-Bailey et al.，2009；Phuong Hoa et al.，2010；Phuong Hoa et al.，2008），但有关 3 种磺胺类耐药基因在耐药菌中的表达特征并未见有报道，本书结果显示两个不同菌株在培养不同时间或不同磺胺嘧啶中培养时，菌体内 sul1 的表达量最高，而 sul3 的表达相对很低，结合在研究中发现的菌株中磺胺耐药基因的表达具有特定表达时间这一结果，推测这 3 种耐药基因在微生物体内的表达可能存在着一种严谨的表达调控模式。有关这 3 种耐药基因的表达调控有待进一步研究。

4.3　生物富集性

生物富集作用是指药物从环境进入生物体内蓄积，进而在食物链中相互传递与富集的能力。药物的生物富集作用越强，对生物的污染与慢性危害越大。通常以生物富集系数（bioconcentration factors，BCF）来度量药物在生物体累积的趋势，描述生物对污染物质富集效应的指标，在污染物环境和健康风险评价中占有非常重要的地位。本书选择几类典型兽药品种进行鱼类生物富集性研究，为评价其环境风险提供依据。

参照 EPA 方法中 *Ecological Effects Test Guidelines OPPTS 850.1730. Fish BCF*、《化学农药环境安全评价试验准则》（GB/T 31270.14—2014）和《化学品试验方法》（环境保护部化学品登记中心，2013）中的相关方法，研究磺胺类兽药在鱼体中的生物富集性。

4.3.1　供试材料与方法

1. 供试材料

1）供试兽药

磺胺二甲嘧啶（纯度 99.0%，sulfamethazine，SMT）；磺胺甲噁唑（纯度 99.0%，sulfamethoxazole，SMX）；喹乙醇（纯度 99.0%，olaquindox）。上述标准品均购自美国 Sigma 公司。

内标物质为氘代磺胺甲噁唑-d_4（纯度 98.0%，sulfamethoxazole-d_4，SMX-d_4），购

于多伦多研究化学品公司（North York，Ontario）。

2）试验鱼种

斑马鱼（*Brachydanio rerio*），试验开始时鱼体长（连尾）2～3cm，体重 0.05～0.10g/尾，每一试验浓度的试验鱼 20 尾。试验前在室内驯养一周，预养期间斑马鱼生长正常，无死亡。

3）仪器设备

WATERS e2695/2998 液相色谱仪，PDA 检测器（Waters，USA）；Excella E24R 全温度振荡器（New Brunsuick Scientific，USA）；Rotavapor R-210 旋转蒸发仪（BUCHI，SW）；CR 22GⅡ离心机（HITACHI，JP）；MG-2200 氮吹仪（EYELA，JP）；VCX500 超声破碎仪（美国 sonics 公司）。

4）供试试剂

硫酸、氨水、无水硫酸钠（均为分析纯，南京化学试剂有限公司，中国）；甲醇、丙酮、乙腈（均为色谱纯，Merck 公司，德国）。

2. 试验方法

1）磺胺类药物试验方法

（1）染毒方法。本试验采用《化学品测试导则》OECD 305 鱼类生物富集试验方法，并参考《化学农药环境安全评价试验准则》，采用半静态法对几个典型兽药进行生物富集效应研究。为评价其对生态环境的安全性提供科学依据。

半静态试验法：试验期间每隔 24 小时更换一次药液，以保持试验药液的浓度不低于初始浓度的 80%。

试验用水为经曝气去氯处理 24 小时的自来水。试验容器为口径 29cm、容积 15L 的玻璃缸。相关资料显示，磺胺类兽药的生物急性毒性较低，水体中使用量较大，则药物对生物体的富集性需要受到关注。本试验设置了 0.01mg/L、0.05mg/L、0.10mg/L、0.50mg/L、1.00mg/L 五组浓度处理，在每个试验缸中配制 10L 药液，投入斑马鱼 50 尾，试验温度控制在 23±2℃。

试验设置五组药液浓度分别为 0.01mg/L、0.05mg/L、0.10mg/L、0.50mg/L、1.00mg/L 的处理，另设一组空白对照，每个处理设 3 个重复。试验采用半静态法，每隔 24 小时更换一次药液，以保持试验药液的浓度不低于初始浓度的 80%。定期采集鱼样和水样，测定鱼体内和药液中的磺胺类药物浓度。同时，定期测定试验溶液的溶解氧和 pH 等水质参数。

（2）分析方法。水样处理：取水样加入含 2.0 mL 甲醇的具塞磨口 10 mL 试管中至刻度，摇混，过 0.22 μm 滤膜，待液质测定。

鱼样：取 2.0g（8 尾）鱼样，加入 4g 无水硫酸钠碾磨，将鱼样磨碎脱水，加入 30 mL 乙腈，匀浆 2 分钟，以 6000 r/min 离心，过滤后，置于冰箱中（-20℃）冷冻 40 分钟，取出后立即过滤；然后加乙腈 20mL 用上述方法提取一次，合并提取液，经旋转蒸发至近干，N$_2$ 吹干后甲醇定容，过 0.45μm 滤膜待高效液相色谱测定。

超高效液相色谱条件：色谱柱，ACQUITY UPLC BEH C$_{18}$ 柱（1.7μm，2.1mm×50mm；Waters）；流速 0.1mL/min，进样 5μL。流动相：A，乙腈；B，0.1% 甲酸/水（体积比），梯度洗脱条件见表 4-9。

表 4-9 流动相梯度洗脱条件

时间/分钟	流速/（mL/min）	A/%	B/%
0	0.1	4	96
3	0.1	10	90
8	0.1	20	80
12	0.1	40	60
16	0.1	20	80
16.1	0.1	4	96
20	0.1	4	96

质谱条件：电喷雾离子源（ESI）；离子源温度为 120℃；脱溶剂温度为 350℃ ；脱溶剂气和锥孔气为氮气；碰撞气为高纯氩气；脱溶剂气流速为 600L/h；锥孔气流速为 50 L/h；采用多反应监测模式（MRM）检测。质谱采集参数见表 4-10。

表 4-10 磺胺类药物的质谱检测条件

名称	定性离子对（m/z）	定量离子对（m/z）	锥孔电压/V	碰撞能量/V
磺胺嘧啶	250.88 > 107.84	250.68 > 155.78	30	15/20
磺胺甲嘧啶	264.92 > 171.74	264.92 > 155.78	30	15/20
磺胺二甲嘧啶	278.89 > 91.89	278.94 > 185.82	25	15/25
磺胺二甲氧嘧啶	309.42 > 91.97	311.10 > 155.81	25	20/30
磺胺甲恶唑	309.42 > 91.91	253.95 > 155.79	25	15/20

2）喹乙醇药物试验方法

（1）染毒方法。按照《化学农药环境安全评价试验准则》，在进行斑马鱼生物富集试验前，应开展 LC$_{50}$ 的测定。以 10mg/L 的暴露浓度进行 96 小时毒性测试，考察其致死量。

采用半静态试验法（喹乙醇具有光不稳定性），每 24 小时更换一次药液，每个浓度下作两个平行，同时作不加鱼的对照。实验 0、24 小时、48 小时、96 小时、144 小时和 192 小时采集水样、鱼样，测定其中农药含量。

（2）分析方法。

水中喹乙醇的测定采用直接过滤测定法。

鱼体中喹乙醇及 MQCA 的测定：由于斑马鱼个体较小，肌肉组织同其他鱼类及畜禽也有较大不同。因此，对鱼体中喹乙醇的提取方法进行了比较研究，以获得准确可靠的检测方式。喹乙醇及 MQCA 的添加浓度均设置为 0.1 mg/kg 和 1mg/kg。①超声提取功率的选择：鱼样采集后，采用玛瑙研钵将其研成肉沫状，采用乙腈作为提取溶剂，分别在 40%、60%和 90%的超声功率下进行提取（每个功率下设置 3 个平行，提取时间选择 10 分钟）。提取完成后，采用过无水硫酸锌+中性氧化铝（或正己烷）去脂净化的方式，对提取液进行净化，净化液经过旋转蒸发浓缩，乙腈定容，待 UPLC-MS 测定。②净化效率的比较：分别采用Ⅰ无水硫酸锌+中性氧化铝和Ⅱ正己烷去脂去蛋白的方式，其他步骤同①。

整个实验过程采用避光的措施，防止喹乙醇的光解作用对结果产生影响。

MQCA 的 UPLC 测定参数同喹乙醇。MS 测定参数如下：母离子 188.91；子离子 170.9；CE10；Cone23。

（3）数据处理。若试验结束时水体及鱼体中药物含量变化已基本达到平衡，此时鱼体对药物的富集系数为

$$BCF=C_{fs}/C_{ws} \tag{4-1}$$

式中，C_{fs} 为平衡时鱼体药物含量（mg/L）；C_{ws} 为平衡时水中药物含量（mg/L）。

若试验结束时，鱼体中药物浓度未达到平衡，用 BCF_{8d} 表示。

4.3.2 研究结果

1. 磺胺类药物实验结果与讨论

1）磺胺类药物在鱼体中的生物富集作用

磺胺类药物生物富集性试验结果见表 4-11 和表 4-12，其走势图见图 4-11 和图 4-12。结果显示，试验 8 天期间，当暴露浓度为 0.01~1.00mg/L，鱼体对磺胺二甲嘧啶的生物富集系数 BCF_{8d} 为 0.024~0.200；鱼体对磺胺甲噁唑的生物富集系数 BCF_{8d} 为 0.118~0.584。

表 4-11　磺胺二甲嘧啶在鱼体中的富集效应

时间/小时	BCF 值				
	0.01mg/L	0.05mg/L	0.10mg/L	0.50mg/L	1.00mg/L
0	—	—	—	—	—
6	0.181	0.107	0.163	0.184	0.095
24	0.292	0.126	0.047	0.320	0.100
48	0.573	0.049	0.297	0.176	0.259
72	0.182	0.026	0.153	0.112	0.100
96	0.293	0.015	0.092	0.095	0.085
168	0.114	0.032	0.196	0.060	0.095
192	0.200	0.129	0.186	0.024	0.082

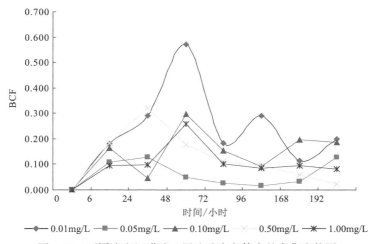

图 4-11　不同浓度组磺胺二甲嘧啶在鱼体中的富集走势图

表 4-12　磺胺甲噁唑在鱼体中的富集效应

时间/小时	BCF 值				
	0.01mg/L	0.05mg/L	0.10mg/L	0.50mg/L	1.00mg/L
0	—	—	—	—	—
6	0.168	0.117	0.172	0.210	0.098
24	0.380	0.189	0.026	0.420	0.109
48	0.758	0.095	0.361	0.152	0.282
72	0.711	0.034	0.196	0.083	0.091
96	1.113	0.087	0.222	0.198	0.201
168	0.717	0.157	0.941	0.279	0.205
192	0.584	0.216	0.278	0.118	0.155

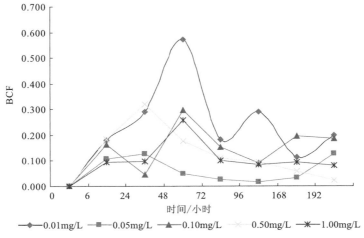

图 4-12　不同浓度组磺胺甲噁唑在鱼体中的富集走势图

根据我国生物富集性等级划分标准,磺胺二甲嘧啶和磺胺甲噁唑在鱼体中的 BCF_{8d} 均小于 10,生物富集性弱。

2)磺胺二甲嘧啶 BCF 值的估算

药物在生物体内的富集作用与药物的水溶性、脂溶性、辛醇/水分配系数、土壤吸附分配系数等密切相关,磺胺二甲嘧啶的理化性质见表 4-13,根据药物的以上性质可以推算出药物的 BCF 值。

表 4-13　磺胺二甲嘧啶的理化性质

药名	分子量	辛醇/水分配系数 lgK_{ow}	水溶解度/(mg/L, 29℃)	土壤吸附分配系数(K_{oc},无锡水稻土)
磺胺二甲嘧啶	278.32	0.89	1500	157.3

较著名的是 Veith 等(1979)利用一系列的鱼种和 84 种不同的化合物经实验得到的估算式:

$$lg\,BCF=0.76\times lgK_{ow}-0.23 \tag{4-2}$$

根据式(4-2)可求得磺胺二甲嘧啶的生物富集系数 BCF 为 2.80。

由水溶解度估算 BCF:可以使用 Kenaga 和 Goring(1980)在实验室通过对各种鱼种和 36 种有机物进行研究后推得的估算式:

$$lg\,BCF= -0.564\times lg\,S+2.791 \tag{4-3}$$

根据式(4-3)可求得烯啶虫胺的生物富集系数 BCF 为 9.99。

由土壤吸附分配系数估算 BCF:K_{oc} 和 BCF 之间是经验性的关系,事实上,土壤对一定有机物的亲和力,可能同化合物与生态系统中某些部分的亲和力有关,Kenaga 和 Goring 从少量土壤吸附分配系数测定值推导出了以下的估算式,相关性相当好。

$$lgBCF = 1.12\,lgK_{oc}-1.58 \tag{4-4}$$

根据式(4-4)可求得烯啶虫胺的生物富集系数 BCF 为 7.59。

以上估算公式计算出的 BCF 值均小于 10,根据我国生物富集性等级划分标准,磺胺二甲嘧啶属低生物富集性,与试验结果相一致。

3)结论

磺胺类药物在不同浓度组中富集性均较弱。磺胺二甲嘧啶富集量最大时期出现在加药后的 24~48 小时,磺胺甲噁唑为 96~168 小时,之后鱼体体内药物富集浓度开始下降,推测磺胺类药物在鱼体内富集后,自身体内进行了消解。磺胺二甲嘧啶生物富集性试验结果与相关公式估算出的结果相一致,均属于低富集性。

2. 喹乙醇实验结果与讨论

1)浓度设置

在喹乙醇 10mg/L 暴露浓度下,斑马鱼死亡率为 0,因此其 $LC_{50}\geq 10mg/L$,喹乙醇生物富集正式试验水中浓度设定为 0.1mg/L 和 1mg/L 两组。

2）分析方法及回收率

喹乙醇/MQCA 的标准曲线见图 4-13，标准曲线的线性范围为 0.01～1mg/L，相关系数≥0.990，满足样品测试要求。

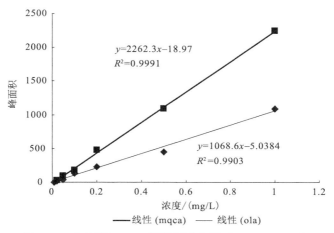

图 4-13 喹乙醇/MQCA 测定标准曲线（0.01～1 mg/L）

采取超声提取，各种超声功率下，喹乙醇及 MQCA 的添加回收结果见表 4-14。综合比较各种超声提取功率下，喹乙醇及 MQCA 的提取效率，可知超声功率 60%为最佳提取条件，功率过低则提取不完全，功率过高部分目标物发生了声化学降解，均会影响提取效率。

表 4-14　超声功率对提取效率的影响

物质	超声功率/%	添加浓度/（mg/kg）	平均测定浓度/（mg/kg）	平均回收率/%	RSD/%
喹乙醇	40	0.1	0.035	35	2.8
	60		0.072	72	3.5
	90		0.050	50	7.9
	40	1	0.49	49	3.8
	60		0.75	75	2.4
	90		0.73	73	9.0
MQCA	40	0.1	0.042	42	12.2
	60		0.094	94	3.6
	90		0.025	25	5.4
	40	1	0.54	54	4.4
	60		1.12	102	4.8
	90		0.72	72	6.2

选择 60%超声功率，比较硫酸锌+中性氧化铝和正己烷去脂净化的提取效率，结果如表 4-15 所示。

表 4-15　不同净化方式对提取效率的影响

物质	净化方式	添加浓度/ （mg/kg）	平均测定浓度/ （mg/kg）	平均回收率/%	RSD/%
喹乙醇	1*	0.1	0.071	71	2.1
	2**		0.074	74	1.3
	1*	1	0.67	67	4.7
	2**		0.75	75	2.1
MQCA	1*	0.1	0.112	112	5.2
	2**		0.076	76	1.6
	1*	1	0.914	91.4	8.4
	2**		0.75	75	0.3

注：1*表示正己烷净化方式；2**表示无水硫酸锌+中性氧化铝净化方式。

鱼类的脂肪和蛋白均会对目标物的测定产生一定的影响，或干扰仪器测定的基线，或使定容液中发生分层而降低测定结果。因此，合适的净化方式会去除这些干扰，从而提高测定精度。由表 4-14 和表 4-15 可知，两种净化方式下，喹乙醇及 MQCA 的提取效率均较高，相比之下，无水硫酸锌+中性氧化铝对喹乙醇和 MQCA 净化的效率更稳定（74%~76%）。

3）结果与讨论

将各时间点下获得的喹乙醇溶液浓度和鱼体浓度按照富集系数进行计算，得到生物富集的动态特性，结果见表 4-16。

表 4-16　喹乙醇在斑马鱼体内的生物富集特性

BCF	$F_{0.25}$-1	$F_{0.25}$-2	F_1-1	F_1-2
0	0	0	0	0
1	0.07	0.11	0.07	0.10
2	0.09	0.08	0.02	0.010
4	0.46	0.14	0.04	0.080
6	0.09	0.12	0.25	0.11
8	0.13	0.06	0.02	0.030

由上可知，以溶液浸泡法获得的喹乙醇在斑马鱼体内的生物富集系数为 0.11~0.46，试验期间鱼体内已达富集的平衡浓度，分别出现在第 4 天和第 6 天。根据《化学农药环境安全评价试验准则》对富集特性的评价等级，喹乙醇属低生物富集特性。

为了考察喹乙醇富集过程中，其在鱼体内的代谢情况，对代谢标志物 MQCA 进行了跟踪测定，结果见表 4-17。

表 4-17　MQCA 在斑马鱼体内的产生情况　　　　　（单位：mg/kg）

C	$F_{0.25}$-1	$F_{0.25}$-2	F_1-1	F_1-2
0	—*	—	—	—
1	0.003	—	0.005	0.009

续表

C	$F_{0.25}$-1	$F_{0.25}$-2	F_1-1	F_1-2
2	0.006	—	0.013	0.018
4	0.019	0.006	0.013	0.004
6	0.007	0.016	—	—
8	0.013	0.010	—	0.002

注：一*表示测定结果低于检测限。

跟踪监测结果表明，喹乙醇生物富集过程中，其代谢物 MQCA 的产生量很低，水体中的浓度≤0.001，鱼体中的浓度为 0.001～0.019，出现在第 4 天和第 6 天。因此，喹乙醇属低生物富集特性。

参 考 文 献

安婧, 周启星. 2009. 药品及个人护理用品（PPCPs）的污染来源、环境残留及生态毒性. 生态学杂志, 28（9）: 1878-1890.

陈海刚, 李兆利, 徐韵, 等. 2006. 3 种兽药及饲料添加剂对鱼类的毒理效应. 生态与农村环境学报, 22（1）: 84-86.

陈昇, 董元华, 王辉, 等. 2008. 江苏省畜禽粪便中磺胺类药物残留特征. 农业环境科学学报, 27（1）: 385-389.

陈进军, 马驿, 孙永学, 等. 2010. 兽药残留对生态环境影响的研究进展. 中国兽医科学, 40（6）: 650-654.

丁远廷. 2013. 细菌耐药机制的国内外最新研究进展. 现代预防医学, 40（6）: 1109-1111.

黄芬, 叶绍辉, 龚振明. 2007. 己烯雌酚的研究进展. 中国畜牧兽医, 34（2）: 51-54.

何春鹏, 王恬, 刘文斌. 2006. 喹乙醇对草鱼肝细胞和胰腺外分泌部细胞的毒理研究. 浙江大学学报（农业与生命科学版）, 32（6）: 651-657.

何金华, 丘锦荣, 贺德春. 2012. 磺胺类药物的环境行为及其控制技术研究进展. 广东农业科学, 39（7）: 225-229.

冀秀玲, 刘芳, 沈群辉, 刘扬. 2011. 养殖场废水中磺胺类和四环素抗生素及其抗性基因的定量检测. 生态环境学报, 20（5）: 927-933.

康亦珂, 汝少国, 王蔚. 2010. 环境内分泌干扰物快速筛选方法研究进展. 科技导报, 28（12）: 99-103.

李俊锁, 邱月明, 王超. 2002. 兽药残留分析. 上海: 上海科学技术出版社.

刘芳, 胡胜利, 周玉宝. 2011. 细菌耐药机制研究进展. 中国误诊学杂志, 11（23）: 5563-5564.

刘菲, 蒲力力. 2006. 环境内分泌干扰物对男性生殖健康影响的研究进展. 生殖医学杂志, 15（6）: 425-428.

刘洁生, 杨维东, 张信连. 2005. 环境内分泌干扰物对生物和人体健康的影响. 国外医学: 临床生物化学与检验学分册, 26（6）: 349-351.

綦廷娜, 刘志广, 王涛, 等. 2011. 琼脂糖凝胶电泳与核酸印迹杂交法检测细菌毒力基因 PCR 产物的灵敏度比较研究. 疾病监测, 26（8）: 651-653.

史熊杰, 刘春生, 余珂, 等. 2009. 环境内分泌干扰物毒理学研究. 化学进展, 21（Z1）: 340-349.

谭彦君, 李宁. 2011. 国内外分泌干扰物筛选评价体系研究进展. 卫生研究, 40（2）: 270-272.

唐正义, 叶盛群. 2006. 己烯雌酚对泥鳅红细胞的诱导作用. 内江师范学院学报, 21（6）: 52-54.

田兴贵, 李江森, 主性, 等. 2010. 己烯雌酚对幼年香猪睾丸细胞的影响. 畜牧兽医学报, 41（11）: 1510-1514.

田兴贵, 李江森, 主性, 等. 2011.己烯雌酚对幼年香猪睾丸肥大细胞数量的影响. 西南大学学报（自然科学版）, 33（8）: 27-30.

王丽梅, 罗义, 毛大庆, 等. 2010. 抗生素抗性基因在环境中的传播扩散及抗性研究方法. 应用生态学报, 21（4）: 1063-1069.

王娜, 杨晓洪, 郭欣妍, 等. 2015. 磺胺类耐药菌中抗性基因 *sul* 的表达规律. 生态毒理学报, 10（5）: 75-81.

吴静, 吴洁, 朱轶庆. 2007. 雌激素类药物对去卵巢大鼠生殖内分泌免疫的影响. 江苏医药, 33（3）: 269-272.

伍吉云, 万祎, 胡建英. 2005. 环境中内分泌干扰物的作用机制. 环境与健康杂志, 22（6）: 494-497.

解美娜, 曾卫东, 张才乔, 等. 2004. 环境内分泌干扰物对动物繁殖机能的干扰作用及其机制. 中国兽医学报, 24（1）: 101-103.

杨晓洪, 王娜, 叶波平. 2014. 畜禽养殖中的抗生素残留以及耐药菌和抗性基因研究进展. 药物生物技术, 21（6）: 583-588.

叶盛群, 唐正义. 2006. 己烯雌酚对泥鳅红细胞的诱导作用. 内江师范学院学报, 21（6）: 52-54.

尹荣焕, 白文林, 吴长德, 等. 2007. 喹乙醇对小鼠免疫器官及红细胞免疫功能的影响.安徽农业科学, 3（3）: 717-718.

张志美, 郭时金, 张颖, 等. 2011.兽药残留对环境的影响. 动物医学进展, 32（8）: 104-107.

赵丹宇. 2003. 食品中激素类、抗生素类物质的残留污染及管理. 中国食品卫生杂志, 15（1）: 58-64.

朱虹, 卫兰, 王文彦, 等. 2008.己烯雌酚对小鼠脾细胞黄体生成素表达的影响. 现代预防医学, 35（22）: 4446-4449.

Agersø Y, Petersen A. 2007. The tetracycline resistance determinant Tet 39 and the sulphonamide resistance gene *sul*II are common among resistant Acinetobacter spp. isolated from integrated fish farms in Thailand. J Antimicrob Chemother, 59（1）: 23-27.

Amábile-Cuevas C F, Chicurel M E. 1992. Bacterial plasmids and gene flux. Cell, 70（2）: 189-199.

Aminov R I, Mackie R I. 2007. Evolution and ecology of antibiotic resistance genes. FEMS Microbiol Lett, 271（2）: 147-161.

Andersson D I, Levin B R. 1999. The biological cost of antibiotic resistance. Curr Opin Microbiol, 2（5）: 489-493.

Antunes P, Machado J, Sousa J C, et al. 2005. Dissemination of sulfonamide resistance genes（*sul*1, *sul*2, and *sul*3）in Portuguese Salmonella enterica strains and relation with integrons. Antimicrob Agents Chemother, 49（2）: 836-839.

Bager F, Aarestrup F M, Madsen M, et al. 1999. Glycopeptide resistance in Enterococcus faecium from broilers and pigs following discontinued use of avoparcin. Microbiol Drug Resist, 5（1）: 53-56.

Beekmann S E, Heilmann K P, Richter S S, et al. 2005. Antimicrobial resistance in streptococcus pneumoniae, haemophilus influenzae, moraxella catarrhalis and group a beta-haemolytic streptococci in 2002—2003: results of the multinational GRASP Surveillance Program. Int J Antimicrob Agents, 25（2）: 148.

Björkman J, Nagaev I, Berg O G, et al. 2000. Effects of environment on compensatory mutations to ameliorate costs of antibiotic resistance. Science, 287（5457）: 1479-1482.

Blum S A, Lorenz M G, Wackernagel W. 1997. Mechanism of retarded DNA degradation and prokaryotic origin of DNases in nonsterile soils. System Appl Microbiol, 20（4）: 513-521.

Byrne-Bailey K G, Gaze W H, Kay P, et al. 2009. Prevalence of sulfonamide resistance genes in bacterial isolates from manured agricultural soils and pig slurry in the United Kingdom. Antimicrob Agents Chemother, 53（2）: 696-702.

Chen Y S, Zhang H B, Luo Y M, et al. 2012. Occurrence and assessment of veterinary antibiotics in swine manures: a case study in East China. Chin Sci Bull, 57（6）: 606-614.

Chu T T B, Heuer H, Kaupenjohann M, et al. 2008. Piggery manure used for soil fertilization is a reservoir for transferable antibiotic resistance plasmids. FEMS Microbiol Ecol, 66（1）: 25-37.

Colborn T, Clement C R. 1992. Chemically-induced alterations in sexual and functional development—the wildlife/human connection. Princeton, N J: Princeton Scientific Pub Co.

Courvalin P. 1994. Transfer of antibiotic resistance genes between gram-positive and gram-negative bacteria. Antimicrob Agents Chemother, 38（7）: 1447-1451.

Crecchio C, Ruggiero P, Curci M, et al. 2005. Binding of DNA from on montmorillonite-humic acids-aluminum or iron hydroxypolymers. Soil Sci Soc Am J, 69（3）: 834-841.

D'Costa V, Griffiths E, Wright G D. 2007. Expanding the soil antibiotic resistome: exploring environmental diversity. Curr Opin Microbiol, 10（5）: 481-489.

Diene O, Wang W, Narisawa K. 2013.Pseudosigmoidea ibarakiensis sp nov, a dark septate endophytic fungus from a cedar forest in Ibaraki, Japan. Microbes and Environments, 28（3）: 381-387.

Dzidic S, Bedekovic V. 2003. Horizontal gene transfer-emerging multidrug resistance in hospital bacteria. Acta Pharmacologica Sinica, 24（6）: 519-526.

Enne V I, Cassar C, Sprigings K, et al. 2008. A high prevalence of antimicrobial resistant escherichia coli isolated from pigs and a low prevalence of antimicrobial resistant E coli from cattle and sheep in Great Britain at slaughter. FEMS microbiol Lett, 278（2）: 193-199.

Enne V I, King A, Livermore D M, et al. 2002. Sulfonamide resistance in Haemophilus influenzae mediated by acquisition of sul2 or a short insertion in chromosomal folP. Antimicrobial agents and chemotherapy, 46（6）: 1934-1939.

Estevez-Alberola M C, Marco M P. 2004. Immunochemical determination of xenobiotics with endocrine disrupting effects. Anal Bioanal Chem, 378（3）: 563-575.

European Chemicals Agency （REACH）. 2008. Guidance on information requirements and chemical safety assessment.

European Commission. 2007. The commission staff working document on the implementation of the "Community Strategy for Endocrine Disrupters"—a range of substances suspected of interfering with the hormone systems of humans and wildlife（COM（1999）706），（COM（2001）262）and（SEC（2004）1372），（SEC（2007）1635）. Brussels.

Glenn L M, Lindsey R L, Folster J P, et al. 2013. Antimicrobial resistance genes in multidrug-resistant salmonella enterica isolated from animals, retail meats, and humans in the United States and Canada. Microb Drug Resist, 19（3）: 175-184.

Guerrero-Bosagna C, Settles M, Lucker B, et al. 2010. Epigenetic transgenerational actions of vinclozolin on promoter regions of the sperm epigenome. Plos One, 5（9）: e13100.

Hammerum A M, Sandvang D, Andersen S R, et al. 2006. Detection of *sul*, *sul*2 and *sul*3 in sulphonamide resistant Escherichia coli isolates obtained from healthy humans, pork and pigs in Denmark. Int J Food Microbiol, 106（2）: 235-237.

Heuer H, Schmitt H, Smalla K. 2011. Antibiotic resistance gene spread due to manure application on agricultural fields. Curr Opin Microbiol, 14（3）: 236-243.

Heuer H, Smalla K. 2007. Manure and sulfadiazine synergistically increased bacterial antibiotic resistance in soil over at least two months. Environ Microbiol, 9（3）: 657-666.

Hill K E, Top M E. 1998. Gene transfer in soil systems using microcosms. FEMS Microbiology Ecology, 25（4）: 319-329.

Hoa P T P, Nonaka L, Hung Viet P, et al. 2008. Detection of the *sul*1, *sul*2, and *sul*3 genes in sulfonamide- resistant bacteria from wastewater and shrimp ponds of north Vietnam. Sci Total Environ, 405 （1-3）: 377-384.

Hu X, Zhou Q, Luo Y. 2010. Occurrence and source analysis of typical veterinary antibiotics in manure, soil, vegetables and groundwater from organic vegetable bases, northern China. Environ Pollut, 158 （9）: 2992-2998.

Huovinen P, Sundström L, Swedberg G, et al. 1995. Trimethoprim and sulfonamide resistance. Antimicrob Agents Chemother, 39 （2）: 279-289.

Huovinen P. 2001. Resistance to trimethoprim-sulfamethoxazole. Clin Infect Dis, 32 （11）: 1608-1614.

Jechalke S, Kopmann C, Rosendahl I, et al. 2013. Increased abundance and transferability of resistance genes after field application of manure from sulfadiazine-treated pigs. Appl Environ Microbiol, 79 （5）: 1704-11.

Ji X, Shen Q, Liu F, et al. 2012. Antibiotic resistance gene abundances associated with antibiotics and heavy metals in animal manures and agricultural soils adjacent to feedlots in Shanghai, China. J Hazard Mater, 235-236: 178-185.

Kadlec K, Kehrenberg C, Schwarz S. 2005. Molecular basis of resistance to trimethoprim, chloramphenicol and sulphonamides in Bordetella bronchiseptica. J Antimicrob Chemother, 56 （3）: 485-490.

Kang K S, Kim H S, Ryu D Y, et al. 2000. Immature uterotrophic assay is more sensitive than ovariectomized uterotrophic assay for the detection of estrogenicity of p -nonylphenol in Sprague-Dawley rats. Toxicol Lett, 118 （1-2）: 109-115.

Kenaga E E, Goring C A I.1980. Relationship between water solubility, soil sorption, octanol-water partitioning and concentration of chemicals in biota.Aquatic Toxicology: 78-115.

Knapp C W, Dolfing J, Ehlert P A, et al. 2010. Evidence of increasing antibiotic resistance gene abundances in archived soils since 1940. Environ Sci Technol, 44 （2）: 580-587.

Kriegeskorte A, Peters G. 2012. Horizontal gene transfer boosts MRSA spreading. Nat Med, 18 （5）: 662-663.

Kruse H, Sørum H. 1994. Transfer of multiple drug resistance plasmids between bacteria of diverse origins in natural microenvironments. Appl Environ Microbiol, 60 （11）: 4015-4021.

Lai H T, Hou J H. 2008. Light and microbial effects on the transformation of four sulfonamides in eel pond water and sediment. Aquaculture, 283 （1）: 50-55.

Lanz R, Kuhnert P, Boerlin P. 2003. Antimicrobial resistance and resistance gene determinants in clinical Escherichia coli from different animal species in Switzerland. Vet Microbiol, 91 （1）: 73-84.

Lee H H, Molla M N, Cantor C R, et al. 2010. Bacterial charity work leads to population-wide resistance. Nature, 467 （7311）: 82-85.

Levy S B, Fitzgerald G B, Macone A B. 1976. Spread of antibiotic-resistant plasmids from chicken to chicken and from chicken to man. Nature, 260 （5546）: 40-42.

Li Y X, Zhang X L, Li W, et al. 2013. The residues and environmental risks of multiple veterinary antibiotics in animal faeces. Environ Monit Assess, 185 （3）: 2211-2220.

Lorenz F W. 1943. Fattening cockerels by stilbestrol administration. Poul Sci, 22: 190-191.

Manson J M, Smith J M, Cook G M. 2004. Persistence of vancomycin-resistant enterococci in New Zealand broilers after discontinuation of avoparcin use. Appl Environ Microbiol, 70 （10）: 5764-5768.

Markey C M, MichaelsonC L, Veson E C, et al. 2001. The mouse uterotrophic assay: a reevaluation of its validity in assessing the estrogenicity of bisphenol A. Environ Health Perspect, 109 （1）: 55-60.

Martínez J L. 2008. Antibiotics and antibiotic resistance genes in natural environments. Science, 321 （5887）: 365-367.

Masny S, Mikicinski A, Sobiczewski P. 2010. Abundance of Sulfonamide-resistant Bacteria and Their Resistance Genes in Integrated Aquaculture-agriculture Ponds, North Vietnam. Prog Plant Prot: 15-22.

Mazel D. 2004. Integrons and the origin of antibiotic resistance gene cassettes-super integrons with thousands of gene cassettes may have set the stage for pathogens to develop antibiotic resistance very rapidly. ASM News-American Society for Microbiology, 70（11）: 520-525.

Mikkilä T F M, Toppari J, Paranko J. 2006.Effects of neonatal exposure to 4-tert-octylphenol, diethylstilbestrol, and flutamide on steroidogenesis in infantile rat testis. Toxicol Sci, 91（2）: 456-466.

OECD. 2012. OECD conceptual rramework for the testing and assessment of endocrine disrupting chemicals. Guidance Document 150（Annex 1.4）.

Palmer K L, Kos V N, Gilmore M S. 2010. Horizontal gene transfer and the genomics of enterococcal antibiotic resistance. Curr Opin Microbiol, 13（5）: 632-639.

Patterson A J, Colangeli R, Spigaglia P, et al. 2007. Distribution of specific tetracycline and erythromycin resistance genes in environmental samples assessed by macroarray detection. Environ Microbiol, 9（3）: 703-715.

Pei R, Kim S C, Carlson K H, et al. 2006. Effect of river landscape on the sediment concentrations of antibiotics and corresponding antibiotic resistance genes（ARG）. Water Res, 40（12）: 2427-2435.

Perreten V, Boerlin P. 2003. A new sulfonamide resistance gene （sul3） in Escherichia coli is widespread in the pig population of Switzerland. Antimicrob Agents Chemother, 47（3）: 1169-1172.

Popowska M, Rzeczycka M, Miernik A, et al. 2012. Influence of soil use on prevalence of tetracycline, streptomycin, and erythromycin resistance and associated resistance genes. Antimicrob Agents Chemother, 56（3）: 1434-1443.

Pruden A, Pei R, Storteboom H, et al. 2006. Antibiotic resistance genes as emerging contaminants: studies in northern Colorado. Environ Sci Technol, 40（23）: 7445-7450.

Rosser S J, Young H K. 1999. Identification and characterization of class 1 integrons in bacteria from an aquatic environment. J Antimicrob Chemother, 44（1）: 11-18.

Rumsey T S, Oltjen R R, Kozak A S, et al. 1975. Fate of radiocarbon in beef steers implanted with 14C-Diethylstilbestrol. J Animal Sci, 40: 550-560.

Ryan-BorchersT A, Park J S, Chew B P, et al. 2006. Soy isoflavones modulate immune function in healthy postmenopausal women. The American Journal of Clinical Nutrition, 83（5）: 1118-21125.

Sarmah A K, Meyer M T, Boxall A B A. 2006. A global perspective on the use, sales, exposure pathways, occurrence, fate and effects of veterinary antibiotics （VAs） in the environment. Chemosphere, 65（5）: 725-759.

Scholz P, Haring V, Ashman K, et al. 1989. Complete nucleotide sequence and gene organization of the broad-host-range plasmid RSF1010. Gene, 75（2）: 271-288.

Sharma R, Munns K, Alexander T, et al. 2008. Diversity and distribution of commensal fecal Escherichia coli bacteria in beef cattle administered selected subtherapeutic antimicrobials in a feedlot setting. Appl Environ Microbiol, 74（20）: 6178-6186.

Shukuwa K, Izumi S, Hishikawa Y, et al. 2006. Diethylstilbestrol increases the density of prolactin cells in male mouse pituitary by inducing proliferation of prolactin cells and transdifferentiation of gonadotropic cells. Histochemistry and Cell Biology, 126（1）: 111-123.

Skold O. 2000. Sulfonamide resistance: mechanisms and trends. Drug Resist Updat, 2000, 3（3）: 155-160.

Skold O. 2001. Resistance to trimethoprim and sulfonamides. Veter Res, 32（3-4）: 261-273.

Smalla K, Heuer H, Götz A, et al. 2000. Exogenous isolation of antibiotic resistance plasmids from piggery manure slurries reveals a high prevalence and diversity of IncQ-like plasmids. Appl Environ Microbiol, 66（11）: 4854-4862.

Smalla K, Sobecky P A. 2002. The prevalence and diversity of mobile genetic elements in bacterial communities of different environmental habitats insights gained from different methodological approaches. FEMS Microbiol Ecol, 42（2）: 165-175.

Soto A M, Sonnenschein C. 1985. The role of estrogens on the proliferation of human breast tumor cells （MCF-7）. J Steroid Biochem Mol Biol, 23（1）: 87-94.

Stromqvist M, Tooke N, Brunstrom B. 2010. DNA methylation levels in the 5' flanking region of the vitellogenin I gene in liver and brain of adult zebrafish （Danio rerio）—sex and tissue differences and effects of 17 alpha-ethinylestradiol exposure. Aquat Toxicol, 98（3）: 275-281.

Sundström L, Rådström P, Swedberg G, et al. 1988. Site-specific recombination promotes linkage between trimethoprim-and sulfonamide resistance genes. Sequence characterization of dhfrV and sulI and a recombination active locus of Tn21. Mol Gen Genet, 213（2-3）: 191-201.

Suzuki S, Hoa P T P. 2012. Distribution of quinolones, sulfonamides, tetracyclines in aquatic environment and antibiotic resistance in Indochina. Front Microbiol, 3: 67-68.

Suzuki S, Ogo M, Miller T W, et al. 2013. Who possesses drug resistance genes in the aquatic environment: sulfamethoxazole （SMX）resistance genes among the bacterial community in water environment of Metro-Manila, Philippines. Front Microbiol, 4: 102.

Suzuki S, Phan H. 2012. Distribution of quinolones, sulfonamides, tetracyclines in aquatic environment and antibiotic resistance in Indochina. Front Microbiol, 3: 67-68.

Tao R, Ying G G, Su H C, et al. 2010. Detection of antibiotic resistance and tetracycline resistance genes in enterobacteriaceae isolated from the Pearl Rivers in South China. Environ Pollut, 158（6）: 2101-2109.

Thi P, Hoa P, Managaki S, et al. 2010. Abundance of sulfonamide-resistant bacteria and their resistance genes in integrated aquaculture-agriculture ponds, North Vietnam. Interdisciplinary Studies on Environmental Chemistry—Biological Responses to Contaminants, 15-22.

Toleman M A, Bennett P M, Bennett D M C, et al. 2007 .Global emergence of trimethoprim/sulfamethoxazole resistance in Stenotrophomonas maltophilia mediated by acquisition of sul genes. Emerging Infectious Diseases, 13（4）: 559-565.

USEPA. 2005. Endocrine disruptor screening program; chemical selection approach for initial round of screening, EPA-HQ-OPPT-2004-0109.

Valderas M W, Barrow W W. 2008. Establishment of a method for evaluating intracellular antibiotic efficacy in Brucella abortus-infected Mono Mac 6 monocytes. J Antimicrob Chemother, 61（1）: 128-134.

Vandegehuchte M B, Lemiere F, Vanhaecke L, et al. 2010. Direct and transgen-erational impact on daphnia magna of chemicals with a known effect on DNA methylation. Comp Biochem Physiol C: Toxicol Pharmacol, 151（3）: 278-285.

Veith G D, DeFoe D L, Bergstedt B V. 1979. Measuring and estimating the bioconcentration factor of chemicals in fish. Journal of the Fisheries Research Board of Canada, 369: 1040-1048.

Wollenberger L, Halling-Sorensen B, Kusk K O. 2000.Acute and chronic toxicity of veterinary antibiotics to Daphnia magna. Chemosphere, 40（7）: 723-730.

Xia S, Xu B, Huang L, et al. 2011. Prevalence and characterization of human Shigella infections in Henan Province, China, in 2006. J Clin Microbiol, 49（1）: 232-242.

Yun M K, Wu Y N, Li Z M, et al. 2012. Catalysis and sulfa drug resistance in dihydropteroate synthase. Science, 335（6072）: 1110-1114.

Zhou L J, Ying G G, Liu S, et al. 2013. Excretion masses and environmental occurrence of antibiotics in typical swine and dairy cattle farms in China. Sci Total Environ, 444: 183-195.

Zhu Y G, Johnson T A, Su J Q, et al. 2012. Diverse and abundant antibiotic resistance genes in Chinese swine farms. Proc Natl Acad Sci, 110（9）: 3435-3440.

第 5 章　典型兽药的健康效应研究

5.1　己烯雌酚生殖内分泌干扰作用和作用机制研究

5.1.1　己烯雌酚体内代谢动力学研究

系统地研究己烯雌酚的生殖内分泌干扰作用，有必要了解其在实验动物体内的代谢特点。因此，开展了大鼠体内代谢试验技术方法的研究，以便为己烯雌酚的生殖内分泌干扰作用的探讨提供有力的技术支撑。

1. 代谢试验技术规程

1）颈静脉窦穿刺采血

术前准备：去除大鼠颈前部（2cm×3cm）被毛，将其仰卧位固定于解剖板上。

取血：医用棉球蘸取 75%的酒精对手术部位进行消毒，针尖沿第 2～3 肋间隙与胸骨表面呈 30°～40°沿颈静脉走行方向刺入，刺入时有穿破落空感，回抽见血表明穿刺位置正确。保持进针位置，按照实施方案采集需要血量后拔出针头，干棉球按压 30 秒止血。

应用：实验前、实验期间单次采血，采血量为 0.2～2.5mL/次。实验结束后 24 小时内定时连续取血，采血量为 0.2～0.5mL/次；实验结束 24 小时后定时间隔取血，采血量为 0.2～2.5mL/次（图 5-1）。

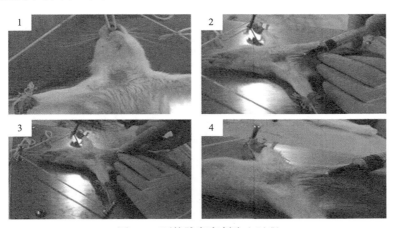

图 5-1　颈静脉窦穿刺取血过程

2）大鼠颈静脉插管采血

术前准备：10%水合氯醛腹腔注射麻醉，去除大鼠颈后部（3cm×4cm）及颈前部（2cm×3cm）的被毛。开通皮下通道，插管经皮下通道贯穿，大鼠仰卧位固定于解剖板上。

插管：75%酒精棉球擦拭手术野消毒，于颈中线偏右（或左）侧做 1～1.5cm 的纵切口，剪开皮下组织，显露右（或左）颈静脉；钝性分离长 1～1.5cm 血管，血管下穿线，结扎远心端；在血管壁剪一"V"形切口，导管置入 1.5～2.5cm，血液回流或回抽有血后固定导管，分层缝合肌肉和皮肤创口，保留 0.5mm，便于导管穿过。

采血：将外置导管连接自动化血液采集系统，实现定时定量血液的采集、抗凝及体液的补充。

应用：实验结束 24 小时内定时连续取血，采血量为 0.2～0.5mL/次（图 5-2）。

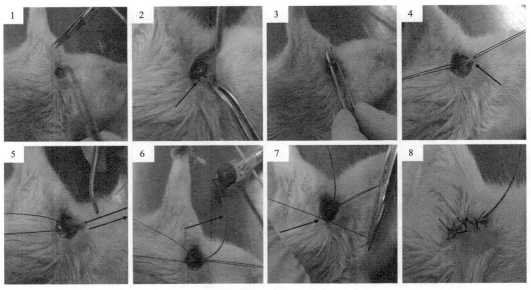

图 5-2　颈静脉插管手术过程

3）眼眶后静脉丛取血

充分固定大鼠于俯卧位后用手固定其头部，在大鼠内侧眼睑与头平面呈 60°进针，进针后轻柔地沿顺时针方向揉捻，见血源后固定针尖，使血液自针尖自然流出至采血管内，也可拔去采血针，直接收集血液于采血管内（图 5-3）。

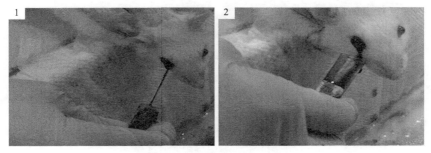

图 5-3　眼眶后静脉丛取血

1. 采血针刺破眼眶后静脉丛且留置其中，血液沿采血针流出，血质清洁度优，流速较慢；2. 采血针刺破眼眶后静脉丛并取出，血液直接流入采血管，流速较快，血质欠清洁

4）尾静脉注射

术前准备：将大鼠俯卧位或仰卧位固定于解剖板上，鼠尾置于温水中 3～5 分钟后用 75%医用酒精棉球消毒清洁。

尾静脉注射：左手扯尾，使其成一直线，距尾尖 1/4 处进针，针尖稍向下，从中指及无名指与拇指接触处稍上方刺入后稍上挑进入血管，有刺破后落空感，回抽有血表明位置正确。缓缓注入药液，可见药液在血管中呈直线柱状前行，注射过程顺畅无阻（图 5-4）。

图 5-4　尾静脉注射——注射器注射法

5）腹主动脉采血

术前准备：将大鼠仰卧位固定于解剖板上，腹部以 5%碘酊或 75%的酒精涂擦消毒。

血液采集：切开皮肤、皮下筋膜、肌肉，牵开两侧腹壁暴露手术野，用滤纸轻轻将肠管及脂肪推向左侧腹部，在脊柱前可见两条较大的血管，靠右侧颜色稍白的 1 条即腹主动脉，用弯头捏插入腹主动脉下方将其垫起，在髂总动脉分支前进针，沿腹主动脉向心性缓缓移动（防止刺破血管壁），另一端快速刺入真空采血管，血液即在压力作用下自主流入采血管内，当血量满足需要时拔出采血针即可（图 5-5）。

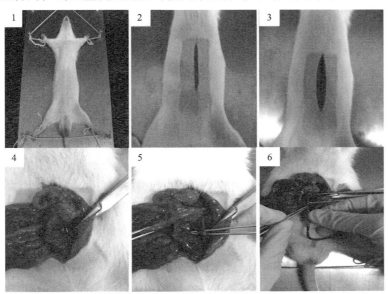

图 5-5　腹主动脉采血

1～5. 手术过程，6. 取血

2. 己烯雌酚的基本代谢特征

文献综述和实验预试提示：己烯雌酚口服后易于胃肠道吸收，静脉注射己烯雌酚后，其血浆浓度的药-时曲线符合二室开放模型，基本代谢动力学参数为：$t_{1/2}(\alpha)$=0.055h，$t_{1/2}(\beta)$=1.914h，K_{21}=4.086h^{-1}，K_{10}=3.02h^{-1}，K_{12}=6.372h^{-1}，AUC=26.7μg/（min·mL），CL=38.20L/（h·kg）。

己烯雌酚在肝脏内发生首过消除效应，代谢后逐渐失去活性，有实验证据表明己烯雌酚与葡糖苷酸结合经胆汁排出是其排泄的主要途径，也有部分经尿液和粪便排出。残留在动物体内和牛奶中的己烯雌酚通过食物链进入人体，可能导致女性更年期紊乱、生育能力降低，女童性早熟，生长发育迟缓，男性女性化等异常。此外，己烯雌酚的主要毒性还包括致癌作用，致癌靶器官主要为阴道、宫颈、子宫、卵巢、乳腺和睾丸等；胚胎毒性，包括胎鼠体重下降、畸形等；生殖毒性，主要抑制胚胎期睾丸细胞增殖，影响睾丸发育，破坏睾丸组织结构，进而影响睾丸功能的执行，甚至具有致生殖器官癌变的风险。己烯雌酚的检测方法较多，主要包括免疫学方法，如酶联免疫吸附法（enzyme-linked immunosorbent assay，ELISA）、放射免疫法（radio immunoassay，RIA）、荧光免疫法等；色谱学方法，如气相色谱法（gas chromatography，GC）、气相色谱-质谱联机法（gas chromatography-mass spectrometry，GC-MS）、高效液相色谱法（HPLC）、薄层色谱法（thin layer chromatography，TLC）等。此外，还有电化学法、化学放光法等。

5.1.2　己烯雌酚生殖内分泌干扰作用机制研究

1. 研究背景

己烯雌酚曾作为促生长剂而广泛应用于畜禽生产，促进家禽肌肉增加，增强体内蛋白质沉积和增加日增重，带来了直接的经济效益。除欧盟外，许多国家，如美国、加拿大、澳大利亚、新西兰等都曾把 DES 用作促生长剂。在临床兽医上 DES 主要用于诱导发情，排出死胎，治疗子宫炎等疾病。

DES 是亲脂性物质，较稳定，不易降解，易在人和动物脂肪及组织中残留，长期服用会导致肝脏损伤。DES 在水和土壤中很难降解，可以通过食物链在体内富积而导致多种疾病。研究发现，DES 与女性阴道和子宫颈透明细胞腺癌有密切关联，胎儿期接触DES 的妇女，34%出现生殖道异常。另有报道 DES 与女性阴道癌、子宫内膜癌、乳腺癌等有关。研究发现，孕期服用 DES 易致男性后代睾丸异常、发育不全、精子计数减少和精子活力降低等一系列生殖系统损害。DES 可致新生小鼠血液睾丸激素降低。长期暴露DES 会导致实验动物雄性雌性化，如 DES 致雄鼠催乳素细胞密度明显增加、雄性日本青鳉鱼雌性化等。鉴于上述研究结果，美国自 1959 年开始限制 DES 用于畜禽饲养，并于 1979 年正式禁止其作为添加剂应用于畜禽生产，在动物源性食品中不得检出。1998年，欧盟禁止使用 DES 作为牲畜促生长剂，并且在进口动物食品中严格监控其残留。我国也于 2002 年禁止 DES 及其酯类物质在动物源性食品中应用。

作为典型的环境内分泌干扰物，DES 的生殖健康危害研究已开展了数十年，但截至目前，DES 的动物实验研究和人群暴露（非职业暴露）研究的数据尚不能满足 DES 对人体健康危害评价的要求。因此，本书以动物模型为平台基础，研究 DES 对生殖内分泌激素水平及其合成酶关键基因的影响，以便确认 DES 的生殖内分泌干扰效应并进行敏感生物标志物的筛选和验证。文献综合分析结果如表 5-1～表 5-3 所示。

表 5-1　DES 生殖内分泌毒理学文献检索（篇）

关键词	Pubmed	西文生物医学数据库
diethylstilbestrol	9849	2084
diethylstilbestrol veterinary drug	149	9
diethylstilbestrol endocrine toxicity	286	126
diethylstilbestrol reproductive toxicity	374	125
diethylstilbestrol developmental toxicity	121	76
diethylstilbestrol epigenetic	37	33
diethylstilbestrol biomarker	254	20

Pubmed（文献服务检索系统）：http://www.ncbi.nlm.nih.gov/pubmed。检索时间：20120630。

西文生物医学数据库：http://220.181.128.61/fmjsweb/login.asp。检索时间：20120629。

表 5-2　DES 生殖内分泌毒理学文献检索（篇）更新后

关键词	Pubmed（2012 年）	Pubmed（2013 年）	西文生物医学数据库（2012 年）	西文生物医学数据库（2013 年）
Diethylstilbestrol	9849	9977	2084	2336
Diethylstilbestrol veterinary drug	149	153	9	16
Diethylstilbestrol endocrine toxicity	286	301	126	141
Diethylstilbestrol reproductive toxicity	374	392	125	132
Diethylstilbestrol developmental toxicity	121	123	76	85
Diethylstilbestrol epigenetic	37	43	33	35
Diethylstilbestrol biomarker	254	265	20	25

Pubmed：http://www.ncbi.nlm.nih.gov/pubmed。检索时间：20130911。

西文生物医学数据库：http://220.181.128.61/fmjsweb/login.asp。检索时间：20130911。

表 5-3　DES 生殖内分泌毒理学文献检索增加数及其百分比

关键词	增加数（Pubmed）	百分比	增加数（西文）	百分比
Diethylstilbestrol	128	1.3%	252	12.1%
Diethylstilbestrol veterinary drug	4	2.7%	7	5.5%
Diethylstilbestrol endocrine toxicity	15	5.2%	15	11.9%
Diethylstilbestrol reproductive toxicity	18	4.8%	7	5.6%
Diethylstilbestrol developmental toxicity	2	1.7%	9	11.8%
Diethylstilbestrol epigenetic	6	16.2%	2	6.1%
Diethylstilbestrol biomarker	11	4.3%	5	25%

2. 研究设计

本试验设计思路如图 5-6 所示。

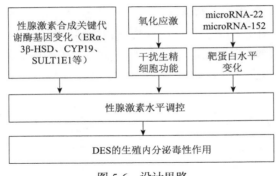

图 5-6   设计思路

3. 研究内容和方法

1）试验动物

Wistar 雄、雌性大鼠。试验前体重范围：65.98～90.47g，购自北京维通利华实验动物技术有限公司[合格证号：SCXK-（京）2012-0001]。饲养地点：中国疾病预防控制中心屏障环境动物室[合格证号：SYXK（京）2009-0032]，每笼 5 只。实验动物由获得资格认可的人员饲养。饲养条件符合清洁级动物房的要求。实验前动物适应性饲养观察至少 5 天以剔除异常动物。

2）试验方法

（1）试验分组及染毒。将大鼠随机分为对照组和 DES 染毒组，剂量为 10μg/（kg $_\text{Bw}$·d）、100μg/（kg $_\text{Bw}$·d）。每天染毒 1 次，每周染毒 7 天，连续 4 周（28 天），染毒结束后观察至 97 天。

（2）指标检测（一般性指标）。①体重与日常观察：每周称量 1 次大鼠体重；每周测量一次食物消耗量；每日观察大鼠的活动、进食及饮水情况。②血常规检查：试验结束时采集尾静脉血，用 MEK-6318K 血液分析仪测定红细胞计数（RBC）、白细胞计数（WBC）、血红蛋白（HGB）、红细胞比积（HCT）、红细胞平均容量（MCV）、红细胞平均血红蛋白量（MCH）、红细胞平均血红蛋白浓度（MCHC）、红细胞分布宽度（RDW）、血小板计数（PLT）、血小板比积（PCT）、血小板平均体积（MPV）、血小板体积分布宽度（PDW）、淋巴细胞绝对值（LYM）、中间细胞绝对值（MID）、中性粒细胞绝对值（GRN）、淋巴细胞百分比、中间细胞百分比、粒细胞百分比等指标。凝血酶时间（TT）测定采用柠檬酸三钠抗凝腹主动脉血，MC-4000 plus 血凝仪测定。③尿常规检查：试验结束前 1 周，每组分别留取 10 只大鼠 6 小时尿液，用 CLINITEK50 型尿分析仪和 URS-10 尿分析试纸测定尿糖（uGLU）、尿胆红素（uBIL）、酮体（KET）、比重（BG）、红细胞（BLD）、pH、尿蛋白（PRO）、尿胆元（URO）、亚硝酸盐（NIT）、红细胞（BLO）和白细胞（LEU）。④血液生化指标检查：实验结束时采集全部动物腹主动脉血，用 7060 型全自动生化分析仪测定丙氨酸氨基转移酶（ALT）、天门冬氨酸氨基转移酶（AST）、总蛋白（TP）、白蛋白（ALB）、胆红素（BIL）、碱性磷酸酶（ALP）、葡萄糖（GLU）、尿素氮（BUN）、肌酐（CRE）、胆固醇（CHO）、A/G 比值、钙（Ca）、磷（P）等指标。钠（Na$^+$）、钾（K$^+$）、氯（Cl$^-$）采用 Easylyte Plus 钠钾氯分析仪测定。⑤脏器检查及脏器系数计算：染毒结束后称量所有大鼠体重并记录，用戊巴比妥钠麻醉后处死大鼠，进行全面的大体解剖，包括体表、体腔的各开口处，颅腔、胸腔和腹腔及其内容物，如脑、心、肺、肝、胃、脾、气管、食管、甲状腺、胸腺、十二指肠、小肠、大肠、颌下淋巴结、肠系膜淋巴结、肾、肾上腺、睾丸、附睾、子宫、卵巢、坐骨神经等脏器，记录肉眼所见异常改变。对心、肝、脾、肾、肾上腺、脑、睾丸、附睾、子宫卵巢、胸腺等脏器称重，计算脏器系数。⑥病理组织学检查：采集试验组和对照组全部大鼠的上述脏器，10%福尔马林固定，常规石蜡包埋切片，H-E 染色，光学显微镜检查。

（3）睾丸组织匀浆和血清中激素水平的检测。采用放免法，检测睾丸组织和血清中激素 T（ng/mL）、E$_2$（pg/mL）、DHT（nmol/L）、P（ng/mL）、FSH（mIu/mL）、LH（mIu/mL）、GnRH 水平。

（4）睾丸组织匀浆和血清中氧化指标的检测。采用 ELISA 试剂盒检测睾丸组织匀浆和血清中的氧化指标：SOD（U/mL）、GSH-PX（U/mL）、GSH（mg/L）、MDA（nmol/L）、8-OHDG（ng/mL）。

（5）附睾精子计数。

4. 研究结果

1）DES 青春期暴露对大鼠的一般毒性作用

（1）日常观察：雄、雌性大鼠各试验组在染毒期间饮食、活动正常，无明显毒作用表现。

（2）血常规检查：与对照组相比，雄性大鼠试验组 MID 及 MID%和雌性大鼠试验组 LYM、LYM%均值增高，雌性大鼠试验组 GRN、GRN%均值降低。雌性大鼠的 TT 较对照显著延长（表5-4）。

表 5-4 雄性大鼠血常规指标检测结果（$\bar{x}$±SD）

检验项目	对照	10µg DES	100µg DES
WBC（10^9/L）	16.7±2.82	18.9±2.99	13.1±2.46
RBC（10^{12}/L）	7.4±0.34	7.2±0.62	7.5±0.42
HGB（g/L）	149.0±5.75	141.6±10.70	148.5±9.03
HCT（%）	43.7±1.54	41.8±3.34	42.8±2.64
MCV（fl）	59.2±1.60	58.5±1.43	57.3±1.76
MCH（pg）	20.2±0.65	19.8±0.53	19.8±0.75
MCHC（g/L）	340.6±3.27	338.7±4.67	346.7±8.60
RDW（%）	12.1±0.46	12.4±0.54	11.4±0.62
PLT（×10^9/L）	770.4±111.35	770.9±113.46	726.4±81.91
PCT（%）	0.9±0.13	0.8±0.14	0.8±0.10
MPV（fl）	10.3±0.32	10.6±0.35	10.5±0.47

续表

检验项目	对照	10μg DES	100μg DES
PDW（%）	13.2±0.37	13.5±0.52	13.1±0.47
LYM（10⁹/L）	12.8±3.06	14.2±2.01	10.6±2.21*
MID（10⁹/L）	1.5±0.58	2.2±0.59*	1.2±0.29
GRN（10⁹/L）	2.0±0.89	2.4±1.42	1.3±0.67*
LYM（%）	78.6±4.34	75.9±7.87	80.8±5.03*
MID（%）	8.7±2.10	11.6±1.82*	8.9±1.42
GRN（%）	12.8±5.16	12.4±6.63	10.3±5.42*
TT（s）	42.5±5.49	43.2±5.65	42.3±4.25*

注：两样本 t 检验，*表示与对照组相比 $P<0.05$。红细胞计数（RBC）、白细胞计数（WBC）、血红蛋白（HGB）、红细胞比积（HCT）、红细胞平均容量（MCV）、红细胞平均血红蛋白量（MCH）、红细胞平均血红蛋白浓度（MCHC）、红细胞分布宽度（RDW）、血小板计数（PLT）、血小板比积（PCT）、血小板平均体积（MPV）、血小板体积分布宽度（PDW）、淋巴细胞绝对值（LYM）、中间细胞绝对值（MID）、中性粒细胞绝对值（GRN）、淋巴细胞百分比（LYM%）、中间细胞百分比（MID%）、粒细胞百分比（GRN%）。

（3）尿常规检查：与对照组相比，染毒组的各项检查指标未见明显改变。

（4）血清生化测定：与对照组相比，雄性试验组 CHO、Cl⁻明显增加，雌性大鼠的 ALP、Na⁺降低，BUN、CRE、Cl⁻升高（表 5-5）。

表 5-5　雄性大鼠血清生化学指标检测结果（$\bar{x}$±SD）

检验项目	剂量/[100μg/（kg_{Bw}·d）]		
	对照	10μg	100μg
ALT（U/L）	18.1±2.56	20.1±4.18	15.7±5.27
AST（U/L）	50.1±3.84	52.4±5.32	54.3±14.13
TP（g/L）	43.3±3.25	46.0±4.11	38.1±6.58
ALB（g/L）	21.9±1.95	23.1±1.12	22.0±2.95
BIL（mmol/L）	0.6±0.27	0.5±0.36	0.4±0.2
ALP（U/L）	94.0±22.42	82.9±23.08	81.2±23.33*
GLU（mmol/L）	7.5±1.06	8.4±0.85	7.1±1.80
BUN（mmol/L）	5.6±0.75	6.0±0.97	5.8±0.91*
CRE（mmol/L）	43.4±2.63	44.4±2.50	40.9±7.56*
Ca（mmol/L）	2.0±0.17	2.1±0.21	1.7±0.35
P（mmol/L）	3.6±0.24	3.6±0.33	3.5±0.44
CHO（mmol/L）	0.7±0.08	0.8±0.07*	0.7±0.13
A/G	1.5±0.18	1.4±0.18	1.4±0.15
Na⁺（mmol/L）	145.25±6.02	144.16±1.52	145.36±1.25*
K⁺（mmol/L）	3.89±0.48	3.86±0.68	3.50±0.26

续表

检验项目	剂量/[100μg/（kg Bw·d）]		
	对照	10μg	100μg
Cl⁻（mmol/L）	103.44±4.79	107.26±1.63*	107.48±1.28*

注：两样本 t 检验，*表示与对照组相比 P<0.05。丙氨酸氨基转移酶（ALT）、天门冬氨酸氨基转移酶（AST）、总蛋白（TP）、白蛋白（ALB）、胆红素（BIL）、碱性磷酸酶（ALP）、葡萄糖（GLU）、尿素氮（BUN）、肌酐（CRE）、胆固醇（CHO）、A/G 比值、钙（Ca）、磷（P）、钠（Na⁺）、钾（K⁺）、氯（Cl⁻）。

2）DES 青春期暴露对大鼠生长发育的影响

（1）体重及食物消耗量。DES 染毒 1 个月（大鼠出生后 54 天）和继续饲养至成年（97 天），各组大鼠的体重逐渐增长，但从 pnd30 开始，高、低剂量组动物与对照比较出现差异，且随染毒时间延长体重逐渐低于对照组，直到 pnd97 天，两个 DES 染毒组的动物体重仍明显低于对照组（图 5-7）。

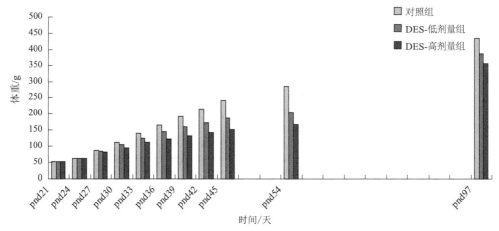

图 5-7　DES 青春期暴露后大鼠的体重变化

（2）肛门生殖器距离（AGD）。DES 染毒后使高、低剂量组雄性大鼠青春期开始前 AGD 明显低于对照组，AGD 缩短（图 5-8）。

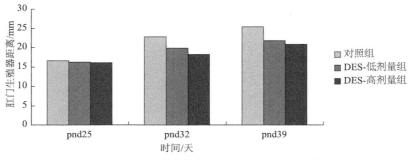

图 5-8　DES 青春期暴露后大鼠 AGD 的变化

（3）包皮分离时间。对照组大鼠在 pnd49 时包皮已经分离，而 DES 低、高剂量组动物包皮仍未分离。

（4）脏器重量和脏器系数。DES 青春期暴露后各组大鼠（pnd53）大体解剖脏器肉眼未见异常。睾丸、附睾、前列腺、精囊腺等脏器系数均与对照组比较差异显著（$P<0.05$）。饲养至 97 天时，低、高剂量 DES 组大鼠的生殖器官重量均低于对照组（图 5-9 和图 5-10）。

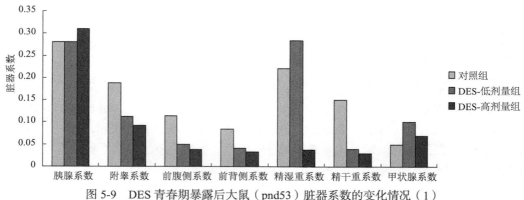

图 5-9　DES 青春期暴露后大鼠（pnd53）脏器系数的变化情况（1）

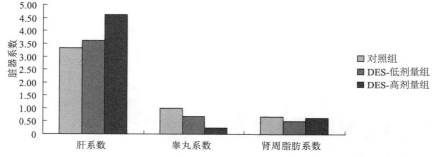

图 5-10　DES 青春期暴露后大鼠（pnd53）脏器系数的变化情况（2）

3）DES 对青春期暴露大鼠睾丸形态的影响

低、高剂量组 DES 染毒青春期大鼠后，对照组和试验组睾丸结构出现明显的病理组织学异常，睾丸外各受检脏器未见明显异常。染毒 1 个月，对照组大鼠睾丸形态完整，曲细精管排列紧密，轮廓清晰，可见不同分期的断面。各期细胞排列整齐[图 5-11（a）]。DES 染毒组大鼠睾丸曲细精管排列疏松，间质细胞减少，各级生精细胞排列较紊乱，管腔扩大，见图 5-11（b）。DES 高剂量组大鼠睾丸的病理改变尤为明显，曲细精管排列疏松，间质细胞减少，各级生精细胞排列紊乱，管腔扩大，精子减少，部分管腔可见坏死脱落的生精细胞，部分曲细精管闭合，失去管腔。

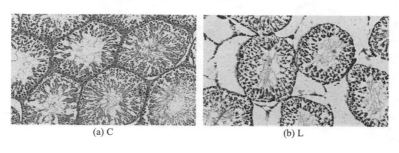

(a) C　　　　　　　　　　　　(b) L

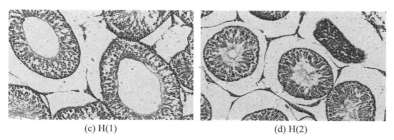

(c) H(1)　　　　　　　　　　　(d) H(2)

图 5-11　DES 染毒后大鼠 53 天龄的睾丸组织形态

染毒后继续饲养至大鼠 97 天龄时，低、高剂量 DES 组大鼠的睾丸体积缩小，重量减轻。病理检查见低、高剂量组单位面积内曲细精管数量减少，轮廓不规则，管内细胞层数和数量明显减少，排列紊乱，管腔扩大，未见成熟的精子，大量细胞死亡，见图 5-12。

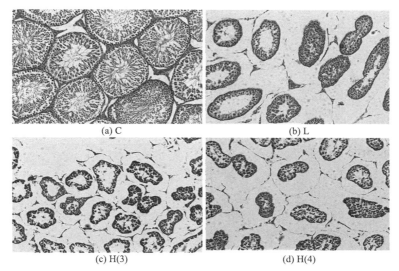

(a) C　　　　　　　　　　　(b) L

(c) H(3)　　　　　　　　　　　(d) H(4)

图 5-12　DES 染毒后大鼠 97 天龄的睾丸组织形态

4）DES 青春期暴露对性腺激素的影响

分别对 DES 染毒后 53 天龄和 97 天龄的大鼠睾丸匀浆和血清激素水平进行检测。结果显示，睾丸匀浆中，53 天样品低、高剂量组 T 均明显下降，E_2 明显增加，DHT 无明显变化，而同期血清中 T、E_2 变化一致，此外 P 增加明显，FSH 和 LH 无变化，GnRH 轻度下降。睾丸匀浆中，97 天样品 T 无明显变化，E_2 增加，DHT 减少；而同期血清中 T 降低，E_2 增加不明显，P 增加，FSH 无变化，LH 减少，GnRH 有所增加。睾丸匀浆和血清中激素的水平存在一定差异。染毒后恢复一段时间，激素水平仍受 DES 的影响（表 5-6～表 5-9）。

表 5-6　53 天龄大鼠睾丸组织匀浆激素检测结果（$\bar{x}$±SD）

检验项目	剂量分组/[mg/（kg Bw·d）]		
	对照	10μg	100μg
T（ng/mL）	9.41±0.99	2.63±0.45**	1.40±0.48**

续表

检验项目	剂量分组/[mg/（kg Bw·d）]		
	对照	10μg	100μg
E₂（pg/mL）	13.30±0.51	14.82±0.77*	18.64±1.83**
DHT（nmol/L）	33.41±2.99	34.92±0.81	33.84±2.48

注：*与对照组相比 $P<0.05$，**与对照组相比 $P<0.01$。

表 5-7　97 天龄大鼠睾丸组织匀浆激素检测结果（$\bar{x}$±SD）

检验项目	剂量分组/[mg/（kg Bw·d）]		
	对照	10μg	100μg
T（ng/mL）	16.63±2.20	21.32±0.37**	18.6±11.70
E₂（pg/mL）	14.49±1.51	14.94±3.98	20.50±1.12**
DHT（nmol/L）	38.06±5.53	35.71±6.73	27.42±10.33

注：**与对照组相比 $P<0.01$。

表 5-8　53 天龄大鼠血清激素检测结果（$\bar{x}$±SD）

检验项目	剂量分组/[mg/（kg Bw·d）]		
	对照	10μg	100μg
T（ng/mL）	0.90±0.12	0.38±0.05**	0.37±0.20**
E₂（pg/mL）	2.88±0.48	3.33±1.01	11.94±3.29**
DHT（nmol/L）	39.22±10.32	36.01±4.53	35.03±5.97
P（ng/mL）	7.80±1.34	5.84±0.29*	16.20±1.33**
FSH（mIu/mL）	0.24±0.03	0.27±0.02	0.31±0.08
LH（mIu/mL）	0.31±0.17	0.28±0.03*	0.31±0.86
GnRH	83.97±6.66	79.01±16.84	78.67±15.16

注：*与对照组相比 $P<0.05$，**与对照组相比 $P<0.01$。

表 5-9　97 天龄大鼠血清激素检测结果（$\bar{x}$±SD）

检验项目	剂量分组/[mg/（kg Bw·d）]		
	对照	10μg	100μg
T（ng/mL）	1.86 ±0.63	2.48 ±0.70	0.48 ±0.49**
E₂（pg/mL）	14.65 ±2.08	16.77 ±2.42	15.26 ±2.86
P（ng/mL）	1.60 ±0.70	1.48 ±0.56	2.48 ±0.59*
FSH（mIu/mL）	0.37 ±0.14	0.33 ±0.06	0.39 ±0.20
LH（mIu/mL）	3.23 ±1.85	1.71 ±0.34	1.42 ±0.28*
GnRH	88.93±6.07	89.01±13.84	98.67±14.22

注：*与对照组相比 $P<0.05$，**与对照组相比 $P<0.01$。

5）DES 青春期暴露对氧化应激的影响

在正常生理情况下，机体中的抗氧化防御系统与机体产生的活性氧处于一个动态平衡状态，当机体受到外部有害因素的影响时，此种平衡被破坏，表现为活性氧过多或抗氧化剂减少，活性氧堆积可产生进行性的脂质过氧化并最终损伤细胞。SOD 是机体抗氧化防御系统中的重要酶，具有清除超氧自由基，间接抑制脂质过氧化和膜损害的作用，常用来间接反映氧自由基的水平及细胞抗脂质过氧化和清除氧自由基的能力。MDA 是脂质过氧化的终产物之一，其含量多少可反映组织中脂质过氧化的速率和强度，间接反映自由基的水平和细胞氧化损伤的程度。体内 GSH 能自行或经 GSH-Px 催化过氧化氢和过氧化脂质的还原，消除自由基造成的损伤，是细胞抵抗活性氧损害的主要物质。GSH 较敏感，其含量的变化可综合反映组织细胞抗氧化损伤的能力。SOD、过氧化氢酶（CAT）、GSH 等组成了机体抗氧化的防御系统，抵抗毒性物质的损伤。睾丸中含有丰富的抗氧化物质，如 SOD、还原型谷胱甘肽（GSH）、CAT、维生素 C 和维生素 E 等，这些物质在精子生成过程中发挥着重要作用，同时保护生殖细胞免于氧化损伤。如果外源性物质干扰了体内 ROS 的平衡，则可引起相应组织或器官的损伤。

本书研究结果显示：随 DES 染毒剂量增加，高剂量组大鼠睾丸组织匀浆 SOD 活力较对照显著降低（$P<0.05$），MDA 含量增高（$P<0.05$）；GSH 与 GSH-Px 段活力均降低，与对照组相比，各染毒组 GSH-Px 活力差异均具有统计学意义（$P<0.01$）；CAT 活力降低，与对照组相比，高剂量组有统计学意义（$P<0.05$）。随 DES 剂量增加，高剂量组大鼠血液 SOD 活性较对照降低（$P<0.05$），MDA 含量增高（$P<0.05$）；GSH 与 GSH-Px 段活力均降低，与对照组相比，各染毒组 GSH-Px 活力差异均具有统计学意义（$P<0.05$），各染毒组 GSH 活力差异均有统计学意义（$P<0.05$），高剂量组 CAT 活力较对照组显著降低（$P<0.05$）。表明在该剂量范围内，DES 对大鼠睾丸及血液发挥一定的毒性作用。同一剂量组之间，睾丸指标敏感性强于血液，表明该物质对睾丸的毒性较强。

6）DES 青春期暴露对睾酮雌激素合成代谢的影响——基因组机制探讨

采用 RT-PCR 技术，检测雌激素受体（ERα）、3β羟基类固醇脱氢酶（3β-HSD）、芳香化酶（CYP19）和磺化酶（SULT1E1）基因在不同时间不同组间的表达差异。

DES 染毒 1 个月，低、高剂量组 ERα的 mRNA 表达量显著增加，而 97 天时尽管低剂量组的表达量最高，但是总体各组没有明显差异（图 5-13）。

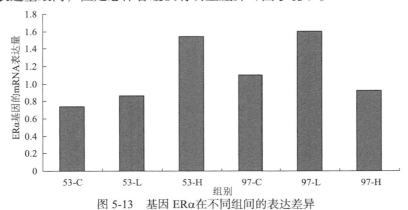

图 5-13　基因 ERα在不同组间的表达差异

DES 染毒 1 个月和恢复至 97 天时，低、高剂量组 3β-HSD 的 mRNA 表达量均比对照显著减少，可能通过其表达量的变化，干扰睾酮的合成（图 5-14）。

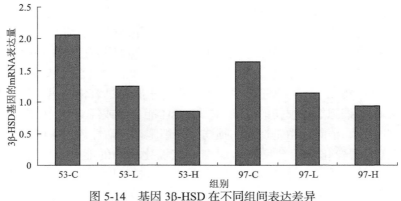

图 5-14　基因 3β-HSD 在不同组间表达差异

DES 染毒 1 个月，低、高剂量组 CYP19 的 mRNA 表达量较对照组增加。表明可能随着 DES 剂量增加，睾酮更多转化成雌激素。恢复至 97 天各组数据未见统计学差异（图 5-15）。

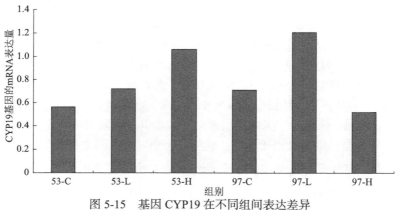

图 5-15　基因 CYP19 在不同组间表达差异

DES 染毒 1 个月，SULT1E1 的 mRNA 表达量在各组无显著差异。恢复至 97 天低、高剂量组 SULT1E1 的 mRNA 表达量有逐渐减少的趋势（$P<0.05$）（图 5-16）。

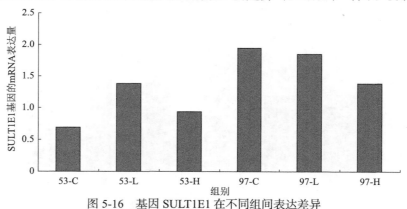

图 5-16　基因 SULT1E1 在不同组间表达差异

7）DES 青春期暴露对 microRNA 的影响——非基因组机制探讨

microRNA（miRNA）是一类大小 21～23 个核苷酸（nt）的 RNA 分子，一般来源于染色体的非编码区，其作用是在转录后水平上对基因表达产生抑制作用。近期，已在 193 种植物、动物、病毒中发现了 25 141 个成熟的 miRNA，且仍不断增加。对人及小鼠的睾丸组织小 RNA 克隆文库测序表明，这些组织存在大量丰富表达的 miRNA 分子，研究显示这些睾丸高丰度或特异表达的 miRNAs 可能对生殖细胞的性别决定、自我更新、精原细胞有丝分裂增殖、精母细胞减数分裂及圆形精子细胞变态等过程发挥重要的调控作用。随着越来越多的 miRNA 被证明与雄性生殖相关，特定基因的 miRNA 改变对雄性生殖的作用机制研究也受到广泛关注。

通过定量 RT-PCR 检测，结果显示，microRNA-22 和 microRNA-152 高剂量组与对照组相比，在 53 天时均显著降低（$P<0.05$）；97 天样本 microRNA-22 下降，而 micro-152 高剂量组和对照组差异不显著。由此，micro-22 与 micro-152 的靶基因变化通过靶蛋白量的调节对生精过程进行调控，为探讨 DES 对青春期大鼠暴露的毒性机制提供了进一步研究的线索和思路。

如图 5-17（a）所示，DES 染毒 53 天，高剂量组睾丸 microRNA-22 表达水平较对照显著降低（$P<0.05$）。高剂量组 97 天睾丸 microRNA-22 表达水平较对照显著降低（$P<0.05$）。如图 5-17（b）所示，高剂量组 DES 染毒 53 天睾丸 microRNA-152 表达水平较对照显著降低（$P<0.05$），97 天睾丸 microRNA-152 表达水平无显著变化。

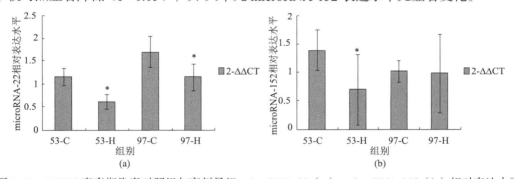

图 5-17　B DES 青春期染毒对照组与高剂量组 microRNA-22（a）、microRNA-152（b）相对表达水平的变化

*表示与同天龄对照组相比 $P<0.05$

8）小结

青春期暴露于较大剂量（10～100μg/kg）的 DES 可显著影响大鼠睾丸的发育及功能，并持续较长时间（97 天龄），该毒性作用随剂量增加而加重，其机制可能与睾丸间质细胞和支持细胞的发育和功能受损密切相关，且性腺轴中关键激素水平受到明显影响，参与激素合成代谢转化的酶表达水平改变，也影响了激素水平，从而最终影响生殖功能。

研究发现，DES 染毒致氧化应激，提示 DES 的生殖毒性与 ROS 密切相关，DES 通过降低抗氧化酶水平，增加 ROS 的含量，干扰生精细胞正常功能，致细胞死亡，表明氧化损伤可能是环境雌激素生殖毒作用机理之一。本书还首次探讨了 microRNA 与 DES 暴露的关联性，得到一定的结果，为今后的研究指明方向。

5.2　喹乙醇肝肾损伤的生物标志物及作用机制研究

　　动物性食品中药物残留越来越严重，对人类健康和公共卫生构成威胁；大部分兽药和添加剂以原药和代谢产物的形式经动物的粪便和/或尿液进入生态环境，影响动植物和微生物的正常生命活动，并通过食物链的传递或环境的转归最终影响人类健康。目前，残留毒理学意义较大的兽药，按其用途分类主要包括抗生素类、化学合成抗菌素类、抗寄生虫药、生长促进剂和杀虫剂。抗生素和化学合成抗菌素是最主要的兽药添加剂和兽药残留污染源，约占药物添加剂总量的 60%。因此，选择抗菌素类代表物喹乙醇作为典型的兽药进行肝肾损伤机制和生物标志物的研究，有利于人类危害点的防控措施提前。

　　喹乙醇（olaquindo xl）又名倍育诺、快育灵、奥拉金等，是一种化学合成抗菌促生长剂，化学名为 2-[N-（2-羟基-乙基）-氨基甲酸）3-甲基-喹啉-1,4 二氧化物，分子式为 $C_{12}H_{13}N_3O_4$，分子量为 263.25。由于其价格低廉，促生长效果好，在巴西、中国、日本、韩国等国家被广泛用于畜牧业生产，也可用于毛皮动物或其他特种经济动物的养殖。

5.2.1　喹乙醇体内代谢试验技术研究

　　喹乙醇的使用有 30 多年的历史，有关其代谢方面的报道主要来自食品添加剂联合专家委员会（Joint FAO/WHO Expert Committee on Food Additives，JECFA）的评价，早期用放射自显影法、薄层色谱和高压电泳相结合的方法研究喹乙醇在猪体内的代谢，2mg/kg 给药后，1 小时血药浓度达到峰值，吸收快，排泄快，90%以上的放射性物质在 24 小时内经尿排出，排出物的 70%为药物原形。主要的代谢途径是 N→O 基团还原和侧链末端羟基的氧化，尿中代谢产物多达 10 余种，其中已确定 3 种脱氧还原代谢物、4 种羧酸衍生物。

　　在典型兽药健康危害评价过程中，为了更系统地研究喹乙醇的肝、肾毒性，有必要了解其在实验动物体内的代谢特点，为此，开展了大鼠体内代谢试验技术方法的研究，以便为喹乙醇的肝肾毒性生物标志物的研究提供有力的技术支撑。结合代谢试验研究及文献综述，对喹乙醇的大鼠体内代谢情况总结如下：

　　喹乙醇一般经消化道吸收，主要在肝脏代谢，此过程中主要可检出的喹乙醇降解产物为 N—O 结构型物质，其内服吸收迅速，生物利用度较高，组织残留以物质原形为主，有一定的组织蓄积性，但不同组织蓄积能力各异，一般认为肝脏最大，肌肉最小；体内的消除速度肌肉最慢，肾脏最快，主要经肾脏排出，动物实验也显示其对肾脏有实质性损伤，代谢途径如图 5-18 所示。毒理学研究表明，喹乙醇具有肝、肾、肾上腺等靶器官毒性及遗传毒性、生殖毒性、蓄积毒性等。目前，关于喹乙醇及其代谢产物的检测方法并不多，欧盟、美国食品药品监督管理局等权威机构均认定高效液相色谱法（HPLC）为标准检测方法，国内外对喹乙醇的检测方法包括：电化学分析法（包括溶出伏安法等）、光谱法（包括紫外分光光度法、一阶导数分光光度法和近红外光谱分析等）、色谱分析（主要是高效液相色谱法）、联用技术（主要是液相色谱-质谱联用技术）及免疫分析法等。

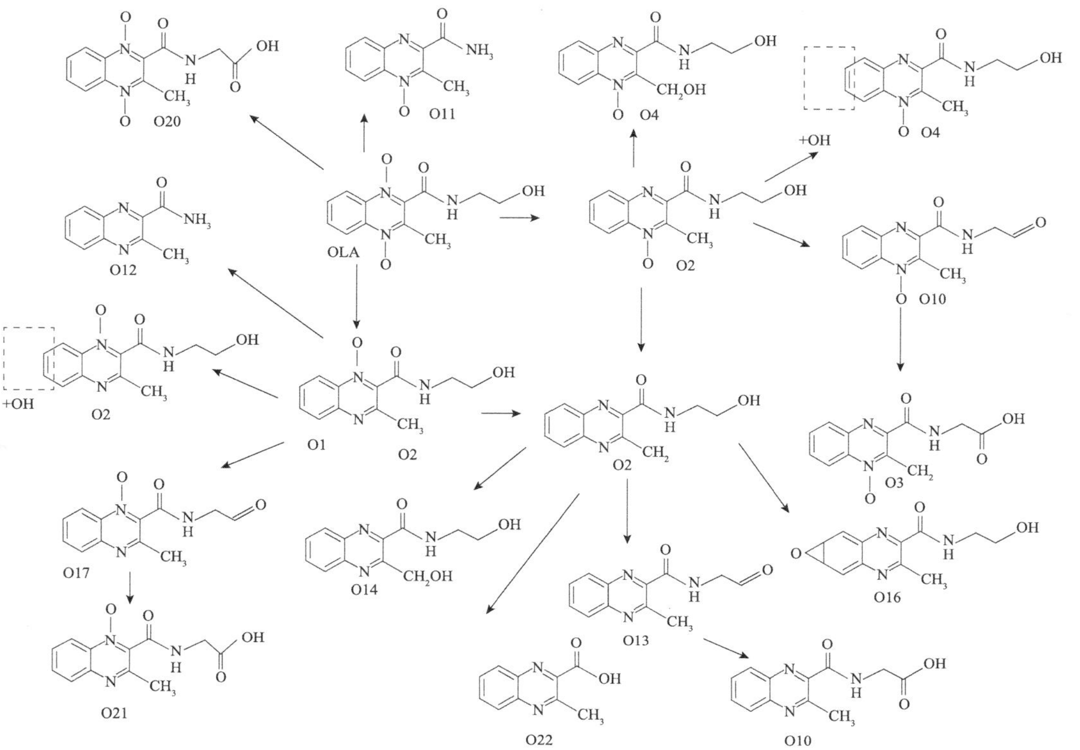

图 5-18　喹乙醇大鼠体内的代谢途径

喹乙醇大鼠体内代谢结果明确显示喹乙醇是肝、肾损伤的物质基础，为进一步研究其肝、肾损伤机制和敏感生物标志物组合的提出及验证提供了详细的代谢动力学数据资料、染毒剂量参考和有力的实验技术支撑。

5.2.2　喹乙醇肝损伤的生物标志物及作用机理的研究

喹乙醇是以邻硝基苯胺为原料合成的饲料添加剂，邻硝基苯胺过量使用及产品中少量长期残留均可致中毒反应。文献综合分析显示，喹乙醇可致遗传物质损伤和肝肾损害等，肝损伤以化学性肝细胞损伤为主要表现形式。在蓄积毒性试验中，较低剂量的喹乙醇长期不断地进入动物机体甚至人体，不能迅速排出体外，而残留于肝脏，可引起肝细胞浊肿、脂变及坏死，致结缔组织异常增生。此外，喹乙醇还可引起鲤鱼肝细胞凋亡，其病理特征为肝细胞染色质浓缩、边移，呈半月状，随后裂解成大小不等的团块，并可见凋亡细胞形成具有特征性的、质膜完整的凋亡小体，且随暴露时间延长凋亡检出率增加，但具体毒作用机制尚未明晰。

要研究肝损伤就要有良好的模型平台，本书主要从体内、外两个层次出发，以肝细胞和大鼠肝组织为物质基础，从氧化损伤和细胞色素 P_{450} 酶的角度探讨喹乙醇的肝损伤效应，为喹乙醇肝损伤生物标志物的研究提供一定线索，为其健康风险效应的评估提供数据源基础。

1. 试验设计

试验设计如图 5-19 所示。

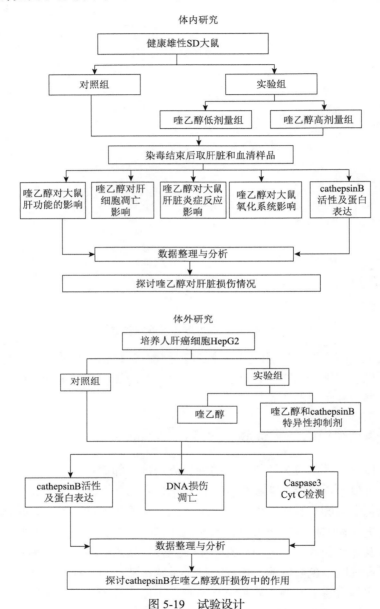

图 5-19　试验设计

2. 研究内容

研究内容如图 5-20 所示。

- 小鼠原代肝细胞培养
- 应用MTT法检测喹乙醇对原代肝细胞增殖的影响
- 检测不同浓度喹乙醇对原代肝细胞细胞膜的影响（LDH）
- 检测不同浓度喹乙醇对原代肝细胞DNA损伤
- 检测不同浓度喹乙醇对原代肝细胞凋亡的影响
- 检测喹乙醇对原代肝细胞的细胞周期的影响
- 应用Annexin V-FTTC法检测原代细胞凋亡状况
- 喹乙醇对肝细胞氧化损伤包括ROS，糖基化蛋白和总抗化能力的水平
- 检测不同浓度喹乙醇对肝细胞细胞色素P450酶系CYP1A1、CYP2E1、CYP3A1mRNA表达的影响
- 检测细胞内Na^+、K^+离子浓度

体外实验研究

- 建立喹乙醇损伤的大鼠模型
- 检测喹乙醇对大鼠肝功能的影响（ALT、AST、ALP、LDH）
- 检测喹乙醇对大鼠肝组织中5′-核酸酶（5′-NT）的影响
- 检测喹乙醇中毒后肝脏中凋亡状况和caspase-3蛋白表达的影响
- 应用RT-PCR和Westblot的方法检测肝脏中鸟氨酸氨基甲酰转移酶表达
- 检测肝脏组织微粒体细胞色素P450酶系CYP1A1、CYP2E1、CYP3A1mRNA表达状况，检测肝脏微粒体CYP2E1活性的变化
- 检测尿液中Na^+、K^+离子浓度和LDH及ALP的水平
- 肝脏、肾脏组织病理学观察

体内实验研究

图 5-20　研究内容

3. 研究结果

1）原代肝细胞分离培养

（1）小鼠肝细胞分离。采用在体肝脏酶灌注即经典的二步胶原酶灌注法。两步灌注即经腹主动脉以无钙镁缓冲液和胶原酶恒流、恒温（37℃）灌注，恒温水浴 41～42℃（腹主动脉插管时调至 37℃），乙醚麻醉后，固定小鼠四肢和尾部，乙醚持续麻醉。75%乙醇消毒后打开腹腔，暴露肝脏，分开胃肠，暴露腹主动脉，于腹主动脉下穿线，静脉留置套管针插入腹主动脉，抽出针芯，用线结扎套管，灌注无钙灌流液使肝脏膨大 10 秒，剪断门静脉，控制蠕动泵（恒温 37℃，恒流 8mL/min）；打开胸腔，夹闭下腔静脉，使所有液体经由下腔静脉逆流至肝脏后从门静脉流出，此后采用间断快速输注，即快速输注（11mL/min）使肝脏膨大，停止输注 5～10 秒，等待肝脏内的液体流出（肝脏塌陷）后再快速输注溶液Ⅰ（PBS 和蛋白溶液），总时间为 5 分钟，肝呈土黄色；然后换预温（42℃）的溶液Ⅱ（在开始灌注溶液Ⅰ时加入胶原酶 40mg/100mL），同样采用间断快速输注，2 分钟后夹闭门静脉让肝脏膨胀至 1～1.5 倍时停止输注。若肝脏慢慢塌软，则应再次输注使其再次膨胀。胶原酶灌流液充分灌流使蛋白分解消化，纤维组织网被消化，细胞间连接解除。摘下肝脏，将其迅速转移至装有 25mLDMEM/10%胎牛血清的培养皿内。无菌镊轻轻划破肝包膜，夹住肝蒂轻轻晃动致肝细胞散落，避免过多的机械分离（冰浴）。经 100μm、70μm 细胞筛网过滤后即得到肝细胞悬液。

（2）小鼠肝细胞的纯化。细胞过滤液低速离心（50g×5min，4℃）收集细胞，90%的 Percoll 液加入细胞悬液至终浓度达 30%，离心（50g×10min，4℃），轻轻吸出上层含死细胞的液体即得到肝细胞悬液。取 100μL 细胞悬液加入台盼蓝，计数细胞，计算细胞存活率。

（3）小鼠肝细胞的培养。按 1.5×10^6/孔密度将细胞悬液按每孔 2mL 体积加入包被 I 型胶原的 6 孔板。37℃、5% CO_2 培养 6 小时，弃去未贴壁细胞，更换无血清培养液；24 小时后更换预冷的、含 0.25mg/mL Matrigel 基质的无血清培养液，形成"三明治"夹层。

（4）原代培养肝细胞的形态学观察。分离得到的小鼠肝细胞在体外培养 3 小时后，绝大部分细胞已贴壁[图 5-21（a）]，提示细胞活力较好，通过换液可进一步去除死细胞。培养 24 小时后镜下观察发现 95%以上的细胞呈现典型的肝细胞形态特征：多边形，排列整齐，界线清晰，胞体大，核圆形，大部分细胞含双核[图 5-21（b）]。

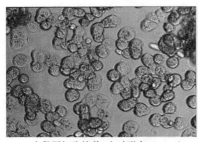 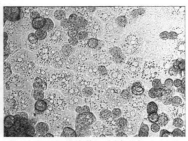

(a)小鼠肝细胞培养3小时形态（×200）　　(b)小鼠肝细胞培养24小时形态（×200）

图 5-21　原代培养肝细胞的形态

2）OLA 对原代肝细胞生存率的影响

OLA 对原代培养肝细胞生存率的影响如图 5-22 所示。

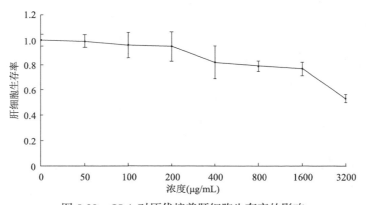

图 5-22　OLA 对原代培养肝细胞生存率的影响

3）OLA 对 A549 细胞生存率的影响

OLA 对 A549 细胞生存率的影响如图 5-23 所示。

4）OLA 对 A549 细胞 LDH 的影响

在培养的 A549 细胞中加入不同浓度的 OLA（0、50μg/mL、100μg/mL、200μg/mL、400μg/mL、800μg/mL）24 小时后，取上清液进行 LDH 活性测定，以对照组为1，其他浓度组除以对照，得到曲线（图 5-24）。随 OLA 浓度增加，培养上清液中 LDH 活性增加，提示 OLA 暴露可致胞膜通透性增加。

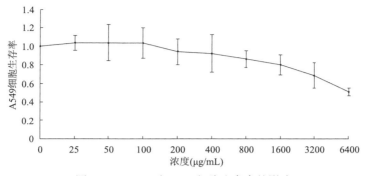

图 5-23　OLA 对 A549 细胞生存率的影响

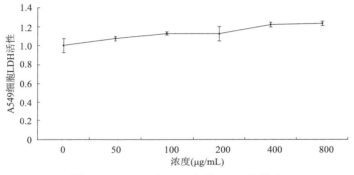

图 5-24　OLA 对 A549 细胞 LDH 的影响

5）OLA 对细胞 Na^+、K^+和 Ca^{2+} 浓度变化的影响

在培养的 A549 细胞中加入不同浓度的 OLA（0、50μg/mL、100μg/mL、200μg/mL、400μg/mL）24 小时，在上清液中加入 Fluo-2-AM，调整浓度为 10 μmol/L，流式细胞仪测定荧光强度值。同时收集细胞，离心后硝酸水浴消化，用原子吸收法测定细胞中 Na^+、K^+和 Ca^{2+}的浓度（表 5-10）。

表 5-10　OLA 对细胞中 Na^+、K^+和 Ca^{2+}浓度变化的影响

OLA/（μg/mL）	Na^+/（mg/10×6 cell）	K^+/（mg/10×6 cell）	Ca^{2+}（荧光强度）
0	7.84±0.55	6.99±0.97	1004.56±326.55
50	6.59±0.83	7.68±1.02	1270.87±344.96
100	4.76±0.41	9.55±1.23	1577.64±422.19
200	4.23±0.59	11.98±2.71	1798.55±517.32
400	3.65±0.44	12.65±3.40	2646.41±622.89

6）OLA 对细胞 DNA 损伤和细胞凋亡的影响

在培养的 A549 细胞中加入不同浓度的 OLA（0、50μg/mL、100μg/mL、200μg/mL、400μg/mL）24 小时，收集细胞，单细胞凝胶电泳法检测 DNA 损伤，流式细胞仪检测细胞凋亡（表 5-11）。

表 5-11 OLA 对细胞 DNA 损伤和细胞凋亡的影响

OLA/（μg/mL）	彗星细胞/%	彗星尾长/μm	细胞凋亡/%	ROS（荧光强度）
0	5.31±1.64	6.98±0.55	17.22±2.53	6.94±0.92
50	8.17±1.55	11.25±1.45	20.94±3.91	10.44±1.59
100	14.75±4.09	14.89±3.81	26.63±2.91	11.18±1.75
200	22.64±1.94	16.94±1.77	28.98±3.11	13.28±2.20
400	28.57±4.28	18.02±2.95	31.18±6.60	17.27±2.23

7）OLA 对细胞氧化损伤的影响

在培养的 A549 细胞中加入不同浓度的 OLA（0、50μg/mL、100μg/mL、200μg/mL、400μg/mL）24 小时，收集细胞，试剂盒测定细胞总抗氧化能力和抗活性氧的能力，流式细胞仪检测细胞活性氧和细胞凋亡（表 5-12）。

表 5-12 OLA 对细胞氧化损伤的影响

OLA/（μg/mL）	ROS（荧光强度）	总抗氧化能力/（U/mg pro）	Activity of O_2^-/（U/L）
0	6.94 0.92	11.99±2.67	221.66±26.73
50	10.44 1.59	9.11±2.52	220.17±20.66
100	11.18 1.75	7.26±1.28	202.65±12.12
200	13.28 2.20	5.46±0.89	180.13±25.31
400	17.27 2.23	4.62±0.67	165.94±21.20

8）OLA 对肝细胞色素 P_{450} 酶系 CYP1A1、CYP2E1、CYP3A1mRNA 的影响

CYP1A1、CYP2E1、CYP3A1 的引物设计如表 5-13 所示。OLA 对肝细胞色素 P_{450} 酶系 CYP1A1、CYP2E1、CYP3A1 mRNA 的影响如表 5-14 所示。

表 5-13 CYP1A1、CYP2E1、CYP3A1 的引物设计

引物	序列
CYP1A1	上游：3'-AGGCTCAACTGTCTTCCAACA-5'
	下游 3'-TAAACAGGAACATGGGCTTTG-5'
CYP2E1	上游：3'-ATGGGGAAACAGGGTAATGAG-5'
	下游 3'-TCAGAAATGTGGGGTCAAAAG-5'
CYP3A1	上游：3'-ACATCTGCATGTTCCCAAAAG-5'
	下游 3'-CAGCTGAAGAAAATCCACTCG-5'

表 5-14 OLA 对肝细胞色素 P_{450} 酶系 CYP1A1、CYP2E1、CYP3A1mRNA 的影响

OLA/（μg/mL）	CYP1A1	CYP2E1	CYP3A1
0	1.00±0.29	1.00±0.36	1.00±0.31
100	1.06±0.24	1.14±0.19	1.14±0.25

续表

OLA/（μg/mL）	CYP1A1	CYP2E1	CYP3A1
200	0.89±0.13	1.56±0.31	1.06±0.22
400	0.71±0.21	1.78±0.42	0.83±0.19

9）动物模型制备

（1）分组及染毒方法。健康雄性 SPF 级 SD 大鼠 32 只，体重 180～220g，购自北京维通利华实验动物有限公司[合格证号：SCXK（京）2012-0001]。将实验动物随机分成 4 组，即对照组、不同剂量 OLA 染毒组（20mg/kg、40mg/kg、60mg/kg OLA），每组 8 只，实验组大鼠灌胃给予不同浓度等体积的 OLA 溶液，对照组灌胃等体积的双蒸水，连续染毒 4 周。

（2）生物样品采集和检测。染毒 4 周后处死大鼠，腹主动脉采血，离心（2500r/min×10min）取血清，取肝组织分装，-80℃保存，待测。

（3）肝组织炎性因子检测：用 ELISA 法检测大鼠肝组织中 IL-6 和 TNF-α 的含量，具体方法按试剂盒说明书操作。

（4）肝组织肝功能指标检测和总抗氧化能力及抗氧化酶活性检测。用试剂盒检测大鼠血清中 ALT、AST、ALP、LDH 的活性及肝组织中 T-AOC、SOD、CAT、GSH-PX 的活性。

（5）肝组织病理学观察。按照常规病理学方法对大鼠肝脏进行固定、脱水、石蜡包埋、制片，HE 染色镜检。

10）OLA 对大鼠肝脏功能指标的影响

各组大鼠血清中 ALT、AST、ALP、LDH 含量的变化如表 5-15 所示。

表 5-15　各组大鼠血清中 ALT、AST、ALP、LDH 含量的变化（$\bar{x}$±SD，n=8）

组别	ALT/（U/L）	AST/（U/L）	ALP/（U/L）	LDH/（U/L）
对照组	35.12±1.87	129.50±15.27	97.25±8.26	1215.2±101.72
20mg/kg OLA	35.68±2.3	156.00±25.80	119.00±11.58	1449.3±93.18*
40mg/kg OLA	38.54±1.52	255.00±24.75*	156.50±25.67*	1507.7±122.47*
60mg/kg OLA	41.09±1.49*	313.25±38.79*	277.75±28.49*	2082.1±173.09*

注：*与对照组比较，$P<0.05$。

表 5-15 结果显示，与对照组比较，实验组大鼠肝功能指标 ALT、AST、ALP、LDH 均有不同程度的升高，并随 OLA 染毒剂量增加而增加。ALT 与对照组比较，60mg/g 组升高 17.00%（$P<0.05$）；AST 与对照组比较，40mg/kg、60mg/kg 组分别升高 96.91%、141.89%（$P<0.05$）；ALP 与对照组比较，40mg/kg、60mg/kg 组分别升高 60.93%、185.60%（$P<0.05$）；LDH 与对照组比较，60mg/kg 组升高 71.34%（$P<0.05$）。

11）OLA 对大鼠肝细胞凋亡的影响

染毒结束后留取部分肝组织制成单细胞悬液，Annexin V-FICT/PI 双染细胞凋亡检测试剂盒进行细胞染色，流式细胞仪测试，结果见图 5-25。结果表明，OLA 可致凋亡肝细胞数显著增加。

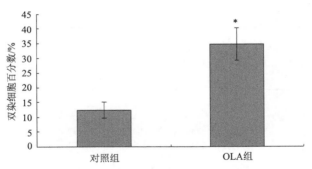

图 5-25　OLA 对大鼠肝细胞凋亡的影响

*与对照组比较，$P<0.05$

12）OLA 对大鼠肝脏炎性因子 TNF-α 和 IL-6 含量的影响

表 5-16 结果显示，与对照组比较，实验组大鼠肝组织中 TNF-α 分别升高 11.68%、12.74%、19.33%，与 OLA 染毒剂量呈正相关（$r=0.8995$，$P=0.015$）；20mg/kg OLA 组 IL-6 含量显著升高 45.99%（$P<0.05$），40mg/kg、60mg/kg OLA 组分别升高 70.81%、82.92%（$P<0.05$），与 OLA 染毒剂量呈正相关（$r=0.928$，$P=0.009$）。

表 5-16　OLA 对大鼠炎性因子 TNF-α 和 IL-6 含量的影响（$\bar{x} \pm SD$）

组别	例数	TNF-α/（ng/mg pro）	IL-6/（pg/mg pro）
对照组	8	78.78±6.29	39.12±7.24
20mg/kg OLA	8	87.98±9.92*	57.11±4.32*
40mg/kg OLA	8	88.82±7.45*	66.82±8.28 *
60mg/kg OLA	8	94.01±9.76 *	71.56±6.54 *

注：*与对照组比较，$P<0.05$。

13）OLA 对大鼠肝脏 T-AOC 和抗氧化酶 SOD、CAT、GSH-PX 活性的影响

表 5-17 显示，与对照组比较，实验组随 OLA 染毒剂量增加，大鼠肝脏的总抗氧化能力 T-AOC 和抗氧化酶 SOD、CAT、GSH-PX 的活性逐渐降低；T-AOC 分别降低 26.45%、36.93%、37.83%（$P<0.05$）。SOD 分别降低 16.76%、17.14%、23.60%（$P<0.05$），CAT 分别降低 17.65%、21.17%、34.77%（$P<0.05$），60mg/kg OLA 组 GSH-PX 降低 47.53%（$P<0.05$）。

表 5-17　OLA 对大鼠肝组织中 T-AOC 水平和 SOD、CAT、GSH-PX 活性的影响（$\bar{x} \pm SD$，$n=8$）

组别	T-AOC /（U/mg prot）	SOD /（U/mg pro）	CAT /（U/mg pro）	GSH-PX /（U/mg pro）
对照组	1.11±0.15	129.43±12.06	205.96±24.87	3314±145
20mg/kg OLA	0.79±0.16*	107.74±15.80*	169.61±20.81*	3226±330
40mg/kg OLA	0.70±0.08*	107.25±19.75*	162.35±20.06*	2752±264
60mg/kg OLA	0.69±0.05*	98.88±12.87*	134.34±25.42*	1739±308*

注：*与对照组比较，$P<0.05$。

14）OLA 引起的大鼠肝脏病理组织学变化

对照组[图 5-26（a）]大鼠肝脏肝小叶结构清楚，肝索排列整齐，肝细胞结构完整清晰，无炎细胞浸润。OLA 染毒组大鼠（5-18B、5-18C、5-18D）肝脏汇管区出现不同程度的炎细胞浸润，主要为巨噬细胞和中性粒细胞，肝窦出血，细胞空泡化，并随 OLA 染毒剂量的增加病变越明显。60mg/kg OLA 组出现部分肝细胞胞浆疏松化。

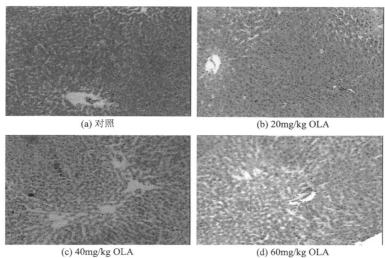

(a) 对照　　　　　　　　　　　　(b) 20mg/kg OLA

(c) 40mg/kg OLA　　　　　　　　　(d) 60mg/kg OLA

图 5-26　OLA 所引起的大鼠肝脏病理组织学变化（×100）

15）小结

综上所述，OLA 可致肝脏损伤，染毒组大鼠肝脏病理病变显著，肝功能异常，肝脏的抗氧化系统损伤，致肝细胞凋亡和 P_{450} 酶系的关键因子异常。氧化应激和肝代谢酶系紊乱可能是 OLA 肝毒性作用的机制之一。

5.2.3　喹乙醇肾损伤的生物标志物及作用机理研究

文献综合分析结果显示，喹乙醇（OLA）是人类可疑致癌物，有肝肾蓄积毒性。肾脏是体内毒物排泄的重要器官，也是喹乙醇蓄积的重要组织，除了肝毒性效应，喹乙醇的肾脏毒性也日益受到关注。已有研究表明，喹乙醇连续 30 天喂养实验，小鼠的血液 Gre、BUN 含量显著升高，肾小管上皮细胞高度肿胀、变形、脱落，肾小球囊腔狭窄，足细胞部分融合，提示肾脏器质性损伤。目前，国内外对于喹乙醇肾损伤的研究主要集中在损伤的形态学变化、肾小管上皮细胞凋亡率等方面，其肾毒作用机制尚无明确完整的阐述。已有研究表明，喹乙醇的毒作用机制可能与氧化应激和细胞凋亡相关，其氮氧配位键在脱氧还原反应中产生的超氧阴离子是活性氧的主要类型，在喹乙醇所致凋亡和肾毒性中发挥着重要作用。

细胞凋亡主要包括死亡受体通路、线粒体通路和内质网应激介导的凋亡，其中死亡受体和线粒体途径作为经典的凋亡通路尚不能完整解释喹乙醇引发的凋亡在肾损伤中的作用权重。所以，内质网应激有可能成为凋亡的辅助通路，其具体的信号传导方式和效应标志的揭示可为喹乙醇肾毒效应机制的完善提供有力线索。

要研究肾损伤就要有良好的模型平台，人近端肾小管上皮细胞系（HK-2）为永生化肾小管上皮细胞株，来源于正常人近端小管上皮细胞，保留了肾小管上皮细胞的多种酶学、电生理学和表型特征，是研究肾毒性作用机制的典型细胞系。所以，本书以 HK-2 为受试生物，从内质网凋亡通路着手，探讨喹乙醇的肾损伤效应，为喹乙醇肾损伤的生物标志物研究提供一定的线索，为其健康风险效应的评估提供数据参考。

1. 试验设计

试验设计如图 5-27 所示。

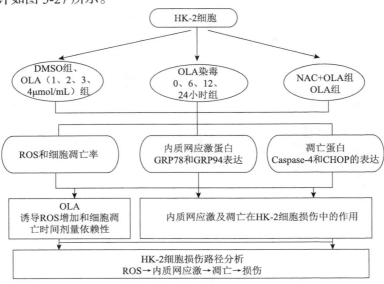

图 5-27 试验设计

2. 研究内容

研究内容如图 5-28 所示。

图 5-28 研究内容

3. 研究结果

1）HK-2 细胞生长曲线

HK-2 细胞传代后 2~3 天进入对数生长期，第 6 天进入平台期，第 7 天可见少数漂浮细胞，细胞生长曲线如图 5-29 所示。

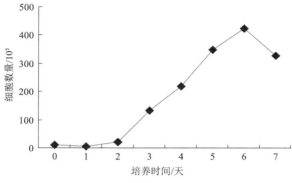

图 5-29　HK-2 细胞生长曲线

2）HK-2 细胞形态

未染毒细胞呈扁平圆形或椭圆形铺路石状贴壁生长，细胞间连接紧密，边界清晰。染毒后细胞体积逐渐变小变圆，细胞间连接消失，细胞折光率增加，如图 5-30 所示。

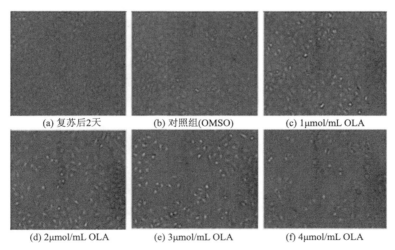

| (a) 复苏后2天 | (b) 对照组(OMSO) | (c) 1μmol/mL OLA |
| (d) 2μmol/mL OLA | (e) 3μmol/mL OLA | (f) 4μmol/mL OLA |

图 5-30　OLA 对 HK-2 细胞形态学的影响（24 小时，×100）

3）OLA 对 HK-2 细胞增殖率的影响

由上述结果计算得出：IC_{50}（24 小时）=6.8μmol/mL，r=0.9762。结合文献和预试验结果选择 1/10 IC_{50}、2/10 IC_{50}、4/10 IC_{50} 和 6/10 IC_{50}，即约 1μmol/mL、2μmol/mL、3μmol/mL、4μmol/mL 的喹乙醇染毒剂量进行后续试验（图 5-31）。

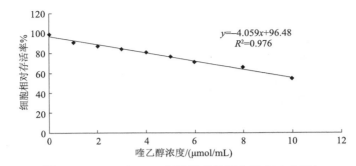

图 5-31　OLA 对 HK-2 细胞增殖抑制曲线（24 小时）

4）OLA 诱导 HK-2 细胞凋亡的形态学变化

Hoechst-DNA 的激发和发射波长分别 550nm 和 460nm，在荧光显微镜紫外光激发时，Hoechst-DNA 发出亮蓝色荧光。由图 5-32 可见蓝染的细胞核，随染毒时间和剂量增加，胞核固缩，核密度增加，染色呈高亮度的圆点，高剂量组（4μmol/mL）可见破碎细胞和细胞核碎片。

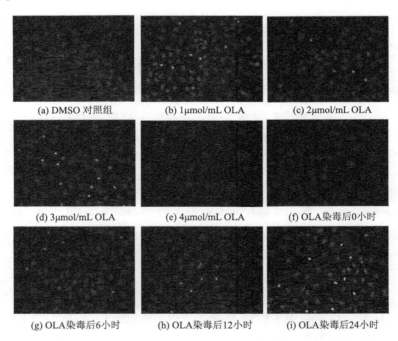

(a) DMSO 对照组　　(b) 1μmol/mL OLA　　(c) 2μmol/mL OLA

(d) 3μmol/mL OLA　　(e) 4μmol/mL OLA　　(f) OLA染毒后0小时

(g) OLA染毒后6小时　　(h) OLA染毒后12小时　　(i) OLA染毒后24小时

图 5-32　不同浓度和时间细胞凋亡的形态学变化（24 小时，×100）

5）OLA 对细胞早期凋亡率和细胞内 ROS 的影响

不同剂量 OLA 组与对照比较，2μmol/mL、3μmol/mL 和 4μmol/mL 组细胞早期凋亡率增加；2μmol/mL 组和 3μmol/mL 组、3μmol/mL 组和 4μmol/mL 组间细胞早期凋亡率差异显著（$P<0.05$）（表 5-18）。

表 5-18　**不同剂量 OLA 对 HK-2 细胞早期凋亡率和胞内 ROS 的影响**（$\bar{x} \pm SD$，$n=4$）

组别	细胞早期凋亡率/%	活性氧含量/%
溶剂对照（0.5%DMSO）	1.43±0.25	2.22±0.87
1μmol/mL OLA	4.06±0.54	14.4±1.59[a]
2μmol/mL OLA	4.84±0.48[a]	24.10±1.06[ab]
3μmol/mL OLA	7.09±0.82[ab]	27.71±4.14[ab]
4μmol/mL OLA	11.62±2.90[ab]	52.80±7.08[ab]

注：与对照组比较 a，$p<0.05$；两两比较 b，$p<0.05$。

不同浓度 OLA 组与 DMSO 对照组比较，OLA（1μmol/mL、2μmol/mL、3μmol/mL 和 4μmol/mL）染毒组细胞内 ROS 含量均升高，两两比较显示：OLA 染毒 1μmol/mL 组和 2μmol/mL 组、2μmol/mL 组和 3μmol/mL 组、3μmol/mL 组和 4μmol/mL 组组间细胞内 ROS 水平差异显著（$P<0.05$）（表 5-19）。

表 5-19　**不同染毒时间 OLA 对 HK-2 细胞早期凋亡率和胞内 ROS 的影响**（$\bar{x} \pm SD$，$n=4$）

组别	细胞早期凋亡率/%	活性氧含量/%
染毒 0 小时	0.43±0.05	0.74±0.16
染毒 6 小时	1.43±0.25	8.24±6.35[a]
染毒 12 小时	3.33±0.21[ab]	19.14±3.04[ab]
染毒 24 小时	8.06±1.84[ab]	36.51±8.89[ab]

注：与对照组比较 a，$P<0.05$；两两比较 b，$P<0.05$。

OLA 12 小时、24 小时染毒组细胞早期凋亡率增加（$P<0.05$）；6 小时和 12 小时、12 小时和 24 小时组间细胞早期凋亡率差异显著（$P<0.05$）。

6）OLA 对内质网应激相关蛋白 GRP94 和 GRP78 表达的影响

OLA 对内质网应激相关蛋白 GRP94 和 GRP98 表达的影响如图 5-33 所示。

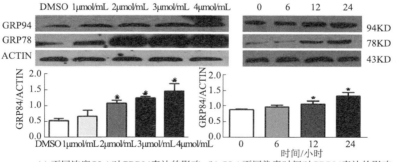

(a) 不同浓度OLA对GRP94表达的影响　(b) OLA不同染毒时间对GRP94表达的影响

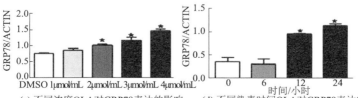

(c) 不同浓度OLA对GRP78表达的影响　(d) 不同染毒时间OLA对GRP78表达的影响

图 5-33　OLA 对内质网应激相关蛋白 GRP94 和 GRP78 表达的影响

来自三次独立的重复实验结果：与对照组比较，$*P<0.05$

2μmol/mL、3μmol/mL 和 4μmol/mL OLA 组 GRP94 和 GRP78 蛋白表达量较对照显著增加（$P<0.05$），3μmol/mL OLA 染毒 12 小时和 24 小时组 GRP94 和 GRP78 蛋白表达增加（$P<0.05$）。

7）OLA 对内质网应激相关蛋白 CHOP 和 Caspase-4 表达的影响

2μmol/mL、3μmol/mL 和 4μmol/mL OLA 组 CHOP 和 Caspase-4 蛋白表达量较对照增加（$P<0.05$）。3μmol/mL OLA 染毒 12 小时和 24 小时 Caspase-4 的蛋白表达量升高（$P<0.05$）。3μmol/mL OLA 染毒 6 小时、12 小时和 24 小时 CHOP 的蛋白表达量增加（$P<0.05$）（图 5-34）。

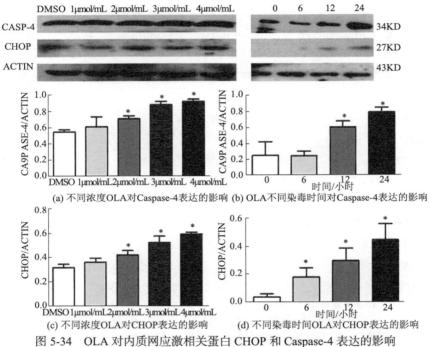

(a) 不同浓度 OLA 对 Caspase-4 表达的影响　(b) OLA 不同染毒时间对 Caspase-4 表达的影响

(c) 不同浓度 OLA 对 CHOP 表达的影响　　(d) 不同染毒时间 OLA 对 CHOP 表达的影响

图 5-34　OLA 对内质网应激相关蛋白 CHOP 和 Caspase-4 表达的影响

来自三次独立的重复实验结果：与对照组比较，*$P<0.05$

8）OLA 对内质网应激介导的凋亡蛋白 mRNA 水平的影响

各标准曲线的 R^2 均达到了 0.99，说明线性相关度较好，且所有基因扩增效率为 90%～105%（图 5-35 和图 5-36）。

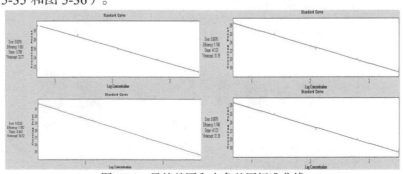

图 5-35　目的基因和内参基因标准曲线

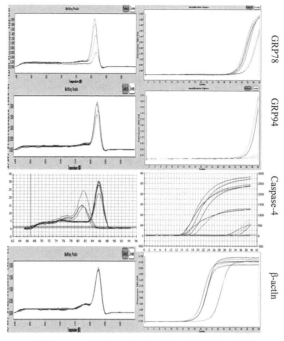

图 5-36　各目的基因扩增曲线及熔解曲线

由表 5-20 可知，与对照组比较，OLA 染毒 12 小时和 24 小时组 GRP78 和 Caspase-4 的 mRNA 水平上调（$P<0.05$），OLA 染毒 6 小时、12 小时和 24 小时组 GRP94 的 mRNA 水平上调（$P<0.05$）。

表 5-20　OLA 对内质网应激凋亡蛋白 mRNA 水平的影响（$\bar{x}\pm SD$，$n=3$）

组别	GRP78	GRP94	Caspase-4
溶剂对照（0.5%DMSO）	1.01±0.19	1.04±0.46	1.05±0.38
3μmol/mL OLA 6 小时	1.06±1.44	4.34±1.82*	2.68±0.87
3μmol/mL OLA 12 小时	3.66±0.10**	11.85±2.48*	9.75±4.40*
3μmol/mL OLA 24 小时	5.72±0.09*	15.93±0.41*	13.06±3.23*

注：与对照组比较*$P<0.05$，**$P<0.01$。

由表 5-21 可知，与对照组比较，OLA 染毒 3μmol/mL 和 4μmol/mL 组 GRP78 和 GRP94 mRNA 水平上调（$P<0.05$）；OLA 染毒 2μmol/mL、3μmol/mL 和 4μmol/mL 组 Caspase-4 mRNA 水平上调（$P<0.05$）。

表 5-21　OLA 对内质网应激及其介导凋亡蛋白 mRNA 水平的影响（$\bar{x}\pm SD$，$n=3$）

组别	GRP78	GRP94	Caspase-4
溶剂对照（0.5%DMSO）	1.00±0.12	1.02±0.26	1.01±0.19
1μmol/mL	1.23±0.12	1.21±0.34	2.37±0.33
2μmol/mL	2.11±0.44	1.69±0.25	3.55±0.14*

续表

组别	GRP78	GRP94	Caspase-4
3μmol/mL	3.29±0.29*	8.23±7.79*	4.94±0.40*
4μmol/mL	7.68±0.65*	18.70±0.98*	10.57±2.26*

注：与对照组比较*$P<0.05$。

9）活性氧抑制剂对细胞内活性氧水平的影响

与 OLA 组比较，NAC 预处理组细胞内活性氧含量显著降低（$P<0.05$）（图 5-37）。

10）活性氧抑制剂对细胞早期凋亡率的影响

与 OLA 组比较，NAC 预处理组细胞早期凋亡率显著降低（$P<0.05$）（图 5-38）。

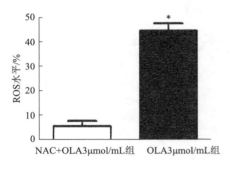

图 5-37　活性氧抑制对细胞内活性氧水平的影响
来自三次独立的重复实验结果，与 NAC 抑制组比较*$P<0.05$

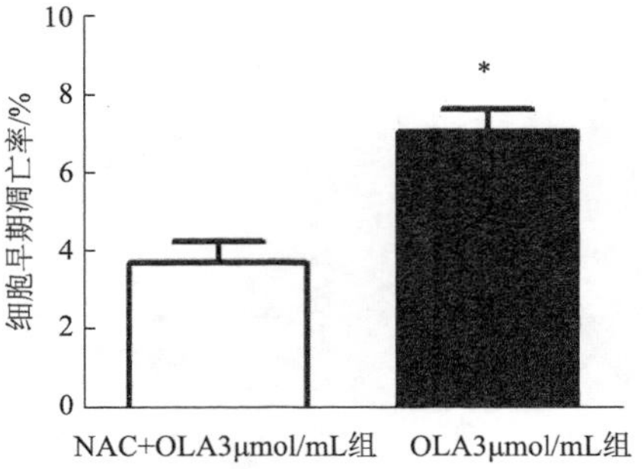

图 5-38　活性氧抑制对细胞早期凋亡率的影响
来自三次独立的重复实验结果，与 NAC 抑制组比较*$P<0.05$

11）活性氧抑制对内质网应激蛋白表达的影响

与 OLA 组比较，NAC 预处理组 GRP94 和 GRP78 蛋白表达量显著降低（$P<0.05$）（图 5-39）。

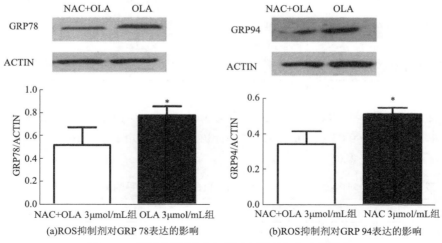

(a)ROS抑制剂对GRP 78表达的影响　(b)ROS抑制剂对GRP 94表达的影响

图 5-39　活性氧抑制对内质网应激蛋白表达的影响
来自三次独立的重复实验结果，与 NAC 抑制组比较*$P<0.05$

12）活性氧抑制对内质网应激介导凋亡蛋白表达的影响

与 OLA 组比较，NAC 预处理组 Caspae-4 和 CHOP 蛋白表达量显著减少（$P<0.05$）（图 5-40）。

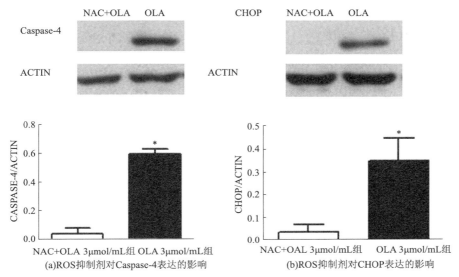

(a)ROS抑制剂对Caspase-4表达的影响　　(b)ROS抑制剂对CHOP表达的影响

图 5-40　活性氧抑制对内质网应激介导凋亡蛋白表达的影响

来自三次独立的重复实验结果，与对照组比较*$P<0.05$

13）小结

综上：OLA 可致 HK-2 细胞早期凋亡率升高，且有时间-剂量依赖性，内质网应激及其凋亡相关蛋白的表达增加，说明内质网应激凋亡通路参与了 OLA 肾毒性作用的过程。根据实验结果推测 OLA 可能的毒作用见图 5-41。

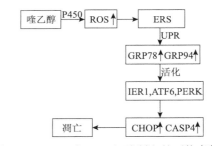

图 5-41　OLA 对 HK-2 细胞凋亡的可能毒作用

5.3　结　语

在目前我国集约化畜禽养殖业快速发展、兽药使用量日益增加的情况下，及时掌握典型兽药的健康风险，建立以健康风险评估为基础的可接受的风险分级管理体系，可为环境和农业管理部门制定兽药的使用、排放、管理等政策规范提供有力的技术支撑。以此为依据，本章以典型兽药（己烯雌酚和喹乙醇）为切入点，以生物标志物研究为主线，以代谢动力学特征为基础，综合分析典型的兽药代表物（己烯雌酚和喹乙醇）在实验动物、细胞等水平的毒作用模式，从而为今后外推到人提供实验数据参考。

项目开展至今已完成代谢动力学实验技术体系及相关毒性效应研究的实验动物模型

和细胞模型平台的构建，并对模型的针对性和相对稳定性进行了初步的验证。以此为平台开展了较为系统的生殖内分泌、肝、肾等靶器官毒效生物标志的筛选和验证工作，为健康风险效应的评估提供了较为丰富的数据源基础。

典型兽药健康效应研究工作的实施可产生间接的经济效益，主要体现在通过健康效应研究提出典型兽药健康危害的不同作用机理及较为敏感的影响因子（靶器官毒效生物标志物），为建立典型兽药的健康风险评价提供必要的技术支撑和较为丰富的试验数据源基础，为其他兽药的相关评估和管理措施的制、修订提供研究思路线索，最终促进我国畜禽养殖业的可持续发展。

第6章　兽药的环境风险评估技术研究

6.1　兽药的环境风险评估国际进展

6.1.1　兽药环境风险评估技术的发展

  Carson 于 1962 年发表了著名的环保专著《寂静的春天》。从那时开始，人们就开始关注环境中的有毒化学物质。20 世纪 90 年代，大众对药物的风险和影响表现出极大的兴趣。发达国家对有毒物质的环境风险评估关注较早。关于化妆品和工业化学品的环境保护立法和规范于 80 年代后期在美国首先被提出（FDA，1985，1987，1995），而后于 90 年代初期在欧洲被提出，并已在北美和欧洲实施了几十年。1980 年起，美国食品药品监督管理局（FDA）开始要求对兽药进行环境评估；1998 年起，欧盟规定所有的新兽药均需要进行环境风险评估，同时规定 2 年后用于治疗人类疾病的新药也同样需要进行环境风险评估。

  兽药在世界各国的使用品种和数量都非常大。在德国市场上，2002 年统计有 2700 种兽药制剂，其中的活性成分有 600 种；在英国市场上，2004 年统计有 962 种兽药制剂，其中活性成分有 411 种。据 2004 年数据统计，欧盟的兽药活性成分年使用量大约为 6051t。2010 年我国化学制药工业协会统计数据表明，我国每年抗生素原料生产量约为 21 万 t，其中有 9.7 万 t（占年总产量的 46.2%）的抗生素用于畜牧养殖业。目前，很多文献已经报道了世界各国环境介质中检测到的兽药污染水平，可见兽药的污染已经相当普遍，并且引起了研究者的不断关注。

  欧盟 2003 年的法规指出："为保护人类健康、动物健康和福利、保护环境，各种兽药和饲料添加剂在投入市场、使用或加工之前，必须通过欧洲共同体规定的程序对其安全性进行评价"。欧盟理事会指令 2001/82/EC 包括了申请企业的新兽药注册程序及管理部门的评估程序框架，并且附带了导则文件。欧盟对于兽药的管理机构主要是欧洲药品审评局（EMEA）及兽用药品委员会（CVMP）。欧盟首先在理事会指令 81/851/EEC 和 81/852/EEC 及补充的指令 92/18/EEC 中概述了进行兽药环境风险评估所需要的基本信息，指令后附有 EMEA 于 1997 年颁布的导则性文件——EMEA/CVMP/055/96，其为新兽药产品的环境风险评估提供了技术性导则。EMEA 导则的评估框架考虑了兽药产品的使用和性质（阶段Ⅰ和阶段Ⅱ），考虑了排放途径（粪浆—土壤，水体，牧场）。另外，欧盟也颁布了动物饲料添加剂的环境风险评估导则（94/40/EEC）。这些导则包括评估饲料添加剂的环境行为和生态效应的基本要求，如环境归趋与持久性，对水生生物藻类、大型蚤、鱼类的毒性，对陆生环境的微生物活动和动物群落的影响。在 EMEA 导则的基础上，欧盟成员国根据本国的情况又颁布了一系列兽药环境风险评估的技术方法，如荷兰国家公众卫生及环境研究院发布的 "*Environmental Risk Assessment of*

Veterinary Medicines in Slurry（EVK1-CT-1999-00003）"，欧盟委员会毒理、生态毒理与环境科学委员会发布的"*The available scientific approaches to assess the potential effects and risk of chemicals on terrestrial ecosystems，CSTEE 2000*"，欧洲环境毒理与化学学会发布的"*Procedures for Assessing the Environmental Fate and Toxicity of Pesticides，*（SETAC-EUROPE 1995）"。

为了便于授权及提高兽药环境风险评估技术导则的可用性，多国合作组织国际兽药协调委员会（VICH）应运而生，其成员国包括欧盟、美国和日本，此外，澳大利亚和新西兰作为观察员加入。欧洲共同体和 EMEA 都加入 VICH 组织中，因此，2000 年颁布的 VICH 导则"*Environmental impact assessment（EIAs）for veterinary medicinal products（VMPs）：Phase I*（CVMP/VICH/592/98）"和"*Environmental impact assessment（EIAs）for veterinary medicinal products（VMPs）：Phase II*（CVMP/VICH/790/03-Consultation）"替代了 EMEA 导则"*Environmental risk assessment for veterinary medicinal products other than GMO-containing and immunological products*（EMEA/CVMP/055/96）"。

6.1.2 EMEA 导则兽药环境风险评估程序与方法

EMEA 规定的评估通常按两阶段进行。第一阶段评估这些产品的母体成分或相关代谢物暴露于环境中的可能性。作为第一阶段的实施指南，该导则提供了一个明确的决策树用于识别那些可以不经进一步试验的产品，因为这些产品对环境的风险较低。第二阶段，考虑产品暴露于环境的程度，以及根据 81/852/EEC 的指令要求进行的其他测试中获得的关于产品物理/化学、药理学和/或毒理学特性的可用信息，应考虑是否需要就产品对特定生态系统的影响进行专门的研究。在该导则中，第二阶段分成两部分：A 级和 B 级。A 级开始评估药物和/或其主要代谢物可能的归趋及效应，这比第一阶段中的评估更为详细。还可能需要测定在环境介质中活性物质及其相关代谢物的降解半衰期。在 A 级内，如果没有检测到危害效应，或者申请人提供的风险管理策略可以处理隐患，就避免了产品对环境的有害影响，则不需要进行 B 级，因为 B 级包含了产品对有可能受到影响的环境介质内的动植物影响的研究。如果申请人无法证明其药品暴露已经降低到了没有影响环境的程度，那么就必须充分调查其在相关区域内的影响。然而，在开始进行 B 级测试方案之前，申请人应联系其主管部门。不过，对大多数进入第二阶段的兽药产品来说，评估应该在 A 级完成。

环境风险评估应考虑产品中可能用到的其他有效物质，特别是那些用做杀虫剂或动物饲料添加剂的有效物质。这种情况下，在申请中可以引用之前的评估资料，特别包括其他相关欧盟机构[欧洲动物营养科学委员会（Scientific Committee for Animal Nutrition，SCAN）、欧洲环境署]的建议或结论。

申请人须提交一份完整的报告，报告包括基于产品特性、潜在的环境暴露、环境归趋及影响、风险管理策略等内容的环境风险评估（ERA）。报告应考虑产品的使用和管理模式、有效物质及主要代谢物的排泄，以及第 81/852/EEC 指令规定的对产品的处理。

最后，对进行的环境风险评估出具一份专家报告。该报告应是"安全专家报告"的组成部分，并且其结论应以科学的推理为依据，并有充分的实验研究或其他资料作为支持。

6.1.3　VICH 导则兽药环境风险评估程序

1. 导则制定目的

该导则制定的目的是为申请人/生产商提供兽药环境风险评估的技术方法，对于第 I 阶段未通过的药物品种，需要使用一系列环境行为和生态毒理数据进行风险评估，风险较低的品种才能获得 VICH 成员国兽药登记管理机构的生产行政许可。需要声明的是该导则不包括严格的法律条款，但是非常清楚地推荐了所需的最少试验信息。

除了可以作为兽药环境影响评价的基本工具外，本导则也提供了对于保护环境所需的信息类型的认识。生态毒理学是一门复杂的学科，缺乏很多数据和理论的支撑。尽管存在这些局限性，但阶段 II 推荐的试验是基于科学与评估目的的。从各试验中获得的最少量信息可以用来评估一种兽药对环境造成影响的可能性。

运用该导则的一个重要因素是专业判断。在合适的科研领域中专家意见是进行兽药环境风险评价的先决条件。专家可以评估已有数据的关联性，以及暴露与效应终点的联系等。

2. 保护目标

VICH 成员国在环境质量方面的政策法规规定在环境影响评估中要体现保护目标。评估的总体目标是保护生态系统。本导则的目的是评估兽药对环境中非靶标生物的影响，包括水生和陆生品种，但是不可能覆盖所有暴露于环境中兽药的物种。测试的毒性水平应该作为反映兽药对环境中所有暴露生物毒性的替代或指示值。

关注的最大潜在影响通常是对于群落水平及生态功能区的影响水平，目的是保护大多数品种。然而，有时需要区分本土和整体环境影响。例如，某一单独区域一种兽药的环境影响可能非常显著，其影响的生态受体为濒危物种或具有重要生态功能的物种。这种情况应该在特定的地区进行风险管理，可能包括在特殊的本土区域禁用或限制使用该兽药品种。另外，一些兽药的累积风险更适合在整体水平上评价。这类情况虽然不能在导则中协调，但是需要作为环境影响的一部分来考虑。

3. 评估程序

早在 1996 年，VICH 筹备委员会就授权一个工作组制定一个可以对欧盟、日本和美国境内的兽药环境影响评价进行规范的准则。当时 VICH SC 成立这个 VICH 生态毒性/环境风险评价工作组的命令如下：“为了能够对兽药环境风险评价的研究和评估有一个符合三方的指导方针，建议遵循风险分析中多层方法的原则，准则的不同层次应该覆盖不同的兽药种类，并有详细的说明。制定过程中要参考欧盟、日本和美国已有的这方面准则或草案。”

这个文件提出的指导方针针对的是兽药，而不是其他生物制品。为了使工作与要求保持一致，VICH 推荐兽药环境影响评价包括两个阶段。在第 I 阶段，就正在或将要使用的 VMPs，评估其环境暴露是否对环境产生危害。这一阶段，如果得到有限使用的 VMPs

其环境影响同样有限的结论,那么它们的环境风险评价只需要到这里就可以停止。第 I 阶段还需要确定哪些兽药需要在第 II 阶段进行更详细的风险评估研究。

6.2 兽药的环境风险评价指标体系

兽药环境暴露的主要环节如图 6-1 所示。兽药的理化特性和环境行为特征决定了其在不同介质中的暴露率,而暴露于不同介质会对该介质中的非靶生物产生毒性影响。EMEA 与 VICH 导则都规定兽药及饲料添加剂的风险评估是循序渐进的,分为阶段 I 和阶段 II,阶段 II 又分为 A 级和 B 级,表 6-1 是对兽药及饲料添加剂分阶段风险评估所需评价指标的总结。

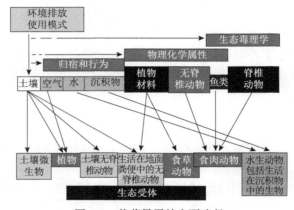

图 6-1 兽药暴露的主要途径

表 6-1 兽药及饲料添加剂分阶段风险评估所需评价指标

评估阶段	评估级别	目标	方法	评价指标
阶段 I		识别暴露率	临界值法	① 治疗动物种类(如食用动物、宠物等) ② 给药途径(如体外涂抹、口服或肌肉注射等) ③ 药物及活性代谢产物的排泄率 ④ 未使用或废弃药物的处理手段
阶段 II-A 级	筛选级	快速预测风险	风险评估	① 药物在土壤中的行为归趋 ② 药物在水体和空气中的行为归趋 ③ 药物对水生生物的毒性效应 ④ 药物对其他非靶生物的毒性效应
阶段 II-B 级	初级	为保证一致决议的标准方法	风险评估	关于药物的释放,环境行为和毒理效应更多的数据
	二级	针对药物和特殊场景的修正		特例分析;替代方法

阶段 II 的 A 级是运用药物及其活性代谢产物可能的环境行为和生态毒理效应指标进行的筛选级风险评估。如果在 A 级评估中未发现药物对环境存在巨大危害,那就无需进行 B 级的评估。如果在阶段 A 不能确定药物的暴露可以控制在不对环境产生危害影响的

范围内,那么对于相关受体更高级别的毒性效应必须在 B 级考虑。不同阶段和级别需要的评价指标数量、类型不同。本书将兽药的环境风险评价指标分为四类。

6.2.1　药物基本信息指标

1. 指标描述

兽药及饲料添加剂与农药的环境暴露途径是不同的,农药通过施用于农作物而直接暴露于环境中,而兽药主要的暴露途径是通过动物排泄物施肥的方式进入环境。因此,兽药的一些基本使用信息及其在动物体内的代谢动力学规律是评估其环境风险大小的前提,也是兽药环境风险评估阶段Ⅰ需要回答的问题。

1)药物的类型

药物的活性物质是否为天然化学物质,如维生素、电解质、天然氨基酸和药草等,如果是的话,其使用是否会改变其环境浓度或分布。许多物质本身存在于天然环境,或能够在环境中迅速降解,那么这种环境暴露不会发生改变,如电解质、肽类、蛋白质类、维生素类,以及其他环境中本来就有的物质。当然,申请者在回答这个问题时,需要给出文件来证明使用该 VMP 确实不会改变其在天然环境中的浓度及分布。

2)药物治疗动物的种类

如果药物治疗的靶动物是宠物等个体动物,那么其导致的环境影响是可以忽略的;如果药物治疗的靶动物是群体性的供人们食用的动物,那么其环境风险需要进一步的评估。

3)药物的给药途径

药物的给药途径主要分为三类,外用、内服及水产用药。水产用药是直接投放到水体中的药物,其直接进入水体环境,因此不需要进行阶段Ⅰ的继续评估即进入阶段Ⅱ评估;外用给药方式包括敷上、涂抹、烟熏等,这种给药途径下,药物直接进入环境的概率很大;内服药物需要考虑药物在动物体内的代谢情况,其通过动物排泄物进入环境,相对前两种给药方式进入环境的概率要小。

4)药物及活性代谢产物的排泄率

评估内服药物的环境暴露程度的前提是药物及活性代谢产物具有较高的排泄率。EMEA 导则在阶段Ⅰ中规定了药物及活性代谢产物在粪便中的浓度临界值,如果超过这个临界值,那么需要继续评估;VICH 导则虽然未规定药物及活性代谢产物在粪便中的浓度临界值,但规定了基于粪便暴露计算的土壤及水体中的浓度临界值。

5)未使用或废弃药物的处理手段

大规模的家畜饲养企业会采用焚烧或其他方式处理废弃物,因而这些废弃物中的药物活性成分不会进入环境,所以这部分药物活性成分也就没有机会影响环境。

2. 指标获得方法

药物基本信息指标是药物的一些基本信息及药物在动物体内的代谢动力学信息。基本信息一般由药物注册的申请企业提供,排泄率数据通过对目标生物进行药物的吸附、分布、代谢和排泄研究获得。

6.2.2 理化性质指标

1. 指标描述

兽药环境风险评估阶段 II 的 Tier A 层级首先需要提供的是兽药的理化性质参数,包括水溶解度、水中解离常数、紫外可见吸收光谱、熔点/熔融范围、蒸汽压、正辛醇/水分配系数。

通常,药物的理化行为参数是开展药物环境行为研究的基础,其中兽药的正辛醇/水分配系数可反映其在水相和有机相间的迁移能力,它与兽药的水溶性、土壤吸附常数和生物富集系数密切相关。通过兽药分配系数的测定,可提供该化合物在环境行为方面许多重要的信息。例如,分配系数高时该兽药由于具有高亲脂力,易通过膜在生物体内积累,而导致对生物体的慢性损害,即分配系数越高,生物富集系数越高;当分配系数低时,化合物易于经淋溶过程随水运动而到达土壤深层,乃至污染地下水,从而可能导致对生物体的急性危害。

2. 指标获得方法

表 6-2 给出了兽药环境风险阶段 II 评估中 Tier A 推荐的物理化学测试方法,主要是经济合作与发展组织(OECD)和欧盟(EU)颁布的标准化测试指南。除了注释的地方,其他所有的数据都要提供。

表 6-2   Tier A 中物理化学性质测试方法

A	OECD 测试指南编号	OECD 测试指南	EU 试验方法编号	EU 第 67/548 号指令附录 V 的试验方法
1	101	紫外-可见光吸收光谱		无
2	102	熔点/熔化范围	A.1.	融化/冻结温度
3	104	蒸气压	A.4.	蒸气压力
4	105	水溶解度	A.6.	水溶性
5	107	分配系数(正辛醇/水)	A.8.	分配系数
6	112	在水中的解离常数		无
7	117	分配系数(正辛醇/水)HPLC 方法	A.8.	分配系数

6.2.3 环境行为指标

1. 指标描述

1)粪便降解性

由于兽药施用于动物后会通过粪便尿液等排泄物排出体外而进入环境。因此,药物在粪便中的行为特性是兽药环境归趋的重要参数。

2）土壤降解（有或没有粪便的添加）

兽药在土壤中降解性是兽药环境风险评估的重要参数。这个指标的主要问题在于粪便在土壤中的添加对药物降解途径和清除速率具有多大的影响作用。粪便的添加改变了土壤系统的性质，包括增加了水分和有机质，以及改变了土壤的 pH 和缓冲能力。此外，粪便的添加也改变了表层土中粪便的浓度和密度。

3）田间土壤降解（有或没有粪便的添加）

田间土壤降解性在风险评估 II 阶段 A 层次中不是必须的。动物的用药、粪便的储存，以及农业生产情况都是导致不同结果的重要因素。固体或液体粪便中的药物通过耕入和大面积播撒进入环境后，其降解性是兽药环境风险评估的重要参数。

4）土壤吸附和解吸

兽药吸附作用是指兽药被吸附在土壤中的能力。兽药吸附能力的强弱取决于兽药的水溶性、分配系数与离解特性等。水溶解度小，分配系数大，离解作用强的兽药，容易被土壤吸附；土壤性质对兽药吸附作用的影响也很大。有机质含量高，代换量大，质地黏重的土壤，就容易吸附兽药。兽药吸附性能的强弱对兽药的生物活性、残留性与移动性都有很大影响。兽药被土壤强烈吸附后其生物活性与微生物对它的降解性能都会减弱。吸附性能强的兽药，其移动与扩散的能力弱，不易进一步造成对周围环境的污染。

5）残留性（时间依赖性吸附）

对于某些兽药（如四环素），时间依赖性吸附是非常重要的清除机制。需要做更多详细的试验来理解兽药的这些机制。此外，兽药分子的许多官能团使得其难以预测。

6）土壤淋溶（有或没有粪便的添加）

兽药淋溶作用是指兽药在土壤中随水垂直向下移动的能力。影响兽药淋溶作用的因子与影响兽药吸附作用的因子基本相同，恰好成反相相关关系。一般来说，兽药吸附作用越强，其淋溶作用越弱。此外，与施用地区的气候、土壤条件也关系密切。在多雨、土壤砂性的地区，兽药容易被淋溶。兽药淋溶作用的强弱，是评价兽药是否对地下水有污染风险的重要指标。

7）田间淋溶

目前，没有导则或现有的方法做该项试验。但是对于兽药，该项非常重要。此外，粪便的作用还是没有明确。

8）水解

兽药在水环境中的降解是指兽药在水环境中遭受微生物降解、化学降解与光降解的总称，它是评价兽药在水体中残留特性的指标。其降解速率受兽药的性质与水环境条件两方面因子制约。水解是指在实验室特定条件下兽药遭受化学降解的能力。一般的兽药，在高温、偏碱性的水体中容易降解。

9）光解

光解是指挥发进入大气中的兽药与残留在作物、水体和土壤表面的兽药在阳光的作用下遭受光降解的能力。兽药光降解作用的难易除与兽药的性质、施药季节的光照强度有关外，还与兽药在环境中的存在状态，以及环境中是否存在有光敏物质有关。溶液中含有丙酮或环境存在有胡敏酸、富非酸等物质时，对于一般兽药都能促进其光降解强度。

10）生物富集

生物富集作用是指兽药从环境进入生物体内蓄积，进而在食物链中互相传递与富集的能力。兽药生物富集作用大小与兽药的水溶解度、分配系数，以及与生物的种类、生物体内的脂肪含量、生物对兽药代谢能力等因子有关。兽药的生物富集能力越强，对生物的污染与慢性危害越大。

2. 指标获得方法

表 6-3 给出了兽药环境风险阶段 II 评估中 Tier A 环境行为指标获得所用到的标准化测试方法。对于在集约养殖业中使用的兽药，只有在土壤介质中才需要进行土壤降解研究。如果在前一步的化学性质研究中表明有发生光解或水解的可能性，那么就需要做光解和水解研究。到目前为止，还没有证据表明兽药在环境中的光解是影响其在环境中降解的重要原因，因为土壤和粪便中兽药很少会直接暴露在光下。这个结论被 Thiele-Bruhn 所证实，他认为在田间环境下，对于抗生素的脱毒来说，光解过程可以被忽略。如果活性组分直接由尿分泌进入水中，由于动物粪便的混入，水体会变得浑浊，因此光解作用并不十分重要。

表 6-3　Tier A 中的环境行为指标测试方法

A	OECD 测试指南编号	OECD 测试指南	EU 试验方法编号	EU 第 67/548 号指令附录 V 的试验方法
1.	106	吸附/解吸		无
	121	吸附/解吸-HPLC 法		无
2.	111	水解作用	C.7.	降解：非生物降解 水解 pH
3.	304 A	土壤中的固有生物降解性		无
4.	305 A	生物体内积累：连续静态鱼类试验		无
	305 B	生物体内积累：半静态鱼类试验		无
	305 C	生物体内积累：鱼类体内积累程度		无
	305 D	静态鱼类试验		无
	305 E	穿流鱼类试验		无
5.	306	海水中的生物降解性		无
6.			C.5	降解：生化需氧量
7.			C.6.	降解：化学需氧量
8.	307	土壤降解		无
9.	312	土柱淋溶		无
10.	316	水中光解		无

6.2.4 生态毒理指标

1. 指标描述

生态毒理学试验数据是兽药环境风险评估的主要评价因子。

1）生态受体

a. 水生生物

水生生态系统中可能受到胁迫或危害影响的受体种类很多，不可能对每种生态受体都进行分析和评价，关键是选择典型的、有代表性的水生生物以反映水生生态系统的影响状况。对于兽药的低层级水生环境风险评估，可选择以下水生生物作为生态受体。

（1）鱼类：鱼类是水生生态系统中重要的类群，对水生生态系统的平衡起着重要作用，鱼类会影响生态系统中其他物种赖以生存的营养元素的循环。

（2）蚤类：蚤类属于无脊椎动物的节肢动物门，甲壳纲，枝角目，是淡水浮游动物的重要类群，是许多重要的经济鱼类的饵料，同时对水域的自净有举足轻重的作用。其对毒物非常敏感，在国内外被广泛用以评价化学物质的毒性。ISO（水质分析标准）、OECD（化学物质测试指南）及 USEPA（生态影响试验指南）等都将其作为化学物质环境毒性试验的生物物种。

（3）藻：藻类是水体中的初级生产者，藻类在种群数量上的变化可反映兽药对水体中初级生产营养级的影响。

（4）螺蛳：螺蛳是典型的沉积物中的无脊椎动物，生活于河沟、湖泊、池沼及水田内，多栖息于腐殖质较多的水底泥中，以藻类及其他植物的表皮为食。由于很多抗生素类兽药具有弱酸弱碱性，与底泥间表现出较好的亲和力，因此选择典型的底泥生物作为生态受体之一对于评价兽药在水生系统的风险非常必要。

以上四种受体中，藻类是蚤类和螺蛳的饵料，蚤类是鱼类的饵料，藻类又依赖于鱼类进行氮磷等营养元素的循环，形成一个水生的食物链。

b. 陆生生物

对于兽药的低层级陆生环境风险评估，可选择以下生物作为生态受体。

（1）蚯蚓：蚯蚓是主要的土壤生物，对很多药物具有生物敏感性，所以选择蚯蚓为主要的评价受体。

（2）陆生植物：非靶标陆生植物的生长影响是农药及工业化学品生态风险评估的评价指标，同样也适用于兽药。已有很多研究表明，残留于土壤的兽药对某些陆生植物的根生长、发芽率等存在抑制作用。

（3）土壤微生物：微生物在对动植物残体的分解、养分的储藏转化、水分入渗、气体交换、土壤结构的形成与稳定、有机物的合成及异源生物的降解等方面直接或间接地起着重要作用。土壤生态系统中，微生物生物量作为有机质降解和转化的动力，是植物养分重要的源和库，对植物养分转化、有机碳代谢及污染物降解具有极其重要的作用。因此，土壤微生物生物量可以直接影响养分循环及其生物有效性。同时，土壤微生物生物量 C 或 N 转化速率较快，可以很好地表征土壤总碳或总氮的动态变化，是比较敏感的生物学指标。

（4）跳虫：跳虫是一种分布极为广泛的土壤无脊椎动物，对土壤污染十分敏感。对于集中畜禽养殖业常使用的杀体内/体外寄生虫剂，由于其不会对植物和微生物产生毒性，因此，应用跳虫作为指示生物具有良好的潜力。

（5）蜣螂：蜣螂是一种粪甲虫。因为兽药的环境暴露最主要途径是通过动物粪便，因此研究与粪便暴露相关的非靶位生物极为必要，是体内外杀虫剂药物必做的指标。

（6）粪蝇：因为兽药的环境暴露最主要途径是通过动物粪便，因此研究与粪便暴露相关的非靶位生物极为必要，是体内外杀虫剂药物必做的指标。

2）评价终点确定

筛选水平的兽药水生环境安全性评价通常将水生生物急性毒性试验个体死亡率作为评价终点，但是对于兽药，表征慢性危害的毒性终点同样重要，如鱼类早期生命阶段无可观察不利影响浓度（NOEC）或鱼类全生命周期 NOEC 值。兽药水生生物安全性评价中的评价受体和评价终点见表 6-4。

表 6-4 兽药水生生物风险评价中的评价受体和评价终点值

评价受体	试验名称	效应指标	AF
鱼类	鱼类急性致死毒性	急性 LC_{50} 值	1000
	鱼类延长毒性	生长（NOEC）	10
	鱼类早期生活阶段毒性	发育（NOEC）	10
	鱼类胚胎和卵黄囊仔鱼阶段的短期毒性	致死（LC_{50}）发育（NOEC）	10
	鱼类幼体生长	发育（NOEC）	10
蚤类	蚤类急性活动抑制毒性	急性 EC_{50} 值	1000
	蚤类繁殖毒性	繁殖（NOEC）	10
	底泥-水摇蚊毒性	羽化率（NOEC）	10
藻类	藻类生长抑制毒性	生物数量减少率（EC_{50} 和 NOEC）	100；10
	浮萍生长抑制毒性	生长抑制（EC_{50} 和 NOEC）	100；10
螺蛳	急性 EC_{50} 值	急性 EC_{50} 值	1000
	慢性 NOAEC 值	慢性 NOAEC 值	10

兽药陆生环境安全性评价通常将陆生生物急性毒性试验个体死亡率作为评价终点（急性经口 LD_{50} 值），同时，亚慢性及慢性危害作为毒性终点同样重要。兽药陆生环境安全性评价中的评价受体和评价终点见表 6-5。

表 6-5　兽药陆生生物风险评价中的评价受体和评价终点值

评价受体	试验名称	效应指标	AF
蚯蚓	蚯蚓急性毒性	致死率（LC_{50}）	100
	蚯蚓繁殖毒性	繁殖率（NOEC）	10
	线蚓繁殖毒性	繁殖率（NOEC）	10
陆生植物	陆生植物生长影响	发芽抑制率（EC_{50}）	100
		重量变化（NOEC）	10
土壤微生物	土壤微生物氮转化	硝化作用 EC_{50}	100
	土壤微生物碳转化	呼吸抑制作用 EC_{50}	100
跳虫	跳虫急性毒性	幼虫 14 天死亡率	100
	跳虫繁殖毒性	繁殖抑制率（EC_{50}）	10
蜣螂	蜣螂急性毒性	14 天致死率（LC_{50}）	100
	蜣螂慢性毒性	14 天慢性体重增加 EC_{50} 值	10
粪蝇	粪蝇急性毒性	5 天致死率（LC_{50}）	100
	粪蝇慢性毒性	7 天化蛹率（EC_{50}）	10
	粪蝇慢性毒性	14 天成虫变态抑制率（EC_{50}）	10

2. 指标获得方法

一些国家和国际组织对一些毒性测试的实验技术进行了验证和标准化。标准化测试的优点在于试验步骤的清楚规定和验证，所以保证了试验结果的重现性。由于测试的标准化是一个比较漫长和费用昂贵的过程，所以对比生态毒性实验的总数，标准化实验的数量较少。OECD 导则在欧洲和世界上其他一些国家都被用作参考方法。由于 OECD 的标准化试验方案在不同的风险评估领域中得到了较为广泛的认可，因此其一般被认为是最好的测试技术选择。OECD 实验和兽药的风险评估的关系总结如下。

1）水生环境

OECD 测试导则中的三个分类群——鱼、水生无脊椎动物和藻类的生态毒理学试验是 EMEA 导则推荐进行的，具体指标和导则编号总结于表 6-6 中。

表 6-6　水生生物的 OECD 测试准则

试验名称	效应指标	导则编号	生效/更新日期
鱼类急性致死毒性	致死率（LC_{50}）	203	1981/1992
鱼类延长毒性	生长（NOEC）	204	1984
鱼类早期生活阶段毒性	发育（NOEC）	210	1992
鱼类胚胎和卵黄囊仔鱼阶段的短期毒性	致死（LC_{50}） 发育（NOEC）	212	1998
鱼类幼体生长	发育（NOEC）	215	2000

续表

试验名称	效应指标	导则编号	生效/更新日期
蚤类急性活动抑制毒性	活动抑制（EC_{50}）	202 Part A	1981/2002 初稿
蚤类繁殖毒性	繁殖（NOEC）	202 Part B 211	1981/1998
底泥-水摇蚊毒性	羽化率（NOEC）	218 混合底泥 219 混合水体	2003 初稿
藻类生长抑制	生物数量减少率 （EC_{50} 和 NOEC）	201	1981/2002 初稿
浮萍生长抑制	生长抑制（EC_{50} 和 NOEC）	221	2002 初稿

致死率和基于剂量效应关系曲线相关的效应终点用于动物急性实验计算 $L(E)C_{50}$，基于剂量效应关系和 EC_{50} 估算的生长抑制效应通常应用在藻类和水生植物效应计算中。以统计分析为基础的 NOECs 计算在慢性试验中被作为效应终点。繁殖率在某些情况下是慢性试验唯一相关的终点。因此，鱼类的生长抑制实验不应当做是慢性试验。

2）陆生环境

陆生试验受体包括脊椎动物（用于鸟的特殊测试及用于人体健康效应评估的哺乳动物测试）、植物、土壤无脊椎动物及微生物等的实验。这些试验都包括在 EMEA 导则里。对于陆栖脊椎动物（主要为哺乳动物和鸟类）的测试一般包含在临床和/或人体健康风险评估环节中。在考虑其他额外的测试之前，强烈建议尽可能多地使用这些试验信息。因此，陆栖脊椎动物的毒理学测试在生态风险评估环节不予考虑。表 6-7 是对已有陆生生态毒性测试导则的总结。

表 6-7　陆生生态毒性相关的 OECD 导则

试验名称	效应指标	导则编号	生效/更新日期
蚯蚓急性毒性	存活率（LC_{50}）	207	1984
蚯蚓繁殖毒性	繁殖率（NOEC）	222	2003 初稿
线蚓繁殖毒性	繁殖率（NOEC）	220	2003 初稿
蜜蜂急性经口毒性	存活率（LD_{50}）	213	1998
蜜蜂急性接触毒性	存活率（LC_{50}）	214	1998
陆生植物生长	发芽抑制率（EC_{50}） 生长，重量变化（NOEC）	208	1984/2002 初稿
鸟类饲喂毒性	存活率，体重	205	1984
鸟类繁殖试验	繁殖率（NOEC）	206	1984
鸟类急性经口毒性	存活率（LC_{50}）	223	2002 初稿
鸟类繁殖毒性	繁殖率（NOEC）	未编号	2000 初稿
土壤微生物氮转化	硝化作用	216	2000

续表

试验名称	效应指标	导则编号	生效/更新日期
土壤微生物碳转化	呼吸抑制作用	217	2000
哺乳动物试验	目前有 36 个导则包括急性、亚慢性和慢性试验		

6.2.5　更高层次风险评估指标

1. 微生物群落结构：运用 Biolog 开展的 PICT 试验

1）试验目的

PICT 试验主要是反映接触某化合物后土壤微生物群落结构的变化。它可以用来评估兽药可能导致的微生物多样性减少。PICT 试验已经成功用于荷兰的 ERAVMI 项目中兽药生态影响的测试，结果证明该方法非常适合评估兽药对微生物群落的影响。

2）优点

运用 Biolog 方法进行的 PICT 试验是用于评价微生物群落结构和生物多样性的一个测试，该方法比研究细菌总数等总体规律的实验更为敏感。PICT 试验可以在与野外条件非常相近的实验室条件下进行，因此具有很好的代表性。特别是降解产物的形成和吸附过程可以较为真实的形式考虑在 PICT 试验中。运用 Biolog 的 PICT 试验是全自动化的。运用 Biolog 的 PICT 试验也可以反映抗生素对某些土壤功能的影响。在金属污染场地调查中，发现只有当毒物本身可以改变群落的耐受性时，PICT 试验才可建立明确的剂量-效应关系。

3）土壤的选择、处理

为了研究具有代表性的微生物群落，该测试基于自然的农业土壤。将粪便作为有机质和化合物一起施用于土壤，会导致一系列微生物群落的变化，包括生理适应性、最敏感种群的消失、（基因）耐受种群的选择性生长。

4）运用 BIOLOG 技术的 PICT 检测

微生物提取液在土壤暴露 1～2 周后制备，冷冻保存直至测试。预充式 96 孔板用于测定每个土壤样本中微生物接种物代谢活性的相对公差。ECO 板中包括 31 个不同的有机基质：糖、氨基酸，以及四唑鎓氧化还原染料和干燥的矿物盐介质等。由于基底物质代谢，细胞间氧化还原状态的改变会使得染料颜色变化。通过在 Biolog 板上接种不同浓度的试验化合物和稀释的微生物提取液进行试验。为了使每个样品结果可以比较，在预实验中已经对接种物的密度进行了定义。直到第 12 天一直在 590nm 处测定吸光度，可反映每个基质的代谢活性。每个盘中以吸光度为纵坐标、兽药浓度为横坐标绘制的剂量-反应曲线进行比较。如果处理土壤的菌群接种物对添加到 Biolog 板中的受试化合物具有较高的耐受性，那么菌群组成的改变即可观察到（因此，Biolog 板的 EC_{50} 值增加）。传统的剂量-反应测试及敏感性分布可以用于确立 NOEC 浓度。由于土壤不能在数周内还保持在可接受的条件，因此较长时间跨度的兽药影响将不能完全被测试到。图 6-2 为 EC_{50} 值随着土壤中土霉素浓度的增加而增长的趋势。

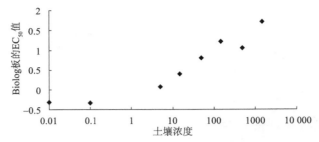

图 6-2 运用 Biolog 试验反映的土霉素对土壤微生物的效应影响

2. 改进的暴露试验

标准化的生态毒理实验通常运用一种基质（如水、土壤、沉淀物）在固定的时间周期内（如大型蚤 48 小时、鱼 96 小时、藻类 72 小时）进行。化合物进入环境的方式及在环境中消除的速率可能意味着标准化的生态毒性研究与真实环境差距较大。因此，很多研究方法将特殊物质的暴露特征整合到生态毒理学研究中。这些一般集中在水生生物，并已应用于农药。下面阐述一些适用于兽药评估的方法。

1）包含消除过程

标准的水生毒性研究通常需要试验结束时的浓度保持在起始浓度的 80%。对于那些易挥发或是通过非生物降解（如水解）的物质，需要流水式试验装置或者经常更换试验溶液。这种方法将不仅包括了降解过程的效应，还包括了主要水解降解产物的影响。

该方法很简单。对于那些极易挥发或是易水解不稳定的化合物，应该应用开放静态的系统开展试验，而非使用流水式系统或者定期更换试验溶液。由于受试介质的不断减少，该方法不适合用于长期的暴露研究。

该方法已经用于一些农药的效应研究。当运用静态毒性研究，受试物质在试验系统中的消除速度不应该快于在自然条件下的消除速度，因此得到的数据可以用于风险评估。暴露和效应的评估必须在初始浓度的基础上进行。

该方法的优点是耗时较短且操作简单，考虑非生物降解及相关代谢产物的影响，该方法的缺点是不适用于某些试验系统，如延长周期的试验研究。

2）周期可变的暴露研究

对于那些消除很快的物质，兽药的暴露时间非常短。研究可以选择不同的暴露时间，以测定这样短期暴露的影响。暴露后，转移生物至干净的介质中，在标准的试验周期下记录效应。例如，如果已经确定一种对浮萍有毒的药物在水中一天内会消除，那么将浮萍暴露于不同浓度的受试药物溶液一天，然后将其转移至干净的介质中 6 天。加起来 7 天的暴露周期与标准化浮萍研究所规定的暴露时间一致。

该方法还未在兽药评估中应用，但已经用于农药。在 Maund 等（1998）的一项研究中，分别将钩虾暴露于高效氯氟氰菊酯 1 小时、3 小时、6 小时、12 小时和 96 小时，然后转移到干净的介质中继续暴露至 96 小时。结果发现，效应和暴露周期之间有显著的正相关关系，暴露 1 小时的效应浓度比 96 小时的高 18 倍。

该方法的优点是快速便捷，同时也可为实际场景暴露的可能影响提供一定的信息。

该方法的缺点是，不是很适合某些试验品种和效应终点（如繁殖），试验周期和受试物种生命周期相比太短，根据暴露生物的发育状态可估算出显著的差异。

3）脉冲暴露研究

兽药可能以脉冲的形式释放到地表水中（图 6-3）。因此，在标准化测试中使用的连续暴露并不能反映受试物质在真实环境中的效应。虽然标准化的毒理学数据可以为这类暴露类型的影响提供一个初始的评估，但是模仿这种暴露趋势的特定研究也许更为适合。

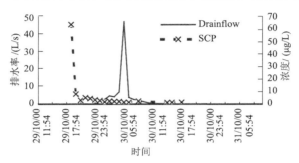

图 6-3 不同时间地表水中磺胺氯哒嗪的测定浓度

一般可用两种方法：静态暴露研究或流水式研究。静态暴露方法将产生方波脉冲，而流水式系统的脉冲暴露更真实地模拟出实际环境中浓度的梯度变化。

该方法还未应用于兽药评估，但已广泛用于农药，如苯氧威、虫酰肼、杀螟硫磷、毒死蜱和氰戊菊酯。该方法的优点是提供实际暴露场景的影响评估。该方法的缺点是不适合某些试验生物。预测暴露情况十分重要，所以对数据的外推要谨慎考虑。

3. 生物恢复

对于那些在环境中消除很快但具有毒性的物质，即使运用了实际暴露研究，还是应该进行生物恢复研究。

对于水生生物，通常运用水藻和浮萍进行试验。当试验完成后，转移一部分细胞至清洁的介质中以测定细胞分裂是否可逆或不可逆的迟缓。这个原理同样可用在其他生物的试验中（死亡率不是效应终点），包括无脊椎动物及亚致死效应的鱼类等。相关研究报道，关于有机磷农药和氨基甲酸酯类农药，用的生物包括大型溞、摇蚊和黑蝇。但有关这类研究的结果解释和恢复时间定为多久最为合适等一直存在争议。实验室生物恢复研究用于预估群体动态的效应。然而，必须考虑这些推断仅限于有相似繁殖率的物种。繁殖周期所反映的时间点是新生一代达到成熟后开始繁殖。很明显，这些效应不能外推至其他无脊椎动物。

4. 多物种的土壤系统（MS·3s）

1）方法描述

MS·3s 系统包括了自然过筛的土柱，土柱中培养土壤生物（图 6-4），该试验系统是为中等层级评估所设计的。

土-气界面，水体传输和降解/吸附动力学研究的重现性要好于标准化的土壤测试，同时采用均匀过筛土和实验室培养的大型生物保证结果的重现性。该系统也可以将药物和动物粪便一同加入土柱中，更真实地模拟农业操作。该系统可以研究包括淋溶在内的环境行为特性，淋溶物质与毒性试验的结合可以评估相关母体和代谢物的总体效应。MS·3s 系统不仅可以用于初始的筛选评估，还可以作为高层次评估的工具（图 6-4）。

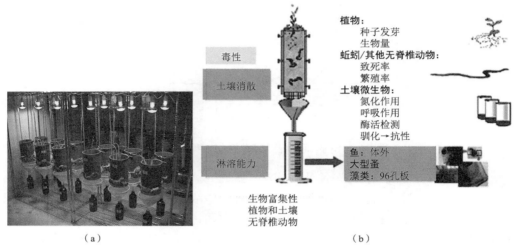

（a）   （b）

图 6-4　MS·3s 系统示意图（a）和 MS·3s 系统详解（b）

2）土壤性质

试验所用土壤是自然土壤，须用无农药使用及化肥施用历史的农业土壤。土壤的理化性质和组成结构特性，以及残留分析是必须做的。土壤过 2mm 筛后均匀混合。

3）土柱设计

土柱设计为直径 15～25cm 的和柱长 30～40cm 的惰性材料。为了模拟耕种土壤，土壤深度最好为 20～25cm。渗滤液收集系统的设置应低于土柱表面且避光。

4）受试生物

使用自然土壤中的微生物种群，因此使土壤微生物可以正常发育存活的处理和储存条件十分重要。植物和土壤无脊椎动物作为受试生物添加到该系统中。必须使用至少 3 种合格的植物种子（包括单叶和双叶植物）。不同的土壤无脊椎动物可以加入该体系中。赤子爱胜蚓可以用于试验设计，另外，其他的土壤无脊椎动物必要时也可以应用。植物和无脊椎动物的加入必须在药物施用于土壤表面之前，或者在药物与土柱土壤均匀混合装柱后立即加入。

5）测试条件

土柱在 10/14 小时光照/黑暗条件下（8000 lx），20℃培养，用除氯自来水每周浇灌 3 次，模拟每年 1000mm 的降水量。温度、光照和灌溉条件可以适当调整以模拟当地的条件。

6）渗滤液测试

应该对渗滤液进行化学分析（母体和已知代谢产物）和毒理学实验（鱼、大型蚤和绿藻）。体外试验中，鱼类测试的替代物可以选择鱼类细胞系、大型蚤和绿藻的低通量替代物。

7）土壤生物的效应终点

毒性终点的最终确立可以依据引进物种和测试需要。以下效应终点的适用性已经得到验证。土壤微生物：呼吸抑制和酶活性。测试必须选择至少两种土壤系统。植物：发芽率，植株增重，长度和受试化合物的生物富集。蚯蚓：致死率和受试化合物的生物富集。

8）筛选试验

筛选试验中，受试化合物在土壤中的混合浓度设置为 0（对照）、0.01mg/kg、1mg/kg 和 100mg/kg 土壤，设置 2～3 个平行。7～21 天暴露后测定效应。

9）高层次实验

该层次试验条件需要设计特定的方案以满足评估的需要。计划书设计的基础是关于受试化合物环境行为和效应规律的相关信息、农业耕种条件等。以下列出的是一些需要考虑的变量：土壤微生物的品种和效应终点；土壤微生物的毒理效应终点（包括驯化性、生物多样性等）；地方气候情况（土壤、温度、光、雨水等）；土柱深度（仅耕地、耕地和另有的土层）；受试化学品的施用（在土壤表面、均匀分布在土壤的上层或可耕种层，模拟液体粪便施肥等）；粪便的联合应用（包括新鲜和堆肥后的粪便）。

10）优势和限制点

MS·3s 系统比标准化的土壤微生物生态毒理学测试更好地模拟了农业土壤环境。其重现了空气/土壤的接触，气候参数和降解动力学（降解，迁移）。自然土壤的应用显然限制了试验的标准化。系统并未在食物链上设置生物品种，因此不同物种间的相互作用被限制为间接效应（如营养利用）。一般来说，筛选试验可以作为传统评估的低成本高效的替代方法，其选择的几个效应终点（大多数和标准化试验接近）和行为特性（和低层次行为测试相似）都包括在简单测试中。另外，在试验周期内形成的代谢物也一同考虑了其影响。

5. 陆生微宇宙

陆生微宇宙系统（TMEs）由从研究区域（如自然土地）用不锈钢圆柱钻孔得到的非均匀分布的土柱组成。这种方法，可以使自然植被的平衡，土壤微生物和动物，以及土柱中土层的分布最低程度的改变。土芯的直径为 17.5cm，深度为 40cm。所有土芯被保存在特殊的容器中，在温度、湿度和光照条件都可控的温室/生长室培养。每个土芯通过特制的雨喷头浇灌水，淋出物在每个土芯的底部收集。

Dr Thomas Knacker 在 ECT 支柱的 EU 项目中对 TMEs 和田间试验结果进行了比较，对以下终点进行了研究：环境行为终点，土芯中受试物（多菌灵）的纵向分布（HPLC）；淋出液中受试物的量（HPLC）；植被中受试物的富集。效应终点，土壤中的营养物质量（C、N、P、K、S）（KCl 提取）；淋出液中的营养物质量（C、N、P、K、S）；土壤微生物重量；细菌生长率（氚化胸腺嘧啶的测定）；土壤酶活性（纤维素酶和脱氢酶）；生物群落的摄食活性（诱饵叶片）；蚯蚓的丰度和多样性；线蚓的风度和多样性；跳虫和革螨的丰度和多样性；线虫的风度和分类；分解腐烂（包装袋）；植物重量（地面上，鲜重）。结果显示，TMEs 是兽药效应评估的适用方法。由于 TMEs 是未改变土壤结构的土芯，因此受试药物的施用需要通过喷洒或者液体施肥。

6. 田间试验

田间试验是环境风险评估中最高级别的测试。然而，田间试验不仅费用昂贵，还会得到需要认真分析的复杂数据。田间试验通常用于农药的常规评估，然而，对于兽药的评估大多还停留在实验室的水平。已报道的田间试验大多关注药物的行为特性，也有一些研究关注效应，如丹麦的 Dr Halling-Sørensen 和加拿大的 Dr Solomon 进行的研究。田间试验的设计需要在受试药物的基本特性、暴露和效应规律评估之后考虑不确定性和差距。因此，田间试验不在测试的第一轮进行，仅仅用于风险的修正。

6.3 兽药的环境暴露评估技术研究

兽药和饲料添加剂广泛用于世界各国的畜禽和畜牧养殖业。据统计，我国兽用抗生素的年使用量在 2000 年时已经超过 6000t（Hu et al.，2010）。然而，施用于养殖动物的抗生素有 60%～90%以原型随粪尿等排泄物排出体外，作为有机肥施入农田土壤（Bound and Voulvoulis，2004）。兽药和饲料添加剂在环境中的暴露，以及潜在的生态和人体健康危害成为近年来的研究热点。欧盟、美国、加拿大、日本和澳大利亚等发达国家或地区已经立法要求兽药上市前登记需要进行环境风险评估（Boxall et al.，2000）。国际兽药协调委员会（VICH）2004 年制定了兽药的多层次风险评估导则。其中规定，第一层次的评价主要考虑生产量、施药方案、代谢、粪便产生量及粪便农用量等基本因素，计算兽药的土壤预测暴露浓度（PEC）。如果土壤 PEC>100μg/kg，水体 PEC>1μg/L，那么要进入较为复杂的第二层次评估（VICH，2000；VICH，2004）。因此，兽药的环境暴露评估是生态风险评价的关键组成部分。

由于粪便施肥是兽药环境暴露的最主要途径，因此欧洲动物卫生联盟（European Federation of Animal Health，FEDESA）最早建立了 Uniform 方法（Spaepen et al.，1997）用于预测兽药的土壤 PEC，该方法已经被 VICH 的《兽药环境风险评估导则》所引用；荷兰环境管理机构建立的 Etox 方法（Montforts et al.，1999）是专门针对荷兰粪便农田施用后兽药在各种环境介质中暴露的一种预测方法；在兽药土壤暴露评估方法和模型建立的基础上，一些管理机构基于土壤-水之间的传输过程和地表水中的分布蓄积过程，建立了地表水和地下水暴露预测模型，包括欧洲药品审评局（EMEA）的兽药环境暴露评估方法等（EMEA，1997；Montforts et al.，1999；WRc-NSF，2000）。Koschorreck 等（2002）等报道了 1998 年德国联邦环境管理局进行的三种兽药的生态风险评估，根据评估结果有效地提出了风险控制措施；Boxal 等（2002）根据 CVMP 颁布的导则运用预测模型对兽药 ECONOR 中的活性成分伐奈莫林进行了生态风险评估，结果显示伐奈莫林生态风险较低；

Rombke 等（2007）提出粪蝇作为抗寄生虫类兽药生态风险评估受体生物的标准实验室测试方法，并证明了该方法的可用性。近年来，我国关于兽药在动物粪便、土壤、地表水等环境介质中污染浓度的报道屡见不鲜，然而，尚未见兽药生态风险暴露评估的研究报道。

6.3.1　研究方法

1. 兽药环境暴露评价场景的构建

暴露场景的建立是兽药环境暴露评价模型建立的前提，是帮助评估者评估暴露风险的工具。场景构建的原则指确定各种场景因素特征时需要遵循的原则。本书基于全国的平均水平，而非某一特定区域的场景点构建场景。建立的兽药环境暴露评估模型主要基于粪便的农田施肥，构建场景时需要考虑以下四类参数：第一类是关于动物给药方案的参数，包括给药剂量、频率、给药天数等；第二类是关于动物养殖业的信息，包括饲养密度、粪便产生量、动物体重等；第三类是关于粪便农田施用的信息，包括土壤和粪便的理化特性、粪便农用施肥的频率、农田耕种的深度等；第四类是关于兽药在动物体内的排泄与代谢规律，以及其在环境介质中的行为特性，包括在土壤、水、粪便中的分配系数及降解率。

2. 粪便暴露评估

1）筛选级（第一层级）

粪便中兽药暴露浓度与药物施用信息、动物的平均体重、粪便的平均产量，以及动物的饲养密度和药物代谢等参数有关，兽药在粪便中的暴露浓度公式如下。此预测浓度未考虑粪便储存过程中兽药的降解，公式参数含义如表 6-8 所示，我国不同类型动物相关信息的统计值列于表 6-9（Spaepen et al.，1997；Zhao et al.，2010）。

$$Q_C = ID \times Bw \times T \times N \times X \tag{6-1}$$

$$C_E = \frac{Q_C}{Q_E} \tag{6-2}$$

表 6-8　粪便暴露预测模型参数含义

参数	含义	单位
Q_c	每年单位动物兽药的排泄量	mg C/（animal·a）
ID	药物使用剂量	mg C/kg_{Bw}
Bw	动物平均体重	kg_{Bw}
T	用药时间	天
N	每年饲养的动物轮数	轮/a
X	每年用药次数	—
C_E	粪便中的药物预测暴露浓度	mg C/ $kg_{excreta}$
Q_E	每年单位动物粪便产量	kg/（animal·a）

表 6-9　PEC 计算中不同类型动物的相关信息

动物类型	N /（轮/a）	Bw /kg	粪便排泄量 Q_E/[kg/（animal·a）]	粪便总氮含量 P_N/%	欧盟 Uniform 模型数据 /[kg/（animal·a）]	美国农业工程学会数据 /[kg/（animal·a）]
猪	2.5	100	1934.5	0.238	1764	1861.5
役用牛	1	1200	10 100	0.351	20 075	—
肉牛	1	500	7700	0.351	9185	7600
奶牛	1	500	19 400	0.351	20 391	20 100
马	1	500	5900	0.378	—	8300
驴、骡	1	500	5000	0.378	—	—
羊	1	100	870	1.014	—	680
肉鸡	9	1.3	36.5	1.032	37.2	29.2
蛋鸡	1	2	53.3	1.032	67.5	42.1
鸭、鹅	1	2	39.0	0.625	—	32.3
兔	1	10	41.4	0.874	—	—

2）修正级（第二层级）

兽药暴露评估模型主要分为第一层次的初步计算和第二层次的修正计算。初步计算的假设基础包括：①环境中的兽药活性成分全部来自粪便和尿液，不考虑兽药的代谢转化；②靶动物的养殖方式为圈养；③收集储存所有动物的粪便；④粪便施肥频率为一年一次。将不同影响环节的参数进一步修正 PEC，结果将更加接近实际。

考虑养殖动物接受药物治疗的比例和圈养比例，以及兽药在养殖动物体内的排泄率等影响因素，进一步修正兽药在粪便中的预测暴露浓度，如式（6-3）所示。同时，考虑药物在粪便储存过程中的降解行为，假定药物在粪便中的衰减符合一级动力学。利用药物在粪便的降解参数半衰期（DT_{50}）修正兽药在粪便中的预测暴露浓度，如式（6-4）所示。修正公式中的参数含义如表 6-10 所示。

$$C_E = \frac{Q_C \times F_T \times F_M}{Q_E \times F_H} \tag{6-3}$$

$$C_E = \frac{Q_C}{Q_E} \times e^{(-\ln 2/DT_{50E}) \times t_E} \tag{6-4}$$

表 6-10　粪便暴露预测修正模型参数含义

参数	含义	单位
C_E	粪便中的药物预测暴露浓度	mg C/kg$_{excreta}$
Q_E	每年单位动物粪便产量	kg/（animal·a）
Q_c	每年单位动物兽药的排泄量	mg C/（animal·a）
F_T	动物接受治疗的比率	%

续表

参数	含义	单位
F_M	动物排泄率	%
F_H	动物圈养率	%
DT_{50E}	粪便中的半衰期	天
t_E	粪便储存时间	天

3. 土壤暴露评估

1）筛选级（第一层级）

兽药在土壤暴露浓度基于含有兽药残留的粪便施用于农田土壤这一暴露途径，估算药物的土壤预测暴露浓度需包括土壤的密度、粪便施用频率及耕种深度等参数信息，如式（6-5）所示。在每公顷农田土壤氮（N）的最大承载量已知的情况下，可以计算得到每公顷农田土壤可施用粪肥的最大量，如式（6-6）所示，公式参数含义如表 6-11 所示。欧盟的农业政策规定，粪肥年施 N 量的限量标准为 170 kg/（hm² · a），超过该极限值极易会对农田和水环境造成污染。目前，我国尚未提出全国范围的粪肥年 N 污染负荷限量标准，但有研究表明，我国的平均单位耕地面积氮污染负荷已达到 138.36 kg/（hm² · a），且单位耕地面积氮污染负荷与氮污染产生总量的全国分布状况大体一致（王方浩等，2006；安可栋等，2012）。因此，本书中的 A_N 选取欧盟的 N 负荷限量标准 170kg/（hm² · a）。

$$C_{SV} = \frac{M \times C_E}{(100 \times D \times \rho) + M} \qquad (6-5)$$

$$M = \frac{A_N}{P_N} \qquad (6-6)$$

表 6-11　土壤暴露预测模型参数含义

参数	含义	单位
C_{SV}	土壤暴露预测浓度	mg C/kg
M	每年每公顷土壤粪便最大施用量	kg/（hm² · a）
C_E	粪便中的药物预测暴露浓度	mg C/kg
D	土壤耕种深度	cm
ρ_{soil}	干土壤的总密度	kg/m³
A_N	每公顷氮排放标准限量值	kg N/（hm² · a）
P_N	动物粪便的总氮含量	kg N/ kg

2）修正级（第二层级）

考虑药物通过施肥进入土壤环境后发生的降解迁移等行为，同时假定药物在环境中的衰减符合一级动力学。利用药物在土壤中的降解参数半衰期（DT$_{50}$）修正土壤预测暴露浓度。假设含有某一种兽药的粪便固定时间间隔施用于农田中，那么根据药物代谢动力学的基本理论，在经过数次施肥后，药物在土壤中的暴露浓度将达到一个稳态水平，浓度在最大值和最小值之间波动，如式（6-7）和式（6-8）所示，公式参数含义解释见表 6-12。该模型估算的前提是药物的降解符合一级动力学趋势。

$$C_{SV\ [SS,max]}=C_{SV}\times\frac{1}{1-e^{(-\ln2/DT_{50S})\times i}} \tag{6-7}$$

$$C_{SV\ [SS,min]}=C_{SV}\times\frac{1}{1-e^{(-\ln2/DT_{50S})\times i}}\times e^{(-\ln2/DT_{50S})\times i} \tag{6-8}$$

表 6-12　土壤暴露预测修正模型参数含义

参数	含义	单位
$C_{SV}[SS,max]$	土壤暴露预测最大浓度	mg C/kg
$C_{SV}[SS,min]$	土壤暴露预测最小浓度	mg C/kg
C_{SV}	土壤暴露预测浓度	mg C/kg
DT$_{50S}$	土壤中的半衰期	天
i	施肥间隔天数	天

4. 水体暴露评估

兽药地表水暴露初级暴露预测模型中，地表水的污染未考虑实际的传输过程（冲蚀、径流及排水）及污染土壤与地表水的比例等影响因素，只是考虑土壤-水传递与土壤孔隙水富集相关，依据 K_{oc} 等相关参数及土壤孔隙水与地表水之间的稀释因子，通过平衡过程来估算暴露水平。同时假设 $K_{oc}>500$ L/kg 的物质不会传递至水环境。EMEA 模型假设稀释因子为 3.3，传递过程描述方程见式（6-9），模型各参数含义解释如表 6-13 所示。

$$C_{PW}=\frac{C_{SV}}{Foc_{soil}\times K_{oc}} \tag{6-9}$$

$$K_d=Foc_{soil}\times K_{oc} \tag{6-10}$$

$$C_{SW}=\frac{C_{PW}}{DILUTION_{leaching}} \tag{6-11}$$

表 6-13　水体暴露预测模型参数含义

参数	含义	单位
C_{PW}	孔隙水暴露预测浓度	mg C/L
C_{SV}	土壤中暴露预测浓度	mg C/kg$_{soil}$
$F_{OC_{soil}}$	土壤有机碳含量	kg/kg
K_{oc}	分配常数	L/kg

续表

参数	含义	单位
K_d	土壤-水分配系数	L/kg
C_{SW}	地表水预测环境浓度	mg C/L
C_{PW}	孔隙水暴露预测浓度	mg C/L
DILUTION$_{leaching}$	渗漏稀释因子	

6.3.2 典型案例研究

1. 场景的建立与参数的选择

动物的平均体重、饲养密度及粪便排泄量等基本参数参考了我国的文献发表数据，以及欧盟 Uniform 模型（Spaepen et al.，1997）和美国农业工程学会数据（王方浩等，2006）。畜禽粪便的日排泄量与品种、体重、生理状态、饲料组成和饲喂方式等相关，我国目前尚没有相应的国家标准，笔者参考了王方浩等（2006）统计的国内 1994～2004 年公开发表文章中的平均值，确定各种畜禽新鲜粪便的排泄系数。

磺胺二甲氧嘧啶（SDM）、土霉素（OTC）和恩诺沙星（ENF）是我国畜禽养殖业普遍使用的 3 种抗菌类兽药。3 种药物的给药方案参数参考《中华人民共和国兽药典》（2010 版）（吕惠序，2009）中规定的 3 种给药于不同靶动物的剂量和周期。根据养殖场用药情况调查，将给药次数设为 1 次/m，即 12 次/a。3 种药物在养殖动物体内的排泄率数据取自文献和数据库网站（http://www.inchem.org）。具体选取参数见表 6-14。

表 6-14 药物施用方案及养殖业相关参数

养殖类型	参数	SDM	OTC	ENF
育肥猪	N/（轮/a）		2.5	
	Bw/kg		100	
	Q_E/[kg/（animal·a）]		1934.5	
	P_N/%		0.238	
	F_M/%	79	69	90
蛋鸡	ID/（mg/kg$_{Bw}$）	100（宁军等，2010）	100（李春光等，2010）	30（应翔宇和杨永胜，1995）
	T/天	3（宁军等，2010）	5（李春光等，2010）	10（Deleforge and 黄志宏，1995）
	X		12	
	N/（轮/a）		1	
	Bw/kg		2	
	Q_E/[kg/（animal·a）]		53.3	
	P_N/%		1.032	
	F_M/%	90	90	37（吴银宝等，2005）

续表

养殖类型	参数	SDM	OTC	ENF
奶牛	ID/（mg /kg_Bw）	200（范素菊等，2011）	20（Deleforge and 黄志宏，1995）	6（应翔宇和杨永胜，1995）
	T/天	1（范素菊等，2011）	5（Deleforge and 黄志宏，1995）	1（应翔宇和杨永胜，1995）
	X		12	
	N/年		1	
	Bw/kg		500	
	Q_E/[kg/（animal·a）]		19400	
	P_N/%		0.351	
	F_M/%	85.8	86	90
	ID/（mg C/kg_Bw）	200（吕惠序，2009）	60（吕惠序，2009）	10（Montforts，1999）
	T/天	3（吕惠序，2009）	5（吕惠序，2009）	3（Montforts，1999）
	X		12	

兽药抗生素的环境行为特性是影响环境暴露预测水平的重要因素。磺胺二甲嘧啶、土霉素和恩诺沙星在粪便、土壤的吸附性及降解性数据总结见表 6-15，数据来源为已报道的文献。由表 6-15 可知，磺胺二甲嘧啶具有较弱的吸附性，属于易淋溶的物质，在粪便中不持久残留，因此其粪便降解几乎没有相关的研究文献报道；土霉素和恩诺沙星具有较强的粪便和土壤吸附性，其在粪便和土壤中的持久性也相对较高。

表 6-15 药物环境行为特性参数

参数	基质	SDM	OTC	ENF
吸附系数（K_d）	粪便	16～37（Maria et al.，2012；王阳等，2011）	10642～12144（Maria et al.，2012）	1324～1588（Maria et al.，2012）
吸附系数（K_d）	土壤	1.2～2.4（陈昇等，2008；Johannes et al.，2011）	417～1026（鲍艳宇等，2009；陈桂秀等，2011）	260～1230（Johannes et al.，2011）
降解半衰期（DT_{50}）	粪便	—	1.1～30（Marko et al.，2013）	63～468（Marko et al.，2013）
降解半衰期（DT_{50}）	土壤	15.7～48.5（牛建平等，2009；张从良等，2007）	16～62（Marko et al.，2013）	99～696（Marko et al.，2013）

注：—表示未查到报道数据。

2. 预测环境暴露结果

根据表 6-14 和表 6-15 总结的评估参数，分别计算磺胺二甲嘧啶、土霉素和恩诺沙星在不同养殖动物粪便及粪肥施用土壤和地表水中的预测暴露浓度，结果如表 6-16 所示。

表 6-16　不同暴露介质中三种典型兽药抗生素的预测暴露水平

动物	药物	粪便/（mg/kg）		土壤/（μg/kg）		水体/（μg/L）	
		第一层级	第二层级	第一层级	第二层级	孔隙水	地表水
猪	SDM	930.47	735.07	17 392.02	80.55～13 820.24	11 449.75	3469.62
	OTC	465.24	160.51	8696.01	54.58～3054.71	7.19	2.18
	ENF	46.52	40.05	869.60	1736.08～2484.71	2.88	0.87
鸡	SDM	135.08	121.58	590.80	3.12～534.84	443.10	134.27
	OTC	225.14	101.31	984.66	8.06～451.16	1.06	0.32
	ENF	135.08	47.81	590.80	484.90～693.99	0.80	0.24
牛	SDM	61.86	53.07	788.71	3.97～680.68	563.93	170.89
	OTC	30.93	13.30	394.35	3.09～172.66	0.41	0.12
	ENF	1.86	1.60	23.66	47.24～67.61	0.08	0.02

　　图 6-5 显示，不同养殖动物的粪便中兽药抗生素的 PEC 由高到低的排序为：猪粪>鸡粪>牛粪。这与育肥猪的给药剂量比蛋鸡和奶牛普遍都大有直接的关系。同时，这与养殖类型密切相关，育肥猪的 Bw/P_E 值是蛋鸡和奶牛的 2 倍多。3 种兽药抗生素在粪便中残留的 PEC 排序为：SDM>OTC>ENF。这首先与 SDM 的给药剂量较大有关。其次是几乎没有文献报道 SDM 的粪便降解半衰期，因此，SDM 的粪便 PEC 未进行粪便降解的修正，导致最终 PEC 偏高。

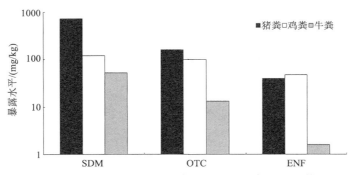

图 6-5　不同养殖动物的粪便中兽药抗生素 PEC 比较

　　图 6-6 为不同养殖动物的粪便施肥后土壤中抗生素暴露预测浓度的比较。结果显示，兽药抗生素 PEC 由大到小的施肥基质为：猪粪>鸡粪>牛粪，这与粪便 PEC 的结果相一致，符合本书模型基于粪便 PEC 计算土壤 PEC 这一基本的假设。由图 6-6 可知，3 种兽药抗生素猪粪和牛粪施肥的土壤最大 PEC 由高到低为：SDM>OTC>ENF，但是鸡粪施肥的土壤最大 PEC 由高到低为：ENF>SDM>OTC。由于 ENF 在土壤中的降解半衰期较长，因此在土壤 PEC 修正时，ENF 的土壤 PEC 增高很多。

　　图 6-7 显示不同养殖动物的水体中兽药抗生素残留浓度由高到低的排序为：猪场>鸡场>牛场。这与粪便和土壤 PEC 的结果相一致，是由于本书模型基于土壤 PEC 计算孔隙水和地表水 PEC 的这一基本假设。SDM 的水体 PEC 显著大于 OTC 和 ENF，这与药

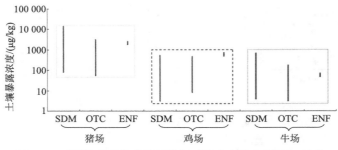

图 6-6　不同养殖动物的粪便施肥后抗生素的土壤 PEC 比较

物的理化特性密切相关，四环素类具有较高的 K_d 值，且与土壤或底泥表现出较好的亲和力，易通过阳离子键桥、表面配位螯合及氢键等作用机制吸附在底泥中，表现出较强的土壤滞留性（Nowara et al.，1997；Tolls，2001；Golet et al.，2002）。恩诺沙星的 K_d 值也较高，而磺胺类药物的 K_d 值较低，在土壤和底泥中的吸附能力较弱（Boxall et al.，2002）。

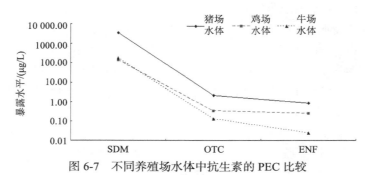

图 6-7　不同养殖场水体中抗生素的 PEC 比较

3. 结果分析

　　本书采用的动物给药方案参数主要参考《中华人民共和国兽药典》（2010 年版）及相关国内文献，在查阅目前大量国内报道动物粪便、土壤及水体文献的基础上，将本书的 PEC 与较为权威的文献报道中不同暴露介质的污染浓度进行比较，大致验证本书研究模型在我国兽药抗生素暴露评估中的适用性。

　　图 6-8 为不同药物在粪便中的 PEC 与文献报道值的比较。由图 6-8 可见，磺胺二甲嘧啶在粪便中的 PEC 普遍高于文献报道值，这是由于未考虑磺胺二甲嘧啶在粪便中的降解性。土霉素和恩诺沙星在粪便中的 PEC 大部分与文献值较为接近。几种药物的 PEC 比大部分文献报道浓度偏高，这也与模型预测最坏情况这一假设相一致，符合风险评估的目的。

　　目前，我国报道的土壤中兽药抗生素污染大多集中在一些施用粪肥的蔬菜和水果基地中（尹春艳等，2012；李彦文等，2009；陈海燕等，2011；邰义萍，2010），而这些研究并未强调是应用哪种粪便施肥土壤。因此，图 6-9 比较了不同药物在文献报道菜地土壤中的最高污染浓度与本书不同粪肥施用土壤的最高 PEC 的情况。由图 6-9 可见，除了邰义萍等报道的珠江三角洲地区长期施用粪肥的"无公害蔬菜"生产基地土壤中恩诺

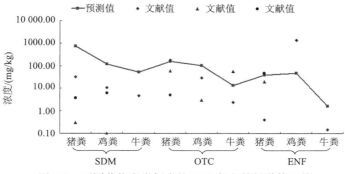

图 6-8　不同药物在粪便中的 PEC 与文献报道值比较

沙星最高检出浓度为 15.46 μg/kg 外，其余均低于本书中土壤 ENF 的 PEC 值，其他文献报道的 SDM 和 OTC 在土壤中的最大污染浓度在本书的最低与最高 PEC 范围之内。需要说明的是，本模型估算土壤 PCE 是假设药物的土壤降解符合一级动力学方程，虽然适用于大多数兽药在土壤环境中的转归，但对于一些土壤降解行为符合二级动力学方程的兽药，本模型估算的 PEC 会偏低。由于有关养殖场边地表水污染浓度的文献报道较少，因此本书未对模型估算水体暴露浓度值进行文献比对验证。

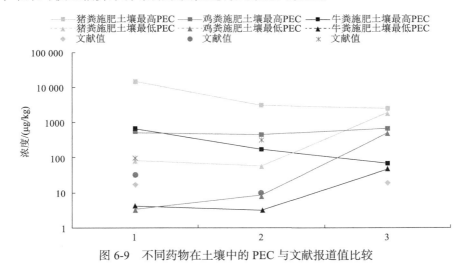

图 6-9　不同药物在土壤中的 PEC 与文献报道值比较

6.3.3　结语

　　针对我国兽药环境管理及生态风险暴露评估空白的现状，本书初步探索和建立了适用于我国养殖业具体情况的兽药环境风险暴露评估模型，并对我国普遍使用的 3 种典型兽药抗生素 SDM、OTC 和 ENF 进行了环境暴露评估研究。评估结果显示，不同养殖动物的粪便中兽药抗生素的 PEC 由高到低的排序为猪粪>鸡粪>牛粪，3 种兽药抗生素在粪便中残留的 PEC 排序为 SDM>OTC>ENF；兽药抗生素 PEC 由大到小的施肥基质为猪粪>鸡粪>牛粪，3 种兽药抗生素猪粪和牛粪施肥的土壤最大 PEC 由高到低为 SDM>OTC>ENF，但是鸡粪施肥的土壤最大 PEC 由高到低为 ENF>SDM>OTC；不同养殖动物的水体中兽药抗生素残留浓度由高到低的排序为猪场>鸡场>牛场，SDM 的水体 PEC 显著大于 OTC 和 ENF。通过分析参数对最终预测结果的影响程度，发现运用不同的动物类型和给药方案所得到的 PEC 结果差异很大，同时药物在粪便或土壤中的半衰期及粪便的储存时间也是影响预测结果的关键因素。

本书同时比较了 PEC 与文献报道的兽药抗生素污染浓度的关系，结果表明本书的模型可以作为我国兽药生态风险暴露评估的筛选级工具。兽药环境暴露评估是准确进行生态风险评价的前提和关键内容，欧盟、美国等发达国家和地区在兽药的登记注册管理中，已经运用生态风险评估的技术对兽药进行了有效的环境管理，而我国的环境保护部门在兽药的注册管理及污染预警监督方面都未开展相关工作。结果表明，初步建立的兽药环境风险暴露评估模型可以为我国兽药的环境管理提供参考。

6.4 兽药环境健康风险定性评估方法的建立

兽药在世界各国的使用都较为广泛，它是保护动物健康福利，防止经济损失及间接保证食品供应安全、维护公众健康的一项重要工具。

在英国，共计有 411 类兽药活性成分（AI）批准用于 962 种兽药产品（截至 2004 年 8～9 月）。其中，包括抗菌剂、抗球虫剂、杀外寄生虫药、杀内寄生虫药、激素制剂及免疫产品等。根据批准用于兽药的抗菌类产品的已发布销售数据，2003 年英国累计出售 456t 治疗用抗菌剂 AI（其中的 87%～93%用于食品动物），241t 球虫抑制剂 AI，36t 抗菌生长促进剂 AI，以及 2t 治疗用抗原虫剂 AI（VMD，2006）。其中，四环素占到了全部已出售治疗用抗菌剂的一半左右（46%，212t），甲氧苄氨嘧啶/磺胺类药、β-内酰胺类药、氨基糖苷类药及大环内酯类药分别占到了 20%（89t）、14%（62t）、4.6%（21t）及 13%（60t）。所出售的治疗用抗菌剂（57%，261t）仅批准用于猪及家禽类（VMD，2006）。

我国是世界上最大的食品动物生产和产品消费国。根据中国统计年鉴（2012 年），2011 年度生猪出栏量为 66 170.3 万头，牛出栏量为 10 360.5 万头，羊的出栏量为 28 235.8 万头，禽的出栏量为 120 亿羽。《中华人民共和国兽药典》（2010 年版）共收载兽药化学药品、抗生素、生化药品原料及制剂 592 种，中药材及成方制剂 1114 种，生物制品 123 种。根据制药工业学会统计数据，我国每年抗菌药物原料药产量约 21 万 t，其中9.7 万 t（46%）用于养殖业。2010 年中国《兽药典》共收载品种 1829 种，化学药品 592 种，中药 1114 种，生药（疫苗）123 种；农业部兽药品质标准 300 种左右；进口兽药品质标准 200 种左右。

兽药用量巨大且品种丰富意味着很难确定哪些药物应包括在国家监控计划中，以及哪些药物在环境行为和生态影响方面应该进行更深入的研究。因此，目前迫切需要确定有可能对环境造成最严重影响的药物清单，以确定进一步的监控方案及实验性研究需要重点关注的药物。兽药对环境的影响由一系列因素决定，包括使用量、动物新陈代谢的程度、粪肥存储过程中的降解程度，以及该药物对陆生和水生生物的毒性。本节将综合考虑这些因素，提出一种筛选优先级管理兽药清单的方法，并结合我国的兽药使用情况，运用该方法筛选得到中国兽药优先环境管理清单。目的是指导兽药环境管理政策方向，确保国家监控方案有明确的目标，以及确定防治污染措施的必要性。本节研究是国内外首次提出的基于生态风险和人体健康影响对兽药进行优先管理排序的研究。

兽药可能通过多种途径进入环境中。其中包括直接施用于地表水，例如，在水产养殖的治疗过程中从动物的外部用药部位冲到水体内，以及通过接受治疗动物的排泄物直接进入水体，或通过对农田施粪肥及粪便进入水体。兽药还可能在制造、配药及清理的过程中进入环境。但这一渠道难以进行量化，并且一般认为这一渠道相比直接通过水产养殖治疗排放至地表水及通过牧业治疗进入土壤的影响要小（Boxall et al.，2002，2003）。因此，兽药被认为是非点源污染物，它们的环境浓度在很大程度上可能受到降水的影响（Park et al.，2007）。

6.4.1　评估方法

1. 数据收集

首先，通过查阅中国《兽药典》（2010 年版），筛除了无机化合物，有机溶剂、维生素、氨基酸、消毒剂、酶和生物免疫制品后，151 种兽药产品符合研究要求。根据《2010年度兽药产业发展报告》中我国兽药生产销售量的数据，筛选出 77 种兽药有效成分作为分级排序的化合物，包括抗微生物药物、抗秋虫和抗原虫药物，水产养殖用药及解热阵痛抗炎药。其他类型药物包括激素、麻醉药物、安乐死药物及安眠药物等由于销售量很小，未列入优先排序化合物的名单中。关于药物的代谢情况、使用方式、生态毒理学数据及毒理学数据的信息从数据库 TOXNET（http://www.toxnet.nlm.nih.gov）、International Programme on Chemical Safety（http://www.inchem.org）及 Pesticide Database（http://www.pesticideinfo.org）上查阅得到，其他一些已报道的文献也是本节的主要数据来源。

2. 兽药优先分级的方法

兽药优先分级方法是在 Boxall 等（2003）和 Capleton 等（2006）分级方法研究基础上创建的，方法流程如图 6-10 所示。可见，优先分级程序包括三个主要的阶段：暴露评估、效应评价及优先分级。

在阶段 I 中，销售量数据首先用来识别兽药的环境暴露水平，销售量≥100 t/a 的药物分级为"H"，销售量为 10～100 t/a 的药物分级为"M"，销售量<10t/a 的药物分级为"L"，销售量未知的被分级为"Unknow"。同时，药物进入环境的可能性也是评估药物环境暴露水平的一个重要指标，包括靶动物类型、给药方式及药物的代谢率。如表 6-17 所示的矩阵，这三个指标结合起来可以得出每种药物进入环境可能性高低的最终分级结果。

靶动物类型可分为水产养殖、宠物/个体动物及集约养殖动物。由于水产养殖是直接将药物施用到水体环境中，因此药物通过这种方式进入环境的可能性最高，其次为集约

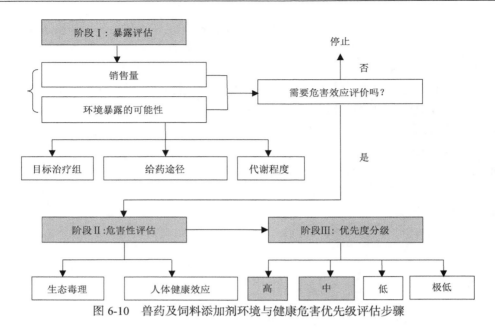

图 6-10　兽药及饲料添加剂环境与健康危害优先级评估步骤

养殖，最后为个体宠物饲养。虽然有很多种给药途径（外用、口服、吸入、静脉内、肌肉内、腹膜内和其他给药方式），但本书将给药途径分为体外涂抹和其他方式两种。外部施用的兽药由于未经过代谢性降解即从用药动物身上冲刷下来，因此进入环境的可能性较高。对于其他用途的药物，通过文献查阅兽药的代谢率，用于评估环境释放的可能性。假定代谢率较低的兽药具有较高的环境释放可能性，运用原型药物在动物体内的排泄率来表征代谢程度，分为四个水平，>80%的分级为"H"，20%～80%分级为"M"，<20%的分级为"L"，未知的分级为"Unknown"。当某种药物的靶动物类型不止一种且具有多种使用方式时，或查阅不到代谢数据时，主要采用最差条件来得出最高级别。对于进入环境的可能性不能用"L"来描述的兽药，则需要进行进一步的风险评估。

在阶段Ⅱ中，对于进入环境的可能性较高的药物，需要对其生态毒性和人体健康影响进行评估。目前的研究调查显示低暴露水平的兽药会进入环境中，因此，人体及整个生态系统均有可能会接触到兽药活性成分及残留物。虽然，人类通过食用接受药物治疗的动物产品从而直接暴露于兽药残留物的风险已经得到了深入的评估（由最大残留物量

表 6-17　兽药暴露、效应及最终分级的标准

分级		靶动物	给药途径	原药排泄率 [a]
进入环境的可能性	H	水产养殖	涂抹/其他	H/M/L/U
		集约养殖	涂抹	H/M/L/U
		集约养殖	其他	H/U
	M	集约养殖	其他	M
		宠物/个体	涂抹	H/M/L/U
	L	集约养殖	其他	L
		宠物/个体	其他	H/M/L/U

续表

	分级	毒理学效应得分	水生毒性/（mg/L）	陆生毒性/（mg/kg_soil）
生态危害与人体健康影响	H	≥24	≤1	≤100
	M	19~23	>1，≤100	>100，≤1000
	L	<19	>100	>1000

	分级	用量	进入环境的可能性	危害
风险分级	H	H/U	H/U	H
		H/U	M	H
	M	M/L	H/U	H
		H/U	H/U	M
	L	M	M	H
		H/U	M	M
	VL	M	H/U	M
		其他组合		

注：H 表示高级；M 表示中级；L 表示低级；VL 表示极低级；U 表示未知；a 表示原药排泄率；H≥80%；M=20%~80%；L≤20%；U 表示未知。

的编制及应用可见），但人体通过环境间接接触兽药 AI 的潜在程度及其对人体健康的潜在意义还未得到充分确定。但是，人类通过食用下列物质也可能发生间接的兽药人体接触：①被兽药污染的地下水及地表水；②从施用了被污染粪肥和/或粪便的土壤中吸收了兽药活性成分的农作物；③意外接触到水产养殖用药物活性成分的野生鱼类（及其他可食用水生动物）；④通过食物链在体内积累了兽药活性成分的非特定动物。

　　兽药的毒理学特性需要使用多个参数进行描述，具体包括：每日允许摄入量（ADI）、一系列具有特定相关性的毒理学终点、生物体内积累的可能性，以及生物活性代谢物的存在与否。分级方法对这些标准进行加权以便评估人体暴露的危害，而在本书所考虑的情况下，人体间接暴露于兽药是通过食物链和/或供水的长期低剂量接触。由于单独使用 ADI 不足以找出单个兽药在毒理学终点方面造成的风险及危害程度，分级方法还对单个毒理学终点进行了评估。由于 ADI 是根据终生反复接触兽药活性成分但未受伤害风险的一般人群得出的，因此是工作的重点。此外，ADI 取自毒性研究的不可观察（有害）反应水平下（或最低可观察有害反应水平），或者，在某些情况下，取自与人体相关性最大的微生物活性研究的不可观察（有害）反应水平下，并对研究运用不确定因子以考虑潜在健康影响的程度及有关毒性数据库的不确定程度（及性质）。

　　对兽药造成人体直接不良效应可能性的评估是基于八个具有特定相关性的毒性终点。同时，尽可能多地使用现有的毒理学官方网站数据作为评估的依据。这些毒理学数据主要来源于欧洲药品审评局网站（http://www.emea.eu.int）、国际化学品安全规划小组网（http://www.inchem.org/），以及 TOXNET 网站（http://www.toxnet.nlm.nih.gov）；对于数据来源不足的内容还查询了其他网站（如美国食品药品监督管理局 http://www.fda.gov/cvm/default.html）。在分级方法中，更为关注的是重要的健康终点，如致癌性及诱变性。采用了较为保守的分类方法，根据各毒性终点的现有数据按其效应进行分类。但是，对于致癌性及诱变性端点，"证实"类只适用于已通过权威来源（如国际癌症研究所）按此方式进行分类的情况。分级中并未考虑与人体健康有潜在相关性的间接效应，如环境中的抗生素抗性细菌，原因是缺乏可用的量化数据，难以对这些效应及影响程度进行评估。依据生物半衰期对各类兽药在生物体内累积的可能性进行了评估。生物半衰期较长的化合物得分较高，原因是相比生物半衰期较短的兽药其反复暴露后在生物体内累积的可能性更大。此外，分级方法还考虑了全部代谢物的生物活性证据。如果发现代谢物表现出比母体化合物更高的生物活性，则给予其较高的分数。但是，分级方法毒性方面分数的相对权重分配意味着代谢物活性对整体毒性分数的影响较小。表 6-18 对评估毒性水平各方面情况所采用的标准及使用的评分系统进行了总结。根据各个成分的评分对每类兽药给出了一个"总毒性水平评分"（TTPS）。单个兽药可达到的最高 TTPS 分数为 57 分；所考虑的全部兽药的 TTPS 范围是 9～35 分。

从生态毒理学的角度来说，药物被分为具有高、中、低水生和/或陆生毒性。最终根据表 6-17 的分类规则将各个化合物分为"H""M""L"三个总体毒性水平类别，并选择最高的分级水平。对于没有生态毒理学和健康效应信息的药物，保守起见，分级为"H"水平。

表 6-18 人体健康效应分级标准

毒物学标准		分类	分数	原理
每日允许摄入量 （ADI）		<0.0001 mg/（kg·d）	20	最高分数 20，因其通常来源于终生性长期低水平接触，从而指示了一般人群的风险水平
		<0.001 mg/（kg·d）	16	
		<0.01 mg/（kg·d）	12	
		<0.1 mg/（kg·d）	8	
		>0.1 mg/（kg·d）	4	
毒性端点	致癌性	非致癌	0	经权威来源分类为致癌的 AI 最大分数为 5；具有一定致癌性证据的分数为 4；无致癌潜质相关资料的分数为默认分 2
		证实	5	
		嫌疑	4	
		未知	2	
	诱变性	非诱变	0	经权威来源分类为具诱变性的 AI 为最大分数 5；具有一定诱变性证据的分数为 4,；无诱变潜质相关资料的分数为默认分 2
		证实	5	
		嫌疑	4	
		未知	2	
	生殖毒性	非生殖毒物	0	经权威来源分类为具诱变性的 AI 为最大分数 5；具有一定诱变性证据的分数为 4,；无诱变潜质相关资料的分数为默认分 2
		证实	5	
		嫌疑	4	
		未知	2	
	神经毒性	有证据	3	有证据证明具有神经毒性的 AI 分数为 3
		无证据	0	
	免疫毒性	有证据	3	有证据证明具有免疫毒性的 AI 分数为 3
		无证据	0	

续表

毒物学标准		分类	分数	原理
毒性端点　内分泌毒性		有证据	3	有证据证明具有内分泌毒性的 AI 分数为 3
		无证据	0	
微生物效应		有证据	3	有证据证明对肠道细菌具有不良效应的 AI 分数为 3
		无证据	0	
一般毒性		有证据	3	具有其他形式毒性（如肾脏毒性）迹象的 AI 分数为 3 分
		无证据	0	
生物半排期		无资料	1	认为具有较长生物半排期的 AI 意味着潜在威胁高于可较快消除的 AI
		<7 天	0	
		8～28 天	2	
		>28 天	5	
代谢物活性		无资料	1	如果有证据显示代谢物生物活性强于母体化合物，则给 2 分
		≤明显	0	
		>明显	2	

在阶段Ⅲ，综合考虑药物进入环境的可能性（阶段Ⅰ评估结果）和危害分级（阶段Ⅱ评估结果），兽药被分为四个优先级别（表 6-17）。优先等级为"H"的药物对生态环境和人体健康影响较为显著，是后续监测计划及风险评估应该重点关注的品种。

6.4.2　结果与讨论

1. 优先管理药物的筛选

共选择了 77 种药物的活性化学物质进行环境健康管理优先级排序，包括 36 种抗生素，31 种抗寄生虫药物（包括抗球虫、驱肠虫、抗原虫药物），6 种水产养殖用药和 4 种解热镇痛药（NSAIDs）。

在阶段Ⅰ中，根据中国的兽药销售量情况，26 种药物被划分为"H"等级。很遗憾的是目前我国没有一个全面的数据库收录所有兽药的生产使用量，但是《2010 年度兽药产业发展报告》记录了我国兽药主要品种的生产销售量，基本能够反映我国兽药的总体用量情况。

在阶段Ⅰ中，各种药物进入环境的可能性是通过总结相关信息来评估的，包括靶动物类型、用药方式和药物的代谢。大多数药物的使用类型都有水产用药（aqu），其他的药物为集约养殖用药（h）及集约养殖或宠物用药（h，c）。由于水产用药直接施用于水体环境，进入环境的可能性是最大的。对于药物使用方式这一参数，20 种药物被识别为体外涂抹用药，直接冲刷进入环境的可能性最大。对于靶动物类型多种的药物，评估运用高分级的靶动物种类。对于药物的排泄率，文献报道的最高排泄率用于进行保守的危害评估。

所有药物进入环境可能性的评估数据如表 6-19 所示。77 种兽药中，57 种药物被分级为"H"，12种药物被分级为"M"，8种药物被分级为"L"。"H"等级药物中具有和不完全具有完整排泄率数据的药物占各类药物总数的比例如图6-11所示。可见，由于抗生素极性较大，原药排泄率较高，88.9%的抗生素药物被分级为"H"，54.8%的抗寄生虫药和50%的解热镇痛药被分级为"H"。所有具有水产用药方式的药物无论排泄率多少都被分级为"H"。同时，数据的完整性影响着排序分级的结果，抗寄生虫药物中，具有完整排泄数据的"H"分级药物仅占总数的22.6%；NSAIDs药物中，具有完整排泄数据的"H"分级药物仅占总数的0。

表 6-19　兽药优先分级结果

分级	兽药
H	阿莫西林，阿苯达唑，环丙沙星，氰戊菊酯，氟苯尼考，伊维菌素，氯硝柳胺，磺胺二甲嘧啶，磺胺甲噁唑，泰乐菌素，辛硫磷，敌百虫，金霉素，红霉素，庆大霉素，硫酸卡那霉素，乙酰甲喹，诺氟沙星，喹乙醇，土霉素，青霉素G钾，硫酸链霉素，磺胺嘧啶，磺胺间甲氧嘧啶，四环素，甲氧苄啶，1-bromo-3-chloro-5,5-dimethyl hydantoin，氯氰菊酯，芬苯达唑，阿维菌素，莫能菌素，恩诺沙星，莫能菌素，奥芬达唑，甲硝唑，盐霉素，托曲珠利，地塞米松
M	氨苄西林，杆菌肽，新霉素，磺胺噻唑，林可霉素，多西环素，氯苯碘柳胺
L	哌嗪，氯吡多
VL	氨基比林，硫酸多粘菌素，二甲氧苄啶，恩拉霉素，吉他霉素，大观霉素，磺胺对甲氧嘧啶，磺胺对甲氧嘧啶，苯扎溴铵，三氯异氰尿酸，地美硝唑，安普罗胺，氯苯胍，乙酰甘氨酸重氮氨苯脒，4-乙酰氨基-2-乙氧基苯甲酸甲酯，喹啉嘧啶胺，环丙氨嗪，地克珠利，马度米星，硝卡巴嗪，磺胺氯吡嗪，安乃近

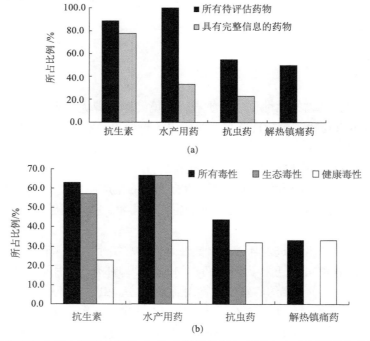

图 6-11　不同种类药物中进入环境可能性"H"分级药物所占比例（a）和不同种类药物中总毒性、生态毒性及健康毒性"H"分级药物所占比例（b）

通过阶段 I 的评估排除掉 8 种进入环境可能性低的药物，阶段 II 中共有 69 种兽药进行生态毒性和人体健康效应的评估。对于生态毒性，水生生态毒性是被优先评估的，因为陆生毒性的数据相对较少。当选择毒性数据进行评估时，优先选择慢性试验数据。然而，一部分兽药是没有生态毒理学试验数据的。人体健康效应评估运用的方法主要参考 Capleton 等的报道。运用每种药物的 ADI，致癌性，致畸性，生殖毒性、神经毒性、免疫毒性、内分泌干扰毒性、微生物效应、一般毒性、半衰期和代谢活性数据评估药物健康效应，按照各个评估因子的权重得出总健康影响分数，根据分数进行级别的划分。当生态毒性和人体健康效应的分级结果不同时，选择较高级别的进行排序。从表 6-19 中的数据可见，38 种药物被分级为"H"，其中 12 种"H"分级药物的生态毒性和健康效应都是"H"分级的，包括阿莫西林、阿苯达唑、环丙沙星、氟苯尼考、伊维菌素、氯硝柳胺、青霉素 G 钾、辛硫磷、磺胺二甲嘧啶、磺胺甲噁唑、敌百虫和泰乐菌素。图 6-11（b）中，抗生素和水产用药中的"H"分级药物大多数基于生态毒性，抗寄生虫药物和解热镇痛药中的"H"分级药物大多数基于健康影响。

阶段 III 中，兽药的最终排序根据阶段 I 和阶段 II 的信息（表 6-19）。共有 38 种药物被分级为"H"，7 种药物被分级为"M"，2 种药物被分级为"L"，22 种药物被分级为"VL"。在高风险药物中，12 种药物既具有较高的生态危害，又具有较高的人体健康危害。它们是：阿莫西林、阿苯达唑、环丙沙星、氰戊菊酯、氟苯尼考、伊维菌素、氯硝柳胺、磺胺二甲嘧啶、磺胺甲噁唑、辛硫磷、敌百虫和泰乐菌素。这 12 种药物在中国的兽药环境管理中应该被分级为最高的优先级。图 6-12（a）为各类药物对"H"分级药物的贡献比，可见抗生素的比例最高为 57.9%，抗寄生虫药和水产养殖用药分别为 28.9%和 10.5%。

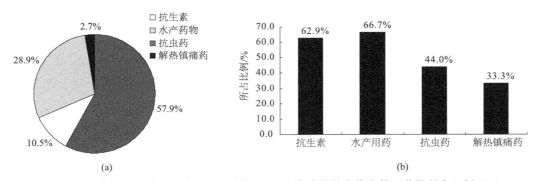

图 6-12　优先管理药物中各类药物的比例（a）和各类药物中优先管理药物所占比例（b）

从以上分析结果来看，抗生素是我国兽药环境管理最优先关注的品种。然而，抗生素药物进行优先分级时的基础数量很大也是其最终"H"分级所占比例较高的原因。因此，计算了每类药物中"H"分级药物所占的比例，如图 6-12（b）所示，只有 62.9%的抗生素药物被列为"H"级别，而水产养殖用药中有 66.7%被列为"H"级别。该结果也显示，并不是只有抗生素药物这一个种类是高关注度兽药。用于水产养殖业的消毒剂，大多数是一些杀虫剂，其对生态环境和人体健康的影响也应该受到高度关注。

在"H"分级的抗生素中，磺胺类、氨基糖苷类、喹诺酮类、四环素类、β-内酰胺类、大环内酯类、喹恶啉和氯霉素类所占的比例分别为 27.3%、13.6%、13.6%、13.6%、9.1%、9.1%、9.1%和 4.6%，如图 6-13（a）所示。结果显示，磺胺类药物是具有较高环境和人体健康风险的抗生素。在"H"分级的抗寄生虫药物中，抗球虫、驱肠虫和抗原虫的药物所占比例分别为 54.5%、36.4%和 9.1%，如图 6-13（b）所示。结果显示，抗球虫药物的环境与健康危害远高于其他抗寄生虫药物。

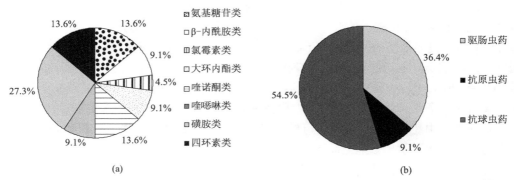

图 6-13　各种抗生素对优先管理抗生素的贡献（a）和各种抗寄生虫药对优先管理抗寄生虫药的贡献（b）

2. 本研究方法的局限性

与其他国家的类似研究相比较，在我国很难通过数据库查询到兽药的销售量。《2010年度兽药产业发展报告》仅仅收录了我国一些主要兽药品种的生产销售量。因此，本书"使用量"的分级只包括了"H"和"U"两个分级。另外，在本书中有两种销售量数据：一种是原料药的；另一种是药物制剂产品的。由于不同产品间药物活性成分的含量不同，因此药物制剂产品的销售量不能真实地反映药物活性成分的实际用量。但是为了筛选品种，本书还是运用了制剂产品的销售量作为评估参数之一。目前，很多兽药都未进行全面的生态毒理学研究，因此，很多药物的生态毒理学分级都为"U"。还有一些选择的生态受体并不是最灵敏的。本书中共有 38 种药物被分级为"H"，其中仅有 10 种药物的评估数据是全面的。因此，今后的工作中需要更多的数据信息以进行全面系统的风险评估。

本书中未将抗生素诱导耐药菌及抗性基因这一生态效应作为评估因子，是因为缺乏抗性基因定量的信息。但是，忽略了这种效应意味着会低估抗生素的生态影响。今后的抗生素风险评估工作需要考虑这种抗性基因效应。此外，粪便、水和土壤的半衰期和 K_{oc} 等反映药物环境行为的参数应该在后续的风险评估中有所考虑。尽管存在这些限制，本书还是首次初步建立了主要兽药品种的信息库，同时得出了后续监控和风险管理需要高度关注的兽药清单。

3. 中国的兽药优先级清单与其他国家清单的差异

关于兽药的环境管理优先级分级方法与框架最早是在 2003 年由英国的 Boxall 等提出的。他们的研究清单中有 56 种化合物被分为"H"级别，只有 11 种物质具有完整的数据信息。这些物质包括很多应用于畜禽养殖和水产养殖的抗微生物药物（土霉素、金霉素、四环素、磺胺嘧啶、阿莫西林、泰乐菌素、双氢链霉素、安普霉素和沙拉沙星）。Capleton 等在 2006 年时提出了一种类似的分级方法，其评估依据主要是人体间接暴露于环境中兽药的可能性及毒性效应。该研究中共有 13 种药物被分级为"H"，包括阿苯哒唑、阿莫西林、巴喹普林、氯己定、左旋咪唑、莫能菌素、硝碘酚腈、普鲁卡因青霉素 G、沙利霉素钠、磺胺嘧啶、托曲珠利和甲氧苄啶。Kim 等（2008）根据韩国的兽药用量、进入环境的可能性及毒性危害对韩国的兽药环境管理优先级清单进行了排序。20 种药物被分级为"H"，其中大多数为抗生素。本书排序得出 38 种环境与健康高优先等级管理兽药，其中有 19 种药物与英国和韩国的清单中药物相同。

不同国家的高优先级管理药物中各类药物所占比例如图 6-14 所示。由图可见，中国和韩国的抗生素药物所占比例远远大于英国，这可能是因为英国早在 1998 年就禁用抗生素作为饲料添加剂，而中国、韩国及美国等国家，抗生素饲料添加剂还在广泛使用。另外，英国对于兽药的环境管理有非常严格的法律规定，例如在兽药上市前，生产厂家必须进行兽药的环境风险评估，以作为市场准入前兽药管理部门的审批依据。同时发现，英国的抗寄生虫药物在高优先级管理药物中所占比例较中国和韩国大，这是由于英国允许生产使用的抗寄生虫药物种类比中国和韩国要多很多。

值得关注的是，中国的水产养殖用药在高优先级管理兽药中所占比例要远远大于英国和韩国。本书立足于中国兽药使用的实际国情，因此优先级管理清单中的药物和国外并非完全相同。例如，作为水产消毒剂的氯氰菊酯被分级为中国兽药环境管理的高优先级，但是在韩国的优先级排序过程中由于用量较少在阶段 I 即被筛除。氯氰菊酯、氰戊菊酯和辛硫磷等对水生生物和人体健康都有很大影响的药物均被列入中国的兽药环境管理优先级清单中，这是由于它们作为水产养殖的消毒剂在中国广泛使用。

另外，发现中国的高优先级管理兽药数目比英国和韩国多，原因是多方面的。首先，与其他国家相比中国的兽药用量相当巨大，并且大多数药物允许使用于水产养殖，尤其是抗生素药物。其次，本书依据的毒理学文献是最新的，因此受体的敏感性要优于以往研究。最后，本书的效应评估既考虑了生态毒性，又考虑了人体健康影响。因此，部分药物因为生态毒性或健康毒性高被列入高优先级管理清单，或者由于这两种毒性都高而被列入。

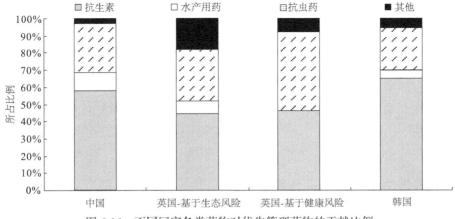

图 6-14 不同国家各类药物对优先管理药物的贡献比例

6.4.3 总结

根据兽药进入环境的可能性和生态与健康毒性效应，对中国药典中收录的一般兽药活性成分进行了环境管理优先级排序。77 种排序药物中有 38 种药物被分级为高风险，尽管有部分数据的缺失。通过分级结果，发现抗生素药物是最需要管理和关注的药物品种，占 57.9%。另外，在水产养殖中广泛使用的杀虫剂消毒剂也是优先级别很高的一类药物。该风险分级的结果可以给环境管理部门的管理决策提供方向性指导，同时为进一步开展具体兽药风险评估工作筛选出重点的品种。今后工作中，需要开发关于环境暴露的模型，建立暴露评估技术，同时深入系统开展长周期低剂量暴露下的毒理学效应研究，最终提出优先级管理兽药的风险控制与管理措施。

6.5 兽药生态风险定量评估方法的建立

现代养殖业中，兽药（包括药物性饲料添加剂）有着不可替代的作用，对防治动物疾病、促进养殖业发展具有重大意义。但兽药也可能对生态环境及人体健康造成严重威胁。兽药污染问题已成为全世界广泛关注的重大环境问题。

为了将兽药使用造成的危害与风险降到最低，世界各国都十分重视兽药的管理，积极探索各种技术和手段，预防和减少兽药对环境的风险。国际兽药协调委员会（VICH）2004 年制定了兽药多层次风险评估导则，欧盟、美国、加拿大、日本和澳大利亚等发达国家或地区通过立法对兽药上市前登记需要进行环境风险评估，通过风险评价判定兽药产品及其组成对人类和环境可能产生的危害，并据此做出是否准许登记的决定。

风险评价包括健康风险评价和生态风险评价。早期，更多关注对人体健康的风险，因而健康风险评价发展较早。生态风险评价则是近十几年逐渐兴起并得到发展的一个研究领域。目前，生态风险评价已成为欧美发达国家或地区农药、工业化学品及兽药等化学品环境安全管理的有力技术支撑，是许多国家农药、工业化学品及兽药登记管理中必不可少的环节。

我国是一个养殖业大国，兽药生产和使用量均居世界第一位。但到目前为止，兽药的生态风险评价还处于起步阶段，虽然有些学者就生态风险评价的程序与方法进行了研究与探讨，但只能是从研究者的角度出发，对国外生态风险评价的程序与方法进行分析研究，并提出一些合理的建议，我国还没有建立兽药生态风险评价技术，对兽药的管理还无法实现风险管理。

针对我国目前缺乏统一的兽药生态风险评价指导文件这一问题，在研究分析欧洲药品审评局（EMEA）及 VICH 兽药生态风险评价准则的基础上，结合我国兽药环境管理的特点，形成了我国兽药生态风险评价导则。

6.5.1 兽药生态风险评估基本程序

兽药的生态风险评估包括两个阶段，基本流程如图 6-15 所示。在第 Ⅰ 阶段的预评价中，就申请登记的兽药，评估其环境暴露是否对环境产生危害。这一阶段，如果评价结论为兽药环境影响都较小，则仅需进行第 I 阶段环境风险评价；如果在第 I 阶段评估结论为兽药的使用可能会产生不可接受的风险，那么需要进行第 II 阶段的正式评价。

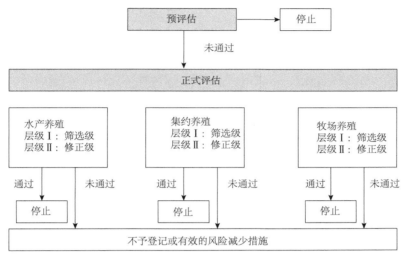

图 6-15 兽药生态风险评估基本流程

1. 预评估

图 6-16 所示的决策树是预评估中需要回答的问题集合。这个决策树的依据是：使用和处理兽药是否会造成较高的环境暴露，这也是该产品是否可以进入第 II 阶段进行环境风险评估的决定依据。

如果申请人断定可能的环境暴露微不足道，那么应就此出具声明，并且依据产品特性和使用模式，以及对环境的可能暴露进行评估，作为该声明的支持文件。

原则上，以下物质可以免于进一步的试验：①生理学物质，如维生素、电解质、天然氨基酸和药草；②用于宠物管理的物质（不包括马）；③用于少量动物的单独治疗的物质(非群体性用药)；④将出现在肥料或泥浆中的、散布在陆地上的、浓度小于 100 μg/kg 的物质；⑤用于牧场上的动物的物质，并且将出现在新鲜的粪便中，其浓度小于 10 μg/kg；⑥在肥料中很可能快速降解的物质（DT_{50} 在肥料中少于 30 天）；⑦在土壤中的预计环境浓度低于 10μg/kg 的物质；⑧在地下水中的预计环境浓度低于 0.1 μg/L 的物质。

如果仍然预计使用此类产品会导致有害的环境影响，那么要对环境暴露的可能性及风险管理程序进行进一步的评估。

2. 正式评估

1）水产养殖场景风险评估程序

一般来说，水产养殖药物或者作为饲料添加剂直接投放于水环境中，或者直接注射于动物体内。水产养殖设施的一般类型为：①在海洋、沿海地区和内陆地区，如海湾、河口、海峡、湖泊等中的栏网；②水源来自河道或河流的水沟、池塘或者蓄水池；③排入污水处理设施的水沟、池塘或者蓄水池；④通过限制排放到河流或污泥处理厂而分离的池塘或蓄水池。

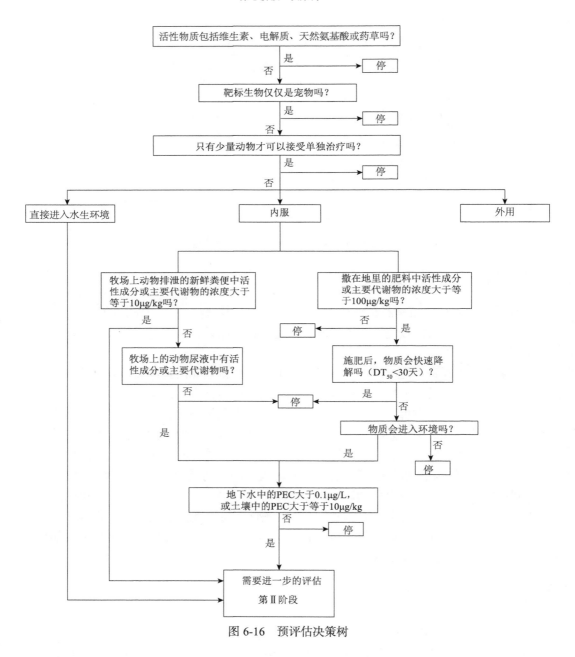

图 6-16　预评估决策树

上面给出的水产养殖设备范围从完全开放系统到封闭式水生环境。然而，大多数情况下处理后的水体/流出液的稀释液会进入环境。即使在完全开放的系统中使用兽药时通常会把栏网升起来，举例来说鱼类会被困在 2~3m 的水下并且被封闭，以使药物在一定时期达到所需的浓度。在处理完成后，可以假设使用的药物在小体积的水体中均匀分布。随着封闭的解除，活性物质最初在设施的周围分布。随着被动扩散运动，最终活性物质会在更大范围的环境中分布。其他情况释放可能会更为直接，因为没有封闭的围栏，或者围栏底下是开口的。对于部分封闭的系统，在兽药使用的最后阶段将与其他来自水产设施未处理水一同释放到环境中。图 6-17 是水产养殖用药风险评估的流程。

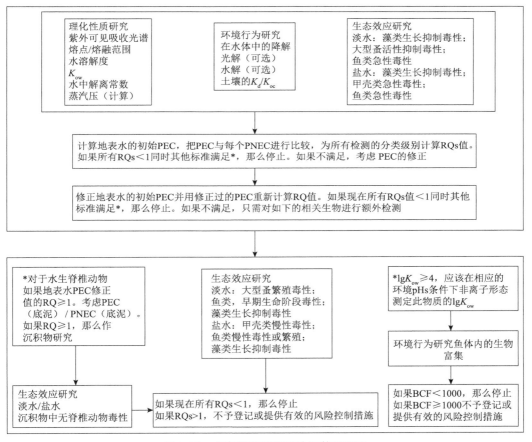

图 6-17　水产养殖用药风险评估的流程

2）集约养殖场景风险评估程序

集约养殖业系统由固定面积的养殖区域组成，包括家畜、家禽或饲养场的动物。饲养员把动物、食物、粪便和尿液一起限制在一个相对狭小的空间中（养殖场）。食物是外在提供的并非由动物自己吃草或在草原、农田和牧场中寻找食物。粪便通常被丢弃在周围的区域。具有地板的饲养场设施，如固体混凝土或金属槽，被认为是集中式养殖。如果把动物长时间限制在一个固定的区域，那么也被认为是集中式养殖。在动物饲养的几个月中，饲养场会随着边缘进行适当扩大，这样的饲养也可认为是集中式养殖。肉牛、奶牛、猪、鸡都是在陆地中被集中饲养的物种。图 6-18 给出了畜禽养殖用药风险评估流程。

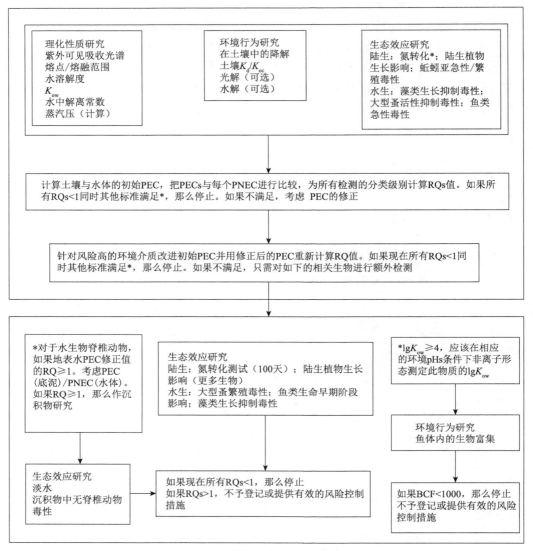

图 6-18 畜禽养殖用药风险评估的流程

3）牧场养殖场景风险评估程序

牧场被定义为被草覆盖的适合牲畜吃草的土地。畜牧业中的动物主要是指那些全年或一年中部分时间饲养在草地的牲畜。粪便直接被排泄到牧场或觅食区域的其他地方。牧场类型根据所在地区的情形各不相同，一个地方所能容纳的动物数量是有限的，它与放牧密度直接相关。对于牧场养殖场景，尤其应该关注直接进入水生环境的典型药物及杀体内/体外寄生虫剂。图 6-19 给出了牧场养殖用药风险评估的流程。

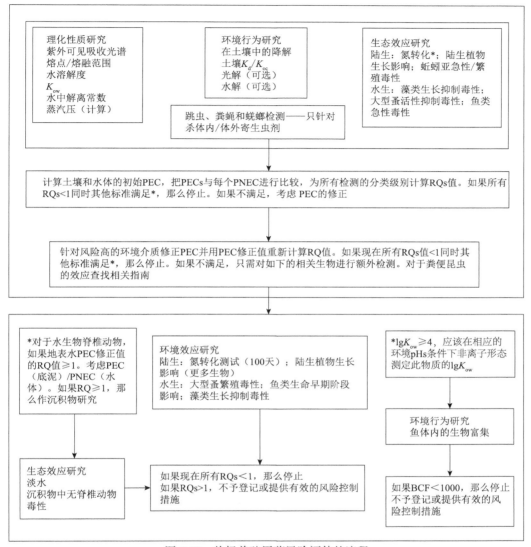

图 6-19　牧场养殖用药风险评估的流程

6.5.2　兽药生态风险评估方法

1. 生态风险评估基本参数

1）基本理化性质评价指标

（1）水溶解度：试验方法参照 OECD105。

（2）水中解离常数：试验方法参照 OECD112。

（3）紫外可见吸收光谱：试验方法参照 OECD101。

（4）熔点/熔融范围：试验方法参照 OECD102。

（5）蒸汽压：试验方法参照 OECD104。

（6）正辛醇/水分配系数：试验方法参照 OECD107/117。

2）环境行为指标

（1）降解性。①光解性：试验方法参照 OECD316。②水解性：试验方法参照 OECD111。③土壤降解性：试验方法参照 OECD307。

（2）吸附/迁移性。①吸附/解吸附：试验方法参照 OECD106。②淋溶性：试验方法参照 OECD312。

（3）生物富集性：试验方法参照 OECD305。

3）生态效应指标

具体见 3.生态效应评估方法。

2. 环境暴露评估方法

具体见 6.3 节兽药的环境暴露评估技术研究。

3. 生态效应评估方法

1）水产养殖业场景兽药生态效应评估

（1）生态受体与评价终点。对于兽药正式生态风险评估的层级Ⅰ评估，通常用水生生物急性毒性死亡率作为评价终点；对于兽药正式生态风险评估的层级Ⅱ评估，既可用水生生物急性毒性死亡率作为评价终点，也可用慢性危害毒性作为评价终点，具体评价受体和评价终点见表 6-20。

表 6-20 水产养殖业场景兽药生态效应评估的生态受体和评价终点值

生态受体	试验名称	评价终点	AF	测试导则
鱼类	鱼类急性致死毒性	急性 LC_{50} 值	1000	OECD 203
	鱼类延长毒性	生长（NOEC）	10	OECD 204
	鱼类早期生活阶段毒性	发育（NOEC）	10	OECD 210
	鱼类胚胎和卵黄囊仔鱼阶段的短期毒性	致死（LC_{50}） 发育（NOEC）	10	OECD 212
	鱼类幼体生长	发育（NOEC）	10	OECD 215
蚤类	蚤类急性活动抑制毒性	急性 EC_{50} 值	1000	OECD 202
	蚤类繁殖毒性	繁殖（NOEC）	10	OECD 211
	底泥-水摇蚊毒性	羽化率（NOEC）		OECD 218 OECD 219
藻类	藻类生长抑制毒性	生物数量减少率（EC_{50} 和 NOEC）	100；10	OECD 201
	浮萍生长抑制毒性	生长抑制（EC_{50} 和 NOEC）	100；10	OECD 221
甲壳类	甲壳类急性致死毒性	急性 LC_{50} 值	1000	OPPTS 850.1035
	甲壳类生长发育慢性毒性	生长（NOEC） 发育（NOEC）	10	OPPTS 850.1035

（2）预测无效应浓度（PNEC）的计算。计算 PNEC 时，应满足如下假设条件：生态系统的敏感性由生态系统中的最敏感物种表征；若生态系统的结构受到保护，生态系统的功能就可以得到保护。

基于上述假设，对效应评估获得的生态毒理学数据，应选择数据中的最低半数致死（效应）浓度[L（E）C$_{50}$]或无可见效应浓度（NOEC）值除以评估系数，计算得出 PNEC。

2）集约养殖业场景兽药生态效应评估

（1）生态受体与评价终点。集约养殖场兽药的环境暴露主要来源于施用过药物的动物粪便和施用兽药时药物的直接损失。兽药活性成分在土壤环境的暴露会对陆生生物造成急慢性危害；残留兽药的动物粪便在田间使用后，有一部分会通过降水等途径经径流进入地表水体中。兽药在水环境中长期的残留会对水生生物造成急、慢性危害影响，从而影响水生生态系统的结构和功能。

对于兽药正式生态风险评估的层级Ⅰ评估，通常将选择的水生和陆生生态受体的急性毒性试验个体死亡率作为评价终点；对于兽药正式生态风险评估的层级Ⅱ评估，既可用水生生物急性毒性死亡率作为评价终点，也可用水生和陆生生态受体的表征慢性危害的毒性终点作为评价终点，具体评价受体和评价终点见表 6-21。

表 6-21　集约养殖业场景兽药生态效应评估的生态受体和评价终点值

评价受体	试验名称	效应指标	AF	测试导则
蚯蚓	蚯蚓急性毒性	致死率（LC$_{50}$）	100	OECD 207
	蚯蚓繁殖毒性	繁殖率（NOEC）	10	OECD 222
	线蚓繁殖毒性	繁殖率（NOEC）	10	OECD 220
陆生植物	陆生植物生长影响	发芽抑制率（EC$_{50}$）	100	OECD 208
		重量变化（NOEC）	10	
土壤微生物	土壤微生物氮转化	硝化作用 EC$_{50}$	100	OECD 216
	土壤微生物碳转化	呼吸抑制作用 EC$_{50}$	100	OECD 217
鱼类	鱼类急性致死毒性	急性 LC$_{50}$ 值	1000	OECD 203
	鱼类早期生活阶段毒性	发育（NOEC）	10	OECD 210
	鱼类胚胎和卵黄囊仔鱼阶段的短期毒性	致死（LC$_{50}$） 发育（NOEC）	10	OECD 212
	鱼类幼体生长	发育（NOEC）	10	OECD 215
蚤类	蚤类急性活动抑制毒性	急性 EC$_{50}$ 值	1000	OECD 202
	蚤类繁殖毒性	繁殖（NOEC）	10	OECD 211
	底泥-水摇蚊毒性	羽化率（NOEC）	10	OECD 218 OECD 219
藻类	藻类生长抑制毒性	生物数量减少率（EC$_{50}$ 和 NOEC）	100；10	OECD 201
	浮萍生长抑制毒性	生长抑制（EC$_{50}$ 和 NOEC）	100；10	OECD 221

（2）预测无效应浓度（PNEC）的计算。计算 PNEC 时，应满足如下假设条件：生态系统的敏感性由生态系统中的最敏感物种表征；若生态系统的结构受到保护，生态系统的功能就可以得到保护。

基于上述假设，对效应评估获得的生态毒理学数据，应选择数据中的最低半数致死（效应）浓度[L（E）C$_{50}$]或无可见效应浓度（NOEC）值除以评估系数，计算得出 PNEC。

3）牧场养殖业场景兽药生态效应评估

（1）生态受体与评价终点。牧场的兽药环境暴露来源与集约养殖场兽药类似。由于牧场常使用的体内外杀虫剂不会对植物和微生物产生毒性，研究与粪便暴露相关的非靶位生物极为必要，因此，跳虫、蜣螂和粪蝇是极为重要的三种生态受体。

对于兽药正式生态风险评估的层级 I 评估，通常将选择的水生和陆生生态受体的急性毒性试验个体死亡率作为评价终点；对于兽药正式生态风险评估的层级 II 评估，既可用水生生物急性毒性死亡率作为评价终点，也可选择对水生和陆生生态受体的表征慢性危害的毒性终点作为评价终点，具体评价受体和评价终点见表 6-22。

表 6-22　牧场养殖业场景兽药生态效应评估的生态受体和评价终点值

评价受体	试验名称	效应指标	AF	测试导则
蚯蚓	蚯蚓急性毒性	致死率（LC$_{50}$）	100	OECD 207
	蚯蚓繁殖毒性	繁殖率（NOEC）	10	OECD 222
	线蚓繁殖毒性	繁殖率（NOEC）	10	OECD 220
陆生植物	陆生植物生长影响	发芽抑制率（EC$_{50}$）	100	OECD 208
		重量变化（NOEC）	10	
土壤微生物	土壤微生物氮转化	硝化作用 EC$_{50}$	100	OECD 216
	土壤微生物碳转化	呼吸抑制作用 EC$_{50}$	100	OECD 217
跳虫	跳虫急性毒性	幼虫 14 天死亡率	100	—
	跳虫繁殖毒性	繁殖抑制率（EC$_{50}$）	10	OECD 232
蜣螂	蜣螂急性毒性	14 天致死率（LC$_{50}$）	100	—
	蜣螂慢性毒性	14 天慢性体重增加 EC$_{50}$ 值	10	—
粪蝇	粪蝇急性毒性	5 天致死率（LC$_{50}$）	100	
	粪蝇慢性毒性	7 天化蛹率（EC$_{50}$）	10	OECD 228
	粪蝇慢性毒性	14 天成虫变态抑制率（EC$_{50}$）	10	
鱼类	鱼类急性致死毒性	急性 LC$_{50}$ 值	1000	OECD 203
	鱼类早期生活阶段毒性	发育（NOEC）	10	OECD 210
	鱼类胚胎和卵黄囊仔鱼阶段的短期毒性	致死（LC$_{50}$）	10	OECD 212
		发育（NOEC）	10	
	鱼类幼体生长	发育（NOEC）	10	OECD 215
蚤类	蚤类急性活动抑制毒性	急性 EC$_{50}$ 值	1000	OECD 202
	蚤类繁殖毒性	繁殖（NOEC）	10	OECD 211

续表

评价受体	试验名称	效应指标	AF	测试导则
蚤类	底泥-水摇蚊毒性	羽化率（NOEC）	10	OECD 218 OECD 219
藻类	藻类生长抑制毒性	生物数量减少率（EC_{50} 和 NOEC）	100；10	OECD 201
	浮萍生长抑制毒性	生长抑制 （EC_{50} 和 NOEC）	100；10	OECD 221

（2）预测无效应浓度 （PNEC）的计算。计算 PNEC 时，应满足如下假设条件：生态系统的敏感性由生态系统中的最敏感物种表征；若生态系统的结构受到保护，生态系统的功能就可以得到保护。

基于上述假设，对效应评估获得的生态毒理学数据，应选择数据中的最低半数致死（效应）浓度[$L（E）C_{50}$]或无可见效应浓度（NOEC）值除以评估系数，计算得出 PNEC。

4. 生态风险表征方法

风险表征是对暴露于各种胁迫之下的不利生态效应的综合判断和表达，是生态风险评价的最后一个阶段。有了毒性终点值和暴露浓度值就可以进行风险商值的计算。计算公式如下：

$$RQ=PEC/PNEC \qquad （6-12）$$

如果所有分类级别的 RQ<1，那么就不需要进一步的评价。然而，如果一个或多个分类级别的 RQ>1，需要对该生物级别的 PEC 或 PNEC 进行进一步的修正。

将最终计算得到的风险商值（RQ 值）与关注标准进行比较，判断风险等级，提出应该采取的风险管理措施，对各种不确定性进行总结并将结论报告给风险管理者。

5. 典型案例

1）三种典型兽药抗生素的生态风险评估

（1）暴露评估。根据 6.3 节"兽药的环境暴露评估技术研究"的方法，分别计算磺胺二甲氧嘧啶（SDM）、土霉素（OTC）和恩诺沙星（ENF）在不同养殖动物粪便及粪肥施用土壤和地表水中的预测暴露浓度，结果如表 6-23 所示。

表 6-23　不同暴露介质中三种典型兽药抗生素的预测暴露水平（PEC）

动物	药物	粪便/（mg/kg）		土壤/（μg/kg）		水体/（μg/L）	
		第Ⅰ层级	第Ⅱ层级	第Ⅰ层级	第Ⅱ层级	孔隙水	地表水
猪	SDM	930.47	735.07	17 392.02	80.55～13 820.24	11 449.75	3469.62
	OTC	465.24	160.51	8696.01	54.58～3054.71	7.19	2.18
	ENF	46.52	40.05	869.60	1736.08～2484.71	2.88	0.87

续表

动物	药物	粪便/（mg/kg）		土壤/（µg/kg）		水体/（µg/L）	
		第Ⅰ层级	第Ⅱ层级	第Ⅰ层级	第Ⅱ层级	孔隙水	地表水
鸡	SDM	135.08	121.58	590.80	3.12~534.84	443.10	134.27
	OTC	225.14	101.31	984.66	8.06~451.16	1.06	0.32
	ENF	135.08	47.81	590.80	484.90~693.99	0.80	0.24
牛	SDM	61.86	53.07	788.71	3.97~680.68	563.93	170.89
	OTC	30.93	13.30	394.35	3.09~172.66	0.41	0.12
	ENF	1.86	1.60	23.66	47.24~67.61	0.08	0.02

（2）效应评估。根据文献查询结果，SDM、OTC 和 ENF 对不同生态受体的毒性效应值如表 6-24 所示。根据选择 PNEC 的原则，选择最为敏感的生态受体用于风险评估。因此，SDM 的陆生 PNEC 为 0.01mg/kg，水生 PNEC 为 0.0001 mg/L；OTC 的陆生 PNEC 为 0.0009 mg/kg，水生 PNEC 为 0.0055mg/L；ENF 的陆生 PNEC 为 0.0001mg/kg，水生 PNEC 为 0.98 mg/L。

表 6-24　三种典型兽药抗生素的预测无效应浓度（PNEC）

药物	试验项目	毒性水平/（mg/kg）或（mg/L）	评估因子	PNEC
SDM	蚯蚓 LC_{50}	>5000	100	>50
	燕麦根生长抑制 NOEC	0.1	10	0.01
	水稻根生长抑制 NOEC	1	10	0.1
	黄瓜根生长抑制 NOEC	1	10	0.1
	大型蚤（*Pseudokirchneriella subcapitata*）72 小时 NOEC	0.001	10	0.0001
	浮萍（*Lemna minor*）EC_{50}	1.74	100	0.0174
OTC	苜蓿茎秆生长抑制达到 61%	0.99	100	0.0099
	弹尾目昆虫 EC_{10}	>5000	100	>50
	蚯蚓 EC_{10}	1954	100	19.54
	朝鲜鹌鹑 14 天 LD_{50}	>2000	100	>20
	对虾 48 小时 NOEC	0.055	10	0.0055
	费希尔（氏）弧菌 发光的半数抑制浓度 E_{50}（40 分钟）	0.09	100	0.0009
ENF	土壤微生物群落碳利用能力显著减小 NOEC	0.01	100	0.0001
	蚯蚓 NOEC	100	10	10
	根生长抑制 IC_{50}	125.7	100	1.257
	大型蚤慢性 NOEL	9.8	10	0.98

（3）风险表征。根据 SDM、OTC 和 ENF 的预测暴露浓度和预测无效应浓度，计算得出每种药物的生态风险值，见表 6-25。可见，SDM 对于水生生物风险较高，ENF 对陆生生物风险最高，其次为 OTC。SDM 在猪场中的土壤预测暴露水平较高，因此其陆生风险也不可忽略。

表 6-25　三种典型兽药抗生素的风险表征

动物	药物	土壤			水体		
		PEC / (μg/kg)	PNEC / (mg/kg)	Risk	PEC / (μg/L)	PNEC / (mg/L)	Risk
猪	SDM	80.55～13 820.24	0.01	8.1～1382	3469.62	0.0001	34 696.2
	OTC	54.58～3054.71	0.0009	60.6～3394	2.18	0.0055	0.4
	ENF	1736.08～2484.71	0.0001	17360～24 847	0.87	0.98	0.000 89
鸡	SDM	3.12～534.84	0.01	0.3～53	134.27	0.0001	1342.7
	OTC	8.06～451.16	0.0009	9.0～501	0.32	0.0055	0.06
	ENF	484.90～693.99	0.0001	4849～6940	0.24	0.98	0.0002
牛	SDM	3.97～680.68	0.01	0.4～68	170.89	0.0001	1708.9
	OTC	3.09～172.66	0.0009	3.4～192	0.12	0.0055	0.02
	ENF	47.24～67.61	0.0001	472.4～676	0.02	0.98	0.000 02

2）喹乙醇的生态风险评估

（1）暴露评估。由于该药允许使用的动物品种为家禽和仔猪，而产蛋鸡和体重大于 35kg 的猪禁用该药（薛福连，2005），所以该研究选择肉鸡和仔猪进行分析。根据土壤暴露评估 Spaepen 模型估算最严重情况下喹乙醇的土壤预测环境浓度，因此未考虑动物对喹乙醇的代谢，排泄率（$F_{excreted}$）按 100% 计算，未考虑喹乙醇的粪便降解，粪便储存时间（$T_{storage}$）按 0 计算。模型参数中，药物的施用量（$Q_{product} \times C_c$）和用药时间（$T_{treatment}$）等参数通过文献获得（薛福连，2005；赵从民，2005）；粪肥的耕种深度（DEPTHfield）按照 0.05m 和 0.25m 两个值来计算；其他参数采用 EMEA 导则的推荐值。根据表 6-26 输入的参数，计算得到喹乙醇施用于不同动物品种，采用不同粪肥耕种深度和不同国家氮排放标准值后的土壤预测环境浓度如表 6-27 所示。

表 6-26　喹乙醇土壤暴露模型估算参数

参数	含义	仔猪	肉鸡
$Q_{product} \times C_c$/[mg C/ (kg$_{Bw}$·d)]	药物施用量	30	10
$T_{treatment}$/天	用药时间	7	20
m_{animal}/ (kg$_{Bw}$/animal)	平均体重	12.5[*]	1[*]
$F_{excreted}$/%	排泄率	100	100
Ncyclus$_{animal}$/[animal (place·a)]	每年饲养的动物轮数	6.9[*]	9[*]
P_N/[kg N/ (place·a)]	每年每地的动物粪便氮产量	2.25[*]	0.23[*]

续表

参数	含义	仔猪	肉鸡
$T_{storage}$/天	储存时间	0	0
Q_N/[kg N/（hm² · a）]	氮排放标准值		
欧盟		170**	170**
英国		250**	250**
荷兰		150**	150**
DEPTHfield/m	耕种深度	0.05/0.25*	0.05/0.25*
ρ_{soil}/（kg/m³）	干土壤的总密度	1500*	1500*
CONV$_{area\ field}$/（m²/hm²）	农田土壤面积转化系数	10 000	10 000

注：*表示采用的参数为 EMEA 导则推荐；**表示分别采用了欧盟、英国和荷兰规定的氮排放标准值进行评估。

表 6-27　喹乙醇的土壤预测环境浓度　　　　（单位：mg C/kg$_{soil}$）

耕种深度/cm	采用标准	仔猪	肉鸡
5	欧盟	1.82	1.77
	英国	2.68	2.61
	荷兰	1.61	1.57
25	欧盟	0.365	0.355
	英国	0.537	0.522
	荷兰	0.322	0.313

　　根据土壤预测环境浓度计算得出喹乙醇的孔隙水预测浓度，运用 EMEA 模型计算得到喹乙醇的地下水与地表水预测环境浓度。参考文献报道的喹乙醇在不同土壤中的吸附系数 K_d（$K_d=K_{oc}\times F_{ocsoil}$），分别采用上述不同饲养品种预测的最大土壤预测环境浓度计算水体预测环境浓度，结果如表 6-28 所示。

表 6-28　喹乙醇的地表水和地下水预测环境浓度

土壤类型	K_d（L/kg）	地下水暴露浓度/（mg C/L）		地表水暴露浓度/（mg C/L）	
		仔猪	肉鸡	仔猪	肉鸡
江西红土	0.262	10.2	9.96	3.10	3.02
南京黄棕壤	0.309	8.67	8.45	2.63	2.56
陕西潮土	0.446	6.01	5.85	1.82	1.77
无锡水稻土	1.74	1.54	1.50	0.467	0.455
东北黑土	2.81	0.953	0.928	0.289	0.281

　　EMEA 导则规定了几个筛选层次风险评估的临界效应值，分别为粪浆中浓度

100μg/kg，土壤中浓度 10μg/kg，地表水浓度 1μg/L，地下水浓度 0.1μg/L，粪便浓度 10μg/kg。这些数值是 EMEA 工作组长期讨论的结果，目的是将其作为筛选级别的管理工具，如果预测环境暴露浓度超过了这些临界值，那么需要进入下一阶段的风险评价。该研究中喹乙醇的土壤预测暴露浓度超过了 100μg/kg，地表水的预测暴露浓度超过了 1μg/L，那么环境风险评估将进入效应评估阶段。

（2）效应评估。已有文献报道了喹乙醇对不同陆生和水生生物的毒性效应值（表 6-29）。按照 VICH 导则 AF 值的选取规则，计算出喹乙醇对不同生物级别的 PNEC 值，结果见表 6-29 所示。可见，喹乙醇对土壤生物蚯蚓毒性很小，但是对水生生物如藻类毒性较高。虽然，喹乙醇对鱼类的急性毒性较低，但是会显著影响鱼类的胚胎发育过程。由于 PNEC 的计算值选择最为敏感的生物毒性效应，喹乙醇的水生 PNEC 值为 0.5 mg C/L（铜绿微囊藻 7 天生长抑制 EC_{50}），陆生 PNEC 值大于 200mg C/kg（蚯蚓 48 小时 LC_{50}）。

表 6-29　喹乙醇对于不同生物级别的预测无效应浓度

项目	毒性数据/（mg C/L）	AF	PNEC（mg C/L 或 mg C/kg）
大型蚤 48 小时生长抑制 LOEC （Wollenberger et al，2000）	1000	1000	1
铜绿微囊藻 7 天生长抑制 EC_{50} （Halling et al，2000）	5.1	10	0.5
斑马鱼 96 小时 LC_{50}（陈海刚等，2006）	1996.87	1000	2.00
斑马鱼胚胎发育 96 小时 EC_{50} （陈海刚等，2006）	221.2	100	2.21
蚯蚓 48 小时 LC_{50}（罗屺，2000）	>2000	100	—

（3）风险表征。根据喹乙醇在不同环境介质中的预测暴露浓度和预测无效应浓度，分别计算喹乙醇的环境风险，计算结果如表 6-30 所示。尽管喹乙醇的土壤预测浓度超过了 100μg /kg，但是由于其对土壤生物的毒性较小，因此，喹乙醇在土壤环境中的生态风险较小；喹乙醇在地表水和地下水中的预测暴露浓度超过了 1μg /L，并且喹乙醇对水生生物毒性较强，所以计算出的最大生态风险商值均超过了标准值 1。通过初步评估的结果，可以发现喹乙醇对水生生物的生态风险要远远大于其对陆生生物的风险。因此，对于喹乙醇的风险管理要将重点放在降低其水生生态风险上。

表 6-30　喹乙醇的生态风险商值

环境类型	PEC/（mg C/kg 或 mg C/L）	PNEC/（mg C/kg 或 mg C/L）	RQ
土壤	0.313～2.68	>200	$<1.34\times10^{-2}$
地下水	0.928～10.2	0.5	1.964～20.4
地表水	0.281～3.10	0.5	0.562～6.2

（4）讨论。该研究中对喹乙醇环境暴露浓度的估算都考虑了最严重的情况，假设药

物的排泄率为 100%，粪便储存时间为 0，粪肥耕种深度为 5cm 等，实际情况并非完全如此。因此，对于筛选层次生态风险大于 1 的兽药品种，需要进一步优化模型，考虑药物的代谢、降解、分布等因素对暴露浓度的影响，以期接近实际情况来进行计算。

3）结论

兽药及药物性的饲料添加剂在保证集约养殖业迅速发展的同时，对生态系统和人体健康带来了很大的威胁。因此，兽药的环境管理已经成为环境保护工作迫在眉睫的任务。目前，兽药的生态风险评价技术是发达国家对兽药进行环境管理的一种非常有效的方法。

兽药筛选水平的生态风险评估以保守假设和简单模型为基础来评价兽药对非靶标生物的风险，尽管预测的浓度往往比实际环境中的浓度偏高，但是可以快速地为以后的工作排出优先次序。对于筛选水平评价结果为不可接受的高风险的品种，就要进入更高层次的评价。

以磺胺二甲嘧啶、土霉素和恩诺沙星作为研究对象进行基于我国实际使用情况的生态风险评估，结果显示，磺胺二甲嘧啶的水生生态风险较高，恩诺沙星和土霉素的陆生生态风险较高。这 3 种典型的抗生素是我国养殖业使用率和使用量最高的品种，然而其较高的生态风险却极少有人关注。因此，兽药的生态风险评估可以作为兽药环境管理的有效工具，指导兽药的合理使用，控制风险较大品种进入环境的可能性从而防控其对生态环境的风险。

以喹乙醇作为研究对象进行基于我国实际使用情况的生态风险评估，结果显示，喹乙醇的水生生态风险较高。在我国，喹乙醇在畜禽养殖中应用较为广泛，由于其与粪便、土壤的结合力都较弱，易通过冲蚀、淋溶等各种物化方式由土壤环境扩散进入水环境，影响非靶标生物的生存，甚至可通过食物链进入人体。因此，通过兽药生态风险评估，可以明确喹乙醇是一种生态风险较高的兽药品种，应加强对其的环境管理，确保环境安全和人体健康。

参 考 文 献

安可栋, 王妍艳, 卢阿虔, 等. 2012. 郑州市农用地畜禽粪便氮负荷估算及利用途径探讨. 河南农业科学, 41（3）: 67-71.

鲍艳宇, 周启星, 万莹. 2009. 土壤有机质对土霉素在土壤中吸附-解吸的影响. 中国环境科学, 29（6）: 651-655.

陈桂秀, 吴银宝. 2011. 兽药土霉素的环境行为研究进展. 动物医学进展, 32（5）: 102-107.

陈海刚, 李兆利, 徐韵, 等. 2006. 兽药添加剂喹乙醇的生态毒理学效应研究. 农业环境科学学报, 25（4）: 885-889.

陈海燕, 花日茂, 李学德, 等. 2011. 不同类型菜地土壤中 3 种磺胺类抗生素污染特征研究. 安徽农业科学, 39（23）: 14224-14226, 14229.

陈昇, 张劲强, 钟明. 2008. 磺胺类药物在太湖地区典型水稻土上的吸附特征. 中国环境科学, 28（4）: 309-312.

范素菊, 杨兴东, 安进. 2011. 犊牛肺炎的诊治. 湖北畜牧兽医, 9: 39.

李春光, 周秀伟, 赫志敏. 2010. 四环素类药物在禽病临床上的应用. 兽药, 10: 178.

李彦文, 莫测辉, 赵娜, 等. 2009. 菜地土壤中磺胺类和四环素类抗生素污染特征研究. 环境科学, 30（6）:

1762-1764.

罗屿, 臧宇, 钟远, 孔志明. 2000. 新型杀虫剂对蚯蚓的生化毒理学研究. 南京大学学报（自然科学版）, 36（2）: 213-216.

吕惠序. 2009. 四环素类抗生素在养猪生产中的正确应用. 养猪, 4: 67-68.

宁军, 韦田, 邹桂林. 2010. 磺胺二甲嘧啶在麻黄鸡组织中残留消除规律研究. 中国兽药杂志, 44（9）: 19-25.

牛建平, 吴泽辉, 石起增. 2009. 磺胺二甲嘧啶在土壤中的降解动态研究. 安徽农业科学, 37（4）: 1767-1769.

邰义萍, 罗晓栋, 莫测辉, 等. 2011. 广东省畜牧粪便中喹诺酮类和磺胺类抗生素的含量与分布特征研究. 环境科学, 32（4）: 1188-1193.

邰义萍, 莫测辉, 李彦文, 等. 2010. 长期施用粪肥土壤中喹诺酮类抗生素的含量与分布特征. 中国环境科学, 30（6）: 816-821.

王方浩, 马文奇, 窦争霞, 等. 2006. 中国畜禽粪便产生量估算及环境效应. 中国环境科学, 26（5）: 614-617.

王娜, 单正军, 葛峰, 等. 2012. 基于模型预测的喹乙醇生态风险评估. 生态与农村环境学报, 28（6）: 732-737.

王娜, 王智畅, 葛峰, 等. 2014. 3 种典型兽药抗生素的环境暴露评估. 生态与农村环境学报, 30（1）: 77-83.

王阳, 章明奎. 2011. 畜禽粪对抗生素的吸持作用. 浙江农业学报, 23（2）: 373-377.

吴银宝, 汪植三, 廖新俤. 2005. 恩诺沙星在鸡体中的排泄及其在鸡粪中的降解. 畜牧兽医学报, 36（10）: 1069-1074.

薛福连. 2005. 正确使用喹乙醇作饲用添加剂. 湖南饲料, 2: 12.

尹春艳, 骆永明, 滕应, 等. 2012. 典型设施菜地土壤抗生素污染特征与积累规律研究. 环境科学, 33（8）: 2810-2816.

应翔宇, 杨永胜. 1995. 兽用新型抗菌药物——恩诺沙星. 兽药, 29（3）: 53-56.

张从良, 王岩, 王福安. 2007. 磺胺类药物在土壤中的微生物降解. 农业环境科学学报, 26（5）: 1658-1662.

赵从民. 2005. 喹乙醇的作用与使用方法. 青海畜牧兽医杂志, 35（2）: 44.

Bound J P, Voulvoulis N. 2004. Pharmaceuticals in the aquatic environmental comparison of risk assessment strategies. Chemosphere, 56（11）: 1143-1155.

Boxall A B A, Fogg L , Kay P, et al. 2003. Prioritisation of veterinary medicines in the UK environment. Toxicol Lett , 142: 207-218.

Boxall A B A, Fogg L, Blackwell P A, et al. 2002. Review of veterinary medicines in the environment. R&D Technical Report P6-012/8TR.

Boxall A B A, Oakes D, Ripleyb P, et al. 2000. The application of predictive models in the environmental risk assessment of ECONOR. Chemosphere, 40（7）: 775-781.

Capleton A C, Courage C, Rumsby P, et al. 2006. Prioritising veterinarymedicines according to their potential indirect human exposure and toxicity profile. Toxicol Lett, 163（3）: 213-223.

Deleforge J, 黄志宏. 1995. 邻甲氯灭酸和土霉素治疗牛呼吸道病的评价. 国外兽医学（畜禽传染病）, 15（4）: 56-68.

EMEA. 1997. Note for Guidance: Environmental Risk Assessment for Veterinary Medicinal Products Other Than GMO-Containing and Immunological Products. London, UK: EMEA, EMEA/CVMP/055/96.

FDA（Food and Drug Administration）. 1985. FDA Final Rule for Compliance with National Environmental Policy Act: Policy and Procedures, Federal Register 50 FR 16636, 21 CFR 25, 26 April.

FDA （Food and Drug Administration）. 1987. Environmental Assessment Technical Assistance Handbook （FDA Centre for Food Safety and Applied Nutrition, Environmental Impact Section, Match 1987）, NTIS PB87-175345.

FDA （Food and Drug Administration）. 1995. Guidance for Industry for the Submission of an Environmental Assessment in Human Drug Application and Supplements. CDER, Washington.

Golet E M, Strehler A, Alder A C, et al. 2002. Determination of fluoroquinolone antibacterial agents in sewage sludge and sludge-treated soil using accelerated solvent extraction followed by solid -phase extraction. Analytical Chemistry, 74: 5455-5462.

Halling-Sørensen B. 2000. Algal toxicity of antibacterial agents used intentensive farming. Chemosphere, 40 （7）: 731-739.

Hu X G, Zhou Q X, Luo Y. 2010. Occurrence and source analysis of typical veterinary antibiotics in manure, soil, vegetables and groundwater from organic vegetable bases, northern China. Environ Pollut, 158（9）: 2992-2998.

Kim Y, Jung J, Kim M, et al. 2008. Prioritizing veterinary pharmaceuticals for aquatic environment in Korea. Environ Toxicol Pharmacol, 26（2）: 167-176.

Koschorrek J, Koch C, Rönnefahrt I. 2002. Environmental risk assessment of pharmaceutical drug substances—conceptual considerations. Toxicology Letters, 131: 117-124.

Maria V P, Paola C, Pietrino D. 2012. Sorption behavior of sulfamethazine on unamended and manure-amended soils and short-term impact on soil microbial community. Ecotoxicology and Environmental Safety, 84: 234-242.

Maund S J, Hamer M J, Warinton J S, et al. 1998. Aquatic ecotoxicology of the pyrethroid insecticide lambda-cyhalothrin: considerations for higher-tier aquatic risk. Pestic Sci, 54（4）: 408-417.

Montforts M H M M, Kalf D F, Van Vlaardingen P L A, et al. 1999. The exposure assessment for veterinary medicinal products. Sci Total Environ, 225: 119-133.

Montforts M H M M. 1999. Environmental risk assessment for veterinary medicinal products. Part 1: Other than GMO containing and immunological products. The Netherlands, National Institute of Public Health and the Environment: Bilthoven, RIVM Report 601300001.

Nowara A, Burhenne J, Spiteller M. 1997. Binding of fluoroquinolone carboxylic acid derivatives to clay minerals. Journal of Agricultural and Food Chemistry , 45 : 1459 -1463.

Park J, Kim M H, Choi K, et al. 2007. Environmental risk assessment of pharmaceuticals: model application for estimating pharmaceutical. Exposures in the Han River Basin. KEI/2007/RE-06. Seoul: Korea Environment Institute.

Pinna M V, Castaldi P, Deiana P. 2012. Sorption behavior of sulfamethazine on unamended and manure-amendedsoils and short-term impact on soil microbial community. Ecotoxicology and Environmental Safety, 84: 234-242.

Rombke J, Hempelh, Scheczyk A, et al. 2007. Environmental risk assessment of veterinary pharmaceuticals: development of a standard laboratory test with the dung beetle aphodius constans. Chemosphere, 70（1）: 57-64.

Slanaa M, Dolencb M S. 2013. Environmental risk assessment of antimicrobials applied in veterinary medicine—a field study and laboratory approach. Environmental Toxicology and Pharmacology , 35: 131-141.

Spaepen K R I, Van Leemput L J J, Wislocki P G, et al. 1997. A uniform procedure to estimate the predicted environmental concentration of the residues of veterinary medicines in soil. Environ Toxicol Chem, 16（9）: 1977-1982.

Tolls J. 2011. Sorption of vbeterinary pharmaceuticals in soils: a review. Environmental Science and Technology, 35（17）: 3397-3406.

VICH. 2000. Environmental Impact Assessment（EIAs）for Veterinary Medicinal Products（VMPs）: Phase Ⅰ. London CVMP/VICH; 2000, CVMP/VICH/592/98-final.

VICH. Environmental Impact Assessment（EIAs）for Veterinary Medicinal Products（VMPs）: Phase Ⅱ. Guidance. London CVMP/VICH; 2004, CVMP/VICH/GL 38.

VMD. 2006. Sales of antimicrobial products authorized for use as veterinary medicines, antiprotozoals, antifungals, growth promoters and coccidiostats, in the UK in 2005. http: //www. vmd. gov. uk/Publications/Antibiotic/salesanti05. pdf.

Wang N, Guo X Y, Shan Z J, et al. 2014. Prioritization of veterinary medicines in China's environment. Human and Ecological Risk Assessment, 20: 1313-1328.

Wollenberger L, Halling-Sørensen B, Kusk K O. 2000. Acute and chronic toxicity of veterinary antibiotics to Daphnia magna. Chemosphere, 40（7）: 723-730.

WRc-NSF. 2000. The development of a model for estimating the environmental concentrations（PECs）of veterinary medicines in soil following manure spreading. London, U. K, Project Code VM0295, final project report to MAFF.

Zhao L, Dong Y H, Wang H. 2010. Residues of veterinary antibiotics in manures from feedlot livestock in eight provinces of China . Science of the Total Environment, 408: 1069-1075.

第7章　兽药的健康风险评估技术研究

7.1　兽药的健康风险评估国际进展

目前，兽药的健康风险评估研究主要集中在动物源性食品（包括畜禽肉、蛋类、水产品、奶及奶制品等）中的兽药残留对人类健康造成的威胁。虽然，本书的重点在于兽药环境污染所致健康风险，但是系统的动物源食品中兽药健康风险评估技术也是兽药污染环境健康风险评估技术的重要组成部分。因此，本节主要对食品相关法律较为规范的5个典型发达国家的动物源性食品风险分析体系的研究现状做一简要综述。

7.1.1　发达国家发展现况

1. 美国

美国动物源性食品中兽药残留的评估机构主要由农业部（USDA）下属的食品安全检验局（Food Safety and Inspection Service，FSIS）、食品药品监督管理局（FDA）下属的兽药中心（CVM）及疾病预防控制中心（Centers for Disease Control，CDC）等风险分析机构组成，实行层层监管、联合监管的机制。FDA建立允许最大残留的限量并制定休药期。FSIS进行风险分析，其标准操作程序为：①确定风险分析的议事日程，明确风险管理的问题、内容和目的，形成风险管理问题的提议，决定是否开展风险评估；②如需进行风险评估，则实施风险评估，对结果进行评价并进行同行评议和成本效益分析，最后选择风险管理方案并执行。CDC负责食源性疾病数据的收集、食源性疾病的研究、监控食源性疾病的爆发及防治效果，同时建立国家和地区健康卫生流行病学、环境健康能力等相关检测实验室以提高食源性疾病监测和爆发响应的能力。

2. 欧盟

欧盟动物源性食品中兽药残留风险的分析机构主要是欧盟委员会下属的欧洲药品审评局下设的兽用药品委员会（CVMP）。欧盟应用现代风险分析的原则，以农场到餐桌的理念为基础进行集中的兽药安全性管理。

欧盟风险分析相关的法律法规较为健全，先后发表了《食品安全绿皮书》和《食品安全白皮书》。此外，也比较重视法律法规的修订与补充，如2013年10月30日，欧盟发布了No. 1056/2013委员会实施条例，修订了No. 37/2010法规附录中新霉素在动物肝脏和肾脏中的最大残留限量，并于2013年12月30日实施。

3. 澳大利亚

澳大利亚进口动物源性食品的风险分析体系是世界上最健全的管理进口动物源性食物的风险分析体系，曾作为 FAO/WTO 的研究对象。澳大利亚动物源性食品中兽药风险分析的主要机构为澳大利亚新西兰食品局，主要负责食品政策与标准的制定、食品安全管理等相关工作。

与欧美一致，澳大利亚对法律法规的修订也是较为频繁的。2013 年 10 月 14 日，澳大利亚新西兰食品标准局发布 G/SPS/N/AUS/330 号通报，拟修订澳大利亚新西兰食品标准法典中各种农兽化学品的最大残留限量，以便和其他国家的农兽化学品安全与有效应用的相关规定保持一致。2013 年 10 月 25 日，澳大利亚农业部发布公众检疫预警 PQA0930 号文件，修订进口食用乳糖及乳糖产品的进口条件。

4. 加拿大

加拿大兽药残留风险分析机构是加拿大农业部及其下属的食品检验署（Canada Food Inspection Agency，CFIA）。农业部负责起草制定相关的政策和标准，而食品检验局则负责所有食品的检测、动物疫病的防治等工作，两个部门相互合作，各司其职。兽药在上市销售前，农业部要求兽药申请者对兽药进行质量、有效性和安全性等方面的较为全面的科学研究；对以上数据进行研究后，农业部下属的兽药理事会制定该兽药的最大残留量（MRL），在兽药的标签上明确标注警示声明，突出兽药使用后可能存在的人类安全性相关问题。

加拿大于 2012 年 11 月通过了《加拿大食品安全法案》，该法案整合了加拿大现有的《水产品检验法案》《加拿大农产品检验法案》《肉品检验法案》及《消费者包装与标识法案》。《加拿大食品安全法案》及其相关法规于 2015 年年初生效。此外，2013 年 10 月 11 日，加拿大向 WTO/STS 委员会提交 G/SPS/GEN/1282《新联邦食品检验监管框架讨论文件》，告知各成员国其关于新联邦食品检验监管框架的提案。该提案可能对加拿大的贸易伙伴在相关领域产生一定的影响。

5. 日本

日本为了确保食品卫生安全，由日本厚生劳动省、农林水产省和食品安全委员会共同承担提供安全食品的责任。其中，动物源性食品的风险分析主要由食品安全委员会负责。

日本从 2006 年 5 月 29 日起实施了"最为严格的"《食品中残留农业化学品肯定列表制度》，对 734 种农药、兽药及饲料添加剂设定了 1 万多个最大允许残留标准，即"暂定标准"；对尚不能确定具体"暂定标准"的农药、兽药及饲料添加剂，设定了 0.01mg/kg（即亿分之一）的"一律标准"。日本列表规定了 62 410 种食品、农产品中农药、兽药的残留限量标准，而中国内地现行的农药、兽药残留限量标准仅为 667 个，只占日本的百分之一。

7.1.2　结语

从以上 5 个发达国家的相关情况来看，欧美等发达国家和地区关于食品卫生安全的法律法规和标准体系较为健全且仍在持续完善，特别突出了兽药残留风险的源头管理：美国、澳大利亚、加拿大等国都已提出在其本土强制执行肉制品的可追踪系统，也将追溯系统列入研究范畴。此外，它们拥有专门的动物源性食品中兽药残留的风险评估机构，各部门分工明确，交流充分。通过对国外发达国家或地区（美国、欧盟、澳大利亚、加拿大和日本）动物源性食品兽药残留风险分析体系的现状研究，为我国实现和完善动物源性食品中兽药残留风险分析体系的目标提供了一定的理论依据和决策参考。

7.2　兽药的人群暴露评估技术研究

个体和人群暴露于兽药的风险监测和评估的显著挑战在于如何将暴露评估的通用型技术有效地应用到兽药这一特殊的领域，以便实现更有针对性的评估和更为准确的分析。

7.2.1　兽药的暴露评估

1. 兽药的物理化学特性

兽药暴露评估的第一步是收集和分析被评估兽药的具体物理化学特性，包括以下内容：剂型；相关的理化特性；作用；使用方法，包括给药途等。

2. 兽药的暴露分析

暴露评估的下一步是鉴别可能导致兽药暴露的情况，应该综合分析兽药在动物给药之前、给药期间和给药之后不同阶段的具体情况。表 7-1 列出了可能与兽药暴露相关的不同情况的示例，需要根据不同兽药的情况加以具体分析。

表 7-1　可能导致暴露的示例

预申请阶段	申请阶段	申请后阶段
● 储存	● 动物管理	● 清洁设备和准备区
● 开封产品，如将产品从包装袋中拿出	● 保持/抑制动物治疗	● 包装、器械和剩余产品的处置
● 混合和/或浓度的稀释，如与饲料和饮水混合		● 处置经过处理的动物
● 加载应用设备或系统，如计量枪		● 抚摸/处理已处理动物的皮毛

3. 兽药的暴露场所

一旦确认兽药的可能暴露场所及具体的暴露情况，就要对其做进一步的特征化处理。暴露场景应包括以下元素：谁？——使用者的类型；如何？——暴露途径；什么？——使用者所暴露的兽药产品的部分；何时？——暴露的可能性；多少？多频繁？——暴露的率、程度、持续时间、间隔和次数。

以上五种元素在不同的暴露阶段及对不同的兽药产品和使用者来说并非完全一致，需要具体案例具体分析。

1）使用者的类型

清晰辨明不同类型兽药产品的使用者并且包括所有可能与产品接触的使用者是兽药暴露评估的重要环节之一，它们中的一些可能并不直接接触该类产品，但可能存在不同类型的间接接触。兽药的主要使用者包括：兽医、兽医助手、农民、旁观者、饲养员、与兽药直接接触或密切接触的人、犬美容师、将药预混料添加进动物饲料中的磨坊主及剪羊毛的人等。

2）暴露途径

应指明各种暴露场景的暴露途径。暴露途径通常依据产品类型、产品剂型及加药设备等相关因素加以判定。这些途径通常限制为经皮、吸入、经眼及肠外摄入等。在注意个人卫生的前提下，口服摄入兽药的量基本可以忽略不计，但是以下情况仍需注意经口摄入的可能：①特定场景的手-口传播，如当儿童抚摸皮毛上沾有残留物的宠物时；②吸入暴露时若为非可吸入颗粒物则应考虑兽药经吞咽进入人体的可能。带有"放置在儿童难以触及及视线以外的地方"警告语的产品应该防止儿童的意外摄入，但其可能存在的经口摄入风险也应经常加以考虑，以应对潜在的意外暴露的发生。

3）使用者所暴露产品的部分

使用者可能暴露于以下几种情况的兽药产品：

（1）完整的产品（如粉末、浓缩物），包括它的活性和非活性成分；

（2）产品的某一部分；

（3）商品的溶液或稀释物（如药膳、加药设备制成的喷雾等）。

对于每种暴露场景，都应指出其具体使用者暴露的兽药的部分是什么（如整个产品、组成部分或稀释液等）。

4）暴露的可能性

虽然应该考虑所有可能导致暴露的情况，但是这并不意味着每次使用该兽药产品都会发生暴露。不过，也有一些暴露情况的发生概率较高，如对狗使用药用洗发水，那么几乎在每次使用该洗发水的过程中都会发生与人体皮肤的接触，即经皮肤暴露的概率较大。发生暴露的可能性需要被评估，并且关于使用及暴露信息的可用数据均应被提交。

5）暴露的频率、程度、持续时间、间隔和次数

暴露的频率、程度、持续时间、间隔和次数决定了一个暴露场景的定量部分。使用者应根据对兽药产品的使用经验估计暴露可能持续的时间、暴露的间隔及暴露的频率，应该考虑所有使用者对该产品的使用特点及使用模式（会随着季节和地区的变化而有所不同）。暴露的频率及程度通常由一些参数所决定，如剂量、浓度、释放率、蒸汽压、颗粒大小、液滴大小及喷雾模式，从这些数据可以估测外部暴露的剂量。评

估内部暴露剂量，需要考虑产品相关成分的药代动力学特征（尤其是关于吸收和生物利用度的信息）。

暴露水平的评估可包括已测量的数据，也可以包括模型计算得出的数据。暴露评价中的任何假设都应被清楚地标明并给予充足的理由，用于计算的数据或缺省值应有据可依。暴露的主要影响因素包括成年人及儿童的标准体重、身体各部位的表面积、呼吸节律、暴露空间的大小及体积、兽药生产或接触空间的通风率等。

无论使用何种方法，暴露水平的预测都应包括合理的最为恶劣的情况。如果在单一的情况（即一个暴露场景内）中涉及一个以上的暴露途径，应计算该系统内的总暴露量值。在某些情况下，同一种化学物或产品会被用于处理动物及其所生活的环境（如跳蚤粉），如果预见有这种情况的存在，就应对动物及其生活的环境进行总的暴露量值的评估。相同的，如果同时处理几种动物，就应对多个暴露同时进行评估。

7.2.2 兽药的健康风险

1. 兽药的健康风险表征

1）定性的风险表征

大部分毒理学终点的相关测试方法是定性、非随机性的，特别是某些局部作用，如过敏、皮肤刺激等，没有关于这些作用的剂量-反应关系可以有效利用，所以其阈值未知。此类风险仅能做相应的危害识别。虽然不能做出定量的风险特征评估，但是如果在现有暴露信息的支撑下考虑该有害作用可能发生，那么要对其进行定性的风险评估。在可能的条件下，还需考虑预期暴露水平下作用的严重程度。如果这类信息是可用的，必须假设该有害作用可能在任何暴露水平下发生。另外，涉及物理-化学特性的风险需要被鉴别。

2）定量的风险表征

定量风险评估的过程包括比较使用者所处或可能处于的暴露水平和没有预期有害作用发生的水平，一般是通过比较预期暴露与无明显损害作用水平（no observed adverse effect level，NOAEL）完成的。如果预期暴露水平大于等于 NOAEL，那么使用者所承受的风险一般较高；如果预期暴露水平小于 NOAEL，则需要通过以下参数分析 NOAEL 超过预期暴露水平的幅度：种内和种间变异；有害影响的性质和严重性；暴露信息适用的人群；暴露的差异（途径、持续时间、频率）；观察到的剂量-反应关系；数据库的总置信度。

通过考察上述参数来判定兽药的暴露风险对于使用者是否在可以接受的范围内，如果超出接受的范围则应提交该暴露风险的管理措施的相关方案。

2. 兽药的健康风险管理

1）使用者

某些兽药的使用者有比其他人更多的处理和管理动物的经验及知识，如兽医和农民，这一点需要在评估中给予认可。同样，在考虑其他不频繁接触兽药的使用者时，如宠物主，则需要额外的信息以确保兽药产品的使用安全。某些使用者可能缺少个人防护用品使用的相关知识或信息，因此如果需要，应该提供防护用品的具体使用建议（包括在哪里、使用什么防护用品、如何使用等），从而有效保证兽药产品的使用安全或使其风险维持在可控范围内。

2）风险控制选项

通常，下列选项可用于兽药风险的控制：①分布限制，如仅作为处方药物；②排除高危群体，如过敏体质的人、孕妇等；③使用方法的限制，如覆盖施药而不是喷洒或使用密闭输送系统等；④使用领域的限制，如只可用于室外；⑤配方的修改；⑥包装方式的改变，如减少包装体积；⑦标签的改变；⑧修改对使用者的保护措施，如通风等一般措施或个人防护用品（如防护手套、口罩或护目镜）等。

应根据以下标准评估降低兽药风险的措施：①通过一项风险控制措施（或与其他措施合用）可以减少的暴露程度，是否可通过该风险控制措施将风险减低到可接受的水平。②措施是否实用，例如，个人防护用品对于使用者来说应该是容易获得的，并且措施不应妨碍该兽药产品的使用。不切实际的措施不应使用。

3. 兽药的风险交流

警告语及安全措施应通过 SPC 和产品包装说明书传达给使用者，包括以下几方面的内容：①相关风险；②需避免何种暴露以将风险降到最低；③如何避免暴露；④如果发生暴露应该如何处置。

7.3　兽药的健康效应评价技术研究

兽药健康效应评价是为了评估兽药对人类直接或间接危害的作用权重。主要用于解决三个方面的问题：①是否对人体构成健康危害；②在何种情况下确定的危害能够表达；③以人类表征的观测、构效关系分析等数据为基础确定其危害权重。

危害鉴定，基于来自所有可用数据的适当推论和结合作用强度评价其权重。对于毒理学和流行病学的研究、构效分析等研究结果及毒性机制通路等相关信息的可用性和可信度需要在兽药健康效应评价前进行全面严格的审查，建立合理有效的纳入排除标准。

通过人体、实验动物、细胞等体外研究系统及构效分析等不同层面的研究资料提供兽药健康效应评价的相对独立且综合性的框架体系，用于评估各种毒理学终点的作用权重。对于特定的研究终点，这样的分类计划有助于规范危害鉴定的评估。需要解决的关键问题包括：性质、可靠性、有效性、人体和实验动物反应数据的一致性、反应机理的相关基础等。

每种不同层面的信息源均存在一定的优点和局限性，综合应用此类信息将有助于评估危害的效应权重。

7.3.1 人群研究

良好的临床症状、体征观察记录和流行病学研究资料与动物研究结果相比具有明显的优势，可提供同一物种健康危害作用的信息，从而避免由动物实验数据外推至人的不确定性。此外，流行病学研究可以提供人类环境暴露的伴随危险因素，如饮食、吸烟等，有助于提高风险效应评价的全面性和置信度。

人群暴露研究中很有可能同时包括对特定物质敏感的个体及耐受的个体，即调查人群具有一定的异质性，相对于动物实验研究中标准化动物个体基因均质的特点，具有显著的实用性和实际作用的针对性。

人群危害鉴定的数据主要源自观察性（流行病学）研究、病例报告及志愿者的相关研究。

（1）在观察性研究中，研究者不能控制暴露组或非暴露组研究对象的分配。尽管暴露场景比实验设置更加真实，但较难控制某些非观测的目的因素，称为"干扰因素"，而引起一定的暴露效应混杂。例如，吸烟可能影响目标危害物质所引发肺癌的实际结局。

（2）志愿者研究的优势在于能够更好地控制混杂因素。染毒组的分配由调查者决定，调查者可控制质量和数量。

（3）病例报告是一个医生或者一群医生对暴露在某特定物质的个体或群体特定作用的专业描述。此类报告的缺陷在于准确度的局限及结果的高度选择性。虽然，病例报告对于进一步研究假说的设立具有较强的指向性，但其缺乏相对的稳定性，使其在风险评估的应用中具有一定的数据局限性。

（4）流行病学观察主要包括分析性和描述性两类研究。每种研究类型均存在一定的优点和缺陷。染毒和个体检测而非群体检测（队列研究和病例对照研究）的信息对于风险评估中的危害鉴定相对可靠，因为它可以在一定程度上控制大量的混杂因素。研究结果的评估基于研究设计的特点，包括暴露评估、混杂变量的作用、测量结果的估计等。潜在的限制，取决于研究设计的性质，包括缺乏暴露信息、样本量不足、缩短后续追踪的长度和潜在的影响及混淆因素等。基于风险评估的目的，这些因素可能会限制其在特定研究中的实用性。由于不用考虑种属外推的因素，流行病学研究中所获取的剂量-反应关系可为风险暴露评价提供有利的数据源基础。人体暴露数据的充分量化是需要特别关注的问题，从而判定是否可将流行病学调查数据作为有效的暴露评估数据源的重要筛选依据。

一般情况下，相对风险较大的结果可以反映更为明确的暴露效应。然而，相对风险很小的结果并非均不存在一定的因果关系，具体的判定依据如下。

（1）关联的一致性。对于不同的调查者，不同的地点、调查情况和时间等因素，重复性结果可加强推断潜在的因果关系。结果的重复性是存在因果关系的有力论据。如果调查的结果不一致，应充分考虑和分析该差异存在的原因。

（2）原因和作用之间的时间关系。即暴露须先于疾病的发生。当延迟是一个因素，研究的时候必须充足的暴露早于效应的发生。

（3）剂量-效应关系。随着暴露水平的增加，疾病风险逐渐明显，从而可在一定程度上加强因果关系的证据。由于实际检测中若干因素的干扰，流行病学研究可能无法得到有效的剂量-效应关系（如曝光数据不佳、缺乏足够的曝光梯度），但剂量-效应关系的缺失并不一定意味着因果关系的缺失。当暴露剂量的改变可以显著引起疾病频率的变化时，也可在一定程度上为因果关系的存在提供有利的依据。

（4）特异性关联。特异性关联是指研究的目标病变只在特殊的剂量下得以呈现。特异性的原因是常见的感染性疾病，不太常见的慢性疾病往往是一个多因素的病因，但有时慢性疾病也存在某种特异性的关联，如青石棉暴露和间皮瘤之间的关联、氯乙烯和血管肉瘤之间的关联等。虽然，特异性关联的存在对于因果关系具有一定的指向性，但它的缺失并不排除因果关系的存在。

（5）关联的生物合理性。因果关系不应与生物学知识和病理生理学等基础信息存在严重冲突。试验数据的一致性应与一定的生物效应相吻合。由此，可加强流行病学数据因果关系推论的力度。

7.3.2　动物实验研究

由于对大多数物质缺乏足够的流行病学研究数据，所以毒理学动物实验研究在风险评估的危害鉴定中发挥着重要作用。

（1）确定结果的有效性和针对性：哺乳类动物毒理学动物实验研究的设计、实施及完善是至关重要的。充足的动物毒性检测结果在一定程度上对人类的暴露危害具有一定的指向性。相反，研究数据不充足的实验设计所获得的阴性结论不能被有效加以评估，此时，阳性结果的完全准确评估也较为困难。动物实验研究应遵循标准的指导原则和良好的实验规范。

（2）特定的生物测定：应包括急性、短期、亚慢性、慢性、发育和生殖毒性、免疫毒性和致癌性等一般毒性和特殊毒性指标的测定。

（3）主要的毒性终点分为以下类别（IPCS，1987）：①功能表现；②非肿瘤性病变与形态表现/器官的毒副作用；③肿瘤/致癌的表现。

此外，一些特定的毒作用终点可能需要有针对性的测试策略加以提示。此类终点包括皮肤和眼睛刺激性、生殖/发育毒性、免疫毒性和神经毒性（包括神经发育作用）等。

动物实验可同时获得两类实验数据：①剂量-效应关系，即个体或群体中量效应的强度与剂量存在一定的关联；②剂量-反应关系，即群体中质效应的发生率与剂量存在一定的关联。

（4）动物实验结果外推到人所存在的不确定性应充分给予考虑并应用适当的措施加以解决：①高剂量向低剂量外推的不确定性。毒理学实验中常采用较大的染毒剂量，目的在于寻求毒作用的靶器官和能利用相对较少量的动物获得剂量-反应或剂量-效应关系，此剂量比人的实际接触剂量大很多。某些兽药在高、低剂量时的毒作用规律不一致，如某些化学物对代谢酶的影响出现双相性，低剂量时诱导，高剂量时抑制，而且高剂量下的代谢饱和也能使兽药及其代谢产物的消除速率减慢而产生有害效应。由此产生高剂量向低剂量外推的不确定性。解决办法：以人的实际可能接触剂量所诱发的反应率作为危险度评价的主要依据。②小样本向大样本外推的不确定性。毒理学试验所用动物数量有限，对于发生率很低的毒性反应，在少量动物中常难以呈现。而兽药的人群实际接触量很大，由此产生小样本向大样本外推的不确定性，可能抬高兽药毒性作用的阈剂量，降低预期无作用剂量的保护水平。解决办法：不能把实验所得的阈剂量和无作用剂量当做固定值，应与动物数量结合分析或引入基准剂量的概念。③种属差异。包括量和质两个方面的差异。解决办法：量的方面采用物种感受性系数进行校正，或采用生理药物动力学方法从血流量、组织器官体积和其他有关生理生化的参数进行转换，弥补量的差异。质的方面包括对兽药活化或解毒的差异、胎盘结构的差异、基因数量和类型的差异、人与动物及不同种动物间的物种差异等。解决办法：增加实验动物的测试种属，核实人类流行病学资料加以完善。④群体的同源性差异。实验动物常选择遗传学上同源的近交系或封闭群，反应较单一，但人类不同的年龄、种族、职业、生活方式、地域、气候、健康状况等非遗传因素对外源化学物毒性反应的易感性上存在较大差异。解决办法：考虑被调查人群的实际情况，与动物实验结果综合分析。

7.3.3　体外研究

随着动物福利伦理问题日益受到广泛关注，有关各方正在努力促成替代或减少动物的使用并通过测试方法的细化尽量减少实验动物的压力或痛苦。分离、培养的细胞、组织、器官等可在一定程度上保留其在体内的性质和特征，成为解决动物福利伦理问题的有益方法之一。

近年来，已陆续尝试体外试验作为毒性筛选方法或体内试验的替代方法来确定特定的毒作用终点，如急性毒性、皮肤刺激性、眼刺激性等。特别是皮肤刺激性和眼刺激等体外研究方法已被作为替代方法进行研究测试并纳入 OECD 导则的更新内容。

充分可信的体外研究证据可为风险评估提供较好的数据源基础，需要注意如下方面：①综合考虑物质的毒作用暴露剂量范围、物质对细菌/细胞的毒性、物质的溶解度等，并适当分析物质对培养基中 pH 和摩尔渗透压浓度的影响；②对于挥发性物质，采取适当措施以确保测试介质中物质有效浓度的维持；③适当的外源性代谢混合物（如从诱导的大鼠或仓鼠提取的肝 S9）的适度应用；④适当的阴性和阳性对照；⑤足够的重复性。

总之，体外研究可以在排除较多混杂因素干扰的情况下更有利于兽药毒作用机制通路和机理的研究，但毕竟体外测试系统不同于机体复杂的内环境，无法有效测试兽药在复杂混合因素作用下的综合作用。因此，体外研究结果应与体内研究有效结合，并适度外推到人体原型，从多角度、多层次综合分析兽药的健康危害，从而为兽药的健康风险评估提供更为系统、全面的数据源基础。

7.4　兽药健康风险定量评估方法的建立

7.4.1　拟合剂量法

1. 概述

剂量效应模型（DRM）可应用于定量风险评价并最终为制定兽药的暴露风险管理措

施提供依据。剂量效应模型主要包括 6 个步骤,前 4 步分别为数据选择、模型筛选、统计学分析及参数评价,是剂量-效应关系分析的基础。通过这些步骤进行纯数学的数据描述,以便从已知剂量预估毒性效应,或从已确知的效应来预估剂量。第 5 步将剂量-效应分析结果与暴露情况进行整合,以指导制定健康管理措施。第 1 步可选择提前进行,既要评估剂量-效应关系分析的质量,又要评估预测模型的灵敏度。

危害表征很重要的一部分,用于评定动物试验及人体研究中的剂量-效应关系,并在人体暴露水平范围内进行不良反应发生率的外推。近些年来,剂量-效应关系的描述性方法不断发展,以满足低剂量外推的需要,并推导"安全剂量",如每日允许摄入量(ADI)、参考剂量等(RfDs)。剂量-效应模型可以更好地利用已有数据,并评定其质量与不确定因素,从而有助于风险评估的开展。

剂量效应模型是以剂量-效应曲线为基础评估关键效应的一种相对量化的方法。标准的未观察到有害作用的剂量(NOAEL)法可看作特殊的、简化的剂量-效应关系的一种分析方式,它仅评定单个假定的无有害作用剂量。DRM 反映了剂量-效应曲线的基本特征,尤其显示其斜率的变化趋势。标准回归测试框架中包含模型参数的标准误与置信区间。目前,NOAEL 法的缺陷在于其无法定量评定变异性与不确定性的程度,而其他 DRM 能够确保对灵敏度与不确定因素进行相对有效的分析。因此,DRM 有助于优化试验设计并根据已有的数据分析判定是否需要补充试验进一步完善数据体系。专家判断可为 NOAEL 法增加相关的生物学信息容量,但仍为主观的评判;而完整的 DRM 能够进行更为科学的定量分析,如评定影响因子与变量等。并且,DRM 通用框架可用于不同试验、效应及化合物间的比对,在风险评估的同时也较为综合考虑有害效应之外的其他可能性。基准剂量法(BMDs)是很重要的 DRM 之一,可推测得出特殊的剂量水平。条件许可的情况下,基准剂量法可用于取代 NOAEL 法计算安全剂量。基准剂量法进行外推时需评定预测带来的不确定性。

完整的 DRM 具备为风险管理者提供附加信息的潜力,可直接用于解决不良健康效应发生可能性的具体问题。该模型研究分以下 3 步进行:第 1 步,更为科学、粗略地计算安全剂量值,如类似于 NOAEL 或 LOAEL 的 ADI 或 RfD 等。第 2 步,通过计算,得出人体暴露的临界效应与相应剂量的比率,帮助风险管理者预估暴露界限(margin of exposure,MOE)。第 3 步,模拟剂量-效应关系并根据常规假设,即不确定因子涵盖个体差异与种间差异,定量预估人体暴露水平的风险或健康效应的等级。DRM 不仅能够更有效地评定低剂量水平效应,即低于生物系统可见效应水平的剂量,还能更好地预估统计的不确定因素。

DRM 模型的筛选取决于数据的类型,一般应包含剂量-效应关系模型与数据变量模型。一旦确定所使用的模型,就可应用"拟合优度"进行统计分析及数据间的比对。此类模型研究的不确定因素主要包括四个方面:试验对象效应变异性、试验误差(如未完全随机分组、剂量偏离、靶点位置不准确等)、试验间不可避免的操作误差及与"实际模型"的差距。剂量-效应分析需要综合考虑这四种类别的变异性与不确定性,以便对数据进行更为综合的分析和评价。

DRM 结果的主要影响因素在于大量数据与不确定因子。该模型可利用暴露数据识别潜在的危险人群，还能帮助风险管理者确定控制风险措施的优先顺序及其预计的干预结果并应用于实际的风险交流过程。DRM 评估能够提供多种形式的信息，包括剂量-效应函数。除暴露评估、特定暴露水平风险预估外，还能评定特定风险的暴露水平，包括高于安全剂量的风险，如 ADI 等。该模型评估还能比对竞争风险或利益，集中评定影响预测风险的不确定性。但是，除非评定的风险非人群暴露，否则面临风险交流的问题，即若无安全暴露水平，评定风险等级时，一部分人群就有可能出现不良反应。使用DRM 时需要确保数据的质量、数量及精确度。

从风险管理者角度出发，DRM 能够完善风险表征的描述并有助于风险管理措施的制定，具体方式如下：①提供安全剂量阈上水平的风险信息（风险等级及类型）；②从不同管理方案中获益；③为决策制定者提供多种充分利用数据的思路；④若能合理判断效应、效应级别、种类及试验设计的差异，那么有助于确保决策制定的一致性；⑤能够确保风险评估者与管理者间的重复交流。

DRM 及概率性评估技术在定量描述变异性与不确定性的同时，也为风险交流带来了新的挑战，具体如下：①阐述安全剂量阈上水平或出现不良反应的人群所占的比例；②假定无安全暴露水平时，评定风险等级；③对比竞争风险或利益；④集中考虑影响预测风险的不确定因素；⑤评定人群暴露水平的风险，而非个体暴露水平的风险。

2. 剂量-效应拟合的基本步骤

DRM 基本分 6 步进行，每一步又有多种选择（表7-2）。前 4 步为剂量-效应关系分析，旨在分析 DRM 数据，将模型与剂量-效应数据联系起来，以便通过剂量预测效应或通过效应预测剂量。后 2 步用来补充评价分析的结果。第 1 步为筛选适合于 DRM 的数据，如表 7-2 所示。数据类型对使用模型的复杂性有显著影响。例如，两个终点可确定直线斜率，而至少需 3 个终点才能确定剂量-效应关系较复杂的斜率（如两连接线）。确定是否有足够的数据用于模型研究相当复杂，模型的选择范围在一定程度上受到现有数据的限制。

表 7-2　剂量效应建模基本步骤

步骤	描述	选择方案
1. 筛选数据	确定模拟效应并选择合适的数据	终点、数据质量、样本大小、数据可用性、实用性
2. 筛选模型	选择适用模型的类型	终点、数据可用性、目的
3. 建立统计学联系	假设统计分布可以描述效应	终点、数据类型、模型选择、可用软件
4. 参数预估	以合适的计算机程序将前 3 步结合起来预估模型参数	连接功能、可用软件、差异
5. 补充	使用预估模型参数及公式预估期望的剂量或效应	输出结果、目标选择、模型预测、BMD、直接外推
6. 评估	检测分析假设结果的灵敏性	模型对照、不确定性

第 2 步为筛选合适的模型，有多种选择可用于拟合剂量-效应数据。通常，将模型

分为两类：经验模型与生物学模型。经验模型的函数较少涉及客观判断（如上述直线模型）。目前，大多数 DRM 为经验模型，基于生物学的模型通常遵循生物系统病变发生发展规律的原则，所用函数较为复杂，需要数学、统计学、计算机科学及生物学等相关基础信息支撑。

第 3 步需要选择数据与模型间的统计学联系，最常用的方法是假设效应的统计学分布，根据分布推导数学模拟函数，以描述模型与数据的匹配度。但是，大量的 DRM 应用较为简单的函数，如画直线串联数据终点。完善统计学联系的优点在于可验证假设并推导置信区间。

第 4 步为拟合数据。因模型主要元素为参数，拟合曲线即选择参数值。若已建立数据与模型间的联系，那么就选择参数"优化"函数。例如，函数通常选择平方差，即$[R(d_i) \cdot O_{ij}]^2$，$R(d_i)$ 为模型预测值，O_{ij} 为实际观测值。选择模型参数将所有终点平方差之和降至最小，即最小二乘法。

第 5 步为推断实施风险控制措施确保公众危害受控的必要性。若已知剂量，最简单的 DRM 可以预测效应并计算剂量以确定具体的效应水平。此外，剂量-效应关系补充分析还可将模型观测到的具体效应外推至其他暴露情景与剂量，包括试验物种向人类的外推。预测效应时，一般观察处理组变化而不是对照组变化。不同数据类型（计数、连续性、分类）要求使用不同的方法预测正常效应以外的变化。附加效应预测指标通常在增加效应（简单地去除对照组效应）、相对效应（相当于对照组效应的 2 倍）、外部效应（增加效应从零变化至最大可能效应）之内，其中任一种分类都会影响最终的决策制定，因此应谨慎确定具体的效应。

有害物质过量暴露的风险管理措施是直接禁止或限制暴露。DRM 尽管主要影响限制暴露，也适用于禁止暴露的情况。DRM 的主要方法包括两种：第一种是使用模型预测忽略影响（如百万分之一）或零影响有关的剂量。通常，因不确定性因素较多，外推结果可能超出数据范围。第二种是使用 DRM 预测居于或稍低于可观察范围（科学可确定范围）给定效应有关的剂量，并使用其他模型确定假定效应相对背景值不变的范围。该方法通过函数模型结构（如直线型或更为简单地不确定因子 UFs）来识别安全的暴露水平。

DRM 基本操步骤如表 7-2 所示，可重复其过程以完善预测结果。DRM 最后一步旨在评价具体分析方案的灵敏性并判断最终预测结果的整体质量，最常用的方式是尝试多种方案的组合，判断结果是否变化显著。根据不同方案结果的差异程度分析模型与数据的匹配度，其他方法如不确定性分析、贝叶斯混合法也可用于评价模型的最终结果。某些情况下，第 6 步可在第 5 步之前进行，着重考虑 DRM 的分析假设，若在第 5 步之后，需考虑补充假设。

3. 剂量-效应模型中的剂量与安全

"风险评估"一词通常用于描述特定化学品或其他物质的整体风险管理过程，也可延伸其定义，以区分安全剂量分析（旨在确定安全剂量）与风险分析。此种情况下，"安全评估"指确定安全剂量的决策过程,而"风险评估"作为制定更大决策过程的一部分,指评估风险。安全评估通常用于可控的暴露水平,如兽药、食品添加剂等。

DRM 分 6 步进行,用于提供兽药暴露的风险管理依据。前 4 步为剂量-效应关系分析,即对数据进行数学拟合,以预估给定剂量的效应或给定效应的剂量。第 5 步为对剂量-效应关系分析结果的补充,以指导制定风险管理措施。最后一步包括评估剂量-效应关系分析的质量及预测模型分析的灵敏性。其拥有大量的科学依据,因此可通过不同形式、不同方式、选择性地提前进行。

风险是指直接预估某事件发生的可能性或程度或对人群的影响,即暴露水平。已知人群暴露水平范围内的足够数据就可以在一定程度上科学地预估风险。大多数情况下,DRM 使用的数据不在人群实际暴露水平范围内,而是来自动物试验的测试结果,后者染毒剂量明显高于人群的实际暴露水平。即使存在合适的人群数据,一般也是特定人群如职业作业人群的数据,其暴露水平不同于普通人群。因此,多数情况下,剂量-效应关系的分析需要从有科学依据的观察结果向无科学依据或较少科学依据的领域外推。基于剂量-效应分析的人群数据,一般从高剂量水平向低剂量水平外推,也可以进行不同生命阶段间的外推(如胎儿、儿童),或区分人群与不同环境影响因子(如饮食差异)。多数补充剂量-效应关系分析结果(第 5 步)的方法会考虑外推问题,但由于这些外推方法来自不同国家或不同机构、多种多样,因此会存在一定程度的差异。外推方法基本分为两类:一是评估剂量-效应分析数据之外的暴露风险;二是在不进行风险预估的情况下确定安全剂量。

风险预估及相关剂量评价要求将效应与剂量数据外推至低剂量范围。外推可使用数据匹配(第 4 步)模型(第 2 步)或其他模型,一般为直线模型,从最低剂量延伸至零风险点。后者为保守方法,假设真实风险为低于所有可检测剂量的任一值。无论应用何种分析方法,都需要附加方法将数据外推至人体。此类方法较多,既包括附加不确定因子的使用,也包括基于毒物代谢动力学与毒物效应动力学种间差异的较为复杂的模型方法。

4. 剂量-效应关系拟合的原因及条件

在风险评估中,剂量-效应关系分析占危害表征识别的很大一部分,过去常用作识别动物试验观察到的剂量-效应关系及不良反应发生率的低剂量至人体暴露水平的外推。剂量-效应关系的分析需要用到 DRM 与 NOAEL,NOAEL 主要用于推导安全剂量,如 ADI 等。

1)无可见有害作用水平计算每日可接受或耐受摄取量

基于 NOAEL 法定量计算 ADI 的概述见表 7-3。

表 7-3 基于 NOAEL 法定量计算 ADI

步骤	基于 NOAEL 推导 ADI
1. 筛选数据	样本量应足够大,至少包含一个"无可见有害作用水平"剂量与有害作用水平剂量

续表

步骤	基于 NOAEL 推导 ADI
2. 筛选模型	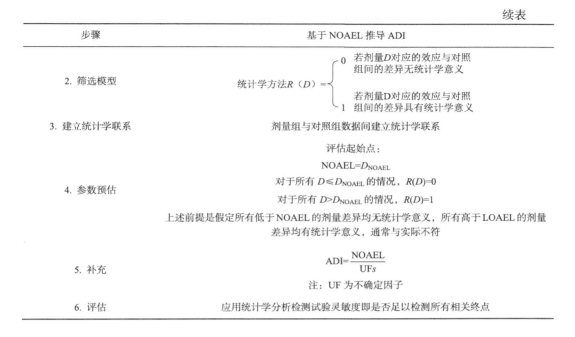
3. 建立统计学联系	剂量组与对照组数据间建立统计学联系
4. 参数预估	评估起始点： NOAEL=D_{NOAEL} 对于所有 $D \leqslant D_{\text{NOAEL}}$ 的情况，$R(D)=0$ 对于所有 $D > D_{\text{NOAEL}}$ 的情况，$R(D)=1$ 上述前提是假定所有低于 NOAEL 的剂量差异均无统计学意义，所有高于 LOAEL 的剂量差异均有统计学意义，通常与实际不符
5. 补充	$\text{ADI} = \dfrac{\text{NOAEL}}{\text{UF}s}$ 注：UF 为不确定因子
6. 评估	应用统计学分析检测试验灵敏度即是否足以检测所有相关终点

　　筛选数据需要基于 NOAEL 计算 ADI（步骤 1），较复杂的数据拟合也是如此。较好的数据组合应包含合适的相对剂量数、充足的样本量及物种相关的检测终点。ADI 的计算需要确定 NOAEL 值。如前所述，NOAEL 指试验或观察结果中，化学品最高浓度或剂量时无可见有害作用的影响，该过程涉及相关的统计学方法（第 2 步）、统计学联系（第 3 步）及起始点评估方法（第 4 步）等，以识别并合理描述 NOAEL。效应用 $R(D)$ 表示，如下所示：

　　上述公式中的统计学联系与统计学数据用于确定任一给定剂量的效应与对照组间是否存在差异。无统计学意义时就需要确定实际暴露是否为零风险。选择 NOAEL 法统计数据时，需要确定各剂量水平与对照组相比是否存在显著性增长（如 5%）。然后，进行第 4 步选择最大剂量 D_{NOAEL}，对于所有低于等于 D_{NOAEL} 的剂量，$R(D)=0$，所有大于 D_{NOAEL} 的剂量，$R(D)=1$，表述如下：

NOAEL=D_{NOAEL}：

对于所有 $D \leqslant D_{\text{NOAEL}}$ 的情况，$R(D)=0$；

对于所有 $D > D_{\text{NOAEL}}$ 的情况，$R(D)=1$。

　　上述前提是假定所有低于 NOAEL 的剂量差异均无统计学意义，所有高于 LOAEL 的剂量差异均有统计学意义，通常与实际并不完全相符。

　　ADI 法通过 NOAEL 计算化学品如兽药等的可接受暴露水平，需用到合适的不确定因子（也称安全因子）。不确定因子为系统默认因子，用以阐述不确定性与差异性。

以往，动物试验的 NOAEL 用 100 倍的不确定系数推导安全剂量值（IPCS，1987），对于数据缺乏的情况，如缺少慢性试验数据，需附加不确定因子（IPCS，1994）。100 倍不确定系数可拆分为两个 10 倍不确定系数，用以阐述种间差异与个体差异。该方法允许一定程度地灵活运用不确定系数以涵盖人体研究与动物试验的不同影响因子。"化学特异性调节因子"（IPCS，1994，2005）概念的引入为毒物代谢动力学或毒物效应动力学研究的种间差异和/或个体差异提供了合适的数据，以修正默认的 10 倍不确定系数。WHO 或 IPCS 针对 NOAEL/ADI 法的策略为，当数据充足时，可用 CSAFs 取代原有的 100 倍不确定系数。

基于 NOAEL 的 DRM 预测（第 5 步）公式如下所示（不计不确定因子的数量）：

$$ADI = \frac{NOAEL}{UFs}$$

第 6 步可扩展为评估 ADI 法假设不确定因子的灵敏性。

2）基准剂量法计算每日可接受或耐受摄取量

"基准剂量法"（BMD）这一概念的引入可用作 NOAEL 法的替代方案。BMD 具有较多优点，包括试验剂量范围的外推及对样本大小与相关不确定性的评估等。

基于 BMD 定性计算 ADI 的概述如表 7-4 所示，可见基准剂量与其置信区间下限（BMDL）的通用形式。

表 7-4 基于 BMD 定性计算 ADI（韦布尔模型）

步骤	基于 BMD 推导 ADI
1. 筛选数据	所有研究主题与剂量组数应充足，对应不同的效应水平
2. 筛选模型	与剂量-效应模型匹配（如韦布尔模型）
3. 建立统计学联系	观察结果与预测结果间建立统计学联系，并通过优化某些合适的标准函数（如基于假定分布的似然函数）缩小两者间的差距
4. 参数预估	在试验观察范围内选择合适的效应 P，预估基准剂量下限效应 $BMDL_P$，公式如下： $$\frac{R(BMD_P) - R(0)}{1 - R(0)} = P$$
5. 补充	$$ADI = \frac{DMD_F}{UFs}$$
6. 评估	通过匹配多种模型检查 BMD 模型的灵敏度

第 1 步为筛选数据，基本注意事项同样适用于 NOAEL 法。此外，最佳研究呈现梯度效应并具有显著的剂量-效应关系，通常适用于大多数 DRM 的分析。

第 2 步是根据已有数据类型及模拟效应特点筛选 BMD 模型。复杂模型较简单模型需要更多的剂量组信息，以形成针对各类型数据的模型。美国国家环境保护局的基准剂量软件（BMDs）包括了多种常规的计算模型。例如，假定已知各剂量组某暴露水平条件下动物出现不良反应（如癌症）的比率，就可以选择韦布尔模型，其公式如下：

$$R(D) = a + (1-a)(1 - \mathrm{e}^{-(\beta \times D)^\gamma})$$

式中，α 为未染毒组所占的比例；β 为各剂量组不良反应增加的可能性；γ 为剂量-效应曲线的斜率（如 $\gamma > 1$ 可能为阈值曲线，$\gamma = 1$ 可能为对数线性曲线）。

第 3 步建立数据与模型间的统计学联系，可假定多种形式。定性评价适合假定各剂量组的数据呈现二项分布。

第 4 步 BMD 模型参数估计也有多种方法，如用于常规检测的韦布尔模型，可选择基于二项分布的最大对数似然参数。

动物试验迫切需要使用 DRM 建立评价所有剂量组效应的通用模式，因此，引入"基准剂量"（BMD）这一概念，但 BMD 法对于预测部分基准剂量阈值以下的能力仍欠缺。该方法包含多种选择方式，最常用的是选择基准剂量对应的效应，即 $\mathrm{BMR}_{(P)}$（P 值通常选为 10%），低于该剂量则数据不充分。一旦选定 $\mathrm{BMR}_{(P)}$，就可依照下述公式计算附加风险的 BMD（特指 BMD_P）：

$$\frac{R(\mathrm{BMD}_P) - R(0)}{1 - R(0)} = P$$

研究表明，对于大多数有代表性的化合物而言，BMD95%置信区间下限等同于 NOAEL，两者相互取代可得出相近的 ADIs 值，置信区间的计算方法较多。可以根据基准剂量下限计算 ADI，公式如下：

$$\mathrm{ADI} = \frac{\mathrm{BMD}_P}{\mathrm{UF}s}$$

式中，不确定因子值可与 NOAEL 法相同或依据 BMDL_P 稍作调整。

BMD 法可定义给定剂量的效应、给定效应的剂量及其置信区间。DRM 法可以外推低于生物可见剂量范围的水平，包括给定剂量水平的效应及给定效应的剂量。

3）注意事项

如果已知充足的剂量-效应关系信息，即动物试验数据或人体研究（流行病学研究或临床研究）的数据，则可用 DRM 进行危害表征的识别。如前所述，对于 NOAEL 作为起始点推导 ADI 的情况，BMD 可取代 NOAEL 推导 ADI。并且，BMD 有助于低剂量外推（如对于遗传毒物或致癌物）。应注意的是，单个匹配模型外推的结果不能用于判断，还应有其他匹配模型的数据予以佐证。事实上，BMD_{10}（或 ED_{10}，即风险率为 10% 的有效剂量，基本等同于 BMD_{10}）的线性外推常用于简单保守的低剂量外推。DRM 法的另一应用是估计人体给定接触水平的风险。鉴于人体接触水平通常低于动物试验的暴露剂量，进行低剂量外推的方法同样适用于人体暴露水平的风险评估。

4）预估步骤

NOAELs 受特定研究中的剂量设置所限，结果是低于或高于假定存在的阈值。当真实阈值高于 NOAEL 时，可以预期两者的距离（与使用剂量间距有关）；当真实阈值低于 NOAEL 时，则不能预期两者的距离；真实阈值可以为零点与 NOAEL 间的任意值。

实际 NOAEL 值高度依赖于试验设计，如下。

（1）样本量大小：NOAEL 检测能力直接取决于所选样本量的大小，样本量越大，NOAEL 计算的误差越小。

（2）剂量选择：NOAEL 为未观察到有害作用的剂量，若下一更高剂量观察到有害影响，那么 NOAEL 只能是试验实际采用的剂量之一。NOAEL 法的分布缺陷之一在于某些情况下无法获得 NOAEL 值，因最低采用剂量也可观察到一定的有害影响。

（3）试验差异：试验对象具有较大的差异则可能导致统计学检验效率降低，即出现较大的 NOAELs 值。这种缺陷对于质反应数据可能不显著，但在连续数据拟合中较为明显，反映了各剂量组数据的离散程度。这种试验差异包含多种可能，如试验对象间的生物差异（如遗传差异）、试验条件差异（如饲喂时间、试验地点、选择时间或测量间隔）及测量误差等。

DRM 推导评估基于种间推导，因此不受实际采用剂量所限，还能用于无 NOAEL（仅有 LOAEL）的研究。最好进行不同模型间的比对，当多个模型与相同数据匹配并得出差异很大的 BMD 值时，提示拟合数据信息不足。

值得注意的是，与 NOAEL 相比，补充完整的 DRM 方法可能会引起两者个别数据的差异。一般来讲，给定 5% 或 10%BMR 置信区间下限的 BMDs 更接近于 NOAELs。因此，对于不能应用 DRM 的数据，可选择 NOAEL 予以替代。

5）不确定性

拟合方法有助于分析灵敏性与不确定性。通过模型建立剂量与效应间的关系可量化不确定性。这种定量分析同样适用于灵敏度分析，以检测不同数据库或不同模型对整体不确定性的影响。风险评估中试验设计有关的不确定性，如剂量组距、样本量大小及生物变异性，可通过剂量-效应模型进行评估。尽管 NOAEL 的阈值研究过程可分析不确定因子，但无法对其进行定量评估或灵敏的分析。

使用 NOAEL 阈值研究法推导起始点值的缺陷之一在于在向风险管理者系统地阐述建议时，无法量化可能存在的变异性与不确定性的级别。NOAEL 是假定无生物有害影响的剂量，其有效性更倾向于使用较大样本量的毒理学研究。

6）试验设计

NOAEL 法优化试验设计可减少 DRM 的使用，反之亦然。NOAEL 法需要足够大的样本量以保证统计学的检验效率，而 DRM 需要足够多的剂量组以进行完整的剂量-效应关系描述。单个试验所用动物总数有限，不可能同时满足上述两个条件。

剂量组数过小会增加 DRM 的不确定性，而各剂量组动物数过少会导致 BMD/BMDL 与 NOAEL 推导数据均不充足。例如，若实验动物为狗，各剂量组所用动物数较少，那么所得到的 NOAEL 值可能偏高，检测结果不够灵敏。BMD/BMDL 法可用于评估较离散的数据并能量化内在的不确定因子。但即便数据存在明显的剂量-效应关系，BMD/BMDL 评估结果仍存在很多的不确定性。因此，实际应用中，经典的研究设 4 个剂量组且各组使用较少的动物，那么无论用何种方法（NOAEL 或 BMD）进行评估，结果的可信度都不高。相比 NOAEL 而言，DRM 的优势在于可将不确定的因素可视化。

使用 DRM 进行小范围外推时（如试验剂量接近人体接触水平）无需补充较多试验。

而 NOAEL 法在无法明确 NOAEL 值时需要补充试验。Allen 等（1996）关于大鼠饮食添加硼酸的风险评估可以说明这一点。研究中无法确定 NOAEL 值，但可以采用 BMD 法避免重复试验。Slob 等（2005）研究表明，试验中增设剂量组数尽管使得各组动物数相应减少，但并不影响结果的精确性。上述 Allen 等（1996）的研究结果表明，BMD 法可为适当对照结合研究建立合理的基础，而非临时组合的结果。

DRM 的一个主要优势在于能够在可见的效应范围内预估风险，对于动物试验，它可以估计所有使用剂量范围内的风险。但随着风险越来越小，它对可见影响范围以外的风险预估能力也越来越低。

7）试验结果对照

通过数学分析单一试验结果可推导 NOAELs，特定化学品的数据源分析（如 NOAELs）可跨系列研究进行推导。例如，数据不充分，不足以建立 DRM，却可以进行有限的 NOAEL 法统计学分析。

完整的 DRM 评估可使用通用框架，提高不同试验、效应及化合物间对照研究的能力，评估结果可将采用不同剂量水平的方法统一化。若存在合适的数据，DRM 法可用于评估不同试验（如大鼠与小鼠、慢性、亚慢性染毒、健康与疾病动物）的剂量-效应关系。

8）风险管理方面

从风险管理角度，使用 DRM 进行评估可为制定管理决策提供更好的风险表征描述，途径如下：①为决策制定者提供"非单一点"的数据选择；②提供高于安全剂量水平的风险信息（风险等级与健康影响类型）；③量化各种降低风险措施的成本；④若合理判断效应、效应水平、物种及试验设计的差异，可提高决策的一致性；⑤使得风险评估者与管理者能够维持互动交流。

动物试验与人体研究的剂量-效应关系描述占危害风险表征的很大一部分，一直以来许多相关方法不断发展。在有适当的数据库前提下，DRM 可视为分析剂量-效应数据的最佳方法之一。

标准的 NOAEL 法识别假定无有害影响的单个剂量，而 BMD 基于整个剂量-效应关系曲线评估关键效应。虽然假定 NOAEL 为零风险水平，但实际情况并非如此，NOAEL 的具体效应水平未知。基于毒理学知识，BMD 法尽可能精确地确定 BMR 水平的大小。再者，NOAEL 法中不确定因子无法量化，而 BMD 法可利用置信区间量化不确定因子。BMD 法要求剂量组数充足，因此需要参照不同指南优化试验设计，试验增设剂量组数并不影响结果的精确性。DRM 可更有效地对比不同试验、效应与化合物间的差异，并能评估 NOAEL 法不能定量预估的 ADI 阈上剂量效应。对于可见影响范围以下的风险预估，基于单个匹配模型外推并不合理。目前，线性外推视为保守方法，并有更多基于 DRM 进行低剂量外推的先进方法（如贝叶斯法）等正在不断发展。

5. 建议

（1）回顾毒性测试的导则（如 OECD 测试方法）来优化基准剂量法（BMD）及其

他 DRM 法，如设计试验筛选动物数、剂量组数得出不同的剂量-效应曲线。优化试验设计需要附加试验，应发展结合现有试验的 DRM 指导规范。

（2）指导规范需不断更新，以满足结合不同数据分析、更精确地预估基准剂量限值的需要。

（3）需更好地把握选择基准剂量效应（BMR）的时间及应用。

（4）完善剂量-效应曲线以满足低剂量评估的需要。

（5）需基于 DRM 结果与概率评估技术改进风险交流指导的规范，以便能够交流不确定性类型及其与统计学变异性、不精确性、置信区间之间的关系。

（6）回顾 DRM 的使用及其附加使用的原则。

危害表征越来越多地用到数学拟合与统计学技术。虽然，剂量-效应模型已使用一定时间，但由于缺乏合适的科学信息或验证方法，且获取并合理利用剂量-效应关系的方法不明确，因此仍存在一定的局限性。基于科学基础、现有数据及数学上的可溯源性，DRM 包含多种选择、形式与使用方式。危害表征定量评估方法的最新进展显示，数学拟合剂量-效应关系可加速风险评估的过程。

剂量-效应模型可提高预测结果的可信度，但不能确保完全正确。因此，有必要科学地判断 DRM 预测结果以制定风险管理措施。值得注意的是，DRM 推导的风险等级有一定的误导性。正如其他方法一样，使用 DRM 需要以更广阔的科学背景信息为支撑。尽管数学拟合与统计方法对风险评估非常重要，但占绝对优势的仍是生物学方法，尤其模拟与定量风险评价中的内在不确定性及交流等过程更具实际价值。

6. 结论

（1）若已知剂量-效应数据（如已知几个剂量组及不同剂量水平），可以考虑利用完整的 DRM 取代 NOAEL 法，进行更为复杂的评估。

（2）对于质反应关系数据，通常关注低反应（发生率）的水平，需要通过几个数量级（如肿瘤发生率）进行低剂量的外推。但即使是剂量-效应关系模型也会出现分散度高、评估力低的现象。目前，一种方法是采用保守法估计 BMD_{10}（10%风险率），并以此作为起点值进行低剂量的线性外推。另一种方法是采用正在发展中的综合多种模型的贝叶斯法。

（3）对于连续的剂量-效应关系数据，可应用两种 DRM。一种是将连续数据转化为质反应数据；另一种是将连续数据视作效应级别，即作为剂量函数。后者可见影响通常接近不良影响水平（如 10%的胆碱酯酶抑制率），因子不存在或有很小的外推问题。

（4）推导 ADI、TDI 或 RfD，可能会用到 DRM 计算 BMD，它同 NOAEL 法一样（如 BMD 法与 NOAEL 法用到相同的不确定因子）可作为推导的起点值。

（5）DRM 还可用来评估给定（人体）暴露水平的风险，至于风险发生率（质反应数据），可能需要用低剂量进行外推。

（6）DRM 可提供与数据有关的不确定性信息，并能识别风险评估中的不确定因子。

（7）应用 DRM 评估终点成本较高，因此有必要预先选择较为灵敏的终点。某些情况下，通过肉眼观察很难识别较为灵敏的终点，那么就需要模拟检测所有的终点并进行筛选。

（8）所有报告均应包含基准剂量限值（BMD）与基准剂量下限（BMDL），以便明确数据质量、模型的适合度、基于 BMD 对比效能。

（9）剂量效应不同模型结果均应记录在内。

7.4.2 集成测试法

1. 集成测试法的框架

集成风险评估是以科学方法为基础，结合人类、生物群及自然环境的预估风险进行评估的过程。该方法可广泛用于各类型的评估，包括：①预测某活动可能的影响；②估计过去活动的持续影响；③评估特定场所的活动；④评估具独立作用点的有害因素的风险。集成测试方法包含从制定评估计划到制定风险管理措施的全部评估过程。

2. 进行集成测试的原因

风险评估旨在评估化学品、物理因素及其他环境应激对人类健康与环境造成的不良影响并制定相应的风险管理措施。事实上，评估人类健康与生态风险的方法往往相对独立。更有效地保护人类健康与生态平衡，迫切需要整合相关的评估方法。

若风险评估范围有限、数据不完整或不连贯，管理者就很难确定合适的风险管理措施。因此，整合人类健康与其他生物体、群体及生态系统的评估显得尤为重要，单独评估其中任一对象都很难制定准确得当的管理措施。采取人类健康保护措施的同时，并非一定也能保护其他生物体及生态系统。甚至多数情况下，当环境污染或生态系统平衡紊乱时，其他生物体较人类受到的影响更大或更敏感。

人类健康与生态风险评估具有五大优点（如下），前三点为一般性说明，后两点为方法说明。

（1）统一风险评估结果表述方式：整合人类健康与生态风险评估，可得出一致性的表述结果，为决策制定奠定坚实的基础。若人类健康与生态风险评估独立进行，则可能因空间时间跨度不同、保守程度不同或假设不同（从参数值假设不同到土地使用场景假设不同）导致所得结果不一致或不清晰，进而导致决策制定的复杂化。例如，当人类健康保护措施的实施需要以破坏生态系统平衡为代价时，决策制定者就难以取舍。再如，新杀虫剂相比现有杀虫剂，在增加人类健康风险的同时，却能降低水生生物的风险，有关决策者就难以决定是否许可前者上市。再者，若生态风险评估基于空间分布群体的预期效应，而人类健康风险评估基于假设个体最大接触量的安全水平，那么两者就无可比性。最后，若未考虑人类健康与风险评估的差异及不确定性因素（如两者评估过程需要同时取舍"稀释差异"），那么决策者也不能确定是否需要进行进一步的风险评估。集成测试方法可有效避免上述缺陷。

（2）互相依赖：生态平衡与人类健康风险密切相关、相互依赖。人类健康依赖于自然环境提供的食物、纯净水、水文调节及其他产品与服务，而有毒化学物无疑会对它们造成影响；反之，生态平衡的破坏也会增加人体接触污染物或其他应激的可能性。例如，水生生物富营养化及由此引起的藻类群体结构改变，可引发水传播性疾病，如霍乱、有毒藻类（有毒甲藻类灭鱼药）等，侵害鱼类的同时也会影响人类健康。更确切地说，鱼类或禽类的死亡或灭绝会影响人类身心健康并降低其幸福指数。可见，人类健康与生态风险息息相关，有必要整合两类评估方法。

（3）"哨兵"生物体：非人类生物体受环境污染物的影响更大、敏感性更高，因此，它们首先可作为人类的"哨兵"，警示危害人类健康的潜在来源（NRC 1991）。从其他生物体外推至人体存在较多技术上的困难，若评估者不进行类推，实际结果则难以标准化。例如，鱼体或禽类出现肿瘤或畸形，必然会引起同环境生活的人类的关注，评估者若不进行整合研究，便难以消除公众的焦虑。其次，非人类生物体还可作为"哨兵"，警示有害物质影响人类健康的可能的作用方式。例如，海洋生物传染病疑似与引起实验动物免疫功能抑制的多氯联苯、有机锡蓄积有关。因此，人类通过进食鱼类也可能造成毒物在体内的蓄积。

（4）质量：不同领域信息与技术的沟通有助于提高科学评估结果的质量。例如，评估污染点植物受污染程度时，人类健康风险评估者采用吸收因子可能错误，而生态评估测量点的准确就可对前者的结果进行弥补。尽管暴露群体涵盖成千上万的物种-植物、无脊椎动物与脊椎动物，但可用于风险评估的资源却相当有限。集成测试研究能够调整这种质量的不平衡。

（5）效率：整合人类健康与生态研究能够大大提高风险评估的效率。事实上，孤立的研究本身就不完整。例如，污染物释放、转移及转化的过程涉及所有的暴露群体。虽然只有人类靠水生存、水生生物靠水呼吸，但向水中引入污染物及其降解、转化、分离的任意过程，都会致使两者共同暴露。因此，整合暴露模型研究具备很强的优势，它可兼顾并改进人类健康与生态风险评估的缺陷，即使风险评估的目的不是整合研究（如工作场所风险评估）也同样可从中获益。

3. 集成测试框架的特点

通过结构化或框架化的风险评估识别元素表，可加速整合生态与人类健康的风险评估。虽然全球范围内广泛研究多种集成框架，但大多数方法包含四个基本元素或步骤：识别问题、描述暴露特征、评价剂量-效应关系、整合信息估计风险大小。荷兰、澳大利亚、新西兰、加拿大、英国及美国使用的是 Power 和 McCarty（1998）提供的环境风险评估或风险管理框架，其中部分讨论如下。

与人类健康风险评估框架或直接从中推导的环境风险评估框架相比，生态风险评估（ERA）框架的应用范围更广，原因如下：①可广泛用于评估除化学品之外的其他环境有害因子；②其风险评估过程必须包含对环境本身性质与角色的描述；③必须明确识别各评估终点。

同上述 ERA 框架相似，集成测试研究的框架也包含三个主要元素：首先，将问题公式化，整体目标、具体目标、研究范围及评估活动就可一目了然。其次为风险分析，即收集数据并进行模型试验——描述暴露时间、空间，定义人体及生态系统暴露的相关效应。选择合适的分析方法因具体应激源而异，并取决于暴露生态系统的性质。理论上，可对不同暴露情景下的预期风险水平进行定量评估，然而事实上，鉴于已有资料种类繁多，通常只能对其进行定性评估。

风险评估由相关专家即风险评估者执行。风险管理是筛选控制措施的过程，具体可能由非专家人士执行。利益相关者指与风险管理有利益关系的个人或团体，可表述他们的关注点并提供数据或模型等。从框架中可以发现，风险管理与利益相关者的活动并行，且依据立法要求及评估中的问题以多种途径交互影响。风险管理的 ERA 框架及其他公式化输入过程均可能有利益相关者的参与，依据综合标准要求、限制条件、社会价值观及其他有关问题进行风险评估。风险评估的最终结果将反馈给风险管理者与利益相关者。计划评估与反馈结果的过程，研究人员可独立工作或接收风险分析与表征描述的结果。该框架允许各组成员任意时间进行交流，具体取决于立法及文化要求。

与其他研究框架不同的是，集成测试框架因数据来源不同、终点不同，不显示输入数据。该方法收集现有数据并由风险评估者计算得出新的数据，利益相关者也可参与数据的计算与补充。

此外，该框架也未明确展示或讨论评估过程的重复性。若风险管理过程需要补充数据或分析，就需要多次重复评估过程。

概括而言，集成测试法的特点如下。

（1）评估多方面的问题：集成测试方法为研究人类健康与生态环境的评估问题搭建了平台，能够确保两种评估的时间空间的一致性，进而确保了制定管理决策所需的信息与过程的一致性。该方法还全面考虑了其他生物体对人类身心健康的可能影响。

（2）推动评估：集成测试方法对环境中应激源驱使的风险评估（即评估特定应激源相关的风险）尤其重要。但推动评估进行的可能还是暴露观察结果（如鱼体死亡）或效应（如禽类高死亡率）。这种情况下，需要综合考虑人类与其他生物体毒性终点的影响。

（3）评估终点：集成测试方法将人类健康与生态风险的监测终点统一起来，了解应激源环境的转归或作用方式，有助于阐明潜在的人群及生态终点的易感性。此外，了解生态系统的易感性有助于识别人类的监测终点。

（4）概念模型：集成测试方法中的概念模型能够反映环境应激源的常见来源及转化途径。人类可能是该途径中的另一暴露群体。该模型还能展示与环境应激源有关的更为全面的假设风险，包括多重来源、多重暴露途径、多重直接影响及间接影响的可能性。

（5）分析方案：集成测试方法大大增加了提高样品及其他数据收集、分析效率的可能性。选择合适的模型描述暴露情况（转化及转归）与相关影响，以最大限度应用于人类与环境的风险评估。所用假设及其他分析方法保持一致，所得结果表达形式也一致。采样、分析、测试及收集其他数据，以最低成本确保人类健康与生态风险的相关性。最后，若评估环节需要重复，集成测试方法能够确保使用相同的数据与模型平行进行。例如，人类健康与生态评估起初均需使用保守评估进行筛选，进而转化至更为集中的评估阶段。

4. 与其他框架的联系

当今，大部分人类健康与环境风险评估与管理的框架基于美国国家科学研究委员会（National Research Council，NRC，1983）编纂的《联邦政府风险评估：管理过程》（又称红书），设计初衷只为人类健康风险评估，后来为生态风险评估所采用（USEPA，1992）。

所有框架的共性是以科学、政治及社会价值观为评估的核心原则，不同的是，各框架中科学与政治的分离程度、评估过程各阶段利益相关者（工业、非政府组织及除协调者之外的政府部门）的参与程度及风险评估对风险管理的强调程度等。

US EPA 的 ERA 框架将科学从风险管理过程中分离开来，主要是利益相关者参与风险管理阶段，而风险评估本身是纯粹的研究过程。其他框架包括重新定义的 NRC 框架、EU 新化学品与现有化学品风险评估框架（Hertel，1996）及 FAO/WHO 食品添加剂（FAO/WHO，2004）的评估框架等需要风险管理者与利益相关者更多参与风险评估的过程，两者参与风险评估过程的程度，依赖于对评估误差与相关性的相对关注程度。如果管理者与利益相关者高度参与风险评估的过程，则他们就有可能通过干预暴露情景、暴露模型及参数的选择等途径达到其预期结果。相反，若他们不参与该过程，则风险评估结果有可能与制定风险决策的需求不完全吻合。集成测试框架不能阐述管理者与利益相关者的参与时间及程度。

除去与管理者及利益相关者的沟通，所有风险评估过程的逻辑构架基本一致。某些情况下，问题公式化这一阶段已提前得到重视、调整与落实，如美国的测试方法已为 ERA 框架打好公式化的基础。人类健康与生态风险评估的差异主要是所用术语不同，其中最主要的是"危害识别"。某些情况下，"危害识别"指评估已筛选的数据与应激源，可代入公式进行研究（NRC，1983）；而在其他情况下，"危害识别"指描述暴露效应（即效应评估），指识别应激源本身导致的不良影响（Hertel，1996；FAO/WHO，2004；OECD，1995）。由此，需要针对风险评估的具体目的进行适当的术语解读与合理应用。

5. 暴露特征

描述暴露特征指估计个体或群体、其他非人类生物体、群体或生态系统接触兽药、物理或生物应激源的浓度、剂量或程度，旨在测量或使用与效应特点结合的单元模拟暴露途径、强度、接触媒介及暴露的时间、空间等。空间跨度指问题波及的地理面积，如点、区域或全球范围等。时间跨度指接触的时长、频率及时间点。

兽药暴露特征评估应包含以下几点。

（1）数据的完整性、数据的质量及与风险评估目的之间的相关性。

（2）应激源的特点，即兽药、物理或生物刺激因子的识别与特性。

（3）兽药的来源与排放：识别并量化物质来源，准确地描述兽药的生产情况及使用种类。

（4）分布渠道：将概念模型转变为定量模型，评价物质相关分布途径及暴露于有机体或生态系统的途径。

（5）转运与转归：定量评价兽药在分布渠道内重要的转运、转化及降解过程。

（6）外部与内部暴露模型：通过了解转运转归模型及有机体的行为特点，外部暴露模型用于评价应激源与生物体的接触情况。内部暴露模型则用于评价兽药的靶器官毒性，需要考虑其毒代动力学过程，包括物质吸收、转运及代谢、排泄等。

（7）暴露评价还应考虑不确定因素，优先选择分级研究的方法：首先是简单保守的筛选模型研究，其次是较为真实复杂的模型研究，得出暴露概率密度函数等。

框架 1. 人类与动物暴露与效应的共性

评估兽药对人类与动物的风险，方法之一是对比两者的生理学（如免疫系统）、暴露情况（如饮食）、毒性机制（如 Ah 受体）及有关效应的共性。许多动物（如家畜、家禽类、野生动物等）可经兽药的使用产生直接暴露或经饮食、饮水等间接暴露于兽药污染的环境并出现一定的不良反应。例如，试验研究（权重法）结合圈养动物研究、自由放养的野生动物种群研究，共同呈现二噁英类似物（多氯联苯、二噁英及呋喃）有关的免疫毒性及病毒有关的高死亡率。这些动物处于淡水及海洋食物链的顶端，因此它们长期、高水平的暴露于脂溶性物质而致生物蓄积产生于人类危害效应相关的异常健康危害效应。正如动物一样，人类也直接或间接暴露于复杂的兽药污染环境中，人类作为优势物种处于食物链的顶端，通过食物链毒性蓄积可增加人类兽药污染相关疾病的发病率。由此，人类与动物暴露与效应的共性使得某些动物可作为人类健康风险的"哨兵"，为可能的危害提出预警。

整合暴露特征：

（1）来源与排放。集成测试方法中通常需要考虑应激源的整个生命周期，以识别所有可能与人体或其他生物体接触的排放源头。任何阶段都有可能成为排放来源，需要识别直接或间接引起人体或其他生物体暴露的源头。

（2）分布渠道。识别上述源头物质排放至环境中并最终暴露于生物体或生态系统的途径及相同暴露途径。

（3）转运及转归模型。统一转运及转归模型可用于描述两个或更多相同暴露途径，包括平流、扩散、分布、生物蓄积及降解过程，取决于应激源的特征、接触环境的空间大小及接触的生物体或生态系统。

（4）外部与内部暴露模型。大多数应激源接触生物体可引起一定的反应。接触及内部转运转归模型可模拟不同生物体的暴露特征。

（5）测量暴露相关的参数。使用相同描述符评价物质的来源及排放，应用相同模型评价转运、转归、接触及毒代动力学参数，提示对于非特定暴露对象需选择相同的评价值与单位。测量参数与缺省参数的使用均需专家予以估计和判断。

（6）应用工具。集成测试方法的评估要求所使用的敏感性与不确定性等定量分析方法一致，并应注意空间跨度、时间跨度等重要的影响因素。

6. 效应特征

效应特征（也称危害特征）包含两部分的内容：①危害识别。识别应激源对暴露对象（个人或群体、环境或生态系统、自然资源等）造成的不良影响。②暴露效应关系的分析。评估应激源暴露水平与其造成影响（发生率、严重程度）之间的关系。在 US EPA 评估框架中，危害识别通常是"问题公式化"的一部分。但有新数据提示附加危害时，需再次进行危害的识别。

效应特征评价的具体要求如下：①评估数据的完整性、数据的质量及与风险评估目的之间的相关性；②评估不良反应的性质、强度、时间跨度及与应激源的因果关系；③识别物质的毒作用模式；④定量分析暴露水平-效应关系；⑤评估试验数据及其他数据，评估终点（如人体或生态系统分布）的外推；⑥评估间接效应。

框架 2. 作用方式或潜在共同的毒性机制

复杂的毒性研究可通过某些通用的毒性机制进行阐述。例如，多氯代二苯（PCDD）、多氯二苯并呋喃（PCDF）、多氯联苯等基本上通过与特定的细胞受体，即 Ah 受体结合而发挥效应。该受体高度保守，基本上存在于所有脊椎动物体内，并作为配体激活转录因子，以特定方式调控细胞增殖、分化与凋亡。作为 PAS 家族具有螺旋循环结构蛋白的一员，Ah 受体能够诱导异二聚物形成并控制生理节奏、分化与氧化应激。二噁英及有关化合物可诱导多种动物(包括圈养动物、试验动物、野生动物及人类)产生生殖毒性、发育毒性、免疫毒性、神经毒性及致癌性。

整合效应特征：整合物质效应特征需基于对其（作用于多种生物体，包括人体）一般作用方式的了解。此外，识别兽药对不同生物物种的种间影响性质、强度与时间跨度的共性及不同物种的易感性，以便更好地掌握实际风险大小并解决有关问题。

（1）生物标记与指标：研究种间相同的毒作用方式，可使用暴露对象（人类与其他生物体）共同的生物标记及其他效应指标。掌握这些方法有助于评估其他种类的暴露效应。另外，将其标准化有助于更好地进行更多跨种间毒效应级别的评估。

（2）暴露水平-效应关系模型：集成测试方法真正的优势在于研究种间共同的毒作用机制。暴露水平-效应关系模型均基于相同毒作用机制进行研究。理论上，暴露水平-效应关系模型（如基准剂量模型 BMD）可进行连续性研究，相对无法比较人体与其他生物体毒效应性质与级别的假设试验方法而言，前者对于集成测试评估更为重要。

（3）外推，即将试验观察结果或现场监测结果外推至评估终点，可以是种间外推、特定亚群间外推、短时间间隔与跨空间外推，以及不同暴露方式间的外推。常见外推步骤包括不确定因子、不确定分布、体型变异模型、物种敏感性分布等。

（4）直接与间接效应：整合效应特征需要考虑直接与间接暴露效应，需要识别一种或多种应激源的潜在分级影响。例如，对鱼类的直接毒性可能导致食鱼类野生动物数的减少及人类幸福指数的降低。

7. 风险表征

风险表征是风险评估的状态：①结合暴露特征与各终点评估结果；②评估风险有关的不确定性；③概述递呈给风险管理者与利益相关者的结果。

整合：

（1）结合暴露与相关效应。最简单的暴露评估是估计暴露水平-效应关系模型中的效应。整合研究较为复杂，需要现场观察结果并确定因果关系或综合考虑多重证据。

（2）确定因果关系。当观察到与化学品污染或其他有害介质有关的明显效应时，需确定其因果关系。明显效应指癌症簇、鱼类死亡及树木生长减缓等。已有大量人类与生态风险评估标准可用于确定因果关系。集成测试评估须统一证据、统一标准及其转化，以确定人类与生态不良影响（同时出现或明显与共同诱因有关）的诱因。

（3）结合各种证据。风险表征通常要求利用各种证据进行最优化的风险评价，这些证据可能包括不同物种的毒性试验结果、单一物质暴露与联合暴露的毒性试验结果、不同转归模型与环境测量方法推导的结果等。对这些证据进行权重与结合，经过逻辑推理或其他过程选出最佳的证据。集成测试评估中，选用公用方法整合各种证据，并且在合适的条件下，所用方法尽可能保持一致。此外，还需适时整合人类健康与生态风险的证据，如评估人类健康风险时，还应考虑食鱼类野生动物的观察结果。该种情况下，通常测量动物与人类体内或重要器官内的污染物，正常化处理种间代谢活动与进食率的差异。

8. 风险管理

相对于科学风险评估的过程，风险管理指针对人类或生态系统预估风险来制定风险决策、采取控制措施的过程。风险管理者界定风险评估的问题、筛选风险管理的方案并确定风险的可接受水平。风险管理的商议与决策制定涉及多种信息，除需考虑风险评估的潜在不良影响外，还需兼顾社会政治与经济因素。法律授权与监管约束决定了所制定决策的性质及风险管理可行方案的范围。技术可行性也是筛选方案的充分条件之一。综上所述，整体风险管理过程只有一个考虑因素，就是通过风险评估了解人类与生态系统的潜在风险。

理论上，通过风险管理可最大限度地补救或恢复人类健康与生态环境的原貌。倘若人类健康与生态系统的平衡发生冲突，且经济或政治因素可协调这一矛盾，至少应确保全面而公正地处理两者的风险。因此，要求人类健康与生态风险表征以可比对、可平衡的方式呈现。

风险管理措施须透明化、逻辑明确且统一。集成风险评估对人类健康与生态风险的表述应保持一致，以满足决策制定的需要。

9. 风险沟通

风险沟通指风险评估者、管理者、利益相关者及其他团体交流风险的有关信息，是一个必不可少却又难以互动的过程。鉴于人类健康与生态风险的相互依赖性，有必要以整合的方式交流信息。

首先在问题公式化阶段进行风险沟通，该阶段风险管理者对涉及法律约束、政治因素、时间及资源限制条件等问题予以阐述。评估者提供评估中科学技术限制条件及科学信息，帮助阐明锐化问题并界定评估范围。完成评估后，评估者将其结果转达给风险管理者，转达形式有助于制定决策，包括展示措施备选方案及评估有关的不确定因素等。

风险沟通还包括利益相关者及公众的参与，但沟通时间与内容取决于问题本身。

问题公式化阶段的风险沟通参与者包括人类健康与生态风险评估者、管理者及适当的利益相关者。若评估目的与范围不一致，将无法整合样品采集、分析与评估的过程或无法统一人类健康与生态风险的分析。

如果人类健康与生态风险评估结果完整，相关评估者须传达一致的信息。当评估结果不一致时，须予以说明。大众普遍认定危害非人类生物体的风险同样有损于人类本身。若事实并非如此，评估者必须阐明其原因，如饮食差异、种间敏感性差异、暴露途径差异或其他因素等。

10. 结论与建议

集成人类健康与生态风险评估的优点很多，其框架有助于制订计划并实施集成风险评估，还能通过提供一致且连贯的评估结果促进制定环境和健康风险的相关管理措施。

该框架的完善需要风险评估者的共同努力。至于风险评估，各学科研究组都应尝试将问题公式化，通过与风险管理者沟通，识别应激源及其来源、选择终点、界定周围环境并形成概念模型。研究组还应确定各应激源来源间有无联系，以及人类健康与生态终点是否具有潜在重要的效应。若各类型暴露终点间存在一定的联系，则需要统一数据、暴露与效应模型及风险表征的描述方式，计划并展开风险评估，将其结果进行统一与整合后，转达给风险管理者与利益相关者，便于他们了解各备选方案的意义。由此，集成测试评估以合适的逻辑方式促进管理者制定相关的风险管理措施。

参 考 文 献

Allen B C, Strong P L, Price C J, et al. 1996. Benchmark dose analysis of developmental toxicity in rats exposed to boric acid. Fundam Appl Toxicol, 32（2）: 194-204.

FAO/WHO. 2004. Safety evaluation of certain food additives and contaminants. Prepared by the sixty-first meeting of the Joint FAO/WHO Expert Committee on Food Additives（JECFA）. Geneva: World Health Organization, International Programme on Chemical Safety （WHO Food Additives Series, No 52. http://whqlibdoc.who.int/publications/2004/924166052X.pdf）.

Hertel R F. 1996. Outline on risk assessment programme of existing substances in the European Union. Environ Toxicol Pharmacol, 2（2-3）: 93-96.

IPCS. 1987. Principles of studies on diseases of suspected chemical etiology and their prevention. Geneva: World Health organization, International Programme on Chemical Safety （Environmental Health Criteria 72. http://www.inchem.org/documents/ehc/ehc/ehc72.htm）.

IPCS. 1994. Assessing human health risks of cheicals: derivation of guidance values for health-based exposure limits. Geneva: World Health organization, International Programme on Chemical Safety（Environmental Health Criteria 170. http://www.inchem.org/documents/ehc/ehc/ehc170.htm）.

IPCS. 2005a. Chemical-specific adjustment factors for interspecies differences and human variability: guidance documents for use of date in does/concentration-response assessment. Geneva: World Health organization, International Programme on Chemical Safety（Harmonization Project Documen No 2. http://whqlibdoc.who.int/publication/2005/9241546786-eng.pdf）.

IPCS. 2005b. Principles of characterizing and applying human exposure models. Geneva: World Health organization, International Programme on Chemical Safety （Harmonization Project Documen No 3. http://www.inchem.org/documents/harmproj/harmproj/harmproj3.pdf）.

OECD. 1995. Report of the OECD Workshop on Environmental Hazard/Risk Assessment. Paris: Organisation for Economic Co-operation and Development（OECD Environment Monographs No 105）.

Power M, Mccarty L S. 1998. Peer reviewed: a comparative analysis of environmental risk assessment/risk management frameworks. Environ Sci Technol, 32（9）: 224A-231A.

Slob W, Moerbeek M, Rauniomaa E, et al. 2005. A statistical evaluation of toxicity study designs for the estimation of the benchmark dose in continuous endpoints. Toxicol Sci, 84（1）: 167-85.

US EPA. 1992. Framework for Ecological Risk Assessment. Washington, DC, US.

第 8 章　总结与建议

8.1　研究成果总结

针对我国兽药的环境管理基本处于空白的现状,本书比较系统地开展了兽药环境与健康风险评估技术研究。研究内容包括典型兽药的环境污染特征及行为归趋特性,兽药的环境效应与健康效应,兽药的环境暴露评估与定性/定量风险评估技术等。

8.1.1　建立了兽药的环境暴露评估技术

本书剖析了典型兽药在养殖场的环境污染特征,明确了兽药污染的主要暴露来源和暴露途径,为建立兽药的环境暴露评估技术奠定了基础。研究发现,兽药不同的纵向归趋规律与其理化特性密切相关。例如,磺胺二甲嘧啶在不同介质中污染浓度的排序为粪便>底泥>土壤>鱼肉>蔬菜>水体,四环素类的土霉素和金霉素在不同介质中污染浓度的排序为底泥>粪便>土壤>蔬菜>水体>鱼体;植物对于抗生素的富集能力可能与抗生素的水溶性存在正相关性;兽药的环境暴露浓度与季节变化密切相关,冬天的残留浓度普遍大于夏天的残留浓度。溯源兽药的暴露来源,饲料摄入途径对最终暴露的贡献比在养鸡场高20%,养猪场和养牛场达到15%左右,该结果表明养殖场通过正常剂量的饲料添加摄入不是兽药主要的利用方式,饮用水中的添加或注射,以及超量使用抗生素添加剂可能是养殖场抗生素污染的主要来源。

本项目建立了基于粪便施肥的兽药环境行为试验方法,编制了《兽药土壤降解试验准则》《兽药土壤吸附试验准则》及《兽药土壤淋溶试验准则》,揭示了5种磺胺类抗生素环境行为特性及其影响因子,为进一步开展兽药的环境风险评估提供了必要的技术支持。由于兽药进入环境大多是通过畜禽粪便施肥首先进入土壤环境,因此将动物粪便作为受试基质引入试验体系非常必要。研究表明,5种磺胺类抗生素在不同类型土壤中的降解规律均能较好地用二级指数函数方程描述。避光条件下,粪便的加入使得降解速率明显加快,尤其是江西红壤-粪便混合基质中的降解速率变化最为显著。磺胺类抗生素光照条件较避光条件下降解半衰期差异不大。值得注意的是,在本书试验条件下,磺胺类药物在土壤中的降解并非匀速进行,它的降解趋势呈现先快后慢的两级阶段,这就造成了其降解半衰期很短,但环境中残留药物长期滞留,完全消解所需时间很长,所以建议在对磺胺类药物进行生态环境安全性评价时,结合 DT_{50} 和 DT_{90} 两个评价指标综合评定。5种磺胺类抗生素在江西红壤、无锡水稻土、东北黑土、陕西潮土与南京黄棕壤中的吸附较好地符合 Freundlich 方程。影响磺胺类抗生素土壤吸附性的重要因素是土壤有机质含量和土壤 pH。加入粪便的土壤基质对磺胺类抗生素的吸附作用增强并不仅是因为有机质增加,还可能与粪便中含有的一些微小有机质颗粒包括的羧酸、碳酸等基团为磺胺类药物提供了离子交换位点有关。因此，药物的极性越大，其在加入粪便的土壤基质中 K_d 值增高越多。根据疏水 pH 分区模型，pH 为 4～6.5 时对吸附影响不大。5 种磺胺类抗生素在土壤中的移动规律与土壤吸附性有明显的相关关系。粪便对土壤淋溶性能有一定影响，能吸附磺胺类抗生素，减少其移动。通过 GUS 模型估算磺胺类抗生素在土壤中的淋溶能力，验证了粪便对降低磺胺类抗生素在土壤中的淋溶能力有一定的作用。

在上述污染特征和环境行为研究的基础上，本书初步探索和建立了适用于我国养殖业具体情况的兽药环境风险暴露评估模型，并对我国普遍使用的 3 种典型兽药抗生素磺胺二甲嘧啶、土霉素和恩诺沙星进行了环境暴露评估研究。同时比较了预测暴露浓度与文献报道的兽药抗生素污染浓度的关系，结果表明，本书的模型可以作为我国兽药生态风险暴露评估的筛选级工具，为我国兽药的环境管理提供参考方法。

8.1.2　建立了兽药的环境与健康效应评价技术

本书首次对养殖场土壤中磺胺耐药菌及抗性基因的分布特征进行了系统研究，发现施用含磺胺类抗生素的粪肥增加了耐药菌和抗性基因的丰度，发现很多条件致病菌已携带磺胺抗性基因，且抗性基因的表达分析量与抗生素浓度呈正相关。

研究显示，施用含磺胺抗生素粪肥的土壤样本中耐药菌的数量（$3.02×10^6$～$9.40×10^6$ CFU/g）显著高于森林土壤（$0.45×10^6$CFU/g）和未施用过粪肥的鸡场土壤（$1.96×10^6$ CFU/g）。可见，土壤中耐药菌的数量与施肥与否密切相关。在所有分析的土壤样本中，芽孢杆菌属（*Bacillus*）检出率最高，占到 43.88%，其次为假单胞菌菌属（*Pseudomonas*）和志贺氏菌属（*Shigella*），分别占 11.39% 和 8.02%。以 16s rDNA 基因为内参，利用荧光实时定量 PCR 技术进一步分析了各种土壤样品中 3 种磺胺抗性基因（*sul*1、*sul*2 和 *sul*3）在土壤中的相对含量，结果发现：在施用过猪粪肥的土壤中，*sul*1 的相对含量明显高于 *sul*2，而在施用过鸡粪肥的土壤中，*sul*2 的相对含量明显高于 *sul*1。*sul*1 和 *sul*2 的相对含量远远高于 *sul*3。另外，*sul*2 基因的丰度及总 *sul* 基因丰度与土壤中可培养细菌总数存在显著的正相关性，相关系数（R^2）分别为 0.95 和 0.65（$P<0.05$）。利用 *sul*1、*sul*2、*sul*3 特异引物对分离到的耐药菌染色体和质粒 DNA 上的磺胺抗性基因进行了分析，发现粪便样本中 3 种 *sul* 基因的耐药菌染色体和质粒 DNA 检出率为 100%。森林土壤样本仅基因组 DNA 上有 *sul*2 基因，可能 *sul*1 和 *sul*3 是与养殖动物相关的基因。未施肥土壤样本中基因组 DNA 上有 *sul*2 基因，质粒 DNA 上存在 *sul*1、*sul*2 和 *sul*3 基因，说明质粒可能是抗性基因水平转移的载体。施肥土壤样本中，总体检出顺序为 *sul*2 > *sul*1 > *sul*3（$P<0.05$）；养鸡场土壤耐药菌 *sul* 检出率大于养猪场；基因联合存在 *sul*1+*sul*2，*sul*1+*sul*2+*sul*3 检出率高，*sul*2+*sul*3 极少见，*sul*1+*sul*3 未见，联合基因的检出率与粪便施肥的频率和数量有关。利用 RT-PCR 方法考察了土壤中优势耐药菌菌株炭疽芽孢杆菌（*Bacillus anthracis* SYN201，G^+）和弗氏志贺氏菌（*Shigella flexneri* NJJN802，G^-）在含有不同浓度磺胺类药物的培养基中生长不同时间后抗性基因 *sul*1、*sul*2 和 *sul*3 的表达变化，结果发现：无论培养基中是否存在磺胺类药物，菌株 SYN201 和 NJJN802 中的 3 种

磺胺类抗性基因均分别在培养 72 小时或 36 小时时出现一个表达峰，而在其他培养时间下不表达或表达量处于一个相对极低的水平；磺胺嘧啶的存在有助于提高此特征表达时间下抗性基因的表达水平，并呈现出明显的剂量-效应关系。

本书以典型兽药为切入点，以生物标志物研究为主线，以代谢动力学特征为基础，开展了较为系统的毒效生物标志的筛选和验证工作，以及部分兽药毒性替代方法研究，为健康风险效应评估提供了较为丰富的数据源。

为了研究己烯雌酚、喹乙醇等典型兽药的生殖内分泌干扰、肝肾损伤作用，了解其在实验动物体内的代谢特点，开展了大鼠体内代谢试验技术方法的研究，并编制了《兽药代谢方法技术导则》。青春期暴露于较大剂量（10～100μg/kg）的 DES 可显著影响大鼠睾丸的发育及功能，具有毒性效应的剂量依赖性，其机制可能与睾丸间质细胞和支持细胞的发育和功能受损密切相关，且性腺轴中关键激素水平受到明显影响，参与激素合成代谢转化的酶表达水平改变，从而最终影响生殖功能。研究发现，DES 染毒致氧化应激，提示 DES 的生殖毒性与 ROS 密切相关，DES 通过降低抗氧化酶水平，增加 ROS 的含量，干扰生精细胞正常功能，致细胞死亡，表明氧化损伤可能是环境雌激素生殖毒作用机理之一。本书还首次发现 microRNA 与 DES 暴露的关联性。喹乙醇可致肝脏损伤，染毒组大鼠肝脏病理病变显著，肝功能异常，肝脏的抗氧化系统损伤，致肝细胞凋亡和 P_{450} 酶系的关键因子异常。氧化应激和肝代谢酶系紊乱可能是 OLA 肝毒性作用的机制之一。喹乙醇可致 HK-2 细胞早期凋亡率升高，具有时间-剂量依赖性，内质网应激及其凋亡相关蛋白的表达增加，内质网应激凋亡通路参与了喹乙醇肾毒性作用的过程。

8.1.3　建立了兽药的环境健康风险评估与风险管理技术

本书开展了兽药环境风险评价技术研究，建立了评价指标、评价基本程序和评价方法等，编制了《兽药生态风险评估技术导则》和《兽药及饲料添加剂环境与健康危害优先级评估导则》（草案）。

建立了筛选优先级管理兽药清单的方法，并结合我国的兽药使用情况，运用该方法筛选得到中国兽药优先环境管理清单。在高风险药物中，阿莫西林、阿苯达唑、环丙沙星、氰戊菊酯、氟苯尼考、伊维菌素、氯硝柳胺、磺胺嘧啶、磺胺甲噁唑、辛硫磷、敌百虫和泰乐菌素这 12 种药物具有较高的生态危害又具有较高的人体健康危害。抗生素是我国兽药环境管理优先关注的品种。同时，用于水产养殖业的消毒剂，大多数是一些杀虫剂，其对生态环境和人体健康的影响也应该受到高度关注。

项目组在调研欧美兽药环境安全管理程序和方法的基础上，结合我国兽药环境管理的现状，研究并制订了适合我国兽药生态风险评估的程序和方法。兽药的生态风险评估包括两个阶段。在第Ⅰ阶段的预评价中，就申请登记的兽药，评估其环境暴露是否对环境产生危害。第Ⅱ阶段的正式评价包括水产养殖、集约养殖和牧场养殖场景的风险评估。本书建立了粪便、土壤、水体中兽药的暴露评估方法，建立了基于水生生物/陆生生物毒性效应作为评价终点的效应评价技术。

8.2　兽药的环境管理及进一步研究的对策建议

　　兽药的环境污染影响及风险评估技术研究在我国尚处于起步阶段，与国外相比，还存在很大差距，也不能适应现阶段我国兽药的环境管理需求。欧盟、美国、澳大利亚等发达国家和地区对兽药的环境管理配套了系统的法规政策，通过兽药登记环境影响评价开始进行源头污染控制，通过限制动物生产中抗生素的使用和类型控制农用抗生素及其抗性基因的释放，通过构建兽药监测、评估标准体系完善管理支撑。而我国对于兽药的管理仅局限于监控动物食品中兽药残留水平，我国在兽药的环境管理方面与发达国家存在着非常大的差距。在兽药的环境影响及风险管理方面有许多工作要做，应重点开展以下工作。

8.2.1　建立兽药环境监管机制，从源头控制抗生素抗性基因污染

　　由于我国的兽药长期缺乏有效的环境监管，同时受制于畜禽养殖类型、饲料类别、地域环境等，我国对于畜禽养殖业向环境中排放的兽药种类、数量完全不清楚。因此，有必要提出我国兽药及饲料添加剂优先管理控制名录，建立跨环保、农业、卫生、质检等部门的联合工作机制，指导养殖户科学合理地使用抗生素，定期抽查养殖场所用的饲料与抗生素药物，严格控制养殖场使用抗生素的种类和用量，从源头上控制抗生素抗性基因的来源。

8.2.2　制定兽药抗生素环境风险评估导则，从登记环节规避污染

　　国外主要采用风险评估和控制的方法对兽药进行有效的环境管理。我国可参照国际兽药协调委员会（VICH）制定的《兽药的多层次风险评估导则》和国际食品法典委员会制定的《食源性抗菌剂耐药性风险评估指南》，立项制定《兽药的环境风险评估导则》，规范和指导兽药环境管理工作。导则的制定需要一些相关研究项目和成果作为支撑和前提条件，包括：识别环境中兽药的主要来源，研究和初步掌握我国环境中兽药的分布特征；整理完善相关毒性研究结果等。

8.2.3　加强兽药的污染控制技术研究，从使用末端消除污染

　　《畜禽规模养殖污染防治条例》第二十条规定：向环境排放经过处理的畜禽养殖废弃物，应当符合国家和地方规定的污染物排放标准和总量控制指标。畜禽养殖废弃物未经处理，不得直接向环境排放。然而，现行《畜禽养殖业污染物排放标准》规定的污染物控制项目包括生化指标、卫生学指标和感官指标等，都属于常规一般评价指标，而没有针对抗生素抗性基因的特征性指标。因此，养殖场的粪便及污水处理方式一般都未考虑抗生素及抗性基因的去除。

　　因此，应加强畜禽养殖废弃物抗生素抗性基因污染去除技术的研究，尽快推广该类

技术在养殖场的应用。粪便进行固液分离后，废水应通过污水处理设施去除抗性基因污染后才能排放入环境；《畜禽规模养殖污染防治条例》鼓励固体粪便再生利用为有机肥，环保部门应在《有机肥生产技术规范》中提出环保要求，在肥源营养元素保证的前提下对消除抗生素抗性基因的关键处理环节进行技术规定。

8.2.4　加快抗生素环境管理标准体系的构建

首先，不论是采用风险管理的方法，还是纳入质量标准、排放标准进行常规管理，都需要在国家层面制订出统一的监测分析方法标准。适当超前地开展监测分析方法标准工作，也是符合我国环境保护标准发展战略的。从国外来看，也有成熟的、可参考的标准方法，如美国国家环境保护局对抗生素等建立了污水、污泥、沉积物等介质中的分析方法（*Pharmaceuticals and Personal Care Products in Water*，*Soil*，*Sediment*，*and Biosolids by HPLC/MS/MS. USEPA 1694*，2007）。因此，启动主要抗生素类物质监测分析方法的制订工作有必要性，也具备工作条件。

其次，应在开展抗性基因的分子生态毒理学研究，尤其针对细菌耐药性的产生机理进行深入研究的基础上，进一步开展抗生素及抗性基因等新型污染物的环境基准和环境标准体系研究，为建立该类新型污染物的环境质量标准及排放标准奠定基础。